# रसायन शास्त्र - I

लैब मैन्युअल सहित

मनीषा अग्रवाल

**KHANNA BOOK PUBLISHING CO. (P) LTD.**
PUBLISHER OF ENGINEERING AND COMPUTER BOOKS
4C/4344, Ansari Road, Darya Ganj, New Delhi-110002
**Phone:** 011-23244447-48 **Mobile:** +91-99109 09320
**E-mail:** contact@khannabooks.com
**Website:** www.khannabooks.com

**ISBN:** 978-93-5538-091-3
**Book Code:** UG067HI

**Chemistry - I** *by* Manisha Agrawal
**[Hindi Edition]**

First Edition: 2021
**Reprint: Jan 2023**

*Published by:*
**Khanna Book Publishing Co. (P) Ltd.**
CIN: U22110DL1998PTC095547

Visit us at: **www.khannabooks.com**
Write us at: **contact@khannabooks.com**



*Printed in India.*

प्रो. अनिल डी. सहस्रबुद्धे
अध्यक्ष
Prof. Anil D. Sahasrabudhe
Chairman

सत्यमेव जयते

अखिल भारतीय तकनीकी शिक्षा परिषद्
(भारत सरकार का एक सांविधिक निकाय)
(शिक्षा मंत्रालय, भारत सरकार)
नेल्सन मंडेला मार्ग, वसंत कुंज, नई दिल्ली–110070
दूरभाष : 011–26131498
ई–मेल : chairman@aicte-india.org

ALL INDIA COUNCIL FOR TECHNICAL EDUCATION
(A STATUTORY BODY OF THE GOVT. OF INDIA)
(Ministry of Education, Govt. of India)
Nelson Mandela Marg, Vasant Kunj, New Delhi-110070
Phone : 011-26131498
E-mail : chairman@aicte-india.org

## प्राक्कथन

इंजीनियरिंग ने सदियों से समाज की प्रगति और विस्तार में बहुत महत्वपूर्ण भूमिका निभाई है। भारतीय उपमहाद्वीप में उपजे इंजीनियरिंग विचारों ने संपूर्ण विश्व के चिंतन को प्रभावित किया है।

अखिल भारतीय तकनीकी शिक्षा परिषद (अभातशिप) ने वर्ष 1987 में अपने स्थापना से ही तकनीकी विद्यार्थियों को सर्व संभव सहायता देने में अग्रणी भूमिका का निर्वहन किया है। अभातशिप का लक्ष्य गुणवत्तापूर्ण तकनीकी शिक्षा को प्रोत्साहन देते हुए इसके माध्यम से उद्योग जगत को नवीन उत्कर्ष पर पहुँचाना एवं अंततः मातृभूमि भारत को एक आधुनिक विकसित राष्ट्र के रूप में स्थापित करना है| यहां यह उल्लेख करना अनुचित नहीं होगा कि इंजीनियर आधुनिक समाज की रीढ़ हैं - बेहतर इंजीनियर अर्थात बेहतर उद्योग और उद्योग जितने बेहतर होंगे राष्ट्र उतना ही विकास करेगा।

राष्ट्रीय शिक्षा नीति 2020 की परिकल्पना है कि सभी के लिए क्षेत्रीय भाषा में शिक्षा उपलब्ध हो, जो सुनिश्चित करती है कि प्रत्येक विद्यार्थी समग्र रूप से सक्षम एवं दक्ष हो ताकि राष्ट्रीय विकास में सकल योगदान दे सके।

अभातशिप का विगत कुछ वर्षों से यह अथक प्रयास रहा है कि, इंजीनियरिंग के सभी विद्यार्थियों को उच्च गुणवत्ता वाली अंतरराष्ट्रीय स्तर की पुस्तकें क्षेत्रीय भाषाओं में तैयार कर, उचित मूल्य पर उपलब्ध कराई जाएँ। ये पुस्तकें न केवल सरल भाषा में व्यावहारिक जीवन के उदाहरणों तथा समृद्ध विषय सामग्री को ध्यान में रखकर तैयार की गई हैं, अपितु इनमें दिन प्रति दिन बदलते वैश्विक परिदृश्य तथा उद्योग जगत की आवश्यकताओं का भी ध्यान रखा गया है। क्षेत्रीय भाषाओं में तैयार की गई ये पुस्तकें, अभातशिप के इंजीनियरिंग एवं प्रौद्योगिकी के मॉडल पाठ्यक्रम - 2018 के अनुरूप हैं।

संपूर्ण भारत के अनुभवी एवं विषय के निष्णात प्रख्यात प्राध्यापकों द्वारा इन पुस्तकों को अकादमिक समुदाय के लाभ के लिए लिखा गया है। अभातशिप को पूर्ण विश्वास है कि, विषय सामग्री की दृष्टि से समृद्ध, ये पुस्तकें तकनीकी शिक्षा के विद्यार्थियों को अधिक सुगमता और गुणवत्ता के साथ विषयों में दक्षता प्राप्त करने में सहायक होंगी|

अभातशिप इन पुस्तकों और इंजीनियरिंग विषयों को अधिक सुस्पष्ट एवं प्रभावी बनाने के लिए सभी मूल लेखकों, समन्वयकों तथा अनुवादकों के अथक प्रयास और परिश्रम की प्रशंसा करता है।

(Anil D. Sahasrabudhe)

# आभार

इंजीनियरिंग एवं प्रौद्योगिकी के विद्यार्थियों के लिए तकनीकी पुस्तकों के प्रकाशन हेतु कुशल नियोजन, संयोजन एवं क्रियान्वयन हेतु अखिल भारतीय तकनीकी शिक्षा परिषद् के प्रति लेखक हृदय से कृतज्ञ हैं।

पुस्तक को विद्यार्थियों के अनुकूल रोचक एवं कलात्मक रूप देने में पुस्तक के समीक्षक डॉ. विमल राई के बहुमूल्य योगदान के प्रति भी लेखक हृदय से आभारी है।

लेखक के लिए अत्यंत गौरव का विषय है कि, यह पुस्तक एआईसीटीई के मॉडल पाठ्यक्रम एवं राष्ट्रीय शिक्षा नीति (NEP) - 2020 के दिशानिर्देशों के अनुरूप तैयार की गई है। साथ ही क्षेत्रीय भाषाओं में शिक्षा को बढ़ावा देने के लिए इस पुस्तक का अनुसूचित भारतीय क्षेत्रीय भाषाओं में भी अनुवाद किया जा रहा है।

हम श्री बुद्धा चंद्रशेखर, मुख्य समन्वय अधिकारी (CCO), NEAT, एआईसीटीई के प्रति हार्दिक सम्मान व्यक्त करते हैं जिनके द्वारा विकसित आर्टिफिशियल इंटेलिजेंस (AI) आधारित ट्रांसलेशन टूल का उपयोग अनुवाद के लिए किया गया।

अंत में, लेखक, खन्ना बुक पब्लिशिंग कंपनी प्राइवेट लिमिटेड, नई दिल्ली, के सभी सदस्यों जिन्होंने प्रकाशन के दौरान तत्परता से सहयोग प्रदान किया एवं इसे एक स्मरणीय अनुभव बनाया, के प्रति भी हार्दिक धन्यवाद ज्ञापित करते हैं।

मनीषा अग्रवाल

# प्रस्तावना

रसायन- विषय उपयोगी कौशल एवं ज्ञान सिखाता है। यह कई उद्योगों के विकास और रोजमर्रा की जिंदगी को आरामदेह दिशा में अग्रेषित करने में एक महत्वपूर्ण भूमिका निभाता है। हम जो भोजन करते हैं, जिस हवा में हम सांस लेते हैं, जिन औषधियो एवं डिटर्जेंट का हम उपयोग करते हैं, यहां तक कि हमारे शरीर में अन्तर्निहित मानवीय भावनाएं भी रासायनिक अभिक्रियाओं से ही प्रेरित हैं।

"रसायन शास्त्र - I" (सिद्धांत और प्रयोगशाला) पाठ्य पुस्तक 21 वीं सदी के युवा मस्तिष्क की जिज्ञासा को पूरा करने के लिए डिज़ाइन की गई है। सैद्धांतिक अवधारणाएं और इनकी व्यावहारिक उपयोगिता प्रासंगिक उदाहरणों के साथ सभी अध्यायों में सन्निहित हैं। पुस्तक को नई राष्ट्रीय शिक्षा नीति के अनुसार छात्र केंद्रित और स्व-शिक्षण गतिविधियों को शामिल करते हुए अभातशिप के मॉडल पाठ्यक्रम के साथ संरेखित किया गया है। मॉडल पाठ्यक्रम की मुख्य विशेषताओं को इस तरह से डिजाइन किया गया है कि यह नवाचार और अनुसंधान को प्रोत्साहित करे। विषय सामग्री को इस तरह समाहित किया गया है, कि छात्र उद्योगों की आवश्यकताओं को समझ सकते हैं, और व्यावहारिक अनुभव प्राप्त कर सकते हैं। फलस्वरूप छात्रों में समस्या समाधान का दृष्टिकोण विकसित होगा और वे भविष्य की चुनौतियों का सामना करने में सक्षम होंगे।

उपरोक्त उद्देश्यों की पूर्णता के लिए, यह पुस्तक इंजीनियरिंग के स्नातक छात्रों हेतु लिखी गई है। पुस्तक में सात अध्याय हैं। प्रत्येक अध्याय का प्रवाह - तर्क, पूर्व-आवश्यकता और इकाई परिणामों से शुरू होता है। प्रत्येक विषय के बाद 'दिलचस्प तथ्य', 'ई-संसाधन', 'आईसीटी का उपयोग', 'केस स्टडीज और प्रोजेक्ट' उल्लेखित है, जो छात्रों को उन विशेष विषयों में निहित महत्व और प्रयासों को समझने के लिए दृष्टिकोण प्रदान करता है। विषयों के पूरा होने के बाद इकाइयों का सारांश समावेशित किया गया है। प्रत्येक इकाई में सही विकल्पों की प्रतिक्रिया के साथ वर्णनात्मक और वस्तुनिष्ठ प्रश्नों को अभ्यास में शामिल किया गया है। शिक्षकों और छात्रों को अतिरिक्त जानकारी हेतु प्रोत्साहित करने के लिए, विषय विशेष की अतिरिक्त जानकारी "अधिक जानें" खंड में साझा की गई है।

अलग संदर्भ खंड अध्याय के अंत में उद्धृत किया गया है। परिशिष्टों, उपलब्धियों एवं अंतराल विश्लेषण, प्रयोगों की रिपोर्ट करने के लिए विचारोत्तेजक रूपरेखा और आकलन के रूब्रिक के साथ पुस्तक का समापन होता है।

मुझे आशा है, कि पुस्तक छात्रों के कौशल और ज्ञान को बढ़ाने में सहायक सिद्ध होगी। टंकण त्रुटियों और गलतियों से बचने के लिए हर संभव सावधानी बरती गई है, फिर भी पूर्णता का दावा करना मुश्किल है। यदि कोई त्रुटि इंगित की जाती है, तो मैं पाठकों की आभारी रहूंगी। पुस्तक के सुधार के लिए सुझाव एवं प्रतिक्रिया स्वागतेय है।

**मनीषा अग्रवाल**

# परिणाम आधारित शिक्षा

परिणाम आधारित शिक्षा (आउटकम बेस्ड एजुकेशन) के क्रियान्वयन के लिए प्रथम आवश्यकता है परिणाम आधारित पाठ्यक्रम विकसित करना एवं शिक्षा प्रणाली में परिणाम आधारित मूल्यांकन का समावेश करना। परिणाम आधारित आकलन के माध्यम से मूल्यांकनकर्ता यह मूल्यांकन करने में सक्षम हो सकेंगे कि क्या विद्यार्थियों ने उल्लेखित मानक, विशिष्ट और मापने योग्य लक्ष्यों (परिणाम) को प्राप्त कर लिया है। परिणाम-आधारित शिक्षा के उचित समावेश से सभी विद्यार्थियों में कार्यक्रम को बीच में छोड़े बिना, न्यूनतम मानक अर्जित करने के लिए एक निश्चित प्रतिबद्धता होगी। परिणाम आधारित शिक्षा युक्त प्रोग्राम के अंत में, विद्यार्थी निम्नलिखित लक्ष्यों (परिणामों) तक पहुंचने में सक्षम होगे।

PO-1. **इंजीनियरिंग ज्ञान:** गणित, विज्ञान, इंजीनियरिंग के आधारभूत ज्ञान और इंजीनियरिंग विशेषज्ञता कों इंजीनियरिंग के जटिल समस्याओं के समाधान के लिए अनुप्रयोग करना।

PO-2. **समस्या विश्लेषण:** गणित, प्राकृतिक विज्ञान और इंजीनियरिंग विज्ञान के प्रथम सिद्धांतों का उपयोग कर जटिल समस्याओं की पहचान, उनका प्रतिपादन, शोध साहित्य की समीक्षा तथा विश्लेषण कर प्रमाणित निष्कर्षों तक पहुंचना।

PO-3. **समाधानों की रूपरेखा / विस्तार:** जटिल इंजीनियरिंग समस्याओं के ऐसे समाधान तथा प्रणाली के घटकों या प्रक्रियाओं की रूपरेखा (डिजाईन) तैयार करना जो सार्वजनिक स्वास्थ्य एवं सुरक्षा, सांस्कृतिक, सामाजिक और पर्यावरणीय विचारों को ध्यान में रखते हुए निर्दिष्ट आवश्यकताओं को पूरा करे।

PO-4. **जटिल समस्याओं का परीक्षण:** वैध निष्कर्ष प्रदान करने के लिए प्रयोगों के डिजाईन (डिजाईन ऑफ़ एक्स्पेरिमेट्स), आंकड़ों के विश्लेषण एवं विवेचना, और सूचना के संश्लेषण सहित शोध-आधारित ज्ञान और शोध विधियों का उपयोग।

PO-5. **आधुनिक साधनों का उपयोग:** जटिल इंजीनियरिंग कार्यों के लिए अनुमान एवं मॉडलिंग सहित उपयुक्त तकनीकों की सीमाओं की समझ के साथ संसाधनों, आधुनिक इंजीनियरिंग और आईटी साधनों का सृजन, चुनाव और अनुप्रयोग करना।

PO-6. **इंजीनियर और समाज:** व्यावसायिक इंजीनियरिंग कार्य के अनुरूप सामाजिक, स्वास्थ्य, सुरक्षा, विधिक एवं सांस्कृतिक मुद्दों और परिणामी उत्तरदायित्वो का आकलन करने के लिए प्रासंगिक ज्ञान आधारित तर्क का उपयोग करना।

PO-7. **पर्यावरणीय स्थायित्व:** सामाजिक और पर्यावरणीय संदर्भों में व्यावसायिक इंजीनियरिंग समाधानों के प्रभाव को समझना और सतत विकास के ज्ञान और आवश्यकता का निरूपण करना।

PO-8. **नैतिकता:** नैतिक सिद्धांतों का उपयोग, व्यावसायिक नैतिकता तथा उत्तरदायित्व और इंजीनियरिंग कार्य के मानदंडों के प्रति प्रतिबद्ध होना।

PO-9. **व्यक्तिगत और टीम वर्क:** बहु-विषयक स्थितियों में व्यक्तिगत रूप से और विभिन्न समूहों में एक सदस्य या प्रतिनिधि के रूप में प्रभावशाली ढंग से कार्य करना।

PO-10. **सम्प्रेषण:** जटिल इंजीनियरिंग गतिविधियों पर इंजीनियरिंग समुदाय और समाज के साथ प्रभावी रिपोर्ट और डिजाईन अभिलेखों को समझने और लिखने में सक्षम होने, प्रभावी प्रस्तुतियों (प्रेजेंटेशन) बनाने और स्पष्ट निर्देश देने और प्राप्त करने हेतु प्रभावी ढंग से सम्प्रेषण करना।

PO-11. **परियोजना प्रबंधन एवं वित्त:** इंजीनियरिंग और प्रबंधन सिद्धांतों के ज्ञान और समझ का निरूपण करना, व्यक्तिगत कार्यों और बहु-विषयक परिप्रेक्ष्य में समूह के सदस्य और परियोजना प्रमुख के रूप में परियोजनाओं के प्रबंधन करना।

PO-12. **जीवन-पर्यन्त सीखना:** जीवन-पर्यन्त सीखने की महत्ता को पहचानना, और तकनीकी परिवर्तन के व्यापक संदर्भ में स्वतंत्र और जीवन-पर्यन्त सीखने में संलग्न होने की तैयारी एवं योग्यता रखना।

# कोर्स आउटकम्स (COs)

पाठ्यक्रम पूरा करने के बाद विद्यार्थी निम्न में सक्षम होंगे:

CO-1 : परमाणु और आणविक कक्षकों के संदर्भ में सूक्ष्म रसायन और अंतर-आणविक बल का विश्लेषण करें ।

CO-2 : थर्मोडायनामिक का उपयोग करके परिमाण गुणों और अभिक्रियाओं को युक्तिसंगत बनाना।

CO -3 : विभिन्न आणविक ऊर्जा के स्तर में विभिन्न स्पेक्ट्रोस्कोपी तकनीक के विद्युत चुम्बकीय स्पेक्ट्रम का इस्तेमाल एवं श्रेणियों में रोमांचक अंतर।

CO-4: युक्तिसंगत आवधिकगुणों के रूपमें आयनीकरण क्षमता, वैद्युतीयऋणात्मकता, ऑक्सीकरण अवस्था और इलेक्ट्रोनगेटिविटी का समय-समय पर उपयोग ।

CO-5 : अणुओं के संश्लेषण में प्रयुक्त होने वाली प्रमुख रासायनिक अभिक्रियाओं की सूची बनाइए।

## कोर्स आउटकम्स (COs) के साथ प्रोग्राम आउटकम्स (POs) का परस्पर संबंध

| कोर्स आउटकम्स (COs) | कोर्स आउटकम्स (COs) के साथ प्रोग्राम आउटकम्स (POs ) का अपेक्षित संबंध (1- कमजोर सहसंबंध; 2- मध्यम सहसंबंध; 3- मजबूत सहसंबंध) | | | | | | | | | | | |
|---|---|---|---|---|---|---|---|---|---|---|---|---|
| | PO-1 | PO-2 | PO-3 | PO-4 | PO-5 | PO-6 | PO-7 | PO-8 | PO-9 | PO-10 | PO-11 | PO-12 |
| CO-1 | 3 | 1 | - | 2 | - | - | - | - | - | - | - | - |
| CO-2 | 3 | - | 2 | 2 | - | - | - | - | 2 | - | - | - |
| CO-3 | 3 | 2 | - | - | 1 | 2 | 1 | - | 2 | - | - | - |
| CO- 4 | 3 | 3 | 1 | - | - | 2 | - | - | - | - | 1 | - |
| CO-5 | 3 | 2 | 2 | - | 1 | 3 | - | - | - | - | - | 1 |

# संक्षेपण एवं प्रतीक

| प्रतीक | विवरण |
|---|---|
| $\psi$ | तरंग क्रिया |
| $\hat{H}$ | हैमिल्टनियन ऑपरेटर |
| $\sigma$ | बंधन कक्षीय |
| $\sigma^*$ | एंटीबॉन्डिंग कक्षीय |
| $\pi$ | बंधन कक्षीय |
| $\pi^*$ | $\pi$ - कक्षीय एंटीबॉन्डिंग |
| $\Delta_o$ | अष्टफलकीय संकुल के लिए ऊर्जा |
| $\Delta_t$ | चतुष्फलकीय संकुल के लिए ऊर्जा |
| $\mu$ | चुंबकीय आघूर्ण |
| $\tau$ | ताउ |
| $\delta$ | डेल्टा |
| $\lambda$ | लैम्ब्डा |

# चित्र सूची


| क्रमांक | इकाई | पृष्ठ क्रमांक |
|---|---|---|
| | **इकाई 1 - परमाण्विक एवं आणविक संरचना** | |
| 1 | 1.1: एक आयामी बॉक्स में एक कण P.E. = 0, बॉक्स के अंदर. P.E. = ∞ के साथ बॉक्स की दीवारों पर और बॉक्स से बाहर। | 5 |
| 2 | 1.2: पहले चार तरंगों के लिए ψn (x) ψn (x) का एक प्लॉट | 5 |
| 3 | 1.3: तीन लंबाई : a, b और c, वाले 3D बॉक्स में कण | 5 |
| 4 | 1.4: क्वांटम संख्याओं से व्युत्पन्न कक्षकों और उप-कक्षकों के आकार | 7 |
| 5 | 1.5: आफ़बौउ के नियम के अनुसार इलेक्ट्रॉनों का भरना | 7 |
| 6 | 1.6: बॉन्डिंग और एंटी-बॉन्डिंग कक्षकों का गठन | 10 |
| 7 | 1.7: हाइड्रोजन अणु के लिए आण्विक कक्षीय आरेख | 11 |
| 8 | 1.8: ऊर्जा के आरेख $N_2$ के लिए और $N_2$ से निचले अणुओं के लिए | 12 |
| 9 | 1.9: ऊर्जा के आरेख $O_2$ के लिए और $O_2$ के ऊपर अणुओं के लिए | 12 |
| 10 | 1.10: 1,3-ब्यूटाडीन अणु में बॉन्डिंग और एंटी-बॉन्डिंग कक्षक | 14 |
| 11 | 1.11: बेंजीन के लिए MOT आरेख | 16 |
| 12 | 1.12: साइक्लोबुटाडिएन में एंटी-एरोमेटिकता की व्याख्या | 16 |
| 13 | 1.13: बेंजीन में एरोमेटिकता की व्याख्या | 16 |
| 14 | 1.14: संकुल के विभिन्न ज्यामिति में केंद्रीय धातु आयन का CFT | 18 |
| 15 | 1.15: d-कक्षकों $t_{2g}$ और $e_g$ के कोणीय निर्भरता फलन | 19 |
| 16 | 1.16: उच्च और निम्न स्पिन में d कक्षीय का विभाजन | 19 |
| 17 | 1.17: अष्टफलकीय संकुल में विभाजन स्थिरीकरण का परिमाण | 20 |
| 18 | 1.18: चतुष्फलकीय संकुल में विभाजन स्थिरीकरण का परिमाण | 20 |
| 19 | 1.19: अष्टफलकीय और चतुष्फलकीय संकुल में CFSE | 21 |
| 20 | 1.20: कंडक्टर, इंसुलेटर और सेमीकंडक्टर्स | 24 |
| 21 | 1.21: आंतरिक अर्धचालक | 25 |
| 22 | 1.22: बाह्य अर्धचालक | 25 |
| 23 | 1.23: n-टाइप डोपिंग | 26 |
| 24 | 1.24: p- टाइप डोपिंग | 26 |
| | **इकाई -2 स्पेक्ट्रोस्कोपिक तकनीक और अनुप्रयोग** | |
| 25 | 2.1: विद्युतचुंबकीय विकिरणों का क्षेत्र | 37 |
| 26 | 2.2: जब्लोन्स्की आरेख | 38 |
| 27 | 2.3: विभिन्न ऊर्जा स्तरों में स्पेक्ट्रम का संक्रमण $E_R < E_V < E_E$ | 39 |
| 28 | 2.4: इलेक्ट्रॉनिक ऊर्जा स्तर और इलेक्ट्रॉनिक संक्रमण | 40 |
| 29 | 2.5: बेंजीन, नेफ़थलीन और एन्थ्रेसीन का अवशोषण स्पेक्ट्रा | 41 |
| 30 | 2.6: कार्बनिक अणुओं का प्रतिदीप्ति स्पेक्ट्रम | 43 |

| क्रमांक | इकाई | पृष्ठ क्रमांक |
|---|---|---|
| 31 | 2.7 : घूर्णी ऊर्जा स्तर | 44 |
| 32 | 2.8 : IR स्पेक्ट्रा में कार्यात्मक समूह क्षेत्र और फिंगर प्रिंट क्षेत्र | 45 |
| 33 | 2.9 : IR स्पेक्ट्रम में फिंगर प्रिंट क्षेत्र | 47 |
| 34 | 2.10: इथेनॉल का IR स्पेक्ट्रम | 47 |
| 35 | 2.11: इथेनॉल का $^1$H NMR स्पेक्ट्रम | 50 |
| 36 | 2.12 : ब्यूटेन-1-ol का NMR स्पेक्ट्रम | 51 |
| 37 | 2.13 : ब्यूटेनोन का NMR स्पेक्ट्रम | 51 |
| 38 | 2.14 : मस्तिष्क की MRI छवि | 53 |
| 39 | 2. 15: कार्डिएक की MRI छवि | 53 |
| 40 | 2. 16: पेट की MRI छवि | 53 |
| 41 | 2.17: सिल्वर नैनोपार्टिकल | 55 |
| | **इकाई 3 अंतर आणविक बल एवं संभावित ऊर्जा सतह** | |
| 42 | 3. 1: HF में हाइड्रोजन आबंधन | 67 |
| 43 | 3.2: $NH_3$ और $H_2O$ में हाइड्रोजन बॉन्डिंग | 67 |
| 44 | 3.3: p- नाइट्रोफेनोल | 68 |
| 45 | 3.4: o-नाइट्रोफेनॉल और p-नाइट्रोफेनोल | 68 |
| 46 | 3.5: पानी और बर्फ में हाइड्रोजन बंधन | 69 |
| 47 | 3.6: गैस के अणुओं के बीच आकर्षण बल | 72 |
| 48 | 3.7: क्रांतिक बिंदु | 74 |
| 49 | 3.8: कार्बन डाइऑक्साइड के थॉमसन के समताप मंडल | 76 |
| 50 | 3.9: सहसंयोजक बंधन के लिए एक संभावित ऊर्जा वक्र | 77 |
| | **इकाई 4 रासायनिक साम्य में मुक्त ऊर्जा का उपयोग** | |
| 51 | 4.1: एन्ट्रापी, यादृच्छिकता की डिग्री | 91 |
| 52 | 4.2: T, S और H के बीच संबंध | 93 |
| 53 | 4.3: गिब्स मुक्त ऊर्जा, आयतन और एन्ट्रापी के बीच संबंध | 94 |
| 54 | 4.4: इलेक्ट्रो-केमिकल सेल | 95 |
| 55 | 4.5: सेल का समीकरण | 95 |
| 56 | 4.6: पानी के अणु में एसिड और कंजुगेट बेस पेयर को संयुग्मित करें | 99 |
| 57 | 4.7: $Fe_2O_3$ और कार्बन मोनो-ऑक्साइड के बीच रेडॉक्स अभिक्रिया | 100 |
| 58 | 4.8: जल की संरचना | 102 |
| 59 | 4.9: (a) लोहे की जंग (काले और पीले जंग)<br>(b) तांबे पर जंग (हरी परत) | 105 |
| 60 | 4.10: एलिंगहैम आरेख | 106 |

| क्रमांक | इकाई | पृष्ठ क्रमांक |
|---|---|---|
| | **इकाई 5 आवर्ती गुण** | |
| 61 | 5.1: इलेक्ट्रॉन और नाभिक के बीच परस्पर क्रिया के कारण परिरक्षण प्रभाव | 118 |
| 62 | 5.2: परमाणु कक्षीय की आकृतियाँ | 120 |
| 63 | 5.3: इलेक्ट्रॉनिक विन्यास | 122 |
| 64 | 5.4: इलेक्ट्रॉनिक विन्यास - आयरन | 123 |
| 65 | 5.5: हाइड्रोजन परमाणु की सहसंयोजी त्रिज्या | 124 |
| 66 | 5.6: वांडरवाल की क्लोरीन और आर्गन की त्रिज्या | 125 |
| 67 | 5.7: चतुष्फलकीय ज्यामिति | 132 |
| 68 | 5.8: वर्ग योजनाकार ज्यामिति | 132 |
| 69 | 5.9: ज्यामिति समन्वय संख्या 6 | 133 |
| | **इकाई 6 त्रिविम रसायन और कार्बनिक अभिक्रियाएं** | |
| 70 | 6.1: वेज-डैश नोटेशन का प्रतिनिधित्व | 145 |
| 71 | 6.2: न्यूमैन प्रोजेक्शन अंतरित और ग्रसित किए गए रूप | 146 |
| 72 | 6.3: ईथेन का सॉहोरस प्रक्षेपण सूत्र | 146 |
| 73 | 6.4: फिशर प्रोजेक्शन का प्रतिनिधित्व | 147 |
| ७४ | 6.5: चक्रीय वेज-डैश नोटेशन का प्रतिनिधित्व | 147 |
| 75 | 6.6: हॉवर्थ अनुमानों का प्रतिनिधित्व | 148 |
| 76 | 6.7: चेयर कन्फर्मेशन का प्रतिनिधित्व | 148 |
| 77 | 6.8: श्रृंखला समावयवता | 149 |
| 78 | 6.9: स्थिति समावयवता | 149 |
| 79 | 6.10: कार्यात्मक समावयवता | 150 |
| 80 | 6.11: मध्यावयवता | 150 |
| 81 | 6.12: चलावयवता | 150 |
| 82 | 6.13: रिंग-चेन समावयवता | 150 |
| 83 | 6.14: cis-ट्रांस समावयवता | 151 |
| 84 | 6.15: कार्बन में चिरल केंद्र | 151 |
| 85 | 6.16 : सममिति का तल | 151 |
| 86 | 6.17: सममिति का केंद्र | 152 |
| 87 | 6.18 लैक्टिक एसिड | 152 |
| 88 | 6.19: लैक्टिक एसिड के दो एनैन्टीओमर | 152 |
| 89 | 6.20: टार्टरिक अम्ल में समावयवता | 153 |
| 90 | 6.21 : 3-ब्रोमो-2-ब्यूटेनॉल में एनैन्टीओमर और डायस्टेरेमर्स | 154 |
| 91 | 6.22: ईथेन की संरचना | 156 |
| 92 | 6.23: n-ब्यूटेन की रचना | 157 |
| 93 | 6.24: n-ब्यूटेन में केंद्रीय C-C के चारों ओर घूमने के दौरान ऊर्जा | 157 |

| क्रमांक | इकाई | पृष्ठ क्रमांक |
|---|---|---|
| | **इकाई 7  कार्बनिक अभिक्रियाएं एवं औषधीय अणुओं का संश्लेषण** | |
| 93 | 7.1: ऐल्कीनों की योग अभिक्रिया | 169 |
| 94 | 7.2: कार्बोनिल समूहों का योग | 171 |
| 95 | 7.3: ऑक्सीकरण अभिक्रिया | 171 |
| 96 | 7.4: अपचयन अभिक्रिया | 172 |
| 97 | 7.5: ऐल्डिहाइड तथा कीटोन में अपचयन अभिक्रियाएँ | 173 |
| 98 | 7.6: डायल्स एल्डर रिएक्शन | 174 |
| 99 | 7.7: रिंग ओपनिंग रिएक्शन | 174 |
| 100 | 7.8: एस्पिरिन का संश्लेषण | 175 |
| 101 | 7.9: पैरासिटामोल का संश्लेषण | 175 |
| 102 | 7.10: इबुप्रोफेन का संश्लेषण | 176 |

# तालिका सूची


| क्रमांक | तालिका | पृष्ठ क्रमांक |
|---|---|---|
| 1 | 1.1: ऐतिहासिक समय-रेखा | 8 |
| 2 | 1.2: आबंधन और प्रतिरक्षी आण्विक कक्षक | 10 |
| 3 | 1.3: $N_2$ और $O_2$ अणुओं के लिए ऊर्जा का क्रम | 11 |
| 4 | 2.1: द्विपरमाणुक अणुओं में ऊर्जा | 37 |
| 5 | 3.1: आदर्श और वास्तविक गैसों में अंतर | 71 |
| 6 | 5.1: धातु आयनों की समन्वय संख्या | 131 |
| 7 | 5.2: हार्ड, सॉफ्ट और बॉर्डरलाइन एसिड और बेस के लक्षण | 134 |
| 8 | 5.3: आणविक और इलेक्ट्रॉन-जोड़ी ज्यामिति और आकार | 136 |
| 9 | 7.1: $SN^1$ और $SN^2$ अभिक्रियाओं के बीच अंतर | 168 |
| 10 | 7.2: E1 और E2 अभिक्रियाओं के बीच अंतर | 171 |

# शिक्षकों के लिए दिशानिर्देश

परिणाम आधारित शिक्षा (OBE) की रुपरेखा के क्रियान्वयन और ब्लूम की टैक्सोनॉमी के उपयोग पर अधिक ध्यान देने के लिए आवश्यक है कि विद्यार्थियों के ज्ञान एवं व्यावसायिक कौशल को बढ़ाया जाना चाहिए। इसके उचित क्रियान्वयन के लिए शिक्षकों को एक बड़ी जिम्मेदारी लेनी चाहिए। परिणाम आधारित शिक्षा प्रणाली में शिक्षकों के असीमित उत्तरदायित्वों में से कुछ निम्न प्रकार के हो सकते है:

- यथोचित प्रतिबंधो के अंतर्गत, सभी विद्यार्थियों के सर्वोत्तम लाभ के लिए उन्हें युक्तिपूर्ण तरीके से समय का प्रबंधन करना चाहिए।
- उन्हें विद्यार्थियों का आकलन किसी भेदभाव या अन्य संभावित अपात्रता पर विचार किए बिना केवल कुछ निश्चित मानदंडों के आधार पर ही करना चाहिए।
- उन्हें विद्यार्थियों के संस्थान छोड़ने के पूर्व उनकी सीखने की क्षमता को एक निश्चित स्तर तक बढ़ाने का प्रयास करना चाहिए।
- उन्हें यह सुनिश्चित करने का प्रयास करना चाहिए कि शिक्षा पूर्ण करने तक सभी विद्यार्थी गुणवत्ता पूर्ण ज्ञान एवं योग्यता ग्रहण कर चुके हों।
- उन्हें विद्यार्थियों को उनकी श्रेष्ठ प्रदर्शन करने की क्षमताओं को विकसित करने के लिए हमेशा प्रोत्साहित करना चाहिए।
- उन्हें नए दृष्टिकोण को सुदृढ़ करने के लिए सामूहिक एवं दलगत रूप में कार्य करने के लिए सुविधा एवं प्रोत्साहन देना चाहिए।
- उन्हें आकलन के प्रत्येक चरण में ब्लूम्स टैक्सोनॉमी का पालन करना चाहिए।

### ब्लूम्स टैक्सोनॉमी

| स्तर | शिक्षक को जांचना चाहिए | विद्यार्थी को सक्षम होना चाहिए | आकलन का संभावित तरीका |
|---|---|---|---|
| सृजन Creating | विद्यार्थियों की सृजन क्षमता | डिजाइन या सृजन | लघु परियोजना |
| मूल्यांकन Evaluating | विद्यार्थियों की तर्क एवं मूल्यांकन की क्षमता | तर्क या प्रतिरक्षा | निर्दिष्ट कार्य |
| विश्लेषण Analyzing | विद्यार्थियों की विश्लेषण क्षमता | पृथक करना या भेद करना | परियोजना/प्रयोगशाला पद्धति |
| अनुप्रयोग Applying | विद्यार्थियों में जानकारी के उपयोग की क्षमता | प्रचालन या प्रदर्शन | तकनीकी प्रस्तुति / प्रदर्शन |
| समझ Understanding | विद्यार्थियों में विचारों की व्याख्या करने की क्षमता | व्याख्या/ या वर्गीकरण | प्रस्तुति/संगोष्ठी |
| स्मरण Remembering | विद्यार्थियों की याद करने की क्षमता (या याद रखना) | परिभाषित या याद करना | प्रश्नोत्तरी |

# विद्यार्थियों के लिए दिशानिर्देश

विद्यार्थियों को परिणाम आधारित शिक्षा (OBE) को लागू करने के लिए समान जिम्मेदारी लेनी चाहिए। परिणाम आधारित शिक्षा प्रणाली में विद्यार्थियों के लिए असीमित जिम्मेदारियों में से कुछ इस प्रकार हैं:

- प्रत्येक पाठ्यक्रम में यूनिट शुरू होने से पहले विद्यार्थियों को प्रत्येक UO के बारे में अच्छी तरह से अवगत होना चाहिए।
- पाठ्यक्रम शुरू होने से पहले विद्यार्थियों को प्रत्येक CO के बारे में अच्छी तरह से अवगत होना चाहिए।
- पाठ्यक्रम शुरू होने से पहले विद्यार्थियों को प्रत्येक PO के बारे में अच्छी तरह से अवगत होना चाहिए।
- विद्यार्थियों को उचित चिंतन और क्रिया के साथ आलोचनात्मक और तर्कसंगत रूप से सोचना चाहिए।
- विद्यार्थियों के सीखने को व्यावहारिक और दैनिक जीवन के परिणामों के साथ सम्बद्ध और एकीकृत किया जाना चाहिए।
- विद्यार्थियों को परिणाम आधारित शिक्षा के प्रत्येक स्तर पर अपनी योग्यता से अच्छी तरह अवगत होना चाहिए।

# विषय सूची

*प्राक्कथन* *iii*
*आभार* *v*
*प्रस्तावना* *vii*
*परिणाम आधारित शिक्षा* *ix*
*कोर्स आउटकम्स (COs)* *x*
*संक्षेपण और प्रतीक* *xi*
*चित्र सूची* *xii*
*तालिका सूची* *xvi*
*शिक्षकों के लिए दिशा निर्देश* *xvii*
*विद्यार्थियों के लिए दिशा निर्देश* *xviii*

**1. परमाण्विक एवं आणविक संरचना ............ 1-34**

इकाई विशिष्ट 1
भूमिका 1
पूर्व अपेक्षित ज्ञान 1
लर्निंग आउटकम्स 1
कोर्स आउटकम्स (COs) के साथ यूनिट आउटकम (UOs) का परस्पर संबंध 2
1.1 क्वांटम यांत्रिकी का परिचय 2
1.1.1 क्वांटम यांत्रिकी क्या है? 2
1.1.2 क्वांटम यांत्रिकी की उत्पत्ति 2
1.1.3 क्वांटम यांत्रिकी के मूल सिद्धांत 3
1.1.4 एक आयामी बॉक्स में कण के लिए क्वांटम यांत्रिक अध्ययन–मॉडल प्रणाली 4
1.1.5 क्वांटम यांत्रिकी और परमाणु संरचना 6
1.2 क्वांटम यांत्रिकी और रासायनिक बंधन 8
1.2.1 आणविक कक्षीय सिद्धांत 9
1.2.2 VBT और MOT की मुख्य विशेषताएं। 9
1.2.3 परमाणु ऑर्बिटल्स का रैखिक संयोजन 9
1.2.4 ऊर्जा स्तर आरेख 10

1.2.5 बंध क्रम 12

1.2.6 बॉन्ड ऑर्डर द्वारा किया गया विश्लेषण 13

1.3 चुंबकीय व्यवहार 13

1.3.1 द्विपरमाणुक अणु ऑक्सीजन - 13

1.4 ब्यूटाडाईन (butadiene) π - आण्विक कक्षा 14

1.4.1 HOMO और LUMO 14

1.5 बेंजीन की π - मोलेकुलर कक्षा और एरोमेटिकता 15

1.6 हकल का नियम: एरोमेटिकता के लिए मानदंड 15

1.7 क्रिस्टल फील्ड थ्योरी 17

1.7.1 मूल अवधारणा 17

1.7.2 CFT की अभिधारणाएं 17

1.7.3 कक्षीय विभाजन 18

1.7.4 यह विभाजन निम्नलिखित कारकों से प्रभावित होता है: 19

1.7.5 अष्टफलकीय संकुल 19

1.7.6 चतुष्फलकीय संकुल 20

1.8 क्रिस्टल क्षेत्र स्थिरीकरण ऊर्जा 21

1.9 संक्रमण धातु संकुलों का चुंबकत्व 22

1.9.1 चुंबकत्व के लक्षण 22

1.10 ठोस पदार्थों की बैंड संरचना और बैंड संरचना पर डोपिंग की भूमिका 24

1.10.1 डोपिंग 25

सारांश 27

अभ्यास 29

विषयात्मक प्रश्न 29

संक्षिप्त उत्तर और वस्तुनिष्ठ प्रश्न 30

अभिनव परियोजनाएं / गतिविधियां 32

अधिक जानिए 33

**2. स्पेक्ट्रोस्कोपी तकनीक और अनुप्रयोग .................................................. 35-64**

इकाई विशिष्ट 35

भूमिका 35

पूर्व अपेक्षित ज्ञान 35

लर्निंग आउटकम्स 35

कोर्स आउटकम्स (COs) के साथ यूनिट आउटकम्स (UOs) का परस्पर संबंध 36

2.1 स्पेक्ट्रोस्कोपी के बुनियादी सिद्धांत 37

2.1.1 बॉर्न ओपेनहाइमर सन्निकटन 37

2.1.2. फ्रैंक-कोंडोन सिद्धांत 37

2.1.3. जब्लोन्स्की आरेख: उत्तेजित अवस्था के अणुओं के लिए विश्राम तंत्र 38

2.2 इलेक्ट्रॉनिक स्पेक्ट्रोस्कोपी 39

2.2.1 इलेक्ट्रॉनिक संक्रमण के प्रकार 40

2.2.2 इलेक्ट्रॉनिक स्पेक्ट्रोस्कोपी के अनुप्रयोग 40

2.2.3 इलेक्ट्रॉनिक ट्रांज़िशन के लिए चयन नियम 42

2.3 प्रतिदीप्ति स्पेक्ट्रोस्कोपी 42

2.3.1 सिद्धांत 42

2.3.2 उपयोग 42

2.4 घूर्णी और कंपन स्पेक्ट्रोस्कोपी 44

2.4.1 घूर्णी संक्रमणों की ऊर्जा 44

2.4.2 एक घूर्णी संक्रमण के लिए चयन नियम है, 45

2.4.3 कंपन संक्रमण (इन्फ्रारेड स्पेक्ट्रोस्कोपी) 45

2.4.4 इन्फ्रारेड स्पेक्ट्रोस्कोपी का सिद्धांत 45

2.4.5 कंपन संक्रमण के लिए चयन नियम 46

2.4.6 IR स्पेक्ट्रोस्कोपी के अनुप्रयोग 46

2.5 परमाणु चुंबकीय अनुनाद स्पेक्ट्रोस्कोपी (NMR) 48

2.5.1 एक नाभिक के नेट स्पिन (I) के निर्धारण के लिए नियम 48

2.5.2 NMR स्पेक्ट्रोस्कोपी का सिद्धांत 48

2.5.3 रासायनिक विस्थापन 49

2.5.4 NMR स्पेक्ट्रोस्कोपी का अनुप्रयोग 49

2.6 चुंबकीय अनुनाद इमेजिंग (MRI) 53

2.6.1 MRI के अनुप्रयोग 53

2.7 एक्स-रे विवर्तन (XRD विश्लेषण) 54

2.7.1 एक्स-रे पाउडर विवर्तन के सिद्धांत (XRD) 54

2.7.2 XRD का उपयोग 54

सारांश 56

अभ्यास 57

सब्जेक्टिव प्रश्न 57

संक्षिप्त जवाब प्रश्न 57

वस्तुनिष्ठ प्रकार के प्रश्न 59

अभिनव परियोजनाऐं /गतिविधियां 60

अधिक जानिए 61

**3. अंतर आणविक बल एवं संभावित ऊर्जा सतह ........................................................ 65-88**

इकाई विशिष्ट 65

भूमिका 65

पूर्व अपेक्षित ज्ञान 65

लर्निंग आउटकम्स 65

कोर्स आउटकम्स (COs) के साथ यूनिट आउटकम्स (UOs) का परस्पर संबंध 66

3.1 प्रस्तावना 66

3.2 अंतर - आणविक बल के प्रकार 66

3.2.1 आयनिक इंटरैक्शन या आयनिक बल 66

3.2.2 द्विध्रुव-द्विध्रुवीय अन्योन्यक्रिया 67

3.2.3 हाइड्रोजन आबंध 67

3.2.4 विशेषताएँ 67

3.2.5 हाइड्रोजन बॉन्डिंग के प्रकार 67

3.2.6 दैनिक जीवन में हाइड्रोजन बॉन्डिंग का महत्व 68

3.2.7 वांडरवाल बल 69

3.2.8 लंदन फैलाव बल 70

3.3 समीकरण का असली गैस और गंभीर घटना 70

3.3.1 आदर्श और वास्तविक गैसों में अंतर 71

3.3.2 वास्तविक गैसों का विचलन और वांडरवाल का समीकरण 71

3.3.3 वांडरवाल स्थिरांक का महत्व 73

3.3.4 गैसों का द्रवीकरण और क्रांतिक तापमान 73

3.3.5 क्रांतिक बिंदु 73

3.3.6 क्रांतिक घटना 74

3.3.7 क्रांतिक तापमान ($T_c$) 74

3.3.8 थॉमसन का प्रयोग 75

3.3.9 जूल-थॉमसन प्रभाव और व्युत्क्रम तापमान ($T_i$) 76

3.4 संभावित ऊर्जा सतह के $H_3$, $H_2F$, HCN 77

3.4.1 संभावित ऊर्जा वक्र (1-D संभावित ऊर्जा सतह) 77

3.4.2 एक प्रणाली के लिए संभावित, गतिज और कुल ऊर्जा 78

3.4.3 एक संभावित ऊर्जा सतह की आयामीता 78

3.4.4 संभावित ऊर्जा सतहों का अनुप्रयोग 78

सारांश 79

अभ्यास 80

विषयात्मक प्रश्न 80

संक्षिप्त उत्तर प्रश्न 80

वस्तुनिष्ठ प्रकार के प्रश्न 81

प्रायोगिक कार्य 82

अभिनव परियोजनाऐं / गतिविधियां 85

अधिक जानिए 86

**4. रासायनिक साम्य में मुक्त ऊर्जा का उपयोग ........................................................ 89-116**

इकाई विशिष्ट 89

भूमिका 89

पूर्व अपेक्षित ज्ञान 89

लर्निंग आउटकम्स 89

कोर्स आउटकम्स (COs) के साथ यूनिट आउटकम्स (UOs) का परस्पर संबंध 89

4.1 प्रस्तावना 90

4.2 मुक्त ऊर्जा ($\Delta$G) 90

4.2.1 एन्थैल्पी ($\Delta$H) 90

4.2.2 एन्ट्रॉपी ($\Delta$S) 91

4.3 तापमान, दबाव और आयतन में परिवर्तन के साथ एक आदर्श गैस का एन्ट्रॉपी परिवर्तन 92

4.3.1 जब T और V चर हैं– 92

4.3.2 जब T और P को चर माना जाता है– 92

4.4 गिब्स मुक्त ऊर्जा ($\Delta$G) 93

4.4.1 G, S, और V के बीच संबंध 93

4.4.2 निर्माण की गिब्स मुक्त ऊर्जा 94

4.5 सेल विभव 94

4.5.1 वैद्युत रासायनिक सेल 94

4.5.2 सेल आरेख को इस प्रकार लिखा जा सकता है: 95

4.6 मानक सेल विभव 96

4.6.1 मानक सेल विभव के उदाहरण 96

4.6.2 सेल क्षमता की गणना 96

4.7 नर्नस्ट समीकरण 97

4.8 अम्ल क्षार सिद्धांत 98

4.8.1 सीमाएं 98
4.8.2 अम्ल और क्षार का अरहेनियस सिद्धांत 98
4.8.3 सिद्धांत की सीमाएं 98
4.8.4 अम्ल और क्षार का ब्रोंस्टेड-लोरी सिद्धांत 98
4.8.5 संयुग्मी जोड़े 98
4.8.6 अम्ल और क्षार का लुईस सिद्धांत 99
4.9 ऑक्सीकरण और अपचयन 100
4.9.1 ऑक्सीकरण और अपचयन करने वाले अभिकारक 101
4.10 जल रसायन 102
4.10.1 कठोरता 102
4.10.2 कठोरता के प्रकार 103
4.10.3 $CaCO_3$ को मानक के रूप में चुनने का कारण है 103
4.11 क्षरण या संक्षारण 104
4.11.1 क्षरण के उदाहरण 104
4.11.2 तकनीकों का उपयोग करके क्षरण को रोका जा सकता है 105
4.11.3 क्षरण के प्रकार 105
4.11.4 क्षरण दर को प्रभावित करने वाले पैरामीटर 105
4.12 एलिंगहैम आरेख – धातुकर्म के थर्मोडायनामिक्स 106
सारांश 107
अभ्यास 108
विषयात्मक प्रश्न 108
वस्तुनिष्ठ प्रकार के प्रश्न 109
प्रायोगिक कार्य 110
सुझाई गई पठन सामग्री 115
अधिक जानिए 115

**5. आवर्ती गुण ........ 117-143**
इकाई विशिष्ट 117
भूमिका 117
पूर्व अपेक्षित ज्ञान 117
लर्निंग आउटकम्स 117
कोर्स आउटकम्स (COs) के साथ यूनिट आउटकम्स (UOs) का परस्पर संबंध 117
5.1 प्रस्तावना 118
5.2 प्रभावी परमाण्विक आवेश 118

5.2.1 परिरक्षण प्रभाव 119

5.3 कक्षकों का भेदन 119

5.3.1 s, p, d, f आवर्त सारणी में परमाणुओं की कक्षीय ऊर्जाएँ 119

5.3.2 भेदन शक्ति 120

5.4 इलेक्ट्रॉनिक विन्यास 121

5.5 इलेक्ट्रॉनिक विन्यास के आधार पर तत्वों का वर्गीकरण [s, p, d और f-ब्लॉक तत्व] 123

5.6 परमाणु त्रिज्या 124

5.6.1 कारक जिन पर परमाणु आकार निर्भर करता है 124

5.6.2 सहसंयोजक त्रिज्या 124

5.6.3 धात्विक त्रिज्या (क्रिस्टल त्रिज्या) 124

5.6.4 वांडरवाल की त्रिज्या 125

5.6.5 आयनिक त्रिज्या 125

5.6.6 परमाणु त्रिज्याओं की आवर्ती प्रवृत्तियां 125

5.7 आयनीकरण ऊर्जा (I.E.) या आयनीकरण क्षमता (I.P.) 125

5.7.1 प्रथम आयनन ऊर्जा (IE) 126

5.7.2 कारक जिन पर आयनन ऊर्जा निर्भर करती है 126

5.7.3 आयनन ऊर्जा की आवर्ती प्रवृत्तियाँ 126

5.8 इलेक्ट्रॉन बंधुता (EA) 126

5.8.1 क्रमिक इलेक्ट्रॉन समानताएं 127

5.8.2 कारक जिन पर इलेक्ट्रॉन बंधुता निर्भर करती है 127

5.8.3 इलेक्ट्रॉन बंधुता की आवर्ती प्रवृत्तियाँ 127

5.9 विद्युत ऋणात्मकता 127

5.9.1 वैद्युतीयऋणात्मकता का मापन 128

5.9.2 विद्युत ऋणात्मकता का अनुप्रयोग 128

5.9.3 वैद्युतऋणात्मकता की आवर्ती प्रवृत्तियाँ 128

5.10 ध्रुवणीयता 128

5.10.1 निम्न आवेश घनत्व वाले ऋणायन अधिक ध्रुवणीय होते हैं। 129

5.10.2 ध्रुवीकरण बढ़ाना संभव हो जाएगा: 129

5.10.3 ध्रुवीकरण को प्रभावित करने वाले कारक 129

5.10.4 ध्रुवीकरण की प्रवृत्ति 130

5.11 ऑक्सीकरण अवस्था 130

5.12 समन्वय संख्या और ज्यामिति 131

5.12.1 समन्वय संख्या की गणना कैसे करें? 131

5.13 हार्ड और सॉफ्ट एसिड और बेस (HSAB) 133
5.14 आण्विक ज्यामिति 135
सारांश 137
अभ्यास 138
विषयात्मक प्रश्न 138
वस्तुनिष्ठ प्रकार के प्रश्न 139
प्रायोगिक कार्य 141
अधिक जानिए 142

**6. त्रिविम रसायन और कार्बनिक अभिक्रियाएं ............................................................ 144-165**

इकाई विशिष्ट 144
भूमिका 144
पूर्व अपेक्षित ज्ञान 144
लर्निंग आउटकम्स 144
कोर्स आउटकम्स (COs) के साथ यूनिट आउटकम्स (UOs) का परस्पर संबंध 145
6.1 प्रस्तावना 145
6.1.2 तीन-आयामी प्रतिनिधित्व 145
6.2 समावयवता 149
6.2.1 संरचनात्मक समावयवता 149
6.2.2 त्रिविम समावयवता 150
6.2.3 प्रकाशीय समावयवता 151
6.3 एनैन्टीओमर्स और डायस्टेरियोमर्स 153
6.3.1 एनैन्टीओमर्स और डायस्टेरोमर्स के बीच अंतर 154
6.3.2 दैनिक जीवन में उपयोग 154
6.4 विन्यास 154
6.4.1 पूर्ण विन्यास: (R, S नामकरण) 155
6.5 संरूपियता 156
6.6 संक्रमण धातु यौगिकों में समावयवता 158
6.7 समन्वय यौगिकों के उपयोग 160
सारांश 161
विषयपरक प्रश्न 162
वस्तुनिष्ठ प्रश्न 162
अभ्यास 162
अधिक जानिए 164

**7. कार्बनिक अभिक्रियाएं एवं औषधीय अणुओं का संश्लेषण ........................................... 166-181**

इकाई विशिष्ट 166

भूमिका 166

पूर्व अपेक्षित ज्ञान 166

लर्निंग आउटकम्स 166

कोर्स आउटकम्स (COs) के साथ यूनिट आउटकम्स (UOs) का परस्पर संबंध 166

7.1 प्रस्तावना 167

7.2 प्रतिस्थापन अभिक्रियाए 167

7.2.1 प्रतिस्थापन अभिक्रिया के घटक 168

7.2.2 प्रतिस्थापन अभिक्रिया के प्रकार 168

7.2.3 मूलक प्रतिस्थापन अभिक्रिया के अनुप्रयोग 169

7.3 योगात्मक अभिक्रिया 169

7.3.1 इलेक्ट्रोफिलिक योगात्मक अभिक्रिया 169

7.3.2 न्यूक्लियोफिलिक योगात्मक अभिक्रिया 170

7.3.3 मुक्त- मूलक योगात्मक अभिक्रिया 170

7.4 विलोपन अभिक्रिया 170

7.4.1 विलोपन अभिक्रिया तंत्र के प्रकार 171

7.5 ऑक्सीकरण और अपचयन अभिक्रियाएँ 171

7.5.1 ऑक्सीकरण 171

7.5.2 व्याख्या 172

7.5.3 अपचयन 172

7.5.4 स्पष्टीकरण 172

7.5.5 सामान्य ऑक्सीकरण और अपचयन अभिक्रियाएं 172

7.6 चक्रण और वलय का खुलना 173

7.6.1 चक्रीयकरण अभिक्रिया 173

7.6.2 चक्रण / साइक्लोएडिशन अभिक्रिया के प्रकार 173

7.6.3 वलय का खुलना / रिंग ओपनिंग अभिक्रिया 174

7.7 सामान्य रूप से प्रयुक्त दवा अणुओं का संश्लेषण 174

7.7.1 एस्पिरिन 175

7.7.2 पैरासिटामोल 175

सारांश 176

विषयात्मक प्रश्न 177

वस्तुनिष्ठ प्रश्न 177

| | |
|---|---|
| अभ्यास | 177 |
| प्रायोगिक कार्य | 179 |
| अधिक जानिए | 181 |
| **अनुलग्नक-1 संदर्भ** | **182-183** |
| **अनुलग्नक- 2 CO और PO अटैनमेंट तालिका** | **184** |
| **अनुलग्नक-3 प्रयोग** | **185-191** |
| **अनुलग्नक-4 प्रयोगों की रिपोर्ट करने के लिए विचारोत्तेजक रूपरेखा** | **192** |
| **आकलन के लिए रूब्रिक्स** | **193-194** |
| **शब्दकोश** | **195-196** |

# 1 परमाण्विक एवं आणविक संरचना

## इकाई विशिष्ट

यह इकाई इन विषयों पर चर्चा करती है: श्रोडिंगर समीकरण, एक बॉक्स में कण। हाइड्रोजन परमाणु के तरंग फलन और आरेखों के रूप। द्विपरमाणुक और बहुकेंद्रीय अणुओं के आण्विक कक्षक। परमाणु और आणविक कक्षा के लिए समीकरण और ऊर्जा स्तर आरेख। ब्यूटाडीन के $\pi$-आणविक कक्षक, एरोमेटिकता, CFT, बैंड संरचना और ठोस पदार्थों का डोपिंग।

## भूमिका

इंजीनियरों को सभी प्रकार के पदार्थ और उनके गुणों की जानकारी आवश्यक है। विभिन्न प्रकार के पदार्थों के गुणों की समझ सूक्ष्म ज्ञान से उत्पन्न होती है। यह इकाई विभिन्न प्रकार के पदार्थों के सूक्ष्म व्यवहार को समझने के लिए विभिन्न सिद्धांतों पर नई कल्पना या सोच प्रदान करेगी- जैसे परमाणु के क्वांटम यांत्रिक मॉडल और आणविक कक्षीय सिद्धांत। बेंजीन जैसे सुगंधित यौगिकों की अतिरिक्त-स्थिरता की व्याख्या आणविक कक्षीय सिद्धांत से भी किया जा सकता है। ठोस पदार्थों की व्याख्या करते समय, एक ओर अकार्बनिक ठोस जैसे संकुलों के गुणों की भविष्यवाणी करने के लिए क्रिस्टल फील्ड थ्योरी की समझ की आवश्यकता हो सकती है; वही दूसरी ओर धातुओं और उपधातुओं के गुणों से निपटने के लिए बैंड थ्योरी के ज्ञान की आवश्यकता हो सकती है।

## पूर्व अपेक्षित ज्ञान

- **रसायन विज्ञान:** परमाणु की संरचना, आवर्त सारणी, कार्बनिक यौगिकों का नामकरण
- **गणित:** मूल बीजगणित और त्रिकोणमितीय कार्य
- **भौतिकी:** इलेक्ट्रिक चार्ज और इंटरैक्शन

## लर्निंग आउटकम्स

इस इकाई के पूर्ण अध्यन करने के बाद, विद्यार्थी निम्न में सक्षम होंगे

| | |
|---|---|
| U1-O1: | क्वांटम रसायन विज्ञान की वैचारिक व्याख्या के माध्यम से श्रोडिंगर समीकरण को लागू करना। |
| U1-O2: | द्विपरमाण्विक अणुओं के लिए ऊर्जा स्तर के आरेखों का निर्माण और आणविक कक्षीय सिद्धांत का उपयोग करके उनके गुणों की व्याख्या करना। |
| U1-O3: | कार्बनिक यौगिकों की उनकी संरचना से एरोमैटिकता की पहचान और MOT के साथ सहसंबंधित करना। |
| U1-O4: | संक्रमण धातु आयनों के आकार में अंतर करना और उनके चुंबकीय गुणों की भविष्यवाणी करना। |
| U1-O5: | बैंड थ्योरी और डोपिंग की मदद से विभिन्न अर्ध-चालकों का विश्लेषण करना। |

## कोर्स आउटकम्स (COs) के साथ यूनिट आउटकम्स (UOs) का परस्पर संबंध

| आउटकम्स | कोर्स आउटकम्स (COs) के साथ अपेक्षित संबंध (1- कमजोर सहसंबंध; 2- मध्यम सहसंबंध; 3- मजबूत सहसंबंध) | | | | |
|---|---|---|---|---|---|
| | CO-1 | CO-2 | CO-3 | CO-4 | CO-5 |
| U1-O1 | 3 | | 2 | | |
| U1-O2 | | | 3 | | |
| U1-O3 | | | 2 | | 1 |
| U1-O4 | 2 | | | | |
| U1-O5 | 1 | | 2 | | |

## 1.1 क्वांटम यांत्रिकी का परिचय

क्वांटम यांत्रिकी पिछली शताब्दी में विकसित समकालीन विज्ञानों की सबसे उल्लेखनीय खोजों में से एक है। "क्वांटम मैकेनिक्स" शब्द 1924 में मैक्स बॉर्न द्वारा गढ़ा गया था।

क्वांटम यांत्रिकी सीखने का एक रसायनज्ञ का इरादा रासायनिक पदार्थों की संरचना, आपसी संबंध और प्रतिक्रियाशीलता को समझने में सक्षम होना है, चाहे वह परमाणु या अणु जो भी हो, जो इलेक्ट्रॉनों (सूक्ष्म पदार्थ) के व्यवहार से परिभाषित होता है।

### 1.1.1 क्वांटम यांत्रिकी क्या है?

"क्वांटम मैकेनिक्स" शब्द दो शब्दों क्वांटम + मैकेनिक्स से बना है। "यांत्रिकी" शब्द शरीर की गति के विज्ञान को संदर्भित करता है। दूसरा शब्द "क्वांटम" का अर्थ "राशि" जो एक लैटिन शब्द है और आधुनिक सम्मेलनों में किसी भी भौतिक संपत्ति की सबसे छोटी संभव असतत इकाई का प्रतिनिधित्व करने के लिए उपयोग किया जाता है।

क्वांटम यांत्रिकी परमाणु या उप-परमाणु स्तरों (परमाणुओं और अणुओं में इलेक्ट्रॉनों और नाभिक) पर क्लासिकल यांत्रिकी की जगह लेती है। यह सूक्ष्म वस्तुओं की गति के नियम देता है (जिस तरह क्लासिकल यांत्रिकी मैक्रोस्कोपिक वस्तुओं के लिए देता है)। अतः हम कह सकते हैं कि क्वांटम यांत्रिकी सूक्ष्म पदार्थ का सैद्धांतिक विज्ञान है।

### 1.1.2 क्वांटम यांत्रिकी की उत्पत्ति

उन्नीसवीं शताब्दी के अंत तक क्लासिकल या न्यूटोनियन यांत्रिकी को ही एकमात्र सही और निर्विवाद सैद्धांतिक विज्ञान माना जाता था। लेकिन जल्द ही कुछ नई प्रयोगात्मक घटनाएं देखी गईं जिन्हें क्लासिकल यांत्रिकी द्वारा समझाया नहीं जा सका। इसमें ब्लैक बॉडी रेडिएशन, फोटो-इलेक्ट्रिक इफेक्ट, कॉम्पटन इफेक्ट, एटॉमिक स्पेक्ट्रम, सॉलिड की हीट कैपेसिटी आदि शामिल हैं। स्थान और समय की कमी के कारण, प्रत्येक प्रयोगात्मक घटना के बारे में विस्तृत चर्चा इस लेख के दायरे से बाहर है। कुल मिलाकर, उपर्युक्त प्रायोगिक परिघटनाओं की सही व्याख्या ने दो महत्वपूर्ण निष्कर्ष निकाले:

1. ऊर्जा को परिमाणित किया जाता है या कोई कह सकता है कि इसे केवल क्वांटम (quanta) नामक असतत पैकेट में स्थानांतरित किया जा सकता है।
2. प्रकाश (या विकिरण) कण जैसा व्यवहार प्रदर्शित करता है।

ये दो नई अवधारणाएं क्वांटम यांत्रिकी के क्षेत्र की उत्पत्ति का आधार थीं। क्लासिकल यांत्रिकी उपर्युक्त प्रायोगिक घटना की व्याख्या करने में विफल रही क्योंकि क्लासिकल यांत्रिकी विद्युत चुम्बकीय विकिरण को केवल एक तरंग घटना मानते थे।

लेकिन अब ऐसा लगता है कि विकिरण दोहरी प्रकृति को दर्शाता है। कुछ मामलों में, यह एक तरंग (परावर्तन, अपवर्तन, विवर्तन आदि) की तरह व्यवहार करता है और कभी-कभी यह खुद को एक कण के रूप में प्रकट करता है, फोटॉन (एक फोटॉन

विद्युत चुम्बकीय ऊर्जा की एक एकल मात्रा है या कोई कह सकता है कि फोटॉन क्वांटा हैं [क्वांटम का बहुवचन] विद्युत चुम्बकीय ऊर्जा का जिसका अर्थ है कि ऊर्जा की मात्रा निर्धारित की जाती है और इसे केवल hν आकार की असतत इकाइयों (या पैकेट) में ऊर्जा $E = h\nu$ (फोटोइलेक्ट्रिक प्रभाव, कॉम्पटन प्रभाव, आदि) के साथ स्थानांतरित किया जा सकता है । इसमें कोई भी बात गलत नहीं है।

1924 में, लुई डी ब्रोगली ने इस स्थिति के लिए कुछ तर्क सुझाए। ब्रोगली ने कहा कि प्रकृति स्वयं को दो रूपों में प्रकट करती है–पदार्थ और विकिरण। यदि विकिरण का दोहरा व्यवहार होता है, तो समरूपता के कारण पदार्थ का भी दोहरा व्यवहार होना चाहिए। ब्रोगली ने सुझाव दिया कि कणों में तरंग-समान गुण होते हैं जिनकी विशेषता तरंग दैर्ध्य होती है,

$$\lambda = \frac{h}{p}$$

जहाँ λ तरंगदैर्घ्य (तरंग प्रकृति) है और p कण का संवेग है ($p = m\nu$, कण कि प्रकृति है)। पदार्थ की तरंग प्रकृति की पुष्टि सबसे पहले डेविसन और जर्मर प्रयोग द्वारा की गई थी। इसने मामले में तरंग-कण द्वैत: (WAVE-PARTICLE DUALITY) की स्थापना की।

पदार्थ के तरंग-कण द्वैत के साथ-साथ विकिरण के प्रत्यक्ष परिणाम ने **हाइजेनबर्ग अनिश्चितता सिद्धांत** को जन्म दिया। यह सिद्धांत बताता है कि एक कण की स्थिति और गति को एक साथ स्वेच्छया से उच्च परिशुद्धता के साथ नहीं मापा जा सकता है।

$$\Delta x.\, \Delta p_x \geq \frac{h}{4\pi}$$

यदि हम अपने चारों ओर देखें, तो हमें एक ही समय में बड़े मैक्रोस्कोपिक पदार्थ का पता लगाने और उनके वेगों को निर्धारित करने में कोई कठिनाई नहीं होती है। हालाँकि, सूक्ष्म पदार्थ के लिए ऐसा नहीं है। कोई वस्तु तब दिखाई देती है जब प्रकाश का कोई फोटान वस्तु से टकराकर मानव नेत्र में प्रवेश करता है। अनिश्चितता की एक निश्चित सीमा के भीतर कण की स्थिति को मापने के लिए $\Delta x$, हमें अनिश्चितता सीमा से छोटे तरंग दैर्ध्य के λ प्रकाश का उपयोग करना चाहिए। लेकिन डी ब्रोगली के संबंध से, हम जानते हैं कि तरंग दैर्ध्य जितना छोटा होगा, फोटॉन का संवेग उतना ही बड़ा होगा। इसलिए, जब प्रकाश कण से टकराता है, तो वह कण को अपना कुछ या पूरा संवेग दे देता है। नतीजतन, कण की गति अनिश्चित हो जाएगी $\Delta p_x$। इस प्रकार, जितने अधिक सटीक रूप से हम एक कण की स्थिति निर्धारित करते हैं, उतना ही हम इसकी गति ($\Delta p_x$) को भंग करते हैं। यह हाइजेनबर्ग अनिश्चितता सिद्धांत का आधार है।

हाइजेनबर्ग के साथ अनिश्चितता का सिद्धांत ऑर्बिटल की अवधारणा में आया। बोहर का परमाणु मॉडल एक ऐसा मॉडल था जिसे व्यापक रूप से सराहा गया लेकिन बाद में इसे परमाणु के क्वांटम सिद्धांत से बदल दिया गया। बोहर ने माना कि एक परमाणु में इलेक्ट्रॉन नाभिक के चारों ओर स्थिर वृत्ताकार पथों में परिक्रमा करते हैं जिन्हें (कक्षा) Orbit कहते हैं। कक्षा की यह अवधारणा हाइजेनबर्ग अनिश्चितता सिद्धांत के अनुसार मान्य नहीं है क्योंकि एक कण के प्रक्षेपवक्र (trajectory) को केवल तभी परिभाषित किया जा सकता है जब उसकी स्थिति और गति को सटीकता के साथ एक साथ जाना जाता है। हाइजेनबर्ग अनिश्चितता सिद्धांत का एक महत्वपूर्ण परिणाम यह है कि कोई एक गतिमान सूक्ष्म कण का मार्ग निर्धारित नहीं कर सकता है। बोहर की कक्षा की अवधारणा विफल हो गई और कक्षीय (Orbital) द्वारा प्रतिस्थापित कर दी गई। अनिश्चितता के सिद्धांत के संदर्भ में, कोई केवल नाभिक के चारों ओर अंतरिक्ष के एक विशेष क्षेत्र में एक इलेक्ट्रॉन का पता लगाने की संभावना या सापेक्ष संभावना का अनुमान लगा सकता है, अर्थात कोई केवल यह अनुमान लगा सकता है कि एक इलेक्ट्रॉन के मिलने की सबसे अधिक संभावना कहा है।

### 1.1.3 क्वांटम यांत्रिकी के मूल सिद्धांत

पदार्थ के दोहरे व्यवहार और अनिश्चितता के सिद्धांत ने क्वांटम यांत्रिकी को जन्म दिया। इन विचारों ने श्रोडिंगर और हाइजेनबर्ग को प्रेरित किया और उन्होंने स्वतंत्र रूप से सूक्ष्म पदार्थ के व्यवहार का अध्ययन करने के लिए 1925 (श्रोडिंगर–वेव मैकेनिक्स और हाइजेनबर्ग–मैट्रिक्स मैकेनिक्स) में क्वांटम मैकेनिक्स तैयार किया। पहली नज़र में, दो दृष्टिकोण अलग-अलग दिखाई दिए, लेकिन

बाद में डिराक और न्यूमैन ने दिखाया कि संक्षेप में दो सूत्र गणितीय रूप से समकक्ष हैं। यहां, हम श्रोडिंगर क्वांटम सिद्धांत के आधार पर चर्चा करेंगे।

**श्रोडिंगर क्वांटम यांत्रिकी (Schrödinger Quantum Mechanics):** श्रोडिंगर ने डी ब्रोगली द्वारा सुझाए गए कणों की तरंग प्रकृति को ध्यान में रखते हुए सूक्ष्म कणों के व्यवहार की व्याख्या करने के लिए क्वांटम सिद्धांत का प्रस्ताव रखा। श्रोडिंगर समीकरण आंशिक अवकल समीकरण के रूप में चारों ओर लोकप्रिय है, जो एक सूक्ष्म कण के व्यवहार को एक फलन फंक्शन/ वेव फंक्शन $\psi$ के रूप में वर्णन करता है।

श्रोडिंगर समीकरण के दो प्रकार हैं - एक समय पर निर्भर है और दूसरा समय से स्वतंत्र। वेव फंक्शन कण की स्थिति और समय, का एक फलन है: $\psi$ (x, y, z, t), यह समय पर निर्भर श्रोडिंगर समीकरण है, जबकि समय-स्वतंत्र श्रोडिंगर समीकरण में यह स्थिति,के एक फलन के लिये $\psi$ (x, y, z,) है। यहां, श्रोडिंगर के समय-स्वतंत्र क्वांटम यांत्रिकी तक ही चर्चा सीमित है।

समय स्वतंत्र श्रोडिंगर समीकरण का रूप है,

$$\hat{H}\psi = E\psi$$

जहां Hamiltonian $\hat{H}$ ऑपरेटर वेव फंक्शन $\psi$ पर कार्य करता है और परिणाम एक ही वेव फंक्शन के लिए आनुपातिक है $\psi$ (स्थिर अवस्था) समानुपातिक स्थिरांक, E है, जो अवस्था की ऊर्जा है $\psi$।

वेव फंक्शन $\psi$ (भी अवस्था फलनया eigen फलन कहा जाता है) के बारे में जानकारी का भंडार है। श्रोडिंगर समीकरण का दिल "वेव-फ़ंक्शन" है जिसमें सिस्टम के बारे में सभी जानकारी शामिल है जो इसका वर्णन करती है।

दिलचस्प बात यह है कि तरंग-फ़ंक्शन का कोई स्पष्ट अर्थ नहीं है। मैक्स बोर्न ने वेव फंक्शन $\psi$ की सही सांख्यिकीय व्याख्या दी जिसके लिए 1954 में उन्हें नोबेल पुरस्कार दिया गया। बोर्न के अनुसार $\psi$ का कोई वास्तविक महत्व नहीं है। यह प्रणाली के निर्देशांकों का केवल एक गणितीय कार्य है। उन्हें $\psi$ के रूप में **संभावना आयाम (Probability Amplitude)** और $\psi^2$ or $\psi\cdot\psi^*$, **प्रायिकता घनत्व (Probability Density)** प्रणाली के महत्व का कहा जाता है। यह एक प्रणाली का उस बिंदु पर (किसी दिए गए स्थान में एक कण खोजने की संभावना) संभाव्यता घनत्व का माप है।

परमाणुओं के संदर्भ में, परमाणु कक्षक ($\psi$) नाभिक के चारों ओर एक त्रिविमीय क्षेत्र होता है जिसके भीतर एक निश्चित ऊर्जा वाले इलेक्ट्रॉन के मिलने की संभावना अधिकतम होती है।

श्रोडिंगर समीकरण के समाधानों की संख्या की कोई सीमा नहीं है। हालांकि, तरंग-फ़ंक्शन के भौतिक यथार्थवादी समाधान के लिए कई शर्तों की आवश्यकता होती है। तो, एक स्वीकार्य तरंग-फ़ंक्शन वह है जो है–

- एकल मूल्यवान (Single valued)
- सतत और दुगना अवकलनीय
- परिमित
- सीमा की स्थिति को संतुष्ट करें(Satisfy Boundary condition)
- सामान्यीकृत

वे तरंग-फलन जो उपरोक्त शर्तों को पूरा करते हैं, वेल बिहेव्ड वेव-फ़ंक्शन कहलाते हैं।

### 1.1.4 एक आयामी बॉक्स (one-dimensional box) में कण के लिए क्वांटम यांत्रिक अध्ययन–मॉडल प्रणाली

मान लीजिए कि द्रव्यमान $m$ का एक कण एक आयामी बॉक्स $d$ में संलग्न है (ताकि हम जान सकें कि इसकी स्थिति बॉक्स की सीमाओं के भीतर है), मान लें कि $x$ अक्ष के साथ और $x$ से अंतरिक्ष के क्षेत्र में जाने के लिए प्रतिबंधित है $x = 0$ से $x = L$ और यह कि बॉक्स के भीतर इसकी स्थितिज ऊर्जा (PE) स्थिर है और सुविधा के लिए इसे शून्य के बराबर लिया गया है।

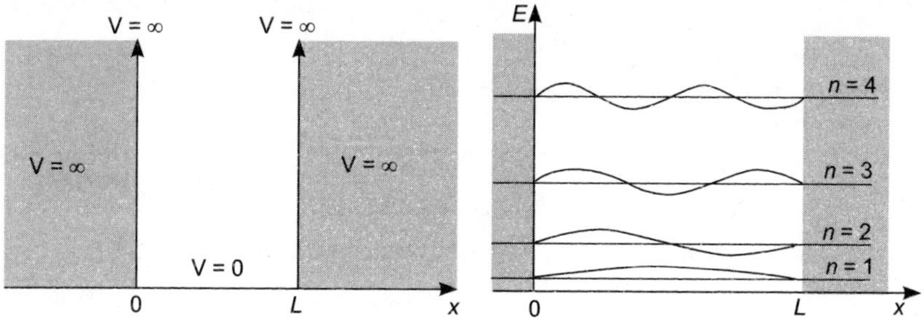


*चित्र 1.1: एक आयामी बॉक्स में एक कण P.E. = 0, बॉक्स के अंदर. P.E. = ∞ के साथ बॉक्स की दीवारों पर और बॉक्स से बाहर।*

$$\text{Schrödinger Equation} = \frac{-h^2}{8\pi^2 m} \cdot \frac{d^2}{dx^2}\psi(x) = E\psi(x)$$

$$\psi(x) = \sqrt{\frac{2}{L}}\sin\left(\frac{n\pi}{L}x\right)$$

उपरोक्त समीकरण एक आयामी बॉक्स में कण के लिए सामान्यीकृत तरंग-फ़ंक्शन (normalized wave-function) देता है।

$$E = \frac{n^2h^2}{8mL^2} \quad \text{where } n = 1, 2, 3 \ldots \text{ but } n \neq 0$$

समीकरण द्वारा दिए गए ऊर्जा के अनुमत मान निकाय के **ऊर्जा स्तर** कहलाते हैं। यहां यह भी देखा गया है कि एक आयामी बॉक्स में एक कण की ऊर्जा मात्राबद्ध होती है। कण के पास जो न्यूनतम ऊर्जा हो सकती है उसे **शून्य बिंदु ऊर्जा** या **जमीनी अवस्था ऊर्जा $E_0$** कहा जाता है। ध्यान दें कि, $n = 0$ यदि तरंग फलन हर जगह गायब हो जाता है और हम अपना कण खो देते हैं। बॉक्स में कण के $\psi$ लिए , कम से कम ऊर्जा मूल्य या जमीनी अवस्था ऊर्जा के लिए परिभाषित किया गया है, $n = 1$, ताकि $E_0 = \dfrac{h^2}{8mL^2}$।

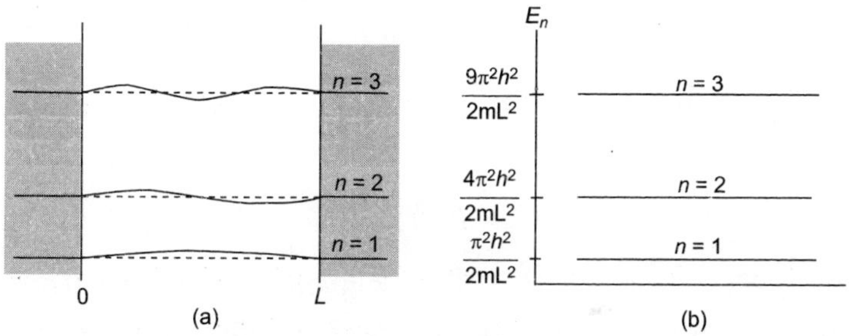


*चित्र 1.2: पहले चार तरंगों के लिए ψn (x) ψn (x) का एक प्लॉट।*

एक 3 आयामी बॉक्स **में एक कण के लिए** यह मॉडल के विस्तार के रूप में **श्रोडिंगर समीकरण,** एक तीन आयामी बॉक्स :

$$-\left(\frac{h^2}{8\pi^2 m}\nabla^2\right)\psi = E\psi$$

$$-\left(\frac{h^2}{8\pi^2 m}\left(\frac{\partial^2}{\partial x^2}+\frac{\partial^2}{\partial y^2}+\frac{\partial^2}{\partial z^2}\right)\right)\psi = E\psi$$

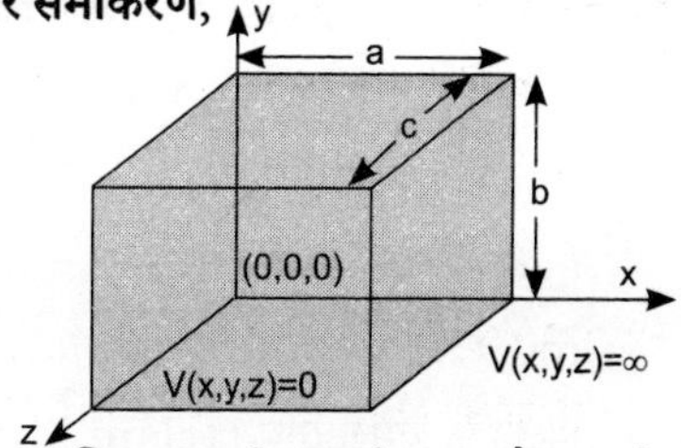


*चित्र 1.3: तीन लंबाई : a, b और c, वाले 3D बॉक्स में कण*

$$E = \frac{h^2}{8m}\left(\frac{n_x^2}{a^2}+\frac{n_y^2}{b^2}+\frac{n_z^2}{c^2}\right)$$

$$\psi(x, y, z) = \sqrt{\frac{2}{a}}\sin\left(\frac{n_x \pi x}{a}\right)\sqrt{\frac{2}{b}}\sin\left(\frac{n_y \pi y}{b}\right)\sqrt{\frac{2}{c}}\sin\left(\frac{n_z \pi z}{c}\right)$$

क्वांटम यांत्रिक रूप से सिस्टम को समझने के लिए यह उपचार संयुग्मित पॉलीन (conjugated polyenes) तक बढ़ाया जाता है।

## 1.1.5. क्वांटम यांत्रिकी और परमाणु संरचना

क्वांटम यंत्रवत् जांच की गई सबसे सरल रासायनिक प्रणाली है–

हाइड्रोजन परमाणु (दो समस्या–एक इलेक्ट्रॉन और एक नाभिक)। इसके लिए हैमिल्टनियन प्रणाली में तीन पद हैं– इलेक्ट्रॉन के लिए गतिज ऊर्जा पद, गतिज ऊर्जा पद के लिए नाभिक और इलेक्ट्रॉन, स्थितिज ऊर्जा नाभिक आकर्षण। इसके लिए श्रोडिंगर समीकरण प्रणाली का रूप है,

$$\left[-\frac{h^2}{8\pi^2}\frac{1}{\mu}\left(\frac{\partial^2}{\partial x^2}+\frac{\partial^2}{\partial y^2}+\frac{\partial^2}{\partial z^2}\right)\psi-\frac{ze^2}{4\pi\ \varepsilon_0 r}\psi\right] = E\psi \quad \text{जहां } \mu = \frac{1}{m_e}+\frac{1}{m_n}$$

इस श्रोडिंगर समीकरण को अलग नहीं किया जा सकता क्योंकि संभावित ऊर्जा शब्द कार्टेशियन निर्देशांक में समाधान की अनुमति नहीं देता है। इसलिए, हाइड्रोजन परमाणु के कार्टेशियन निर्देशांक में यह श्रोडिंगर समीकरण परमाणु की गोलाकार समरूपता के कारण गोलाकार ध्रुवीय निर्देशांक में परिवर्तित हो जाता है और हम प्राप्त करते हैं,

$$\left(\left[\left\{\frac{\partial}{\partial r}\left(r^2\frac{\partial}{\partial r}\right)+\frac{1}{sin\theta}\frac{\partial}{\partial\theta}\left(sin\theta\frac{\partial}{\partial\theta}\right)+\frac{1}{\sin^2\theta}\frac{\partial^2}{\partial\varphi^2}\right\}\right]+\frac{8\pi^2\mu r^2}{h^2}\left[E_{ele}-V\right]\right)\psi_{r\theta\ \varphi}=0$$

इस प्रणाली के लिए तरंग-कार्य निर्भर पाया जाता है $r$, $\theta$ and $\varphi$;; और इसलिए इसे रेडियल और कोणीय भागों के उत्पाद के रूप में लिया जाता है।

$$\psi_{r\theta\varphi} = R(r)\cdot\Theta(\theta)\cdot\Phi(\varphi)$$

रेडियल फंक्शन ($R(r)$) केन्द्रक से अलग-अलग दूरी पर इलेक्ट्रॉन घनत्व के बारे में जानकारी देता है,

जबकि कोणीय फलन ($Y = \Theta(\theta)\cdot\Phi(\varphi)$) कक्षकों के आकार और अंतरिक्ष में इसकी दिशा देता है। परमाणु के लिए श्रोडिंगर समीकरण के समाधान का सबसे पुरस्कृत परिणाम, पूर्णांकों के एक सेट की घटना है (जिसे क्वांटम संख्या कहा जाता है) हर बार एक तरंग समीकरण को लागू सीमा शर्तों के साथ हल किया जाता है। जिसका समाधान हाइड्रोजन परमाणु श्रोडिंगर समीकरण से प्राप्त क्वांटम संख्याएं हैं

$n$ (प्रमुख क्वांटम संख्या; $n = 1, 2, 3..$),

$l$ (अजीमुथल क्वांटम संख्या; $l = 0, \ldots n - 1$) और

m (चुंबकीय क्वांटम संख्या; $m = -l, \ldots, 0 \ldots.., + l$।

हालांकि, हैमिल्टनियन (Hamiltonian) में इलेक्ट्रॉन-इलेक्ट्रॉन प्रतिकर्षण शर्तों की उपस्थिति के कारण श्रोडिंगर समीकरण को बहु-इलेक्ट्रॉन प्रणाली के लिए ठीक से हल नहीं किया जा सकता है। मूलभूत कठिनाई इस तथ्य के कारण उत्पन्न होती है कि प्रत्येक

इलेक्ट्रॉन प्रत्येक दूसरे इलेक्ट्रॉन को प्रतिकर्षित करता है ताकि प्रत्येक इलेक्ट्रॉन की गति अन्य सभी की गति पर निर्भर हो। हालांकि, अनुमानित तरीकों का उपयोग करके उचित सटीकता के समाधान प्राप्त किए जा सकते हैं। एक बहु-इलेक्ट्रॉन परमाणु के लिए कुल तरंग-फ़ंक्शन का निर्माण विभिन्न ऊर्जा वाले परमाणु कक्षीय से किया जा सकता है। ये परमाणु कक्षक एक इलेक्ट्रॉन के निर्देशांकों का एक फलन होते हैं और उनके कोणीय भाग का आकार हाइड्रोजन परमाणु के समान होता है (यह $l$ और $m$ पर निर्भर करता है)। हालांकि, उनका रेडियल भाग ($n$, $l$ और परमाणु चार्ज $z$ पर निर्भर करता है) अलग है, जो इलेक्ट्रॉनों के बीच पारस्परिक प्रतिकर्षण को भी ध्यान में रखता है। कुल मिलाकर, हाइड्रोजन परमाणु का क्वांटम यांत्रिक समाधान परमाणु संरचना की नींव रखता है। इस प्रकार परिभाषित क्वांटम संख्याएं एक कक्षीय में मौजूद इलेक्ट्रॉन को नामित करने में मदद करती हैं। एक परमाणु के विभिन्न कक्षकों में इलेक्ट्रॉनों का वितरण इलेक्ट्रॉनिक विन्यास देता है।

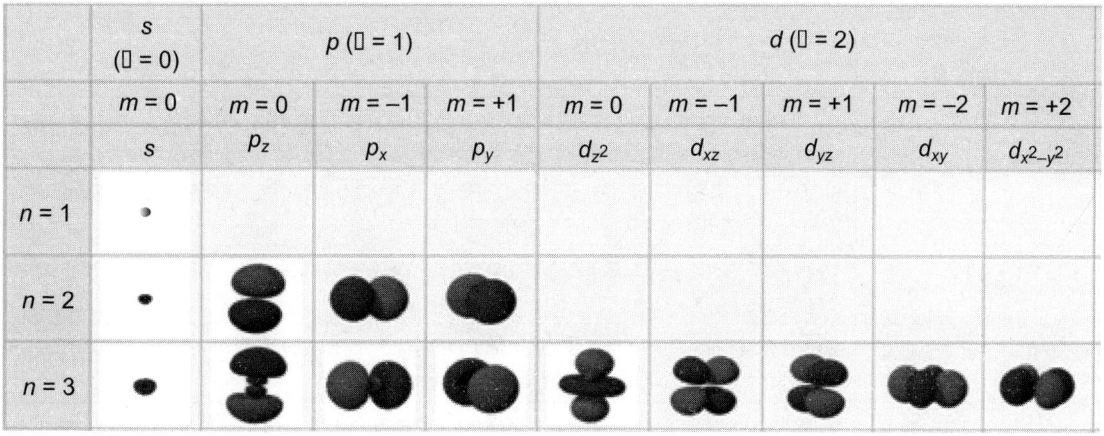


*चित्र 1.4: क्वांटम संख्याओं से व्युत्पन्न कक्षकों और उप-कक्षकों के आकार*

आफ़बौउ (Aufbau) के नियम का उपयोग करके कोई भी विभिन्न तत्वों में इलेक्ट्रॉनों को भर सकता है।

***आफ़बौउ*** नियम, कहता है कि एक परमाणु या आयन की जमीनी अवस्था में, इलेक्ट्रॉन उच्च स्तर पर कब्जा करने से पहले सबसे कम उपलब्ध ऊर्जा स्तरों के परमाणु कक्षाओं को भरते हैं।

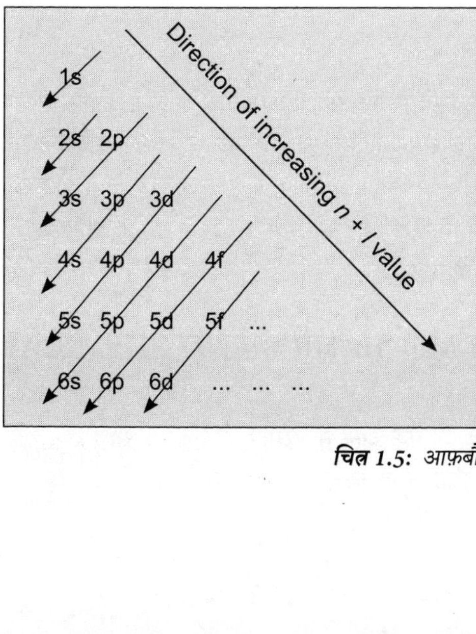


इस प्रकार इलेक्ट्रॉनिक विन्यास की भविष्यवाणी करने में मदद करने के लिए दो सामान्य नियमों का उपयोग करते हुए, बढ़ती ऊर्जा के क्रम में कक्षाएँ भरी जाती हैं:

1. (n+ℓ) के बढ़ते हुए मान के क्रम में इलेक्ट्रॉनों को कक्षकों को नियत किया जाता है।
2. (n+ℓ) के समान मान वाले उपकोशों के लिए, इलेक्ट्रॉनों को पहले निम्न $n$ वाले उपकोश में नियत किया जाता है।

*चित्र 1.5: आफ़बौउ के नियम के अनुसार इलेक्ट्रॉनों का भरना*

तालिका 1.1: ऐतिहासिक समय-रेखाएं

| साल | वैज्ञानिक | योगदान |
|---|---|---|
| 1600's | हाइजेन्स और न्यूटन | पदार्थ की दोहरी प्रकृति का विचार 1600 के दशक में वापस आया जब प्रकाश के दो प्रतिस्पर्धी सिद्धांतों को हाइजेन्स (जिन्होंने प्रस्तावित प्रकाश में तरंगें होती हैं) और न्यूटन (जिन्होंने प्रस्तावित प्रकाश में कण होते हैं) द्वारा प्रस्तावित किया गया था। |
| 1900 | मैक्स प्लैंक | इस विशेष तिथि को "क्वांटम यांत्रिकी के जन्म की तारीख" के रूप में संदर्भित, मैक्स प्लैंक ने जर्मन फिजिकल सोसाइटी की बैठक में ब्लैक बॉडी विकिरण की व्याख्या करने के लिए समीकरण दिया। |
| 1909 | जेफ्री इनग्राम टेलर | प्रदर्शित किया कि प्रकाश के हस्तक्षेप पैटर्न तब भी उत्पन्न हुए जब प्रकाश ऊर्जा में केवल एक फोटॉन शामिल था (तरंग-कण द्वैत को दर्शाता है) |
| 1911 | लॉर्ड आर अदरफोर्ड | परमाणु संरचना का प्रस्तावित परमाणु सिद्धांत |
| 1913 | नील्स बोहर | बोह्र दी मॉडल, जिसके अनुसार इलेक्ट्रॉन की एक परमाणु चाल में करीब वृत्ताकार मार्ग कहा जाता कक्षाओं। प्रत्येक कक्षा एक निश्चित मात्रा में ऊर्जा से जुड़ी होती है। इलेक्ट्रॉन चलती में कक्षाओं न अवशोषित या फेंकना ऊर्जा। यह बोह्र मॉडल सकता है समझाने सफलतापूर्वक हाइड्रोजन परमाणु स्पेक्ट्रम। हालांकि, यह एक से अधिक इलेक्ट्रॉन वाले परमाणुओं की बारीक संरचना और परमाणु स्पेक्ट्रम की व्याख्या नहीं कर सका। |
| 1923 | लुई डी ब्रोगली | 1929 में एक नोबेल पुरस्कार विजेता ने कणों के लिए तरंग-कण द्वैत का विस्तार किया, कि गति में इलेक्ट्रॉन तरंगों से जुड़े होते हैं। |
| 1925 | वर्नर हाइजेनबर्ग | उन्हें 1932 में "क्वांटम यांत्रिकी के निर्माण के लिए" भौतिकी के नोबेल पुरस्कार से सम्मानित किया गया था। उन्होंने मैट्रिक्स यांत्रिकी और अनिश्चितता सिद्धांत भी तैयार किया |
| 1926 | इरविन श्रोडिंगर | क्वांटम यांत्रिकी के संस्थापक। उन्होंने गणितीय रूप से तरंग समीकरण विकसित किया, जिसे श्रोडिंगर समीकरण के रूप में जाना जाता है। उन्हें 1933 में नोबेल पुरस्कार से सम्मानित किया गया था। |

## ICT का उपयोग

- https://en.wikipedia.org/wiki/Atomic_orbital
- https://chem.libretexts.org/Ancillary_Materials/Laboratory_Experiments/Dry_Lab_Experiments/Simulation%3A_Probabilistic_Interpretation_of_Atomic_Orbitals_(Dry_Lab)

### रोचक तथ्य

- **जीपीएस या ग्लोबल पोजिशनिंग सिस्टम** - उपग्रहों का एक नेटवर्क है जिसने स्थानों और दिशाओं को खोजना काफी आसान बना दिया है। GPS तारामंडल के प्रत्येक उपग्रह में परमाणु घड़ियों का एक समूह शामिल होता है और ये परमाणु घड़ियाँ समय को मापने के लिए क्वांटम सिद्धांत के सिद्धांतों का उपयोग करती हैं।
- **प्रतिदीप्त प्रकाश** - ट्यूबों या उन घुंघराले बल्बों से आपको जो प्रकाश मिल रहा है, वह क्वांटम घटना का ही परिणाम है। फ्लोरोसेंट रोशनी में, पारा वाष्प की एक छोटी मात्रा प्लाज्मा में उत्तेजित होती है।

## 1.2 क्वांटम यांत्रिकी और रासायनिक बंधन (QUANTUM MECHANICS AND CHEMICAL BONDING)

एक रासायनिक बंधन को उस बल के रूप में परिभाषित किया जा सकता है जो एक अणु में परमाणुओं को एक साथ रखता है। अणुओं में रासायनिक बंधन को क्वांटम यांत्रिक रूप से दो लोकप्रिय सिद्धांतों, संयोजकता बंधन सिद्धांत (Valence Bond

Theory ,VBT) और आणविक कक्षीय सिद्धांत (Molecular Orbital Theory, MOT) के माध्यम से समझाया गया है। ये दोनों दृष्टिकोण एक अनुमान/अनुमानित तरंग-कार्य मानते हैं लेकिन भौतिक व्याख्या अलग है। संयोजकता बंधन सिद्धांत परमाणु ऑर्बिटल्स में वैलेंस इलेक्ट्रॉनों के ओवरलैपिंग द्वारा बॉन्ड गठन पर विचार करती है और संकरण की अवधारणा देती है। जबकि, मॉलिक्यूलर ऑर्बिटल थ्योरी आणविक ऑर्बिटल्स बनाने के लिए परमाणु ऑर्बिटल्स के संयोजन और व्यवस्था के संदर्भ में बॉन्डिंग का वर्णन करती है जो कि पूरे अणु से जुड़े होते हैं।

इस तरह क्वांटम यांत्रिक व्यवहार को संयुग्मित अणुओं के लिए अधिक उपयुक्त सन्निकटन के माध्यम से बढ़ाया गया है (संयुग्मित अणुओं की संरचनाओं का अध्ययन करने के लिए एक लोकप्रिय दृष्टिकोण Hückel आणविक कक्षीय सिद्धांत के माध्यम से है), संकुलों और यहां तक कि पॉलिमर भी। विभिन्न बहु-इलेक्ट्रॉन परमाणुओं और अणुओं के क्वांटम यांत्रिक अनुमानों से प्राप्त परिणाम/रुझान प्रयोगात्मक परिणामों के साथ अच्छे समझौते में हैं और इस कारण से, क्वांटम यांत्रिक तरंग-फ़ंक्शन व्याख्याओं को स्वीकार्यता मिली है।

### 1.2.1 आणविक कक्षीय सिद्धांत

संयोजक बंध सिद्धांत जैसे कुछ सवालों के जवाब देने में विफल रहता है क्यों $He_2$ अणु मौजूद नहीं है और यही कारण है कि $He_2$ पैरामैग्नेटिक है? इसलिए 1932 में एफ. हुंड और आरएस मुल्लिकेन (F. Hund and R.S. Mulliken) ने आण्विक कक्षीय सिद्धांत के रूप में जाना जाने वाला सिद्धांत पेश किया।

***आणविक कक्षीय सिद्धांत के अनुसार अलग-अलग परमाणु मिलकर आणविक कक्षा बनाते हैं, क्योंकि एक परमाणु के इलेक्ट्रॉन विभिन्न परमाणु कक्षाओं में मौजूद होते हैं और कई नाभिकों से जुड़े होते हैं।***

**होमोन्यूक्लियर डायटोमिक्स** - दो समान परमाणुओं वाले अणु Ex - $H_2$ , $N_2$ , $O_2$ , $F_2$।

**हेटेरोन्यूक्लियर डायटोमिक्स** - दो असमान परमाणुओं वाले अणु Ex -CO, NO, HF, LiF।

### 1.2.2 VBT और MOT की मुख्य विशेषताएं।

**VBT की विशेषताएं:**

1. एक केंद्रीय धातु आयन लिगैंड्स को निर्देशांक बंध बनाने के लिए रिक्त s, p और d कक्षीय की संख्या प्रदान करता है।
2. केंद्रीय धातु आयन द्वारा उपलब्ध कराए गए रिक्त कक्षकों की संख्या इसकी समन्वय संख्या के बराबर होगी।

**MOT की विशेषताएं:**

1. परमाणु कक्षक एक दूसरे के साथ विलय करके आण्विक कक्षक बनाते हैं।
2. अणुओं के इलेक्ट्रॉन परमाणु कक्षकों की ऊर्जा अवस्थाओं को भरने के समान आणविक कक्षकों की नई ऊर्जा अवस्थाओं को भरते हैं।

### 1.2.3 परमाणु ऑर्बिटल्स का रैखिक संयोजन (Linear Combination of Atomic Orbitals, LCAO)

**इस पद्धति के अनुसार कक्षकों का निर्माण परमाणु कक्षकों के रैखिक संयोजन** (जोड़ या घटाव) **के कारण होता है जो अणु बनाने के लिए संयोजित होते हैं।** दो परमाणु A और B पर विचार करें जिनके परमाणु कक्षक तरंग फलन $\Psi_A$ और $\Psi_B$ द्वारा वर्णित हैं। यदि इन दो परमाणुओं के इलेक्ट्रॉन बादल अतिव्यापन करते हैं, तो अणु के लिए तरंग फलन परमाणु कक्षक $\Psi_A$ और $\Psi_B$ रैखिक संयोजन द्वारा प्राप्त किया जा सकता है। अर्थात परमाणु कक्षकों के तरंग फलनों को घटाकर या जोड़ कर

$$\Psi_{MO} = \Psi_A \pm \Psi_B \ldots\ldots 1.6$$

उपरोक्त समीकरण दो आणविक कक्षक बनाता है

तालिका 1.2: बॉन्डिंग और एंटी-बॉन्डिंग आण्विक कक्षक

| बॉन्डिंग आण्विक ऑर्बिटल्स | एंटी-बॉन्डिंग आण्विक ऑर्बिटल्स |
|---|---|
| यह तब बनता है जब तरंग फलन का योग होता है। | यह तब बनता है जब तरंग फलन के घटाव से आण्विक कक्षक बनता है, |
| आण्विक कक्षीय बंधन के लिए समीकरण है $\Psi_{MO} = \Psi_A + \Psi_B$. | **आण्विक ऑर्बिटल्स प्रतिरक्षी** के लिए समीकरण है $\Psi_{MO} = \Psi_A - \Psi_B$. |
| के पास शामिल परमाणु कक्षाओं की तुलना में कम ऊर्जा है। | इनमें परमाणु कक्षकों की तुलना में अधिक ऊर्जा होती है। |
| यह चरण में होने वाले **रचनात्मक हस्तक्षेप के** समान है जिसके कारण इलेक्ट्रॉन संभाव्यता घनत्व बढ़ जाता है जिसके परिणामस्वरूप बंधन कक्षीय बनता है। | यह चरण से बाहर होने वाले **विनाशकारी हस्तक्षेप के** समान है जिसके परिणामस्वरूप अनबंध ऑर्बिटल्स का निर्माण होता है। |
| नीचे दिए गए चित्र में दिखाए गए दो s ऑर्बिटल्स के अतिव्यापी होने से बनने वाले बॉन्डिंग मॉलिक्यूलर ऑर्बिटल। | नीचे दिए गए चित्र में दर्शाए गए दो s कक्षकों के अतिव्यापन के घटाव द्वारा निर्मित आण्विक कक्षक। |
| **इसे σ द्वारा दर्शाया गया है।** | **इसे σ * द्वारा दर्शाया जाता है** |

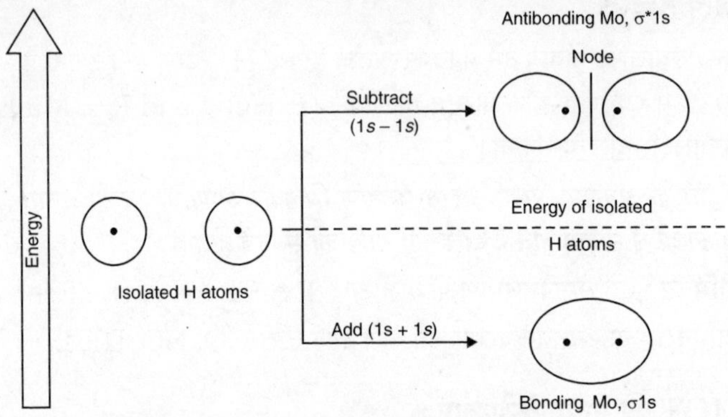


*चित्र 1.6: बॉन्डिंग और एंटी-बॉन्डिंग कक्षकों का गठन*

***इसलिए, दो परमाणु ऑर्बिटल्स के संयोजन के परिणामस्वरूप (BMO) के साथ आणविक कक्षीय बंधन बनता है जबकि अन्य एंटी-बॉन्डिंग आणविक कक्षीय (ABMO) होता है। BMO में कम ऊर्जा होती है और इसलिए ABMO की तुलना में अधिक स्थिरता होती है।***

**आणविक कक्षीय आरेख**

इलेक्ट्रॉनों का भरना

आइए अब सीखते हैं कि तीन बुनियादी नियमों को लागू करके MO आरेख कैसे बनाया जाता है।

- **औफबौ सिद्धांत** कहता है कि ऑर्बिटल्स सबसे कम ऊर्जा स्तरों से शुरू होते हैं।
- **पाउली अपवर्जन सिद्धांत** कहता है कि एक कक्षक में इलेक्ट्रॉनों की अधिकतम संख्या दो होती है, जिसमें विपरीत स्पिन होते हैं।
- **हुंड का नियम** कहता है कि जब समान ऊर्जा वाले कई MO होते हैं, तो इलेक्ट्रॉन एक समय में MO के एक पर कब्जा कर लेते हैं, इससे पहले कि दो इलेक्ट्रॉन एक ही MO पर कब्जा करें ।

## 1.2.4 ऊर्जा स्तर आरेख

कारक जिन पर आणविक कक्षकों की आपेक्षिक ऊर्जाएँ निर्भर करती हैं, वे हैं:

(*i*) परमाणु कक्षकों की ऊर्जाएं मिलकर आण्विक कक्षक बनाती हैं।

(*ii*) परमाणु कक्षकों के बीच अतिव्यापन की सीमा। ओवरलैप जितना अधिक होगा, उतना ही अधिक बॉन्डिंग ऑर्बिटल कम होगा और AO के सापेक्ष ऊर्जा में एंटी-बॉन्डिंग ऑर्बिटल को ऊपर उठाया जाएगा।

दो परमाणुओं के 1s परमाणु ऑर्बिटल्स (AOs) दो आणविक ऑर्बिटल्स (MOs) बनाते हैं जिन्हें $\sigma$1s और $\sigma^*$1s के रूप में नामित किया जाता है। 2s और 2p ऑर्बिटल्स (दो परमाणुओं के आठ AO) चार बॉन्डिंग MO और चार एंटी-बॉन्डिंग MO बनाते हैं :

**बॉन्डिंग MOs : 2s, $\sigma$ $2p_z$, $\pi$ $2p_x$, $\pi$ $2p_y$**

**एंटी-बॉन्डिंग MO$\sigma$ : *2s, $\sigma$ *$2p_z$, $\pi$ *$2p_x$, $\pi$ *$2p_y$**

स्पेक्ट्रोस्कोपी का उपयोग करके, इन आणविक कक्षाओं के ऊर्जा स्तर प्रयोगात्मक रूप से निर्धारित किए जाते हैं। दो परमाणुओं के 1s, 2s और 2p कक्षकों के संयोजन से प्राप्त आण्विक कक्षकों की ऊर्जा में वृद्धि का क्रम है →

$$1s, \sigma^* \ \sigma \ 1s, \sigma \ 2s, \sigma^* 2s, \sigma \ 2p_z, 2p_x = \pi \ 2p_y, \pi^* \ \pi \ 2p_x = \pi \ ^*2p_y, \sigma \ ^*2p_z$$

(ऊर्जा बाएं से दाएं बढ़ती है)

लेकिन कुछ द्विपरमाणुक अणुओं के प्रायोगिक साक्ष्यों से पता चला है कि एमओ के ऊर्जा स्तरों का उपरोक्त क्रम सभी अणुओं के लिए सही नहीं है। उदाहरण के लिए, दुसरी पंक्ति के तत्वों जैसे $Li_2$, $Be_2$, $B_2$, $C_2$, $N_2$, 2pz MOs के होमोन्यूक्लियर डायटोमिक अणु $\pi$ $2p_x$ और $\pi$ $2p_y$ MOs की तुलना में ऊर्जा में अधिक हैं

इन परमाणुओं के लिए, क्रम है: →

1s, $\sigma^*$ $\sigma$1s, $\sigma$2s, $\sigma$ *2s, [$\pi$ $2p_x$ = $\pi$ $2p_y$], $\pi$ $2p_z$ [$\pi^*2p_x$= $\pi^*2p_y$], $\sigma^*2p_z$

**उदाहरण 1. हाइड्रोजन अणु - $H_2$**

एटॉमिक नंबर = 1

इलेक्ट्रॉनिक विन्यास–$1s^1$

MO के लिए ऊर्जा का क्रम – $\sigma$ 1s, $\sigma$ *1s

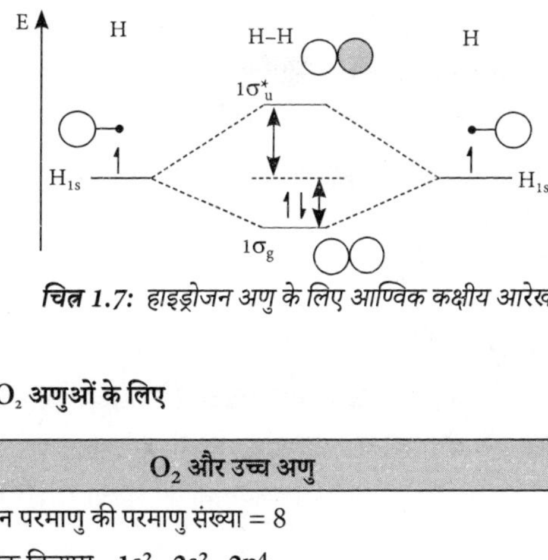


*चित्र 1.7: हाइड्रोजन अणु के लिए आण्विक कक्षीय आरेख*

**तालिका 1.3: ऊर्जा का आरेख $N_2$ और $O_2$ अणुओं के लिए**

| $N_2$ और निचले अणु | $O_2$ और उच्च अणु |
|---|---|
| नाइट्रोजन की परमाणु संख्या = 7<br>इलेक्ट्रॉनिक विन्यास - **$1s^2$, $2s^2$, $2p^3$**<br>**MO के लिए ऊर्जा का क्रम -**<br>**1s, $\sigma$ * $\sigma$1s, $\sigma$2s, $\sigma^*$2s, [$\pi$ $2p_x$ = $\pi$ $2p_y$],**<br>**$\sigma$ $2p_x$ [$\pi$ *$2p_x$ = $\pi$ *$2p_y$], $\sigma^*2p_z$** | ऑक्सीजन परमाणु की परमाणु संख्या = 8<br>इलेक्ट्रॉनिक विन्यास - **$1s^2$ , $2s^2$ , $2p^4$**<br>**MO के लिए ऊर्जा का क्रम -**<br>**1s, $\sigma^*$ $\sigma$1s, $\sigma$2s, $\sigma$ *2s, $\sigma$ $2p_z$, [$\pi 2p_x$ = $\pi 2p_y$], [$\pi^*2p_x$ = $\pi^*2p_y$], $\sigma$ *$2p_z$** |

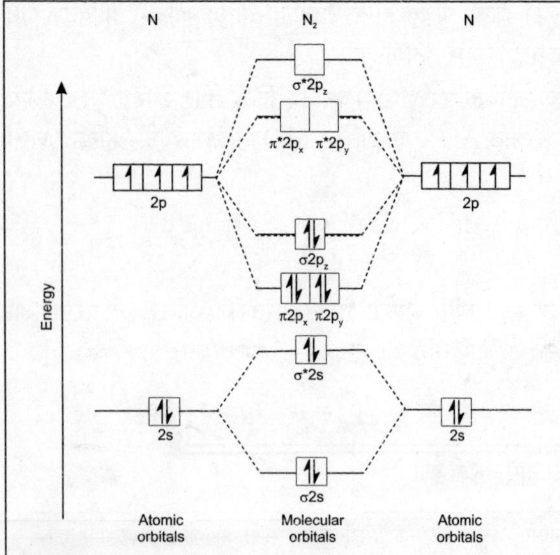


चित्र 1.8: ऊर्जा के आरेख $N_2$ के लिए और $N_2$ से निचले अणुओं के लिए

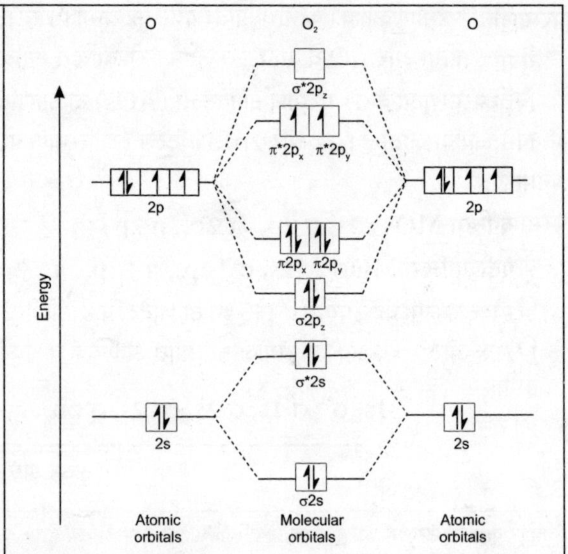


चित्र 1.9: ऊर्जा के आरेख $O_2$ के लिए और $O_2$ के ऊपर अणुओं के लिए

**व्याख्या**

**नाइट्रोजन, के साथ**, हम दो आणविक ऑर्बिटल्स को मिलाते हुए, ऊर्जा के प्रतिकर्षण को देखते हैं। यह एक परिचित व्यवस्था का उदाहरण है जिसे हम आरेख के द्वारा देख सकते हैं। ध्यान दें की कैसे सिग्मा बंध 2p से नाबंध की तरह व्यवहार करता है ये मिश्रण के करण ही संभव है। यह 2p $\sigma^*$ कक्षीय में ऊर्जा में एक बड़ी अंतर का कारण बनता है। **द्विपरमाणुक नाइट्रोजन का आबंध क्रम तीन है, और यह एक प्रतिचुंबकीय अणु है।**

**ऑक्सीजन**, का सेटअप $H_2$ के समान है , लेकिन अब हम 2s और 2p ऑर्बिटल्स पर विचार करते हैं। p

ऑर्बिटल्स से आणविक ऑर्बिटल्स बनाते समय, ध्यान दें कि तीन परमाणु ऑर्बिटल्स तीन आणविक ऑर्बिटल्स एक सिंगल डीजनरेट $\sigma$ और एक डबल डीजनरेट $\pi$ ऑर्बिटल में विभाजित हो जाते हैं। **द्विपरमाणुक ऑक्सीजन का आबंध क्रम दो है और ऑक्सीजन अनुचुंबकीय द्विपरमाणुक अणु का उदाहरण है,**

## 1.2.5 बंध क्रम

आबंधन कक्षकों में उपस्थित इलेक्ट्रॉनों की संख्या और प्रतिरक्षी कक्षक में उपस्थित इलेक्ट्रॉनों की संख्या के बीच के अंतर का आधा के रूप में बंध क्रम को परिभाषित किया जा सकता हैं,

$$\text{बंध क्रम (BO)} = \frac{(\text{इलेक्ट्रॉनों की संख्या BMO में - इलेक्ट्रॉनों की संख्या ABMO में})}{2} \quad ...(1.7)$$

धनात्मक बॉन्ड ऑर्डर वाले को स्थिर अणु माना जाता है, जबकि ऋणात्मक बॉन्ड ऑर्डर या शून्य बॉन्ड ऑर्डर वाले अस्थिर अणु होते हैं

**उदाहरण - डायटोमिक अणुओं नाइट्रोजन और ऑक्सीजन के बंधन क्रम की गणना करें।**

**समाधान** - बांड ऑर्डर की गणना के लिए प्रयुक्त सूत्र

$$\text{बंध क्रम (BO)} = \frac{(\text{इलेक्ट्रॉनों की संख्या BMO में - इलेक्ट्रॉनों की संख्या ABMO में})}{2}$$

**द्विपरमाणुक नाइट्रोजन अणु के लिए**

यू गाओ चित्र 1.9 -

$N_2$ का बॉन्ड ऑर्डर = (6 – 0) / 2

$N_2$ = 3 का बॉन्ड ऑर्डर

मतलब ट्रिपल बंधन ($N \equiv N$) नाइट्रोजन के दो परमाणुओं के बीच मौजूद नाइट्रोजन, $N_2$ के एक अणु के रूप में होगा।

**द्विपरमाणुक ऑक्सीजन अणु के लिए**

यू गाओ चित्र 1.10 -

$O_2$ का बांड क्रम = (6 – 2) / 2

$O_2$ = 2 का आबंध क्रम

इसका मतलब है कि डबल बॉन्ड (O=O) ऑक्सीजन के दो परमाणुओं के बीच मौजूद होगा, जिससे $O_2$ ऑक्सीजन, का एक अणु बनेगा।

### 1.2.6 बॉन्ड ऑर्डर द्वारा किया गया विश्लेषण

1. **स्थिरता:** यदि बॉन्ड ऑर्डर का मान धनात्मक है, तो यह एक स्थिर अणु को इंगित करता है और यदि मान ऋणात्मक या शून्य है, तो इसका मतलब है कि अणु अस्थिर है।
2. **आबंध वियोजन ऊर्जा:** किसी अणु की स्थिरता उसकी बंध वियोजन ऊर्जा से मापी जाती है। लेकिन बॉन्ड पृथक्करण ऊर्जा सीधे बॉन्ड ऑर्डर के समानुपाती होती है। अधिक बंधन ऑर्डर, अधिक से अधिक बंधन पृथक्करण ऊर्जा।
3. **बॉन्ड की लंबाई:** बॉन्ड ऑर्डर बॉन्ड की लंबाई के व्युत्क्रमानुपाती होता है। बॉन्ड ऑर्डर का मूल्य जितना अधिक होगा, बॉन्ड की लंबाई उतनी ही कम होगी। उदाहरण के लिए, नाइट्रोजन अणु में बंधन की लंबाई ऑक्सीजन अणु की तुलना में कम होती है।
4. **चुंबकीय व्यवहार:** यदि किसी पदार्थ के अणु में सभी इलेक्ट्रॉनों युग्मित होते है, तो पदार्थ प्रतिचुंबकीय (चुंबकीय क्षेत्र द्वारा प्रतिकर्षित) होता है। दूसरी ओर, यदि अणु में अयुग्मित इलेक्ट्रॉन होते हैं, तो पदार्थ अनुचुंबकीय (चुंबकीय क्षेत्र द्वारा आकर्षित) होता है।

## 1.3 चुंबकीय व्यवहार

यदि स्पीशीज़ में सभी आण्विक कक्षक स्पिन युग्मित हैं, तो पदार्थ प्रतिचुंबकीय है। लेकिन अगर एक या एक से अधिक आणविक ऑर्बिटल्स अकेले भरे हुए हैं , तो यह अनुचुंबकीय है।

**उदाहरण-** द्विपरमाणुक नाइट्रोजन का चुंबकीय गुण प्रतिचुंबकीय अणु है जबकि ऑक्सीजन का चुंबकीय गुण अनुचुंबकीय अणु का उदाहरण है।

**द्विपरमाणुक अणु नाइट्रोजन-**

नाइट्रोजन के p आबंधन आण्विक कक्षक में 6 इलेक्ट्रॉन होते हैं। $p^*$ एंटीबॉडी ऑर्बिटल में खाली ऑर्बिटल का मतलब है कि कोई इलेक्ट्रॉन नहीं है। p कक्षकों में उपस्थित सभी 6 इलेक्ट्रॉन युग्मित अवस्था में होते हैं, अयुग्मित इलेक्ट्रॉन की अनुपस्थिति के कारण यह प्रतिचुंबकीय अणु की तरह व्यवहार करता है।

### 1.3.1 द्विपरमाणुक अणु ऑक्सीजन -

ऑक्सीजन के p आबंधन आण्विक कक्षक में 6 इलेक्ट्रॉन होते हैं। $p^*$ प्रति बंधी कक्षक में दो अयुग्मित इलेक्ट्रॉन होते हैं अर्थात $p_x^*$ और $p_y^*$ प्रति बंधी कक्षक आधे इलेक्ट्रॉनों से भरे होते हैं। अयुग्मित इलेक्ट्रॉन की उपस्थिति के कारण यह अनुचुम्बकीय अणु की तरह व्यवहार करता है।

## 1.4 ब्यूटाडाईन (BUTADIENE) π - आण्विक कक्षा

ब्यूटाडीन के -आणविक कक्षक दो एथीन अणुओं के π-आणविक कक्षकों के संयोजन का परिणाम है। यह संयुग्मन के प्रभाव को दर्शाता है। दो बंधन ब्यूटाडीन आणविक कक्षा की समग्र ऊर्जा एथीन के लिए दो आणविक कक्षा की तुलना में कम है। इसका मतलब यह है कि ब्यूटाडीन थर्मोडायनामिक रूप से अधिक स्थिर है, जिसकी हम अपेक्षा कर सकते हैं यदि इसकी संरचना सिर्फ दो अलग-अलग दोहरे बंधन हैं।

### 1.4.1 HOMO और LUMO

ऊर्जा में सबसे अधिक भरे हुए MO को उच्चतम अधिकृत आणविक कक्षीय या HOMO कहा जाता है और इसके ठीक ऊपर का खाली MO सबसे निचला खाली आणविक कक्षीय या LUMO होता है। बॉन्डिंग MO के इलेक्ट्रॉनों को बॉन्डिंग इलेक्ट्रॉन कहा जाता है और एंटीबॉन्डिंग ऑर्बिटल में किसी भी इलेक्ट्रॉन को एंटीबॉन्डिंग इलेक्ट्रॉन कहा जाएगा।

व्याख्या

- ब्यूटाडीन के लिए HOMO एथीन के लिए HOMO के सापेक्ष ऊर्जा में अधिक है। इसका मतलब है कि न्यूक्लियोफाइल के प्रति एथीन की तुलना में ब्यूटाडीन अधिक प्रतिक्रियाशील होना चाहिए।
- ब्यूटाडीन के लिए LUMO एथीन के लिए LUMO की तुलना में ऊर्जा में कम है। नतीजतन, एथन की तुलना में ब्यूटाडीन न्यूक्लियोफाइल के प्रति अधिक प्रतिक्रियाशील होने की उम्मीद की जाएगी।
- तो जबकि ब्यूटाडीन दो अलग-अलग दोहरे बंधनों की तुलना में अधिक स्थिर है, यह अधिक प्रतिक्रियाशील भी है।

साथ में, ये अल्काइलेशन की सीमांत कक्षाएँ हैं, और ये प्रजातियों के रसायन को नियंत्रित करते हैं।

- न्यूक्लियोफाइल्स LUMO के साथ और इलेक्ट्रोफाइल्स HOMO के साथ इंटरैक्ट करेंगे, जिससे MO के नए जोड़े बनेंगे।
- अंत में, यहां चार p-ऑर्बिटल्स से निर्मित सिस्टम के लिए MO हैं: ब्यूटाडीन, $CH_2 = CH - CH = CH_2$.

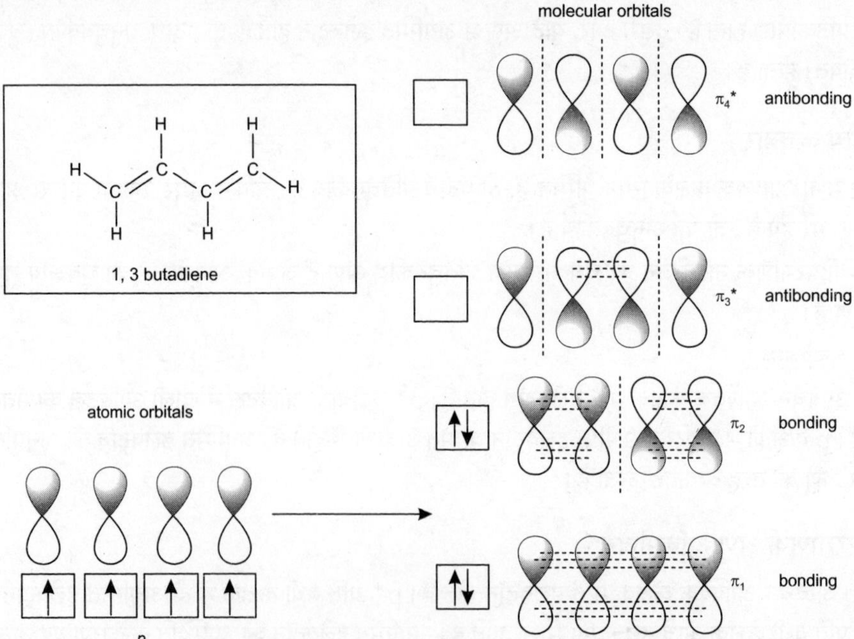


*चित्र 1.10: 1,3-ब्यूटाडीन अणु में बॉन्डिंग और एंटी-बॉन्डिंग कक्षक*

सबसे कम ऊर्जा वाले आणविक कक्षीय, $\pi_1$, में केवल रचनात्मक अंतःक्रिया और शून्य नोड होते हैं। ऊर्जा में उच्च, लेकिन पृथक p ऑर्बिटल्स की तुलना में अभी भी कम है, $\pi_2$ ऑर्बिटल में एक नोड है लेकिन दो रचनात्मक इंटरैक्शन हैं, इस प्रकार यह अभी भी एक बॉन्डिंग ऑर्बिटल है। दो एंटीबॉन्डिंग ऑर्बिटल्स को देखते हुए, $\pi_3$ में दो नोड और एक रचनात्मक इंटरैक्शन होता है, जबकि $\pi_4{}^*$ में तीन नोड और शून्य रचनात्मक इंटरैक्शन होते हैं।

ब्यूटाडीन में चार p इलेक्ट्रॉन होते हैं। दो सबसे कम MO में जाते हैं, और दो अगले में। इस प्रकार सभी इलेक्ट्रॉन अलग-अलग pऑर्बिटल्स की तुलना में कम ऊर्जा वाले ऑर्बिटल्स पर कब्जा कर लेते हैं, और इस प्रकार अणु दो डबल बॉन्ड की अंतःक्रिया से स्थिर हो जाता है।

## 1.5 बेंजीन की π - मोलेकुलर कक्षा और एरोमेटिकता (AROMATICITY)

MO सिद्धांत बताता है कि बेंजीन जैसे एरोमेटिक यौगिक काफी स्थिर क्यों हैं। आइए पहले समझें कि किसी दिए गए कार्बनिक यौगिक की संरचना से कैसे पता लगाया जाए कि यह एरोमेटिक है या नहीं।

### एरोमेटिकता

बेंजीन और अन्य कार्बनिक यौगिक कुछ विशिष्ट गुण प्रदर्शित करते हैं जो उन्हें अन्य यौगिकों से अलग करते हैं। इन्हीं विशिष्ट गुणों का निर्माण होता है जिसे एरोमेटिकता कहते हैं।

## 1.6 हकल का नियम (HUCKEL'S RULE): एरोमेटिकता के लिए मानदंड

क्वांटम यांत्रिकी के आधार पर ई. हकल ने 1931 में एरोमेटिकता से संबंधित एक नया कानून प्रस्तावित किया जिसे हकल का नियम कहा जाता है , "एक चक्रीय संयुग्मित यौगिक एरोमेटिक होगा, यदि इसके वलय में $(4n + 2)$ π इलेक्ट्रॉन होते हैं"।, यहाँ n = पूर्ण संख्या।

यह तय करते समय कि कोई यौगिक एरोमेटिक है या नहीं, निम्नलिखित चेकलिस्ट को देखें। यदि यौगिक निम्नलिखित सभी मानदंडों को पूरा नहीं करता है, तो यह प्रकृति में एरोमेटिक नहीं होने की संभावना है।

1. अणु चक्रीय है (परमाणुओं की एक वलय)
2. अणु प्लानर है (अणु में सभी परमाणु एक ही तल में होते हैं)
3. अणु पूरी तरह से संयुग्मित है , यानी लगातार delocalized है π इलेक्ट्रॉनों (रिंग में प्रत्येक परमाणु पर p ऑर्बिटल्स)
4. अणु में ( 4n + 2) π इलेक्ट्रॉन है ( जहां n पूर्णांक संख्या होती है)।

**( 4n + 2) π नियम लागू करने के लिए -**

1. सबसे पहले अणु में इलेक्ट्रॉनों की संख्या गिनें।
2. फिर, इस संख्या को $4n + 2$ के बराबर सेट करें और n के लिए हल करें।
3. अगर, यह एक पूर्ण संख्या (1, 2, 3, ...) है, तो नियम मिल गया है।

**उदाहरण के लिए** , बेंजीन में छह π इलेक्ट्रॉन होते हैं

$$4n + 2 = 6\pi$$

$$4n = 4$$

$$n = 1$$

बेंजीन के लिए , हम पाते हैं कि $n = 1$, है , जो एक धनात्मक पूर्णांक है,तो नियम मिल गया है।

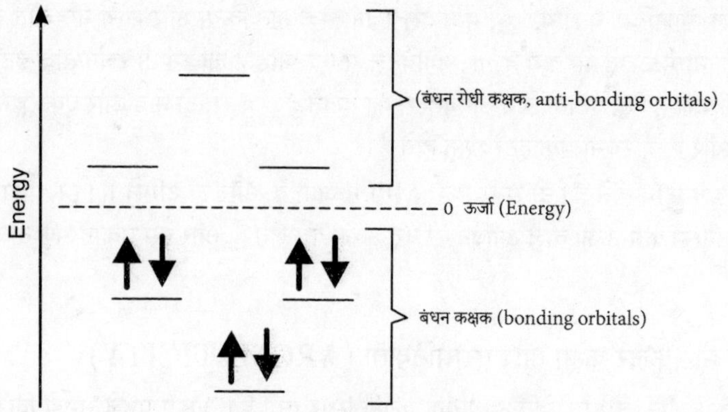


*चित्र 1.11: बेंजीन के लिए MOT आरेख*

MOT सिद्धांत के अनुसार, बेंजीन में उच्च ऊर्जा स्तर के एंटीबॉडी ऑर्बिटल्स खाली होते हैं क्योंकि कोई इलेक्ट्रॉन नहीं होता है। बेंजीन के इलेक्ट्रॉन तीन आणविक कक्षा पर कब्जा कर लेते हैं, जिनमें से सभी ऊर्जा में कम होते हैं और बेंजीन अणु को बहुत स्थिर बनाते हैं।

| एरोमेटिक | एलिफैटिक | एंटी -एरोमेटिक |
|---|---|---|
| - चक्रीय, तलीय, और पाई इलेक्ट्रॉनों का निरंतर निरूपण (delocalization)।<br>- (4n + 2) इलेक्ट्रॉन π | या तो चक्रीय नहीं हैं, या तलीय नहीं हैं या उनमें π इलेक्ट्रॉनों का निरंतर निरूपण नहीं है ।<br>(π इलेक्ट्रॉन गिनने की जरूरत नहीं है!) | - चक्रीय, तलीय, और π इलेक्ट्रॉनों का निरंतर निरूपण।<br>- (4n) π इलेक्ट्रॉनों |

बढ़ती स्थिरता क्रम

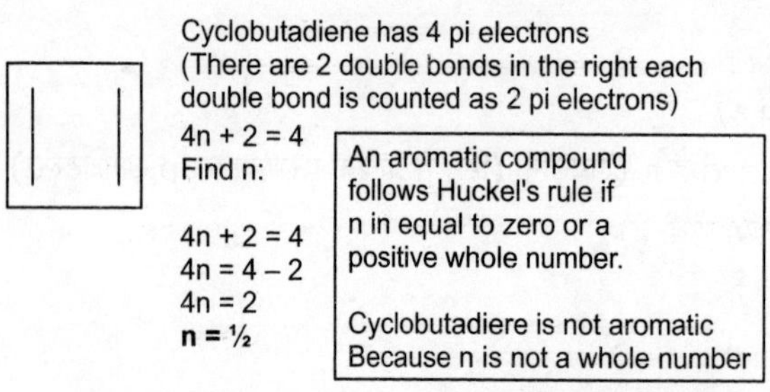


*चित्र 1.12: साइक्लोबुटाडिएन में एंटी-एरोमेटिकता की व्याख्या*

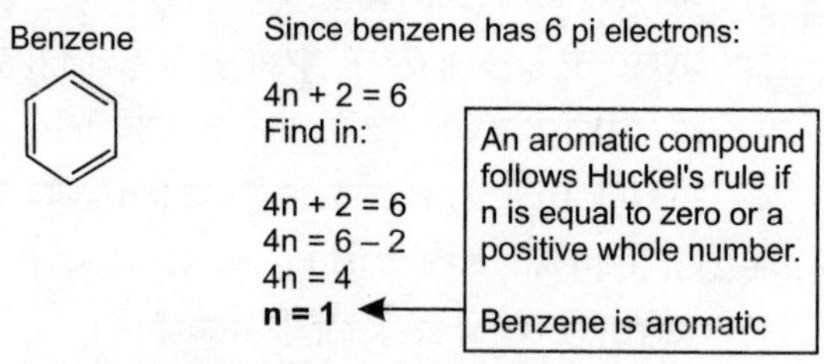


*चित्र 1.13: बेंजीन में एरोमेटिकता की व्याख्या*

इस प्रकार MOT बेंजीन और अन्य एरोमेटिक यौगिकों की अतिरिक्त स्थिरता की व्याख्या करता है।

**वीडियो संसाधन**

Chemistry & Quantum Chemical Methods

CFT & VBT

**रोचक तथ्य**

- एरोमेटिक यौगिक जैव रसायन और उद्योग में महत्वपूर्ण भूमिका निभाते हैं। सबसे महत्वपूर्ण सुगंधित यौगिक बेंजीन है।
- चूंकि बेंजीन विभिन्न दहन चक्रों का उपोत्पाद बन जाता है, इसलिए हर बार जब आप बाहर जाते हैं तो आप इसकी थोड़ी मात्रा के संपर्क में आते हैं। स्रोतों में सिगरेट का धुआं, गैस स्टेशन, कार निकास और अन्य औद्योगिक उत्सर्जन शामिल हैं।
- आपके घर के अंदर कई उत्पादों में कुछ हद तक बेंजीन भी होता है। गोंद, पेंट, फर्नीचर मोम और डिटर्जेंट में नियमित रूप से एक घटक के रूप में बेंजीन होता है।
- फल, सब्जियां, नट्स, डेयरी उत्पाद, अंडे और मछली जैसे खाद्य पदार्थों में बेंजीन के बहुत कम स्तर का पता चला है। हालाँकि, यह काफी सुरक्षित होता है। कुछ प्रसंस्कृत खाद्य पदार्थों में कुछ हद तक उच्च स्तर पाए गए हैं।
- बेंजीन के लंबे समय तक संपर्क में रहने से ल्यूकेमिया जैसे रक्त संबंधी कैंसर हो सकते हैं। यह त्वचा के माध्यम से सीधे अवशोषण के माध्यम से, साँस के माध्यम से या खपत के माध्यम से शरीर में प्रवेश कर सकता है।

## 1.7 क्रिस्टल फील्ड थ्योरी (CRYSTAL FIELD THEORY, CFT)

1929 में भौतिक विज्ञानी हंस बेथे द्वारा CFT का प्रस्ताव दिया गया था। इसके बाद के संशोधनों का प्रस्ताव जे.एच. वैन वेलेक के द्वारा 1935 में किया गया था। क्रिस्टल फील्ड थ्योरी को कॉम्प्लेक्स (चुंबकत्व, अवशोषण स्पेक्ट्रा, ऑक्सीकरण अवस्था, समन्वय) के महत्वपूर्ण गुणों का वर्णन करने के लिए विकसित किया गया था।

### 1.7.1 मूल अवधारणा

क्रिस्टल फील्ड थ्योरी, में यह माना जाता है कि आयन सरल बिंदु आवेश (एक सरलीकरण) हैं। जब आवेश के सममित क्षेत्र वाले क्षार धातु आयनों पर लागू किया जाता है, तो बंधन ऊर्जा की गणना आम तौर पर काफी सफल होती है। लिया गया दृष्टिकोण क्लासिकल संभावित ऊर्जा समीकरणों का उपयोग करता है जो आवेशित कणों के बीच आकर्षक और प्रतिकारक अंतःक्रियाओं को ध्यान में रखते हैं

CFT में आयनों को एक सरल आवेशित बिंदु माना गया है। जब उसे सममित गोले के आवेश वाली क्षारीय धातु आयनों में बंध ऊर्जा की गणना के उपयोग के लिए किया जाता है, तब ज़्यादातर सफल होता है। आवेशित कणों के बीच लगने वाले आकर्षण एवं प्रतिकर्षण को क्लासिकल पोटेंशियल एनर्जी के सिद्धांत द्वारा दर्शित किया जा सकता है। (यह कूलम्ब का पारस्परिक क्रिया नियम है)

$$E \propto \frac{q_1 q_2}{r^2} \qquad ...(1.8)$$

जहां पे,

E = बंधन ऊर्जा के बीच प्रभार

$q_1$ और $q_2$ = आयनों पर आवेश

r = अलग दूरी

### 1.7.2 CFT की अभिधारणाएं

- संकुल निर्माण में प्रयुक्त लिगैंड या तो ऋणात्मक आयन होते हैं जैसे, $F^-$, $Cl^-$, $Br^-$, $CN^-$ आदि या द्विध्रुवीय जैसे अणु $NH_3$, $H_2O$ आदि
- संकुल (Complex) केंद्रीय धातु आयन और लिगेंड का एक समूह है।
- धातु आयन और लिगेंड द्वारा कॉम्प्लेक्स के निर्माण के समय, बिंदु आवेश के रूप में लिगैंड धातु आयनों की ओर बढ़ते हैं, उनका ऋणात्मक आवेश धातु आयन की ओर होता है।

- केंद्रीय धातु आयन और लिगेंड्स के बीच बिंदु आवेशों के रूप में आकर्षण पूर्णतया स्थिरवैद्युत होता है। कक्षकों के बीच अतिव्यापन नहीं होता है। इसलिए, बनने वाला बंधन विशुद्ध रूप से आयनिक है।
- धातु आयन के d-कक्षकों की ऊर्जा तब बढ़ जाती है जब लिगैंड केंद्रीय धातु आयनों की ओर बढ़ते हैं।
- d-कक्षकों की ऊर्जा में वृद्धि एकसमान नहीं होती है। ऑर्बिटल्स की ऊर्जा जो लिगैंड के रास्ते में सीधे पाई जाती है, ऑर्बिटल्स की ऊर्जा की तुलना में अधिक बढ़ जाती है।
- लिगैंड की प्रकृति, धातु आयनों की प्रकृति और लिगैंड की संख्या लिगैंड के आने के तरीके को प्रभावित करती है।
- धातु आयन ऑर्बिटल्स में असमान वृद्धि के कारण धातु आयन के कक्षकों की ऊर्जा। विभिन्न ऊर्जा के सेट में विभाजित हो जाते हैं,ऊर्जा का यह विभाजन संकुल की ज्यामिति पर निर्भर करता है जो अष्टफलकीय या चतुष्फलकीय या वर्ग तलीय हो सकता है।

जब धातु आयनों के d-कक्षक का विभाजन होता है, तो यह दो भागों में विभाजित हो जाता है, उदाहरण के लिए $e_g$ और $t_{2g}$ जैसा कि चित्र में दिखाया गया है।

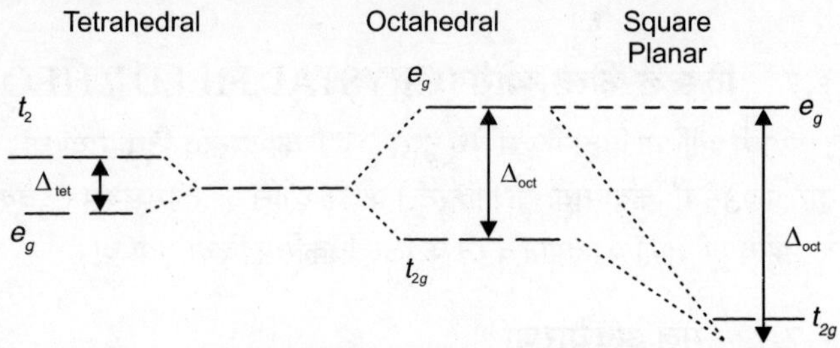


*चित्र 1.14: संकुल के विभिन्न ज्यामिति में केंद्रीय धातु आयन का CFT*

एकल संक्रमण धातु आयन की जांच करते समय, पांच डी-ऑर्बिटल्स में समान ऊर्जा होती है। जब लिगैंड धातु आयन के पास पहुंचते हैं, तो कुछ अणु की ज्यामितीय संरचना के आधार पर दूसरों की तुलना में डी-कक्षीय इलेक्ट्रॉनों से अधिक विरोध का अनुभव करते हैं। चूंकि लिगेंड्स विभिन्न दिशाओं से आते हैं, सभी डी-ऑर्बिटल्स सीधे प्रभावित नहीं करते हैं। हालाँकि, ये इंटरैक्शन इलेक्ट्रोस्टैटिक वातावरण के कारण एक विभाजन पैदा करते हैं। ऑर्बिटल्स की ओरिएंटेशन उनके अक्ष से संबंधित दो प्रकार के होते हैं।

**अक्षीय अभिविन्यास–** इस अभिविन्यास में कक्षा के अक्ष के साथ स्थित कक्ष $d_{z^2}$ और $d_{x^2-y^2}$ कक्षक होते हैं। समूह सिद्धांत के अनुसार कक्षीय के इस समूह को $e_g$ समूह कहा जाता है और इन कक्षीय को $e_g$ कक्षीय कहा जाता है।

**गैर अक्षीय अभिविन्यास–** इस अभिविन्यास में अक्ष के बीच कक्षकों के लोब पाए जाते हैं। $d_{xy}$, $d_{xz}$, और $d_{yz}$ समूह सिद्धांत के अनुसार कक्षीय के इस समूह को $t_{2g}$ समूह कहा जाता है और ये कक्षीय $t_{2g}$ ऑर्बिटल्स कहलाते हैं

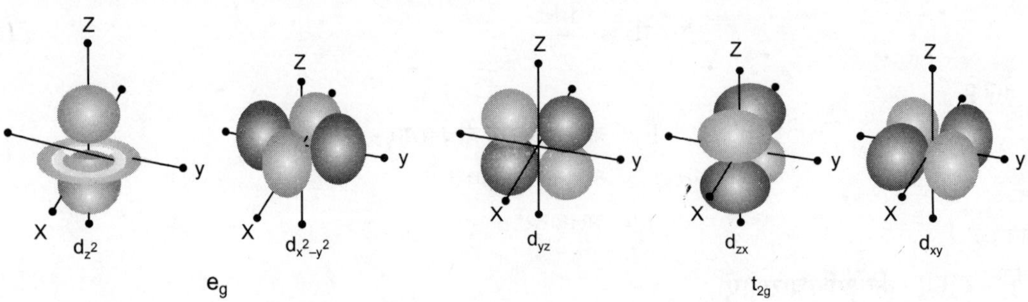


*चित्र 1.15: d-कक्षकों t2g और eg . के कोणीय निर्भरता फलन*

### 1.7.3 कक्षीय विभाजन

पांच d-कक्षकों को $d_{xy}$, $d_{zx}$, $d_{yz}$, $d_{x^2-y^2}$ और $d_{z^2}$ प्रतीक दिए गए हैं। एक कॉम्प्लेक्स में वे सभी आने वाले चार्ज के सापेक्ष अलग-अलग संरेखित होते हैं। कॉम्प्लेक्स की ज्यामिति के आधार पर, कुछ d-ऑर्बिटल्स सीधे लिगैंड की ओर संरेखित करेंगे,

जबकि कुछ उनके बीच इंगित करेंगे। लिगेंड्स की ओर संरेखित करने वाले ऑर्बिटल्स कम स्थिर और ऊर्जा में उच्च होंगे। अब सभी डी-ऑर्बिटल्स समतुल्य नहीं हैं, जिससे ऑर्बिटल स्प्लिटिंग की घटना को जन्म मिलता है, और कम से कम रिपेल किए गए ऑर्बिटल्स के बीच ऊर्जा के अंतर को क्रिस्टल फील्ड स्प्लिटिंग पैरामीटर कहा जाता है।

### 1.7.4 यह विभाजन निम्नलिखित कारकों से प्रभावित होता है:

- **लिगेंड्स की प्रकृति:** लिगैंड जितना मजबूत होता है, उसका विभाजन उतना ही अधिक होता है।
- **केंद्रीय धातु आयन की ऑक्सीकरण अवस्था:** एक उच्च ऑक्सीकरण अवस्था बड़े विभाजन की ओर ले जाती है।
- d कक्षकों का आकार (अर्थात संक्रमण श्रेणी)।
- संकुल की ज्यामिति।

क्रिस्टल क्षेत्र विभाजन ऊर्जा के परिमाण के आधार पर इलेक्ट्रॉन या तो उच्च स्पिन या कम स्पिन व्यवस्था में जा सकते हैं।

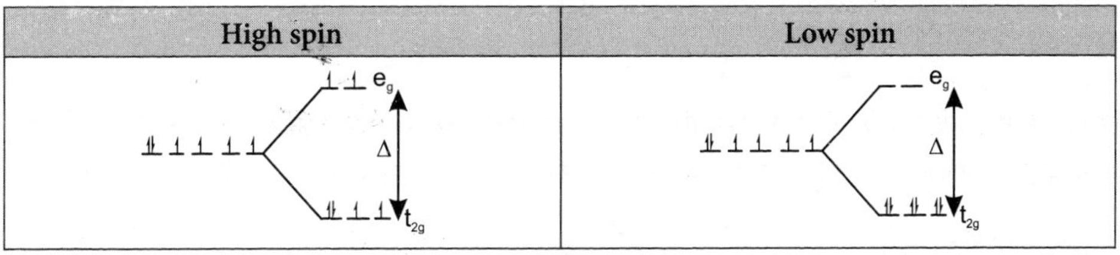


*चित्र 1.16: उच्च और निम्न स्पिन में d कक्षीय का विभाजन*

**मजबूत और कमजोर क्षेत्र लिगैंड**– स्पेक्ट्रोकेमिकल श्रृंखला लिगैंड्स को अष्टफलकीय संकुलों में उनके, कक्षकों के बीच ऊर्जा अंतर $\Delta_0$ के अनुसार में रैंक करती है l यह ऊर्जा अंतर ह $t_{2g}$ और $e_{g.}$ है। इन स्तरों के बीच वर्णक्रमीय संक्रमण में मापा जाता है, जो अक्सर स्पेक्ट्रम के दृश्य भाग में होता है और आंशिक रूप से भरे हुए d-ऑर्बिटल्स वाले संकुलों के रंगों के लिए जिम्मेदार होता है। बड़े विभाजन उत्पन्न करने वाले लिगैंड को मजबूत क्षेत्र लिगैंड कहा जाता है, और जो छोटे विभाजन को उत्पन्न करते हैं उन्हें कमजोर क्षेत्र लिगैंड कहा जाता है।

**एक संक्षिप्त स्पेक्ट्रोकेमिकल श्रृंखला है:**

कमजोर क्षेत्र $I^- < Br^- < Cl^- < NO^- < F^- < OH^- < H_2O <$ Pyridine $< NH_3 < NO_2^- < CN^- < CO$ मजबूत क्षेत्र लिगैंड

### 1.7.5 अष्टफलकीय संकुल

केंद्रीय धातु आयन के चारों ओर छह लिगेंड की अष्टफलकीय व्यवस्था नीचे दी गई आकृति में दिखाई गई है।

एक अष्टफलकीय संकुल में, धातु आयन केंद्र में होता है और लिगेंड्स X छह कोनों पर हैं। आकृति में, दिशाएँ x, y और z अष्टफलक के तीन आसन्न कोनों की ओर इशारा करती हैं। जैसे ऑर्बिटल्स ($d_{x^2} - y_{y^2}$ और $d_{z^2}$) के लोब x, y और z अक्ष के साथ इंगित होते हैं जबकि लोब $t_g$ ऑर्बिटल्स ($d_{xy}$, $d_{zx}$, $d_{yz}$) अक्षों के बीच में इंगित किए गए हैं। नतीजतन, zx, yz, –x, –y और –z दिशाओं के साथ छह लिगैंड के दृष्टिकोण से $d_{x^2} - y_{y^2}$ और $d_{z^2}$ ऑर्बिटल्स (जो लिगैंड की ओर इशारा करते हैं) की ऊर्जा में वृद्धि होगी, इससे $d_{xy}$, $d_{zx}$ और की ऊर्जा में वृद्धि होगी। $d_{yz}$ ऑर्बिटल्स (जो मेटल-लीगैंड बॉन्ड एक्सिस के बीच में हैं)।

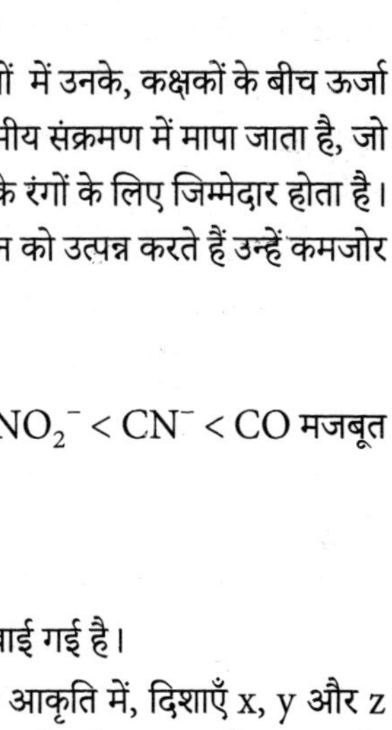


इस प्रकार, एक अष्टफलकीय क्षेत्र के प्रभाव में, d कक्षक कम ऊर्जा वाले त्रिगुणित अपक्षयी कक्षकों में विभाजित हो जाते हैं और दूसरे उच्च ऊर्जा वाले द्विक्षतिग्रस्त कक्षकों के रूप में विभाजित हो जाते हैं। इन दो कक्षकों के बीच मुख्य ऊर्जा के बीच बंटवारा स्तर शून्य के रूप में लिया जाता है, जिसे बारी केंद्र कहा जाता है।

इन दो कक्षकों को क्रिस्टल क्षेत्र विभाजन कहते हैं। स्थिरीकरण का परिमाण 0.4 $\Delta 0$. होगा और अस्थिरता का परिमाण 0.6 $\Delta 0$ होगा।

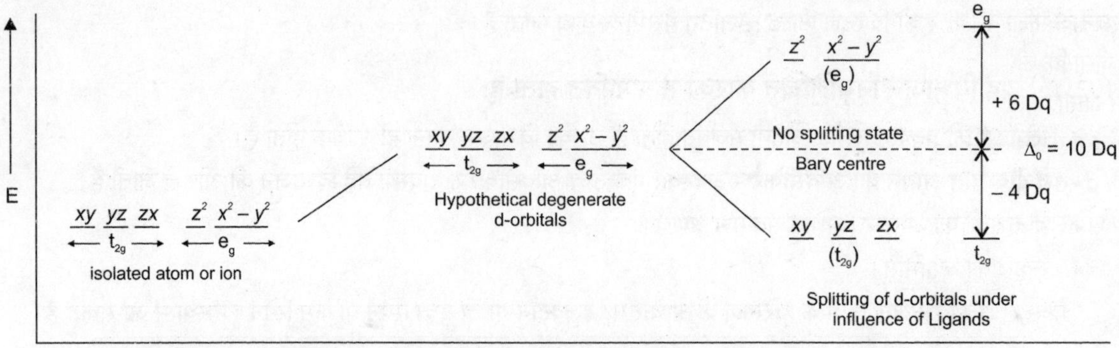


*चित्र 1.17: अष्टफलकीय संकुल में विभाजन स्थिरीकरण का परिमाण*

$t_{2g}$ और $e_g$ जैसे ऑर्बिटल्स के विभाजन का परिमाण एक अष्टफलकीय संकुल से दूसरे में बदल जाता है। यह धातु आयन की पहचान, इस आयन पर आवेश और धातु आयन से समन्वयित लिगेंड की प्रकृति पर निर्भर करता है।

## 1.7.6 चतुष्फलकीय संकुल

धातु आयनों के चारों ओर चार लिगेंड की चतुष्फलकीय व्यवस्था चित्र में दर्शाई गई है। एक नियमित चतुष्फलक एक घन है। एक परमाणु घन के केंद्र पर है और घन के आठ कोनों में से चार पर लिगैंड्स का कब्जा है। दिशाएँ x, y और z फलक के केंद्रों की ओर इशारा करता है। $d_{x^2} - y_{y^2}$ और $d_{z^2}$ ऑर्बिटल्स x, y और z दिशाओं के साथ और $d_{xy}$, $d_{zx}$ और $d_{yz}$ ऑर्बिटल्स x, y और z दिशाओं के बीच में इंगित करते हैं। लिगैंड्स के समीप आने की दिशा $t_{2g}$ और $e_g$ ऑर्बिटल्स के साथ बिल्कुल मेल नहीं खाता है। उदाहरण के लिए या $t_{2g}$ ऑर्बिटल्स उस दिशा के करीब इंगित कर रहे हैं जिसमें $e_g$ ऑर्बिटल्स लिगैंड्स के बीच स्थित हैं। परिणामस्वरूप, $t_{2g}$ कक्षकों की ऊर्जा $e_g$ ऑर्बिटल्स की तुलना में बढ़ जाती है। इस प्रकार, ये d ऑर्बिटल्स दो ऊर्जा सेटों कम ऊर्जा और उच्च ऊर्जा में फिर से विभाजित हो जाते हैं। जैसे– उच्च ऊर्जा के तिगुना पतित $t_{2g}$ और कम ऊर्जा वाले दोगुने पतित कक्षक $e_g$ होते हैं। $t_{2g}$ ऑर्बिटल्स की ऊर्जा 0.4 बढ़ाए जाते हैं और $e_g$ कक्षकों को ऊर्जा में 0.6 $\Delta$ द्वारा स्थिर किया जाता है।

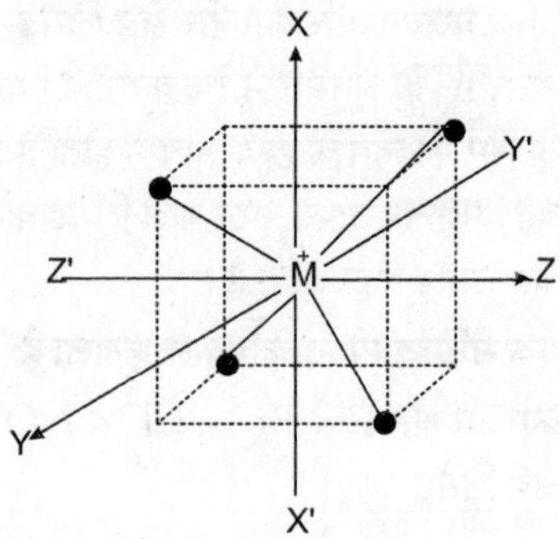


एक अष्टफलकीय संकुल में ऊर्जा अंतर ($\Delta o$) में कक्षकों के दो सेटों ($\Delta$) के बीच उस के परिमाण का लगभग आधा होगा।

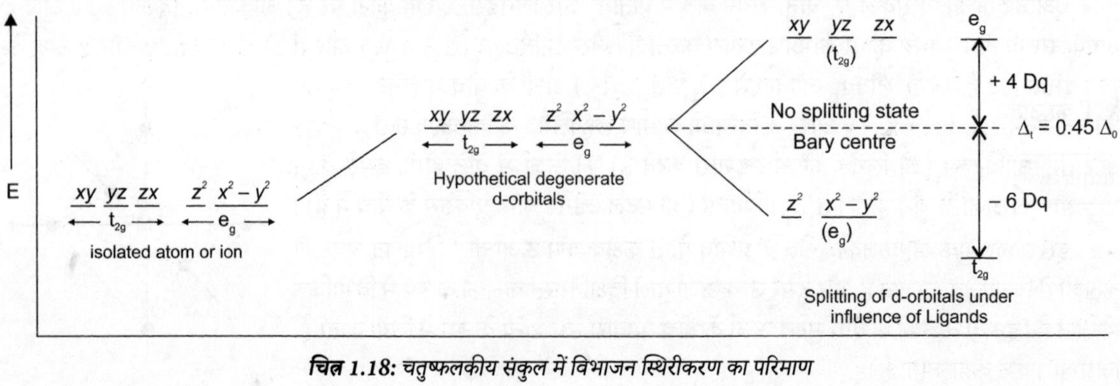


*चित्र 1.18: चतुष्फलकीय संकुल में विभाजन स्थिरीकरण का परिमाण*

## 1.8 क्रिस्टल क्षेत्र स्थिरीकरण ऊर्जा

क्रिस्टल क्षेत्र स्थिरीकरण ऊर्जा (CFSE) वह स्थिरता है जो लिगेंड के एक सेट द्वारा उत्पन्न क्रिस्टल क्षेत्र में एक संक्रमण धातु आयन रखने के परिणामस्वरूप होती है। यह इस तथ्य के कारण उत्पन्न होता है कि जब d-ऑर्बिटल्स एक लिगेंड क्षेत्र में विभाजित होते हैं (जैसा कि ऊपर वर्णित है), उनमें से कुछ गोलाकार क्षेत्र के संबंध में पहले की तुलना में ऊर्जा में कम हो जाते हैं जिसे बारी केंद्र के रूप में जाना जाता है जिसमें सभी पांच d- ऑर्बिटल्स पतित होते हैं। उदाहरण के लिए, एक अष्टफलकीय स्थिति में, $t_{2g}$ समुच्चय बारी केंद्र में कक्षकों की तुलना में ऊर्जा में कम हो जाता है। जिसके कारण एक संकुल में d ऑर्बिटल्स का विभाजन, सिस्टम को कम ऊर्जा के d स्तरों में भरने वाले d इलेक्ट्रॉनों की पुनर्व्यवस्था के कारण एक अतिरिक्त स्थिरता प्राप्त होती है। संबंध ऊर्जा में परिणामी लाभ को क्रिस्टल क्षेत्र स्थिरीकरण ऊर्जा (Crystal field stabilization energy ,CFSE) के रूप में जाना जाता है।

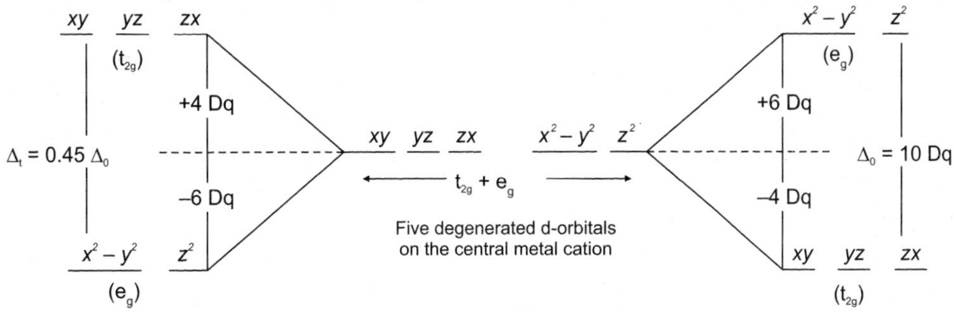


*चित्र 1.19: अष्टफलकीय और चतुष्फलकीय संकुल में CFSE*

यदि एक अष्टफलकीय क्षेत्र में d-कक्षकों का विभाजन $\Delta_{oct}$, है, तो तीन $t_{2g}$ कक्षक बारी केंद्र के सापेक्ष 2/5 $\Delta_{oct}$, तक स्थिर हो जाते हैं, और उदा. कक्षक 3/5 $\Delta_{oct}$, तक अस्थिर हो जाते हैं।

**चतुष्फलकीय संकुल के लिए, CFSE:**

$$CFSE = -0.4 \times n(t_{2g}) + 0.6 \times n(e_g)\ \Delta_t$$

टेट्राहेड्रल क्रिस्टल क्षेत्र स्थिरीकरण ऊर्जा की गणना उसी तरह की जाती है जैसे ऑक्टाहेड्रल क्रिस्टल क्षेत्र स्थिरीकरण ऊर्जा। चतुष्फलकीय विभाजन ऊर्जा का परिमाण अष्टफलकीय विभाजन ऊर्जा का केवल 4/9 है, या $\Delta_t = 4/9\ \Delta_0$ है।

**उच्च और निम्न स्पिन संकुलों के लिए नियमों का सारांश**

- 3d कॉम्प्लेक्स: लिगैंड ($d^4$, $d^5$, $d^6$, $d^7$) के आधार पर उच्च या निम्न स्पिन हो सकता है।
- 4d और 5d कॉम्प्लेक्स: हमेशा कम स्पिन होना , क्योंकि $\Delta_0$ बड़ा है।
- अधिकतम CFSE $d^3$ और $d^8$ मामलों के लिए है (जैसे, $Cr^{3+}$, $Ni^{2+}$) कमजोर क्षेत्र लिगैंड्स ($H_2O$, $O^{2-}$, $F^-$, ...)के साथ और $d^3$–$d^6$ के लिए मजबूत क्षेत्र लिगैंड्स ($Fe^{2+}$, $Ru^{2+}$, $Os^{2+}$, $Co^{3+}$, $Rh^{3+}$, $Ir^{3+}$, ...) के साथ।

**ICT का उपयोग**

http://wwwchem.uwimona.edu.jm/courses/CFT_Orbs.html

**वीडियो संसाधन**

| https://spocathon.page/video/spin-crossover-and-colour |
|---|

## 1.9 संक्रमण धातु संकुलों का चुंबकत्व

### चुंबकीय गुण:

बोर मॉडल के अनुसार इलेक्ट्रॉन की गति दो प्रकार की होती है–

1. **कक्षीय गति**– इलेक्ट्रॉन एक परमाणु में एक निश्चित कोण पर नाभिक की परिक्रमा करता है। यह चुंबकीय क्षेत्र या चुंबकीय आघूर्ण उत्पन्न करता है। इसे इलेक्ट्रॉन का कक्षीय चुंबकीय आघूर्ण या कक्षीय आघूर्ण कहा जाता है।
2. **स्पिन गति**– इलेक्ट्रॉन अपनी धुरी पर लगातार घूमता रहता है, इस कारण स्पिन गति को स्पिन चुंबकीय आघूर्ण या स्पिन आघूर्ण कहा जाता है।

इन दो आघूर्णों के कारण परमाणु एक छोटे चुंबक की तरह व्यवहार करता है। पदार्थों के चुंबकीय गुण इन आघूर्णों के कारण होते हैं।

संक्रमण धातु का पूर्ण, खाली और आंशिक रूप से भरा हुआ d कक्षक विभिन्न चुंबकीय गुणों को दर्शाता है। ऑक्सीकरण अवस्था, इलेक्ट्रॉनिक विन्यास और समन्वय संख्या के आधार पर चुंबकीय गुणों की एक श्रृंखला की उम्मीद की जा सकती है। और केंद्रीय धातु की समन्वय संख्या। $(n-1)$ d कक्षकों में अयुग्मित इलेक्ट्रॉन चुंबकीय गुणों के लिए उत्तरदायी होते हैं।

### 1.9.1 चुंबकत्व के लक्षण

- अयुग्मित इलेक्ट्रॉन तब होते हैं जब संकुल में इलेक्ट्रॉनों की संख्या विषम होती है या क्योंकि इलेक्ट्रॉन युग्मन अस्थिर होता है।
- जितने अधिक अयुग्मित इलेक्ट्रॉन होंगे, चुंबकीय गुण उतना ही मजबूत होगा।
- टेट्राहेड्रल संकुलों में कमजोर विभाजन होता है क्योंकि कोई भी लिगैंड कक्षा के तल के भीतर नहीं होता है।
- वर्गाकार तलीय यौगिक हमेशा कम स्पिन वाले होते हैं और इसलिए कमजोर चुंबकीय गुण के होते हैं।
- द्वि-और बहुधात्विक संकुलों में, इलेक्ट्रॉन लिगैंड्स के माध्यम से जुड़ सकते हैं, जिसके परिणामस्वरूप एक कमजोर चुंबक बन सकता है, या वे एक-दूसरे को बढ़ा सकते हैं।

1. **प्रतिचुम्बकत्व:** जब किसी पदार्थ को बाहरी चुंबकीय क्षेत्र में रखा जाता है, तो इलेक्ट्रॉनों का एक प्रेरित संचलन होता है जो लागू क्षेत्र के विपरीत एक शुद्ध चुंबकीय आघूर्ण उत्पन्न करता है। यह प्रतिचुंबकीय प्रभाव है और यह एक नमूने के भीतर युग्मित इलेक्ट्रॉनों से उत्पन्न होता है, क्योंकि सभी यौगिकों में कुछ युग्मित इलेक्ट्रॉन होते हैं, प्रतिचुंबकत्व पदार्थ का एक सार्वभौमिक गुण है। यदि किसी पदार्थ में केवल युग्मित इलेक्ट्रॉन होते हैं, तो यह प्रभाव हावी होगा, सामग्री को प्रतिचुंबकीय के रूप में वर्गीकृत किया जाएगा, और यह एक चुंबकीय क्षेत्र द्वारा थोड़ा पीछे हट जाएगा।
2. **प्रतिचुंबकत्व:** यह एक नमूने में अयुग्मित इलेक्ट्रॉनों द्वारा निर्मित होता है। इन इलेक्ट्रॉनों के स्पिन और कक्षीय गति स्थायी आणविक चुंबकीय आघूर्णों को जन्म देती हैं जो खुद को एक लागू क्षेत्र के साथ संरेखित करते हैं। क्योंकि यह प्रतिचुंबकीय प्रभाव से बहुत बड़ा है, अनुचुंबकीय प्रभाव एक नमूने में एक लागू क्षेत्र और युग्मित इलेक्ट्रॉनों के बीच किसी भी प्रतिकर्षण को रद्द कर देता है, इस प्रकार प्रति अणु केवल एक अप्रकाशित इलेक्ट्रॉन वाले पदार्थ भी चुंबकीय क्षेत्र में शुद्ध आकर्षण दिखाएंगे। अनुचुम्बकीय प्रभाव केवल बाह्य क्षेत्र की उपस्थिति में ही देखा जाता है।

अनुचुंबकत्व इलेक्ट्रॉन की गति और स्पिन के कारण होता है। कक्षीय आघूर्ण का योगदान नगण्य है। पैरा चुंबकत्व तापमान पर निर्भर करता है और तापमान में वृद्धि के साथ घटता है। अनुचुम्बकीय पदार्थ चुम्बकीय क्षेत्र में आकर्षित होते हैं। यदि अयुग्मित इलेक्ट्रॉनों की संख्या n है, तो चुंबकीय आघूर्ण,

$$m = \sqrt{n(n+2)} \qquad ...(1.9)$$

अयुग्मित इलेक्ट्रॉनों की संख्या की गणना चुम्बकीय माप द्वारा की जाती है। $d^{10}$ विन्यास वाला क्यूप्रस आयन प्रतिचुंबकीय लवण बनाता है। क्यूप्रिक साल्ट पैरामैग्नेटिक होते हैं। इसका मतलब है कि इसमें $Cu^{2+}$ यानी एक अयुग्मित इलेक्ट्रॉन के लिए $d^9$ कॉन्फ़िगरेशन है।

**हल किए गए उदाहरण**

चुंबकीय आघूर्ण और चुंबकीय गुण की गणना करें–

a. $Cr^{2+}$ आयन

b. $Zn^{2+}$ आयन

**हल–**

a. $Cr^{2+}$ आयन

प्रयुक्त सूत्र $\mu = \sqrt{n(n+2)}$

बाहरी इलेक्ट्रॉनिक विन्यास $=3d^4$

अयुग्मित इलेक्ट्रॉनों की संख्या= 4

चुंबकीय पल (Magnetic moment)

$\mu = \sqrt{n(n+2)} = \sqrt{4(4+2)} = \mathbf{4.89}$

अयुग्मित इलेक्ट्रॉन की उपस्थिति के कारण $Cr^{2+}$ आयन प्रकृति में अनुचुंबकीय होगा

b. $Zn^{2+}$ आयन

प्रयुक्त सूत्र $\mu = \sqrt{n(n+2)}$

बाहरी इलेक्ट्रॉनिक विन्यास $=3d^{10}$

अयुग्मित इलेक्ट्रॉनों की संख्या = 0

चुंबकीय पल (Magnetic moment)

$\mu = \sqrt{0\,(0+2)} = 0$

अयुग्मित इलेक्ट्रॉन की अनुपस्थिति के कारण $Zn^{2+}$ आयन प्रकृति में प्रतिचुंबकीय होगा

## रोचक तथ्य

- जैविक अध्ययन में प्रतिचुंबकीय उत्तोलन तकनीक का उपयोग किया गया है, जो मुख्य रूप से जानवरों, पौधों, भ्रूणों और कोशिकाओं पर इसके प्रभावों से संबंधित है।
- अनुचुंबकीय सामग्री/चुंबक का उपयोग रेफ्रिजरेटर और फ्रीजर के दरवाजों पर, स्टीरियो, ईयरफोन और टीवी में पावर स्पीकर को कसकर सील करने में किया जाता है।
- इन सामग्रियों का उपयोग कंप्यूटर में डेटा स्टोर करने के लिए किया जाता है, और MRI (चुंबकीय अनुनाद इमेजर्स) नामक स्कैनिंग मशीनों में महत्वपूर्ण हैं, जिसका उपयोग डॉक्टर लोगों के शरीर के अंदर देखने के लिए करते हैं।

## वीडियो संसाधन

Coordination Compound

## 1.10 ठोस पदार्थों की बैंड संरचना और बैंड संरचना पर डोपिंग की भूमिका

बोहर परमाणु मॉडल के अनुसार, एक पृथक परमाणु में उसके किसी भी इलेक्ट्रॉन की ऊर्जा उस कक्षा से तय होती है जिसमें वह घूमता है। लेकिन जब परमाणु एक साथ मिलकर ठोस बनाते हैं तो वे एक-दूसरे के करीब होते हैं। प्रत्येक इलेक्ट्रॉन का एक अलग ऊर्जा स्तर होता है जिसे ऊर्जा बैंड कहा जाता है। ये दो प्रकार के होते हैं–

1. **संयोजकता बैंड**– वह ऊर्जा बैंड जिसमें संयोजकता इलेक्ट्रॉनों के ऊर्जा स्तर शामिल होते हैं, संयोजकता बैंड कहलाते हैं।
2. **चालन बैंड**– संयोजकता बैंड के ऊपर के ऊर्जा बैंड को चालन बैंड कहते हैं। आम तौर पर कंडक्शन बैंड खाली होता है।

ठोसों को उनके विद्युत गुण के आधार पर तीन प्रकारों में वर्गीकृत किया जा सकता है। चालक, कुचालक और अर्धचालक।

A. **चालक/कंडक्टर**– कंडक्टरों में, उनके वैलेंस और कंडक्शन बैंड के बीच कोई बैंड गैप नहीं होता है, क्योंकि वे ओवरलैप होते हैं। इन निकट दूरी वाले कक्षकों में इलेक्ट्रॉनों की निरंतर उपलब्धता रहती है। इन सामग्रियों के माध्यम से बिजली गुजर सकती है। उदाहरण– धातु।

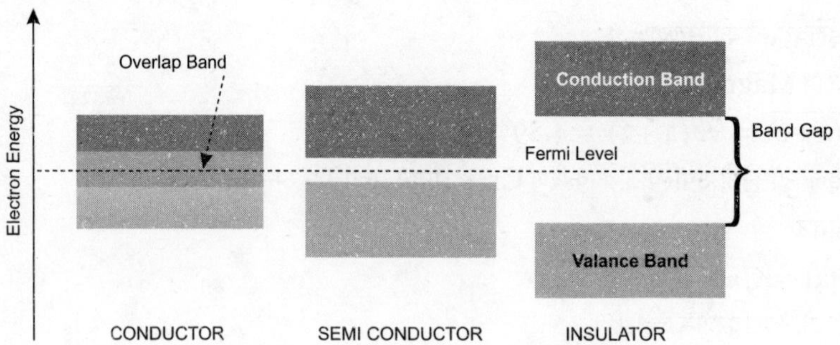


*चित्र 1.20: कंडक्टर, इंसुलेटर और सेमीकंडक्टर्स*

B. **कुचालक/इंसुलेटर**– इंसुलेटर में, वैलेंस बैंड और कंडक्शन बैंड के बीच बैंड गैप इतना बड़ा होता है कि इलेक्ट्रॉन ऊर्जा को वैलेंस बैंड से कंडक्शन बैंड तक नहीं पहुंचा सकते। इन सामग्रियों के माध्यम से बिजली नहीं गुजर सकती है। उदाहरण– लकड़ी, अधातु, प्लास्टिक।

C. **अर्धचालक/सेमीकंडक्टर्स**– सेमीकंडक्टर्स में वैलेंस बैंड और कंडक्शन बैंड के बीच एक छोटा ऊर्जा गैप होता है। इलेक्ट्रॉन कंडक्शन बैंड तक छलांग लगा सकते हैं, लेकिन उतनी आसानी से नहीं जितना कि वे कंडक्टर में करते हैं। अर्धचालक वे पदार्थ होते हैं जिनकी विद्युत चालकता कंडक्टर और इन्सुलेटर के बीच होती है। उदाहरण–सिलिकॉन और जर्मेनियम।

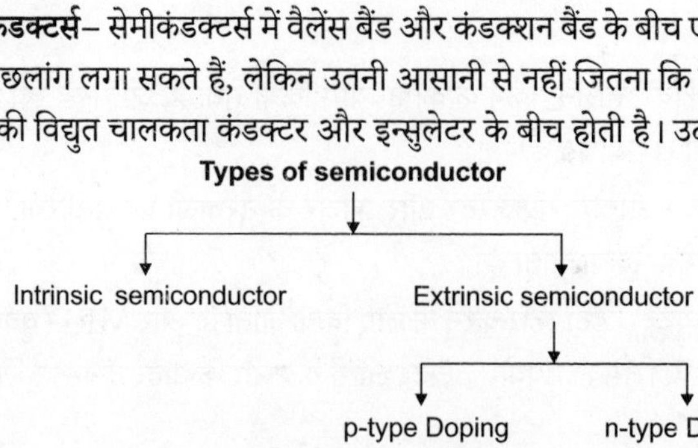

**अर्धचालकों को दो प्रकारों में वर्गीकृत किया जाता है:**

(i) **आंतरिक अर्धचालक:** एक आंतरिक अर्धचालक अपनी शुद्ध अवस्था में अर्धचालक होता है। प्रत्येक इलेक्ट्रॉन के लिए जो चालन बैंड में कूदता है, लापता इलेक्ट्रॉन एक छेद उत्पन्न करेगा जो वैलेंस बैंड में स्वतंत्र रूप से घूम सकता है। कुल छेदों की संख्या कूदने वाले इलेक्ट्रॉनों की संख्या के बराबर होगी।

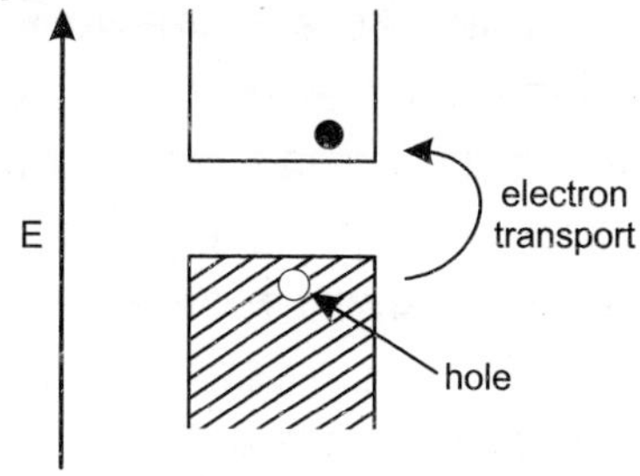


*चित्र 1.21: आंतरिक अर्धचालक*

(ii) **बाहरी अर्धचालक:** बाह्य अर्धचालकों में, सामग्री में उद्देश्यपूर्ण रूप से छोटी अशुद्धियों को जोड़कर बैंड गैप को नियंत्रित किया जाता है। इस प्रक्रिया को डोपिंग कहा जाता है। डोपिंग, या जाली में अशुद्धियों को जोड़ने से जाली की विद्युत चालकता बदल सकती है और इसलिए अर्धचालक की दक्षता भिन्न हो सकती है। बाह्य अर्धचालकों में, छिद्रों की संख्या उछले गए इलेक्ट्रॉनों की संख्या के बराबर नहीं होगी। दो अलग-अलग प्रकार के बाहरी अर्धचालक हैं, p-टाइप (पॉजिटिव चार्ज डोप्ड) और n-टाइप (नेगेटिव चार्ज डोप्ड)।

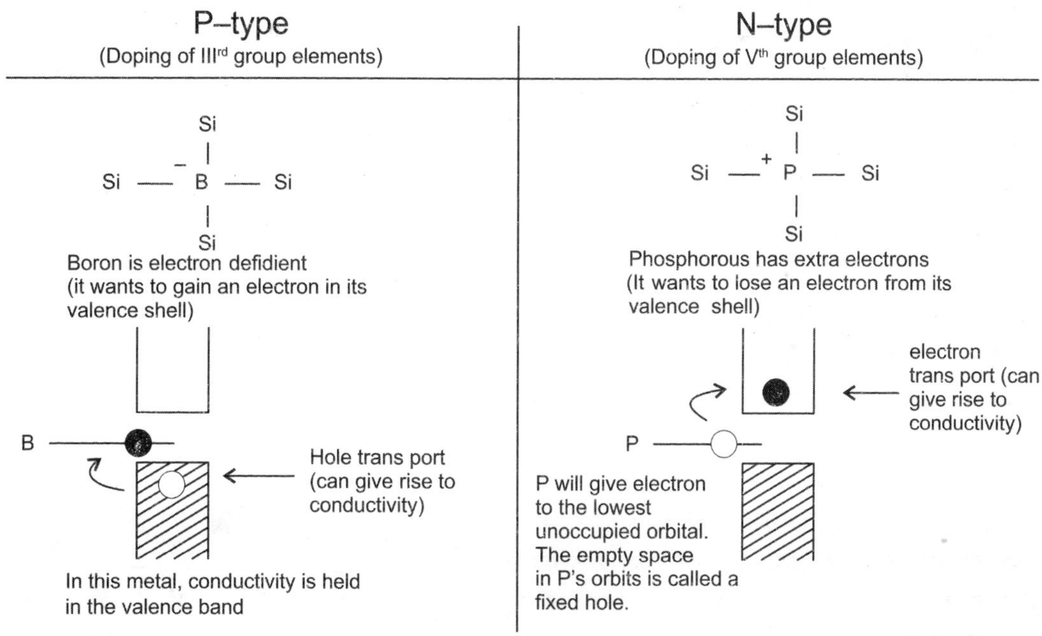


*चित्र 1.22: बाह्य अर्धचालक*

## 1.10.1 डोपिंग (Doping)

डोपिंग का अर्थ है–चालकता के लिए अर्धचालक क्रिस्टल में अशुद्धियों का मिलाना,

**डोपिंग दो प्रकार से की जा सकती है-**

**n-टाइप (n–Type)डोपिंग**

यदि टेट्रावैलेंट सेमीकंडक्टर सिलिकॉन या जर्मेनियम पेंटा वैलेन्ट तत्वों (फॉस्फोरस, आर्सेनिक) के साथ डोप किया जाता है तो इसे n-टाइप डोपिंग कहा जाता है।

5-वैलेंट डोपेंट में सिलिकॉन परमाणुओं की तुलना में एक बाहरी इलेक्ट्रॉन अधिक होता है। चार बाहरी इलेक्ट्रॉन हमेशा एक सिलिकॉन परमाणु के साथ जुड़ते हैं, जबकि पांचवां इलेक्ट्रॉन चलने के लिए स्वतंत्र है और चार्ज वाहक के रूप में कार्य करता है। इस मुक्त इलेक्ट्रॉन को वैलेंस बैंड से चालन बैंड में ले जाने के लिए बहुत कम ऊर्जा की आवश्यकता होती है, इलेक्ट्रॉनों की तुलना में जो सिलिकॉन की आंतरिक चालकता का कारण बनते हैं। डोपेंट, जो एक इलेक्ट्रॉन का उत्सर्जन करता है, एक इलेक्ट्रॉन दाता के रूप में जाना जाता है।

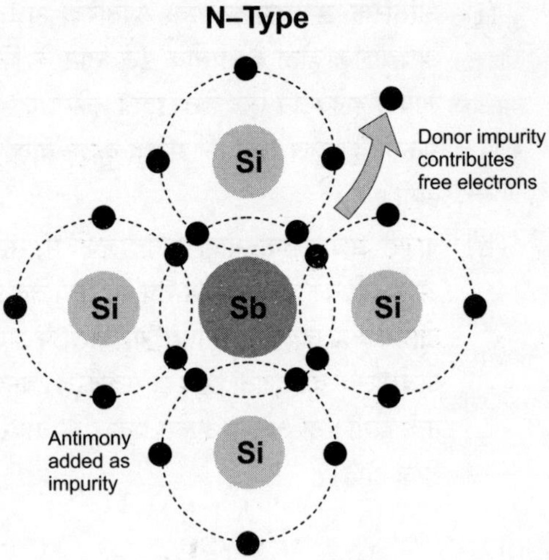


चित्र 1.23: n–टाइप डोपिंग

डोपेंट ऋणात्मक आवेश वाहकों के नुकसान से धनात्मक रूप से आवेशित होते हैं और जालक (lattice) में निर्मित होते हैं, केवल ऋणात्मक इलेक्ट्रॉन ही गति कर सकते हैं। डोप्ड सेमीमेटल्स जिनकी चालकता मुक्त पर आधारित होती है।

(ऋणात्मक) इलेक्ट्रॉन n-प्रकार या n-डोपेड होते हैं। मुक्त इलेक्ट्रॉनों की संख्या अधिक होने के कारण इन्हें बहुसंख्यक आवेश वाहक भी कहा जाता है, जबकि मुक्त चलित छिद्रों को अल्पांश आवेश का नाम दिया जाता है।

**p-टाइप डोपिंग**

यदि टेट्रावैलेंट सेमीकंडक्टर सिलिकॉन या जर्मेनियम को त्रिसंयोजक तत्वों (बोरॉन, एल्युमिनियम) से डोप किया जाता है तो इसे p-टाइप डोपिंग कहा जाता है।

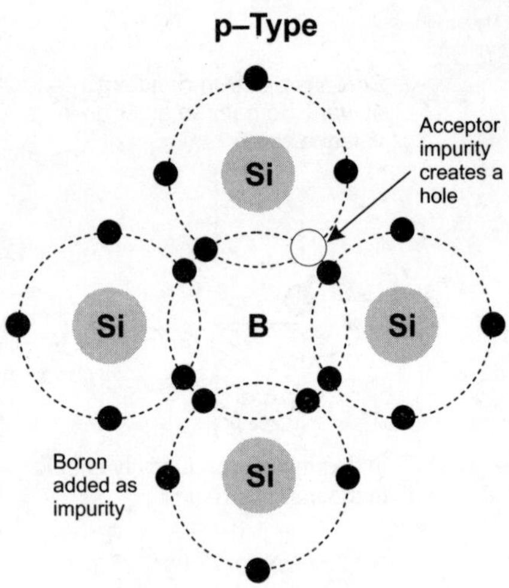


चित्र 1.24: p–टाइप डोपिंग

3-वैलेंट डोपेंट एक अतिरिक्त बाहरी इलेक्ट्रॉन को पकड़ सकते हैं, इस प्रकार सिलिकॉन परमाणुओं के वैलेंस बैंड में एक छेद छोड़ देते हैं, इसलिए संयोजकता बैंड में इलेक्ट्रॉन गतिशील हो जाते हैं। छेद इलेक्ट्रॉनों की गति के विपरीत दिशा में चलते हैं। एक डोपेंट के रूप में इंडियम के ऊर्जा स्तर में एक इलेक्ट्रॉन को उठाने के लिए आवश्यक ऊर्जा, ऊर्जा का केवल 1% है जो कि चालन बैंड में सिलिकॉन के वैलेंस इलेक्ट्रॉन को बढ़ाने के लिए आवश्यक है।

एक इलेक्ट्रॉन के शामिल होने से, डोपेंट नकारात्मक रूप से चार्ज होता है, ऐसे डोपेंट को स्वीकर्ता (acceptor) कहा जाता है। धनात्मक छिद्रों के कारण इन अर्धचालकों को p-प्रवाहकीय या p-doped कहा जाता है। n-डॉप्ड अर्धचालकों के अनुरूप, छिद्र बहुसंख्यक आवेश वाहक होते हैं, मुक्त इलेक्ट्रॉन अल्पसंख्यक आवेश वाहक होते हैं।

n-और p-डॉप्ड अर्धचालक वर्तमान प्रवाह के संबंध में लगभग बराबर व्यवहार करते हैं। साथ में डोपेंट की मात्रा बढ़ने से सेमीकंडक्टर क्रिस्टल में आवेश वाहकों की संख्या बढ़ जाती है।

## रोचक तथ्य

- डायोड एन-टाइप और पी-टाइप सेमीकंडक्टर्स का एक संयोजन है जिसका व्यापक रूप से एक रेक्टिफायर के रूप में उपयोग किया जाता है। npn और pnp प्रकार के ट्रांजिस्टर का उपयोग रेडियो या ऑडियो सिग्नल का पता लगाने या बढ़ाने के लिए किया जाता है।
- हम आज के जीवन में अर्धचालकों का उपयोग मोबाइल फोन, स्मार्टफोन, डिजिटल कैमरा, टेलीविजन, वाशिंग मशीन, रेफ्रिजरेटर और एलईडी बल्ब आदि में कर रहे हैं।
- भविष्य में, सेमी-कंडक्टर बनाने के लिए सिलिकॉन के स्थान पर निम्नलिखित का उपयोग किया जा सकता है:
    - **ग्राफीन:** कार्बन परमाणुओं की एक बहुत ही नियमित जाली के साथ एक मोनोएटोमिक शीट का अध्ययन सिलिकॉन को बदलने के लक्ष्य के साथ किया जा रहा है।
    - **गैलियम नाइट्राइड:** नई सामग्री गैलियम नाइट्राइड (GaN) में सिलिकॉन की जगह लेने की क्षमता है। गैलियम नाइट्राइड सिलिकॉन की तुलना में अधिक वोल्टेज बनाए रख सकता है और इसके माध्यम से करंट तेजी से प्रवाहित हो सकता है।
    - **ब्लैक फॉस्फोरस:** ब्लैक फॉस्फोरस से बनी एक नई सेमीकंडक्टर सामग्री भविष्य की तकनीक में सिलिकॉन को बदलने के लिए एक उम्मीदवार हो सकती है।

## वीडियो संसाधन

Band Theory of Metals and Insulators

Fundamentals of semiconductor devices

Semiconductor Device Modeling

## सारांश

1. **श्रोडिंगर वेव समीकरण –**
    - एक आयाम के लिए: $\frac{d^2\Psi}{dx^2} \quad \frac{\pi^2 m}{h^2}(E - P.E)\Psi = 0$
    - तीन आयामों के लिए: $\frac{d^2\Psi}{dx^2} + \frac{d^2\Psi}{dy^2} + \frac{d^2\Psi}{dz^2} + \frac{8\pi^2 m}{h^2} \ (E - P.E)\Psi = 0$
    - लाप्लासियन ऑपरेटर के लिए: $\Delta^2\Psi + \frac{8\pi^2 m}{h^2} \ (E - P.E)\Psi = 0$
    - हाइड्रोजन जैसे परमाणु के लिए: $\frac{d^2\Psi}{dx^2} + \frac{d^2\Psi}{dy^2} + \frac{d^2\Psi}{dz^2} + \frac{8\pi^2 m}{h^2}\left(E + \frac{e^2}{r}\right)\Psi = 0$
2. **बॉन्डिंग मॉलिक्यूलर ऑर्बिटल्स–** जब वेव फंक्शन का योग होता है, तो बनने वाले आणविक ऑर्बिटल्स के प्रकार को बॉन्डिंग मॉलिक्यूलर ऑर्बिटल्स कहा जाता है और इसे MO = ΨA + ΨB द्वारा दर्शाया जाता है।

3. **बंध-विरोधी आण्विक कक्षक**– जब तरंग फलन के घटाव द्वारा आणविक कक्षक का निर्माण होता है, तो बनने वाले आणविक कक्षकों के प्रकार को प्रतिबांधी आण्विक कक्षक कहा जाता है और इसका प्रतिनिधित्व करते हैं– $MO = \Psi A + \Psi B$
4. **MO के लिए ऊर्जा स्तर का बढ़ता क्रम**– $\sigma 1s$, $\sigma^* 1s$, $\sigma 2s$, $\sigma^* 2s$, $[\pi\, 2p_x = \pi\, 2p_y]$, $\sigma\, 2p_z$ $[\pi^* 2p_x = \pi^* 2p_y]$, $\sigma^* 2p_z$
5. **बॉन्ड ऑर्डर**– बॉन्डिंग ऑर्बिटल्स और एंटीबॉन्डिंग ऑर्बिटल्स में मौजूद इलेक्ट्रॉनों की संख्या के बीच अंतर के आधे के रूप में परिभाषित किया गया है,

   **बॉन्ड ऑर्डर (BO)**– (BMO में इलेक्ट्रॉनों की संख्या – ABMO में इलेक्ट्रॉनों की संख्या)/2
6. **एरोमेटिकता**–यदि यौगिक निम्नलिखित सभी मानदंडों को पूरा नहीं करता है, तो यह संभवतः एरोमेटिक नहीं है।
   - अणु प्लानर है (अणु में सभी परमाणु एक ही तल में होते हैं)
   - अणु पूरी तरह से संयुग्मित है , यानी लगातार delocalized है π इलेक्ट्रॉनों (रिंग में प्रत्येक परमाणु पर p ऑर्बिटल्स)
   - अणु में ( $4n + 2$) π इलेक्ट्रॉन है ( जहां n पूर्णांक संख्या होती है)।
7. **अभिधारणाएं CFT**–
   - लिगैंड या तो ऋणात्मक आयन होते हैं जैसे, $F^-$, $Cl^-$, $Br^-$, $CN^-$,आदि या उदासीन अणु जिसमें द्विध्रुव होता है। $NH_3$, $H_2O$ आदि।
   - कॉम्प्लेक्स केंद्रीय धातु आयन और केंद्रीय धातु आयन के आसपास के लिगैंड का एक समूह है।
   - धातु आयन और लिगेंड द्वारा कॉम्प्लेक्स के निर्माण के समय, लिगेंड बिंदु आवेश के रूप में धातु आयनों की ओर बढ़ते हैं, उनका ऋणात्मक आवेश धातु आयन की ओर होता है।
   - धातु आयन के कक्षकों की ऊर्जा में असमान वृद्धि के कारण धातु आयन कक्षक विभिन्न ऊर्जा के समुच्चय में विभाजित हो जाते हैं। ऊर्जा का यह विभाजन संकुल की ज्यामिति पर निर्भर करता है।
8. **स्पेक्ट्रोकेमिकल श्रृंखला: क्रिस्टल क्षेत्र विभाजन का बढ़ता मूल्य** ($\Delta$)

   $I^- < Br^- < S2^- < SCN^- < Cl^- < N_3^- < F^- <$ urea, $OH^- <$ ox, $O_2^- < H_2O < NCS^- <$ py, $NH_3 <$ en $<$ bipy, phen $< NO_2^- < CH_3^-$, $C_6H_5^- < CN^-$

   **अष्टफलकीय संकुल का CFSE** $= -0.4 \times n(t_{2g}) + 0.6 \times n(e_g)\ \Delta_0$

   **चतुष्फलकीय संकुल के लिए** $= 0.4 \times n(t_{2g}) - 0.6 \times n(e_g)\ \Delta_t$
9. **चुंबकीय गुण:**

   A **प्रतिचुंबकत्व:** गति और कताई युग्मित इलेक्ट्रॉनों के कारण

   B **अनुचुम्बकत्व;** अयुग्मित इलेक्ट्रॉनों की गति और कताई के कारण,

$$\mu = \sqrt{n(n+2)}$$

10. **कंडक्टर:** उनकी वैलेंस और कंडक्शन बैंड के बीच कोई बैंड गैप नहीं। उदाहरण– धातु।
11. **इंसुलेटर:** वैलेंस बैंड और कंडक्शन बैंड के बीच बैंड गैप इतना बड़ा होता है कि इलेक्ट्रॉन ऊर्जा को वैलेंस बैंड से कंडक्शन बैंड तक नहीं पहुंचा सकते। उदाहरण– लकड़ी, अधातु, प्लास्टिक।
12. **अर्धचालक**– अर्धचालकों में संयोजकता बैंड और चालन बैंड के बीच एक छोटा ऊर्जा अंतर होता है। इलेक्ट्रॉन कंडक्शन बैंड तक छलांग लगा सकते हैं, लेकिन उतनी आसानी से नहीं जितना कि वे कंडक्टर में करते हैं।

13. **डोपिंग** का अर्थ है चालकता के परिभाषित संशोधन के लिए अर्धचालक क्रिस्टल में अशुद्धियों का परिचय। डोपिंग को n-टाइप डोपिंग और p-टाइप डोपिंग किया जा सकता है।

## सुझाई गई पठन सामग्री

**पुस्तकें**

1. Selected Topics in Inorganic Chemistry by Wahid U Malik , GD Tuli & RD Madan , S Chand Publishing , ISBN: 81-219-0600-8.
2. Atkins' Physical Chemistry by Peter Atkins & Julio de Paula, et al. Oxford publishing.

**ई संसाधन**

- https://chem.libretexts.org/Bookshelves/Physical_and_Theoretical_Chemistry_Textbook_Maps/Map%3A_Physical_Chemistry_(McQuarrie_and_Simon)/03%3A_The_Schrodinger_Equation_and_a_Particle_in_a_Box
- https://en.wikipedia.org/wiki/Crystal_field_theory
- https://chem.libretexts.org/Bookshelves/Inorganic_Chemistry/Map%3A_Inorganic_Chemistry_(Housecroft)/06%3A_Structures_and_energetics_of_metallic_and_ionic_solids/6.08%3A_Bonding_in_Metals_and_Semicondoctors/6.8B%3A_Band_Theory_of_Metals_and_Insulators

## अभ्यास

### विषयात्मक प्रश्न

1. MO आरेख की सहायता से निम्नलिखित अणुओं/आयनों को उनके बढ़ते आबंधों की लंबाई के क्रम में व्यवस्थित कीजिए। O , O – and $O^{2-}$.
2. श्रोडिंगर तरंग समीकरण के महत्व पर चर्चा कीजिए, श्रोडिंगर तरंग समीकरणों के विभिन्न रूपों को लिखिए।
3. नाइट्रोजन ($N_2$), हीलियम (He) और कार्बन मोनोऑक्साइड (CO) अणुओं का आण्विक कक्षक आरेख बनाइए।
4. बताएं कि $Co(NH_3)_6{}^{3+}$ आयन एक प्रतिचुंबकीय, कम-स्पिन संकुल क्यों है, जबकि $CoF_6{}^{3-}$ आयन एक पैरामैग्नेटिक, हाई-स्पिन कॉम्प्लेक्स है।
5. आण्विक आयन, $N_2{}^+$ के लिए आण्विक कक्षक आरेख बनाइए। 2p आणविक कक्षक में इलेक्ट्रॉनों की संख्या की गणना करें और $N_2{}^+$ आयन के बंधन क्रम का भी पता लगाएं।
6. लो स्पिन और हाई स्पिन की स्थिति कब उत्पन्न हो सकती है ? इसे CFT की सहायता से समझाइए और उपयुक्त उदाहरण लेकर चित्र बनाइए।
7. संयोजकता कोश और संयोजकता इलेक्ट्रॉनों के महत्व पर चर्चा करें? अणुओं और आयनों के मामले में यह कहाँ लागू हो सकता है?
8. उपयुक्त उदाहरणों के साथ आंतरिक अर्धचालकों और बाहरी अर्धचालकों के बीच अंतर करें।
9. ऐरोमैटिसिटी को परिभाषित कीजिए। बेंजीन अन्य सुगंधित यौगिकों की तुलना में अधिक स्थिर क्यों है? MOT और ऐरोमैटिसिटी के संदर्भ में व्याख्या कीजिए।

10. $(4n+2)\pi$ नियम का नाम बताइए। उपयुक्त उदाहरण देते हुए इस नियम के किन्हीं तीन बिन्दुओं को लिखिए।

11. उस धातु का नाम बताइए जिसका उपयोग अर्धचालक के रूप में किया जा सकता है। इसकी आवश्यकता क्या है और कोई भी तत्व अर्धचालक में कैसे परिवर्तित हो सकता है।

12. डोपिंग क्या है? इसके कितने प्रकार हैं? क्या हुआ जब कोई तीसरे या पांचवें समूह के तत्व को सेमीकंडक्टर में मिला सकता है?

13. क्रिस्टल फील्ड थ्योरी की खोज किसने की? CFT की मुख्य विशेषताएं लिखिए। धातु संकुलों की संरचना के निर्धारण में इसके दो अनुप्रयोगों का भी उल्लेख कीजिए।

14. क्रिस्टल क्षेत्र स्थिरीकरण ऊर्जा से आप क्या समझते हैं? यह धातु संकुलों की ज्यामिति को समझाने में कैसे मदद करता है? अष्टफलकीय और चतुष्फलकीय संकुलों का ऊर्जा स्तर विभाजन रेखाचित्र बनाइए।

## संक्षिप्त उत्तर और वस्तुनिष्ठ प्रश्न

1. सिलिकॉन और जर्मेनियम दो व्यापक रूप से उपयोग किए जाने वाले अर्धचालक पदार्थ क्यों हैं?

**उत्तर** क्योंकि उनके वैलेंस बैंड से एक इलेक्ट्रॉन को मुक्त करने के लिए आवश्यक ऊर्जा (अर्थात उनके सहसंयोजक बंधों को तोड़ने के लिए) बहुत कम है (Si के लिए 1.12eV और Ge के लिए 0.72eV)।

2. तापमान में वृद्धि के साथ अर्धचालक की चालकता का क्या होता है? धातुओं की चालकता के साथ तुलना करें।

**उत्तर** तापमान में वृद्धि के साथ, आवेश वाहकों की सांद्रता बढ़ जाती है जिसके परिणामस्वरूप अर्धचालकों की चालकता में वृद्धि होती है। तापमान में वृद्धि के साथ धातु की चालकता कम हो जाती है।

3. आप संयोजकता बैंड और चालन बैंड में कैसे अंतर करते हैं?

**उत्तर** वैलेंस बैंड इलेक्ट्रॉनों के साथ उच्चतम बैंड है, और चालन बैंड उच्चतम बैंड है जिसमें कोई इलेक्ट्रॉन नहीं है।

4. क्या एक इन्सुलेटर के बीच ऊर्जा अंतर अर्धचालक के बीच ऊर्जा अंतर से छोटा या बड़ा है?

**उत्तर** बड़ा

5. कौन सी दो विधियाँ अर्धचालकों में चालकता लाती हैं?

**उत्तर** इलेक्ट्रॉन परिवहन और छेद परिवहन

6. यदि ऊर्जा अंतराल छोटा/बड़ा है, तो आपको एक चालन बैंड में इलेक्ट्रॉनों को खोजने की अधिक संभावना है?

**उत्तर** छोटे

7. ऊर्जा के वे मान जिनके लिए श्रोडिंगर की स्थिर अवस्था समीकरण को हल किया जा सकता है, कहलाते हैं?

(a) ईजिन वैक्टर (b) ईजिन मूल्य (c) ईजिन कार्य (d) ऑपरेटर

**उत्तर** (c)

**प्रतिक्रिया**– Eigen मान ऊर्जा का वह मान है जिसके लिए श्रोडिंगर की स्थिर अवस्था समीकरण को हल किया जा सकता है। संगत तरंग फलन को Eigen फलन कहते हैं।

8. स्थिर अवस्था को प्राप्त करने के लिए कौन सा कार्य समय से स्वतंत्र माना जाता है?

(a) $\Psi$ (b) $d\Psi/dt$ (c) $d^2\Psi/dx^2$ (d) PE [**उत्तर** (d)]

**प्रतिक्रिया–** किसी कण की स्थितिज ऊर्जा को स्पष्ट रूप से समय पर निर्भर नहीं माना जाता है, उस पर कार्य करने वाले बल, और इसलिए U, केवल स्थिति के साथ बदलते हैं।

**9.** निम्नलिखित आयनों में $p\pi$-$d\pi$ अतिव्यापन उपस्थित हो सकता है–

(a) $NO_2^-$ (b) $NO_3^-$ (c) $PO_4^{3-}$ (d) $CO_3^{2-}$ [**उत्तर** (c)]

**प्रतिक्रिया–** P = O आबंध में, – आबंध P के d-कक्षक और ऑक्सीजन के p-कक्षक के पार्श्व रूप से अतिव्यापन से बनता है। इसलिए, यह $p\pi$ और $d\pi$ ओवर लैपिंग द्वारा बनता है। नाइट्रोजन तथा कार्बन में कोई रिक्त d-कक्षक उपस्थित नहीं होता है। इसलिए, वे $p\pi$–$d\pi$ बंध नहीं बनाते हैं।

**10.** निम्नलिखित में से कौन $C_2$ के लिए सही इलेक्ट्रॉन विन्यास है?

(a) $\sigma 1s^2\, \sigma 2s^2\, \pi 2p_y^2\, \sigma^* 1s^2\, \sigma^* 2s^2\, \pi^* 2p_y^2$

(b) $\sigma 1s^2\, \sigma^* 1s^2\, \sigma 2s^2\, \sigma^* 2s^2\, \pi 2p_y^2\, \pi^* 2p_z^1\, \sigma\ 2p^1$

(c) $\sigma 1s^2\, \sigma^* 1s^2\, \sigma 2s^2\, \sigma^* 2s^2\, \pi 2p_y^2\, \pi 2p_z^2$

(d) $\sigma 1s^2\, \sigma^* 1s^2\, \sigma 2s^2\, \sigma^* 2s^2\, \pi 2p_y^1\, \pi 2p_z^1$ [**उत्तर** (c)]

**प्रतिक्रिया–** क्योंकि $C_2$ एक प्रतिचुंबकीय यौगिक है और $C_2$ में ($12e^-$) है, इलेक्ट्रॉनिक विन्यास होगा = $\sigma_{1s}^2\, \sigma_{1s}^2\, \sigma^*{}_{1s}^2\, \sigma_{2s}^2\, \sigma^*{}_{2s}^2\, \pi_{2px}^2 = \pi 2p^2y$, इसमें कोई अयुग्मित इलेक्ट्रॉन नहीं होते हैं।

**11.** $O_2^+$ में बॉन्ड ऑर्डर क्या है?

(a) 3.5 (b) 2.0 (c) 1.5 (d) 2.5 [**उत्तर** (d)]

**प्रतिक्रिया–** $O_2^+$ का आणविक विन्यास इस प्रकार है

$\sigma 1s^2, \sigma^* 1s^2, \sigma 2s^2, \sigma^* 2s^2, \sigma^* 2p_z^2, \pi 2p_y^2 \approx \pi 2p_z^2, \pi^* 2p_y^1 \approx \pi^* 2p_z^0$

बॉन्ड ऑर्डर = Nb–Na /2 = 10–5/2

∴ बॉन्ड ऑर्डर = 2.5

**12.** यदि कक्षक के केंद्र के बारे में परावर्तित होने पर तरंग फलन का चिह्न अपरिवर्तित रहता है, तो कक्षक है–

(a) गेराडे (Gerade) (b) Ungerade

(c) गेराडे के साथ-साथ अनगेराडे (d) उल्लिखित में से कोई नहीं [**उत्तर** (a)]

**प्रतिपुष्टि–**यदि तरंग फलन का चिन्ह अपरिवर्तित रहता है जब कक्षक अपने केंद्र के बारे में परावर्तित होता है (अर्थात, x, y और z को –x, –y और –z द्वारा प्रतिस्थापित किया जाता है), कक्षीय गेरेड है।

**13.** क्रमशः $O_2$, $F_2$, $N_2$ के बॉन्ड ऑर्डर ____________ हैं।

(a) +1, +2, +3 (b) +2, +3, +1 (c) +2, +1, +3 (d) +3, +2, +1 [**उत्तर**(c)]

**प्रतिक्रिया–** बॉन्ड ऑर्डर = [[आबंध आणविक कक्षीय में इलेक्ट्रॉनों की संख्या] – [आणविक आणविक कक्षीय में इलेक्ट्रॉनों की संख्या]] / 2।

**14.** निम्नलिखित अणुओं को घटती बंध लंबाई में व्यवस्थित करें।

(a) $O_2 > O_2^- > O_2^+ > O_2^{2-}$ (b) $O_2^{2-} > O_2^- > O_2 > O_2^+$

(c) $O_2^{2-} > O_2^- > O_2^+ > O_2$ (d) $O_2^- > O_2^+ > O_2^{2-} > O_2$ **[उत्तर** (b)]

**प्रतिक्रिया**– बांड की लंबाई बांड ऑर्डर के विपरीत आनुपातिक है। इसलिए, सही है: $O_2^{2-} > O_2^- > O_2 > O_2^+$.

**15.** आण्विक कक्षकों की आपेक्षिक ऊर्जाओं को बढ़ते क्रम में निम्न प्रकार से पाया गया है।

$(\sigma 1s) < (\sigma^* 1s) < (\sigma 2s) < (\sigma^* 2s) < [(\pi 2p_y)(\pi 2p_z)] < (\sigma 2p_x) < [(\pi^* 2p_y)(\pi^* 2p_z)] < (\sigma^* 2p_x)$

(a) $O_2$ से $Ne_2$. के लिए (b) $H_2$ से $N_2$. के लिए

(c) $H_2$ से $Ne_2$. के लिए (d) $N_2$ से $Ne_2$ के लिए **[उत्तर** (b)]

**प्रतिक्रिया**– बढ़ते क्रम में आणविक कक्षा की सापेक्ष ऊर्जा पाई गई है $(\sigma 1s) < (\sigma^* 1s) < (\sigma 2s) < (\sigma^* 2s) < [(\pi 2p_y)(\pi 2p_z)] < (\sigma_{2px}) < [(\pi^* 2p_y)(\pi^* 2p_z)] < (\sigma^* 2p_x)$ केवल $H_2$ से $N_2$ के लिए।

**16.** निम्नलिखित में से कौन सा डोपिंग p-टाइप सेमीकंडक्टर का उत्पादन करेगा?

(a) फास्फोरस के साथ जर्मेनियम (b) जर्मेनियम के साथ सिलिकॉन

(c) एंटोमनी के साथ जर्मेनियम (d) इंडियम के साथ सिलिकॉन **[उत्तर** (d)]

**प्रतिक्रिया**– तीसरे समूह के तत्व को सिलिकॉन या जर्मेनियम में डोपिंग करने से p-टाइप सेमीकंडक्टर बनेगा।

## अभिनव परियोजनाऐं / गतिविधियाँ

**परियोजना 1.** अपनी पसंद के 5-10 धातु संकुलों को सूचीबद्ध करें और निम्नलिखित शीर्षों के तहत इसकी विशेषताओं की तुलना करें:

- स्पिन की स्थिति {लो स्पिन/हाई स्पिन}
- ज्यामिति
- चुंबकीय गुण
- रंग

**परियोजना 2.** n और p-प्रकार के अर्धचालकों का जबरदस्त उदाहरण हमारे चारों ओर हर विद्युत पर उपलब्ध है,और इलेक्ट्रॉनिक उपकरण। उन उपकरणों की सूची बनाएं जिनका आप सुबह से रात तक उपयोग कर रहे हैं जिनमें अर्धचालक होते हैं।

## अधिक जानिए

**1. स्पेक्ट्रोकेमिकल श्रृंखला**

लिगैंड की प्रकृति के साथ क्रिस्टल क्षेत्र विभाजन (Δ) के परिमाण की भिन्नता एक नियमित क्रम का अनुसरण करती है, जिसे स्पेक्ट्रोकेमिकल श्रृंखला के रूप में जाना जाता है। यह श्रृंखला नीचे उस क्रम में दी गई है जिसमें वे के बढ़ते मूल्य का उत्पादन करते हैं। Δ

$I^- < Br^- < S^{2-} < SCN^- < Cl^- < N^- < F_3^- <$ urea, $OH^- <$ ox, $O_2^- <$ HO $< NCS^- < py_2$, NH $<$ en $< bipy_3$, phen $< NO_2^- < CH_3^-, C_6H_5^- < CN^-$

- कमजोर क्षेत्र के लिगैंड्स में छोटे होते हैं और वे उच्च स्पिन संकुलों का निर्माण करेंगे।
- मजबूत क्षेत्र के लिगैंड्स में बड़े होते हैं और कम स्पिन संकुलों का निर्माण करेंगे।

**2.** अणुओं में विभिन्न कक्षाओं में ऊर्जा स्तरों के संक्रमण और वितरण के बारे में योजनाबद्ध प्रतिनिधित्व

(a) ऑक्सीजन और अणु नाइट्रोजन

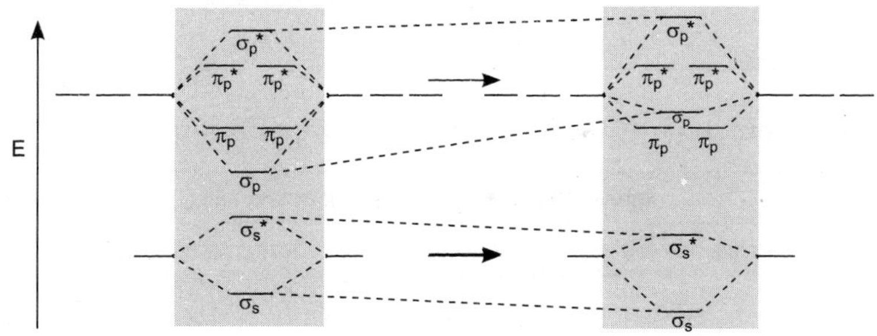


(b) आवर्त सारणी की दूसरी period में

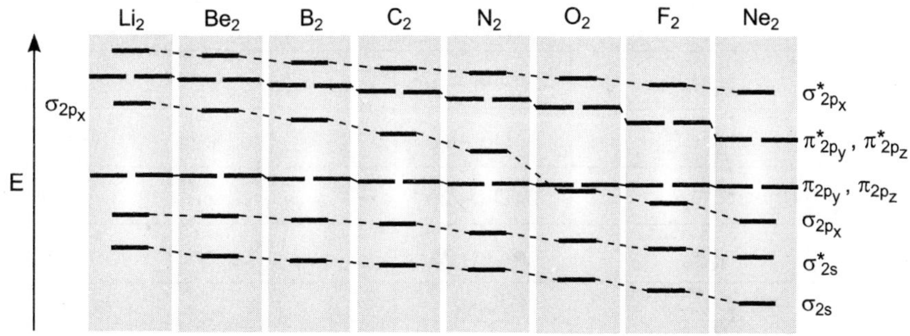

### 3. चुंबकीय गुणों के प्रकार

| गुण | विवरण | चुंबकीय द्विध्रुवों का संरेखण | उदाहरण | अनुप्रयोग |
|---|---|---|---|---|
| प्रतिचुंबकीय | वे चुंबकीय क्षेत्र द्वारा कमजोर रूप से प्रतिकर्षित होते हैं। | कक्षा में सभी इलेक्ट्रॉनों को जोड़ा जाता है और पूरी तरह से भर दिया जाता है। | NaCl, बेंजीन | इन्सुलेटर की तरह व्यवहार करता है |
| अनुचुम्बकीय | वे चुंबकीय क्षेत्र द्वारा कमजोर रूप से आकर्षित होते हैं। | कक्षक में कम से कम एक अयुग्मित इलेक्ट्रॉन होता है। | $O_2$, $Cu^{2+}$ आदि। | इलेक्ट्रॉनिक उपकरण |
| लौहचुम्बकीय | चुंबकीय क्षेत्र द्वारा प्रबल रूप से आकर्षित होता है। | उन्हें स्थायी रूप से चुम्बकित किया जा सकता है जिसमें अयुग्मित इलेक्ट्रॉन होते हैं, सभी की दिशा समान होती है | कोबाल्ट, निकल, $CrO_2$, आदि। | $CrO_2$ का उपयोग आमतौर पर कैसेट रिकॉर्डर बनाने में किया जाता है। |
| प्रतिफेरोमैग्नेटिक | नेट चुंबकीय आघूर्ण शून्य है। | द्विध्रुवीय आघूर्णों को प्रतिपूरक तरीके से व्यवस्थित किया जाता है | NiO, MnO, $V_2O_3$ आदि | – |
| फेरिमैग्नेटिक | में छोटे शुद्ध चुंबकीय आघूर्ण होते हैं। | चुंबकीय आघूर्णों की समानांतर और एंटीपैरलल व्यवस्था की असमान संख्या | $Fe_3O_4$ | – |

### 4. CFSE इलेक्ट्रॉन व्यवस्था $d^1$ से $d^{10}$–कम स्पिन और उच्च स्पिन संकुलों के लिए

| अष्टफलकीय संकुलों के लिए इलेक्ट्रॉन व्यवस्था और CFSE | | | | |
|---|---|---|---|---|
| विन्यास | मजबूत क्षेत्र (कम स्पिन) | CFSE | कमजोर क्षेत्र (उच्च स्पिन) | CFSE |
| $d^1$ | $t_{2g}^1e_g^0$ | 4Dq | $t_{2g}^1e_g^0$ | 4Dq |
| $d^2$ | $t_{2g}^2e_g^0$ | 8Dq | $t_{2g}^2e_g^0$ | 8Dq |
| $d^3$ | $t_{2g}^3e_g^0$ | 12Dq | $t_{2g}^3e_g^0$ | 12Dq |
| $d^4$ | $t_{2g}^4e_g^0$ | 16Dq – p | $t_{2g}^3e_g^1$ | 6Dq |
| $d^5$ | $t_{2g}^5e_g^0$ | 20Dq – 2p | $t_{2g}^3e_g^2$ | 0Dq |
| $d^6$ | $t_{2g}^6e_g^0$ | 24Dq – 2p | $t_{2g}^4e_g^2$ | 4Dq |
| $d^7$ | $t_{2g}^6e_g^1$ | 18Dq – p | $t_{2g}^5e_g^2$ | 8Dq |
| $d^8$ | $t_{2g}^6e_g^2$ | 12Dq | $t_{2g}^6e_g^2$ | 16Dq |
| $d^9$ | $t_{2g}^6e_g^3$ | 6Dq | $t_{2g}^6e_g^3$ | 6Dq |
| $d^{10}$ | $t_{2g}^6e_g^4$ | 0 | $t_{2g}^6e_g^4$ | 0 |
| P = पेयरिंग एनर्जी<br>**ध्यान दें**– कि मजबूत क्षेत्र के लिए Dq कमजोर क्षेत्र के लिए Dq की तुलना में अधिक है। | | | | |

# 2 स्पेक्ट्रोस्कोपी तकनीक और अनुप्रयोग

## इकाई विशिष्ट

यह इकाई इन विषयों पर चर्चा करती है: इलेक्ट्रॉनिक, प्रतिदीप्ति, कंपन और घूर्णी स्पेक्ट्रोस्कोपी के सिद्धांत, चयननियम और अनुप्रयोग। MRI, NMR और XRD तकनीकों के अनुप्रयोग।

## भूमिका

यह इकाई विद्युत चुम्बकीय विकिरणों के साथ संवाद, के माध्यम से अणुओं और यौगिकों की पहचान और लक्षण के वर्णन से संबंधित है। यह विश्लेषणात्मक रसायन विज्ञान की रीढ़ है। पुनरुत्पादित परिणामों के साथ स्पेक्ट्रोस्कोपिक उपकरणों की उच्च संवेदनशीलता और सटीकता अनुसंधान और विकास में बहुत महत्वपूर्ण भूमिका निभाती है।

## पूर्व अपेक्षित ज्ञान

- **रसायन विज्ञान**- विद्युत चुम्बकीय स्पेक्ट्रम, सरल कार्बनिक यौगिकों की संरचना और सूत्र।
- **गणित**- मूल बीजगणित।
- **भौतिकी**- विद्युत चुम्बकीय संपर्क और तरंगों की प्रकृति।

## लर्निंग आउटकम्स

इस इकाई के पूर्ण अध्यन करने के बाद, विद्यार्थी निम्न में सक्षम होंगे

| | |
|---|---|
| U2-O1: | साधारण कार्बनिक यौगिकों के लिए UV-दृश्यमान और प्रतिदीप्ति स्पेक्ट्रोस्कोपी के सिद्धांतों को लागू करें। |
| U2-O2: | सरल कार्बनिक यौगिकों के लिए कंपन और घूर्णी स्पेक्ट्रोस्कोपी की व्याख्या करें। |
| U2-O3: | NMR स्पेक्ट्रा का उपयोग करके सरल कार्बनिक यौगिकों की संरचना को सहसंबंधित करें |
| U2-O4: | सतह के लक्षण वर्णन, विवर्तन और प्रकीर्णन तकनीकों से संबंधित तकनीकें। |
| U2-O5: | चिकित्सा और अन्य क्षेत्रों में MRI सहित विभिन्न वर्णक्रमीय तकनीकों के अनुप्रयोगों का वर्णन करें। |

## कोर्स आउटकम्स (COs) के साथ यूनिट आउटकम्स (UOs) का परस्पर संबंध

| आउटकम्स | कोर्स आउटकम्स (COs) के साथ अपेक्षित संबंध (1- कमजोर सहसंबंध; 2- मध्यम सहसंबंध; 3- मजबूत सहसंबंध) | | | | |
|---|---|---|---|---|---|
| | CO-1 | CO-2 | CO-3 | CO-4 | CO-5 |
| U2-O1 | | | 3 | | |
| U2-O2 | | | 3 | | |
| U2-O3 | 2 | | | | 1 |
| U2-O4 | | | 3 | | |
| U2-O5 | | | 3 | | |

## परिचय

स्पेक्ट्रोस्कोपी एक ऐसी तकनीक है जो विश्लेषण करने के लिए नमूने के साथ ऊर्जा की अंतरक्रिया का उपयोग करती है।

स्पेक्ट्रम के उत्पादन और देखने की अनुमति देने वाली ऑप्टिकल प्रणाली को स्पेक्ट्रोस्कोप कहा जाता है।

आइए जानते हैं इसके विकास की ऐतिहासिक पृष्ठभूमि -

## ऐतिहासिक समय-पंक्तियाँ

| S. No. | Period | Name | Discovery |
|---|---|---|---|
| 1. | 1814 | जोसेफ वॉन फ्रौनहोफर। | पहले स्पेक्ट्रोस्कोप का आविष्कार किया गया था |
| 2. | 1860 | रॉबर्ट बन्सन और गुस्ताव किरचॉफ | रासायनिक तत्वों के लिए स्पेक्ट्रा की व्यवस्थित विशेषता शुरू हुई |
| 3. | 1911-1913 | ओटो हेमस्टेड और हेनरिक लेहमन | पहले प्रतिदीप्ति सूक्ष्मदर्शी UV सूक्ष्मदर्शी के परिणाम के रूप में |
| 4. | 1941 | अर्नोल्ड बेकमैन | डीयू UV-विज़ स्पेक्ट्रोफोटोमीटर पेश किया। |
| 5. | 1944 | NMR के इसिडोर आइजैक रबी | डिस्कवरी और भौतिकी में नोबेल पुरस्कार मिला |

स्पेक्ट्रोस्कोपी का आधार अणुओं के साथ अंतरक्रिया करते समय विद्युत चुम्बकीय तरंगों की प्रकृति और लक्षणों का अध्ययन है। चित्र 2.1 स्पेक्ट्रोफोटोमेट्रिक मापदंडों का संक्षिप्त विवरण दिखाता है-

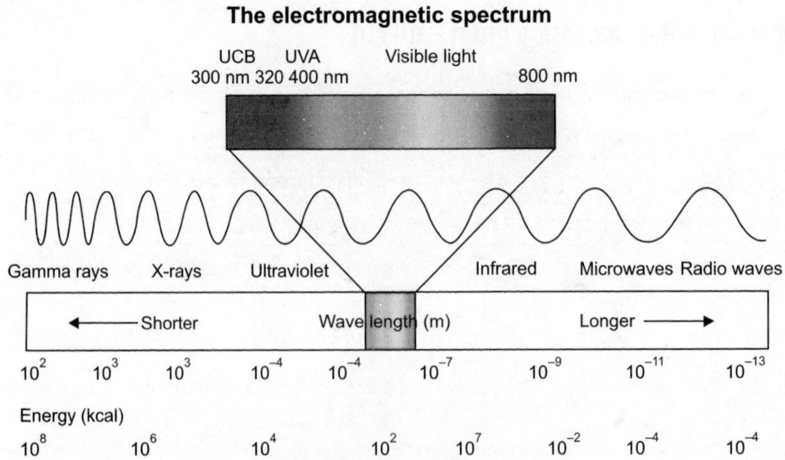


*चित्र 2.1* विद्युत चुम्बकीय स्पेक्ट्रम

## 2.1 स्पेक्ट्रोस्कोपी के बुनियादी सिद्धांत

(a) बॉर्न ओपेनहाइमर सन्निकटन (Born Oppenheimer Approximation)

(b) फ्रैंक-कोंडोन सिद्धांत (Franck–Condon principle)

(c) जब्लोन्स्की आरेख (Jablonski Diagram)

### 2.1.1 बॉर्न ओपेनहाइमर सन्निकटन

परमाणु स्पेक्ट्रा परमाणु ऊर्जा स्तरों के बीच एक इलेक्ट्रॉन के संक्रमण से उत्पन्न होता है, जबकि आणविक स्पेक्ट्रा तीन प्रकार के ऊर्जा परिवर्तनों (आणविक रोटेशन, आणविक कंपन और इलेक्ट्रॉनिक संक्रमण) से उत्पन्न होता है। बॉर्न ओपेनहाइमर सन्निकटन के अनुसार, एक अणु की कुल ऊर्जा को निम्न समीकरण द्वारा दर्शाया जा सकता है,

$$E = E_{\text{ट्रांसलेशनल}} + E_{\text{रोटेशनल}} + E_{\text{विब्रेशनल}} + E_{\text{इलेक्ट्रोनिक}} \quad ..(2.1)$$

ट्रांसलेशनल एनर्जी को छोड़कर इन सभी ऊर्जाओं को परिमाणित किया जाता है। यह नगण्य रूप से छोटा है और इसलिए बोर्न ओपेनहाइमर सन्निकटन को इस प्रकार दर्शाया जा सकता है

$$E = E_{\text{रोटेशनल}} + E_{\text{विब्रेशनल}} + E_{\text{इलेक्ट्रोनिक}} \quad ...(2.1)$$

**ऊर्जा के बढ़ते क्रम के रूप में दर्शाया गया है -**

$$E_{\text{इलेक्ट्रोनिक}} >> E_{\text{विब्रेशनल}} >> E_{\text{रोटेशनल}}$$

**तालिका 2.1: द्विपरमाणुक अणुओं में ऊर्जा**

| | ऊर्जा का प्रकार | अणु में उत्पन्न होता है | इलेक्ट्रोमैग्नेटिक स्पेक्ट्रम |
|---|---|---|---|
| 1 | ट्रांसलेशनल ऊर्जा | जब गति के परिणामस्वरूप गुरुत्वाकर्षण का केंद्र बदल जाता है | - |
| 2 | घूर्णी / चक्रीय ऊर्जा | जब एक अणु अंतर-नाभिकीय अक्ष के लंबवत अक्ष के परितः घूर्णन करता है और अणु के गुरुत्व केंद्र से होकर गुजरता है | माइक्रोवेव क्षेत्र |
| 3 | स्पंदनिक ऊर्जा | कंपन ऊर्जा अणु के नाभिक की इस तरह से आगे-पीछे गति के कारण कि गुरुत्वाकर्षण का केंद्र इन्फ्रा रेड क्षेत्र को नहीं बदलता है | इन्फ्रा रेड क्षेत्र |
| 4 | इलेक्ट्रॉनिक ऊर्जा | इलेक्ट्रॉनिक ऊर्जा एक उपयुक्त आवृत्ति के फोटॉन के अवशोषण के कारण एक इलेक्ट्रॉन के जमीनी अवस्था ऊर्जा स्तर से अणु के उत्तेजित अवस्था ऊर्जा स्तर तक संक्रमण से जुड़ी होती है | UV और प्रकट क्षेत्र |

### 2.1.2. फ्रैंक-कोंडोन सिद्धांत (Franck–Condon principle)

फ्रेंक-कोंडोन सिद्धांत स्पेक्ट्रोस्कोपी और क्वांटम रसायन विज्ञान में एक नियम है जो वाइब्रोनिक संक्रमणों की तीव्रता की व्याख्या करता है। उचित ऊर्जा के एक फोटॉन के अवशोषण या उत्सर्जन के कारण एक अणु के इलेक्ट्रॉनिक और कंपन ऊर्जा स्तरों में एक साथ परिवर्तन वाइब्रोनिक संक्रमण होते हैं।

फ्रेंक-कोंडोन सिद्धांत यह अनुमान है कि आणविक इकाई और उसके वातावरण में नाभिक की स्थिति में बदलाव के बिना एक इलेक्ट्रॉनिक संक्रमण होने की सबसे अधिक संभावना है।

**फ्रेंक-कोंडोन सिद्धांत (ऊर्ध्वाधर संक्रमण):**

- इलेक्ट्रॉन परमाणु गति की तुलना में बहुत तेजी से प्रतिक्रिया करते हैं, इसलिए एक उत्तेजना परमाणु ज्यामिति में बदलाव के बिना आगे बढ़ती है।
- संतुलन परमाणु ज्यामिति पर इलेक्ट्रॉनिक ऊर्जा अंतराल प्रकाश के साथ अनुनाद होगा।

### 2.1.3. जब्लोन्स्की आरेख (Jablonski diagram): उत्तेजित अवस्था के अणुओं के लिए विश्राम तंत्र

एक बार जब एक अणु विद्युत चुम्बकीय विकिरण के रूप में ऊर्जा को अवशोषित कर लेता है, तो ऐसे कई मार्ग होते हैं जिनके द्वारा यह सामान्य अवस्था में वापस आ सकता है (कमरे के तापमान रासायनिक प्रजातियों के लिए सांख्यिकीय रूप से सबसे सामान्य ऊर्जा अवस्था)। ग्राफ़, जिसे जब्लोन्स्की आरेख कहा जाता है, इनमें से कुछ प्रक्रियाओं को दिखाता है।

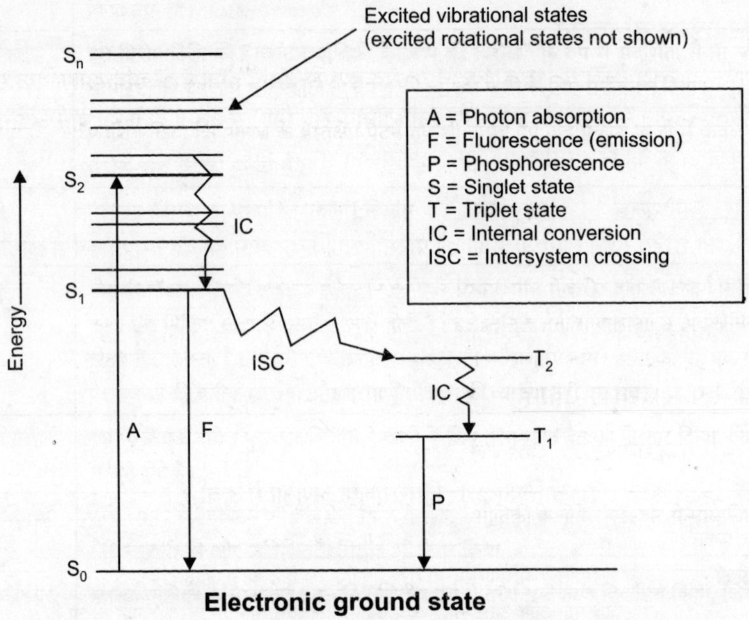


*चित्र 2.2: जब्लोन्स्की आरेख*

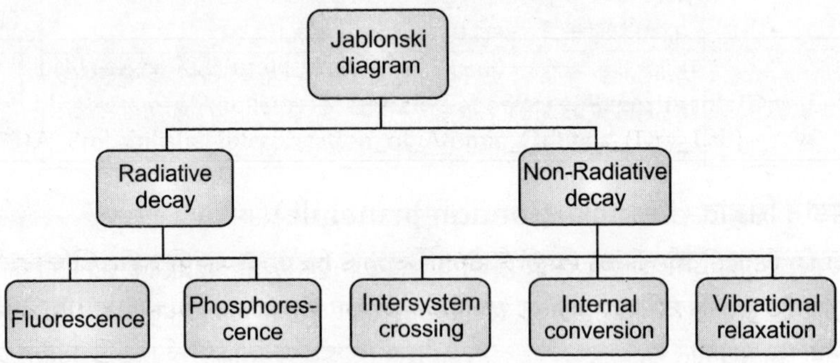


**प्रवाह चार्ट 2.1:** विद्युत चुम्बकीय विकिरणों के क्षय के तरीकों की सारणीबद्ध जानकारी

## विकिरण क्षय

**प्रतिदीप्ति:** यदि फोटॉन उत्सर्जन (यहाँ एक लघु तरंग दैर्ध्य आरेख में "लंबी" रेखा के रूप में दिखाया गया है, जो नीचे की ओर इशारा कर रहा है,) एक ही स्पिन अवस्था (जैसे $S_1$) के अवस्थाओं के बीच होती है

प्रतिदीप्ति। फ्लोरोसेंट अवस्थाओं का जीवनकाल बहुत छोटा होता है ($1 \times 10^{-5}$ से $10^{-8}$ सेकंड)

फॉस्फोरेसेंस: यदि प्रारंभिक और अंतिम ऊर्जा स्तरों की स्पिन अवस्था भिन्न होती है (उदा. $T_1 \rightarrow S_0$), उत्सर्जन (ऊर्जा की

हानि) को फॉस्फोरेसेंस कहा जाता है। इसमें कम ऊर्जा के साथ लंबी तरंग दैर्ध्य है इसलिए छोटी लंबाई रेखा द्वारा दर्शाया गया है। फॉस्फोरेसेंस का जीवनकाल $1 \times 10^{-4}$ सेकंड से लेकर मिनट या घंटे तक होता है।

## गैर-विकिरणकारी क्षय

1. आंतरिक रूपांतरण (IC): आंतरिक रूपांतरण ऊर्जा के बीच विकिरण रहित संक्रमण है । एक ही स्पिन अवस्थाओं, के अवस्था (प्रतिदीप्ति के साथ तुलना करें - एक विकिरण प्रक्रिया)।
2. इंटरसिस्टम क्रॉसिंग (ISC): इंटरसिस्टम क्रॉसिंग विभिन्न स्पिन स्टेट्स के बीच विकिरण रहित संक्रमण है (फॉस्फोरेसेंस की तुलना में)।
3. कंपन विश्राम (VR) : उत्तेजित अवस्था के अपने निम्नतम कंपन स्तर तक विश्राम को कंपन विश्राम कहा जाता है। यह ऊर्जा के अपव्यय के तीनों तरीकों में सबसे आम तरीका है। यह बहुत जल्दी होता है ($<1 \times 10^{-12}$ सेकंड)।

## याद दिलाने के संकेत

- इलेक्ट्रॉनिक ट्रांज़िशन में कंपन और रोटेशनल ट्रांज़िशन की तुलना में बहुत अधिक ऊर्जा शामिल होती है।
- प्रत्येक इलेक्ट्रॉनिक संक्रमण कंपन और घूर्णी संक्रमणों के साथ होता है।
- इलेक्ट्रॉनिक ट्रांज़िशन के साथ कंपन ट्रांज़िशन के संयोजन को "वाइब्रोनिक" ट्रांज़िशन कहा जाता है।
- दो इलेक्ट्रॉनिक अवस्थाओं के बीच कंपन संक्रमण के लिए कोई चयन नियम नहीं है।
- फ्रेंक-कोंडोन सिद्धांत वाइब्रोनिक संक्रमणों के तीव्रता वितरण को नियंत्रित करता है।

## 2.2 इलेक्ट्रॉनिक स्पेक्ट्रोस्कोपी

इलेक्ट्रॉनिक स्पेक्ट्रोस्कोपी विश्वसनीय और सटीक विश्लेषणात्मक विधि है जो पदार्थ द्वारा UV और दृश्य प्रकाश के अवशोषण, संचरण और उत्सर्जन को मापती है।दृश्यमान क्षेत्र 800-400 nm से मेल खाती है और अल्ट्रा वायलेट क्षेत्र 400-100 nm क्षेत्र से मेल खाती है ।

जब UV या दृश्य प्रकाश परमाणुओं या अणुओं पर हमला करता है, तो ऊर्जा स्तरों के बीच इलेक्ट्रॉनिक संक्रमण हो सकता है। UV या दृश्य प्रकाश के अवशोषण के परिणामस्वरूप इलेक्ट्रॉन का निम्न ऊर्जा स्तर से उच्च ऊर्जा स्तर तक संक्रमण होता है।

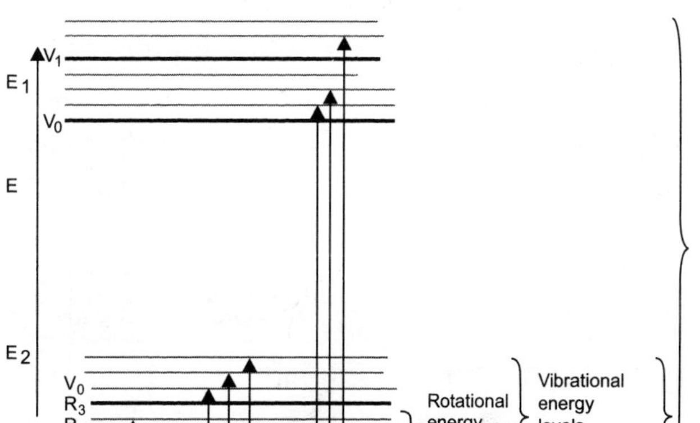


**चित्र 2.3:** *विभिन्न ऊर्जा स्तरों में स्पेक्ट्रम का संक्रमण* $E_R < E_V < E_E$

एक अणु में इलेक्ट्रॉनिक अवस्थाओं के बीच ऊर्जा अंतर क्रमिक कंपन स्तरों के बीच की तुलना में बहुत अधिक होता है। यह देखा गया है कि इलेक्ट्रॉनिक ऊर्जा में एक छोटा सा परिवर्तन कंपन ऊर्जा में एक बड़ा परिवर्तन उत्पन्न करेगा। कंपन ऊर्जा में परिवर्तन इलेक्ट्रॉनिक स्पेक्ट्रा में बैंड देने वाली कंपन क्वांटम संख्या में परिवर्तन उत्पन्न करता है। इसी प्रकार कंपन ऊर्जा में एक छोटा सा परिवर्तन घूर्णन क्वांटम संख्या में एक बड़ा परिवर्तन उत्पन्न करता है जिसके परिणामस्वरूप घूर्णन संक्रमण होता है जिसके

परिणामस्वरूप उसी इलेक्ट्रॉनिक स्पेक्ट्रा में घूर्णन स्पेक्ट्रा होता है। इस प्रकार हम देख सकते हैं कि प्रत्येक इलेक्ट्रॉनिक संक्रमण में स्पेक्ट्रम में इलेक्ट्रॉनिक, कंपन और घूर्णी संक्रमणकालीन जटिलताएं शामिल हैं।

### 2.2.1 इलेक्ट्रॉनिक संक्रमण के प्रकार

ऊर्जा के घटते क्रम में इलेक्ट्रॉनिक संक्रमण हैं:

$$\sigma\text{–}\sigma^* > n\text{–}\sigma^* > \pi\text{–}\pi^* > n\text{–}\pi^*$$

(i) $\sigma \rightarrow \sigma^*$ **संक्रमण :** बंध सिग्मा कक्षक से प्रतिबांधी सिग्मा कक्षक (उच्च ऊर्जा) में इलेक्ट्रॉनिक संक्रमण को $\sigma$ से $\sigma^*$ के रूप में निर्दिष्ट किया जाता है। ये संक्रमण केवल एकल बंध वाले यौगिक में होते हैं। अल्केन्स में, यह केवल संक्रमण उपलब्ध है। अवशोषण बैंड सुदूर UV क्षेत्र ~ 150 nm में होता है। इस तरह के संक्रमण का अध्ययन वैक्यूम UV क्षेत्र में किया जाता है क्योंकि 200 nm से नीचे हवा में मौजूद ऑक्सीजन अवशोषित होने लगती है।

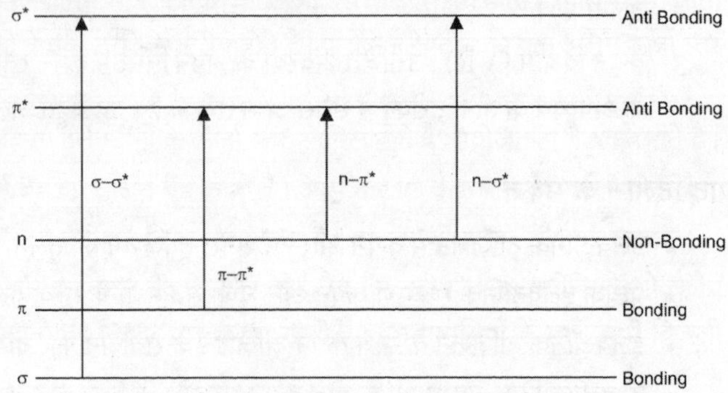


*चित्र 2.4: इलेक्ट्रॉनिक ऊर्जा स्तर और इलेक्ट्रॉनिक संक्रमण*

(ii) $n \rightarrow \sigma^*$ **संक्रमण :** एकाकी इलेक्ट्रॉन युग्म वाले संतृप्त यौगिकों में $\sigma \rightarrow \sigma^*$ संक्रमण के साथ $n \rightarrow *$ संक्रमण होता है। संतृप्त हैलाइड, ऐल्कोहॉल, ईथर, ऐल्डिहाइड, कीटोन, ऐमीन आदि। अवशोषण बैंड लंबी तरंगदैर्घ्य ~ 180-200 nm (UV क्षेत्र के निकट) पर दिखाई देते हैं।

(iii) $\pi \rightarrow \pi^*$ **संक्रमण :** ये संक्रमण असंतृप्त यौगिकों में होते हैं। चूँकि n इलेक्ट्रॉन शिथिल होते हैं, इसलिए इलेक्ट्रॉनिक संक्रमण के लिए तुलनात्मक रूप से कम ऊर्जा की आवश्यकता होती है। असंयुग्मित एल्केन्स में अवशोषण बैंड लगभग 170-190 nm दिखाई देते हैं उदा। डायन, ट्राइएन्स, सुगंधित यौगिक।

(iv) $n \rightarrow \pi^*$ **संक्रमण :** विषम परमाणु वाले असंतृप्त यौगिक जिसमें एकाकी इलेक्ट्रॉन युग्म जैसे S, N, O इस प्रकार के संक्रमण को प्रदर्शित करते हैं। इस संक्रमण में सभी संक्रमणों की तुलना में कम से कम ऊर्जा शामिल है। और सबसे लंबी तरंग दैर्ध्य (> 200 nm) पर होते हैं। उदाहरण - कीटोन, एल्डिहाइड।

### 2.2.2 इलेक्ट्रॉनिक स्पेक्ट्रोस्कोपी के अनुप्रयोग

(a) **संयुग्मन की सीमा:** संयुग्मन जितना लंबा होगा, अवशोषण की अधिकतम तरंगदैर्ध्य ($\lambda_{max}$) लंबी होगी । पर्याप्त संयुग्मन पर यौगिक, स्पेक्ट्रम के दृश्य क्षेत्र के लिए रंगीन बन जाता है । उदाहरण - टमाटर 11 संयुग्मित दोहरे बंधन, कोप्टनी *रसायन* के कारण लाल रंग का होता है

(b) **संयुग्मित और गैर-संयुग्मित यौगिकों के बीच भेद:** UV स्पेक्ट्रोस्कोपी संयुग्मित डायन को गैर-संयुग्मित से, संयुग्मित डायन को संयुग्मित ट्राइएन्स आदि से अलग करने में मदद करता है।

(c) **कार्यात्मक समूह का पता लगाना:** UV स्पेक्ट्रोस्कोपी हमें कुछ कार्यात्मक समूह का पता लगाने में मदद करती है। उदाहरण के लिए 200 nm से ऊपर किसी भी अवशोषण की अनुपस्थिति संयुग्मन, बेंजीन रिंग, कार्बोनिल यौगिक की अनुपस्थिति को दर्शाती है।

(d) **ज्यामितीय समरूपता का अध्ययन:** ट्रांस(Trans) आइसोमर सीस(Cis) आइसोमर की तुलना में उच्च तरंग दैर्ध्य पर अवशोषित करता है।

(e) **टॉटोमेरिज्म का अध्ययन:** UV स्पेक्ट्रोस्कोपी का उपयोग स्थिर टॉटोमेरिक प्रजातियों की पहचान के लिए किया जा सकता है। उदाहरण के लिए

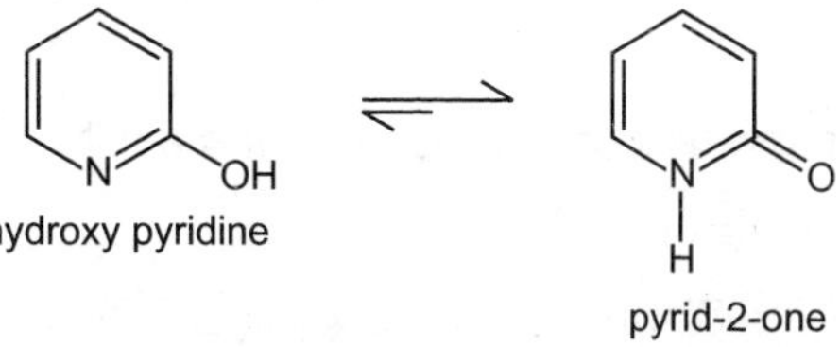


उपरोक्त में साम्यावस्था अधिक दाहिनी ओर स्थानांतरित होता है, यानी समाधान का UV स्पेक्ट्रम पाइरिड-2-एक के समाधान जैसा दिखता है और 2-हाइड्रॉक्सीपाइरीडीन से अलग होता है। इस प्रकार UV स्पेक्ट्रम दिखाता है कि केटोन(ketone) आइसोमर प्रबल होता है।

(f) **अज्ञात यौगिक की पहचान :** किसी अज्ञात यौगिक की पहचान उसके स्पेक्ट्रम की ज्ञात स्पेक्ट्रम से तुलना करके की जा सकती है। यदि स्पेक्ट्रा मेल खाता है, तो दो यौगिकों को समान होना चाहिए। यदि स्पेक्ट्रा मेल नहीं खाता है, तो दो यौगिक अलग-अलग होने चाहिए।

(g) **पर्यावरण प्रदूषण का** पता लगाने के लिए इलेक्ट्रॉनिक स्पेक्ट्रोस्कोपी का व्यापक रूप से उपयोग किया जाता है।

## आइए कुछ सरल अणुओं का उदाहरण लेकर UV स्पेक्ट्रम की चर्चा करें

1. संयुग्मन की सीमा के निर्धारण के लिए UV स्पेक्ट्रा

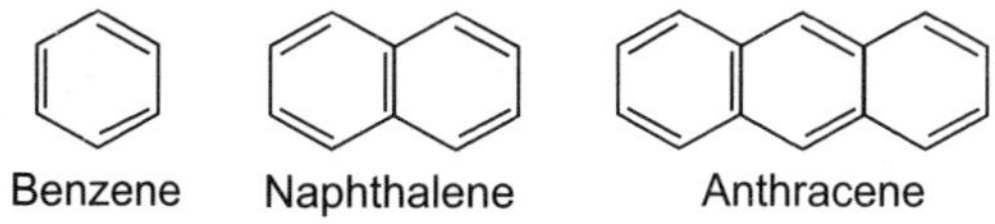


Structures of Benzene, Naphthalene and, Anthracene

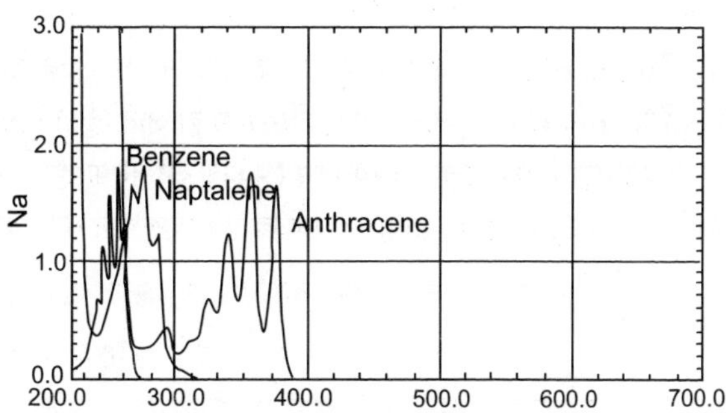


***Fig. 2.5:*** Absorption Spectra of Benzene,Naphthalene and Anthracene

1. नेफ्थलीन और बेंजीन की तुलना में एन्थ्रेसीन में संयुग्मन की मात्रा अधिक होती है।
2. मोलर अवशोषण गुणांक इस बात का माप है कि कोई पदार्थ प्रकाश को कितनी दृढ़ता से अवशोषित करता है। इसका मूल्य जितना बड़ा होगा, अवशोषण उतना ही अधिक होगा।
3. जैसे-जैसे संयुग्मित तंत्र बड़ा होता जाता है, शिखर तरंगदैर्ध्य दीर्घ तरंगदैर्ध्य क्षेत्र की ओर स्थानांतरित हो जाते हैं।
4. एन्थ्रेसीन में अधिकतम $\lambda_{max}$ 256 nm बेंजीन से 375 nm हो गया.

2. अज्ञात यौगिक की पहचान- UV वर्णक्रमीय क्षेत्र में $\lambda_{max}$ के मानक मूल्यों की सहायता से कोई अज्ञात यौगिक की भविष्यवाणी कर सकता है।

### 2.2.3 इलेक्ट्रॉनिक ट्रांज़िशन के लिए चयन नियम

विद्युत चुम्बकीय विकिरणों के अवशोषण के दौरान सभी संक्रमण वांछित परिवर्तनों के लिए समान रूप से प्रभावी नहीं होते हैं। प्रभावी संक्रमणों की भविष्यवाणी करने के लिए कुछ दिशानिर्देश बनाए जाते हैं, जिन्हें चयन नियम के रूप में जाना जाता है। बस हम इसे समझ सकते हैं - चयन नियम एक बयान है जिसके बारे में संक्रमण की अनुमति है और इस प्रकार स्पेक्ट्रम में कौन सी रेखाएं देखी जा सकती हैं।

**इलेक्ट्रॉनिक संक्रमण के लिए चयन नियमों को संक्षेप में प्रस्तुत किया जा सकता है-**

- कुल स्पिन नहीं बदल सकता, $\Delta S=0$;
- कुल कक्षीय कोणीय संवेग में परिवर्तन $\Delta L = 0, \pm 1$ हो सकता है, लेकिन $L = 0 \leftrightarrow L = 0$ संक्रमण की अनुमति नहीं है।
- कुल कोणीय संवेग में परिवर्तन $=0, \pm 1$ हो सकता है, लेकिन $J=0 \leftrightarrow J=0$ संक्रमण की अनुमति नहीं है।

## वीडियो संसाधन

Introduction to Spectroscopy

## 2.3 प्रतिदीप्ति स्पेक्ट्रोस्कोपी

प्रतिदीप्ति स्पेक्ट्रोमेट्री अपने फ्लोरोसेंट गुणों के आधार पर समाधान में एक विश्लेषक की एकाग्रता को निर्धारित करने के लिए एक तेज, सरल और सस्ती विधि है।

### 2.3.1 सिद्धांत

जैसा कि हमने पहले जाब्लोन्स्की आरेख में प्रतिदीप्ति और स्फुरदीप्ति की परिघटना के बारे में चर्चा की थी। प्रतिदीप्ति स्पेक्ट्रोस्कोपी में, 180 और 800 nm के बीच तरंग दैर्ध्य के साथ एक बीम एक क्यूवेट में एक विलयन के माध्यम से गुजरता है। परमाणु या अणु पहले ऊर्जा को अवशोषित करते हैं इसे उत्तेजना कहा जाता है। उदाहरण के लिए एक फोटॉन, इसे उत्तेजना कहा जाता है। बहुत जल्द (नैनोसेकंड के क्रम में) उत्तेजना के बाद यह एक लंबी तरंग दैर्ध्य के एक फोटॉन का उत्सर्जन करता है जिसे फ्लोरोसेंस कहा जाता है। यदि उत्सर्जन में मिली सेकंड के क्रम में अधिक समय लगता है तो इसे फॉस्फोरेसेंस कहा जाता है। इसे नमूने द्वारा उत्सर्जित प्रकाश के कोण से मापा जा सकता है। प्रतिदीप्ति स्पेक्ट्रोमेट्री में एक उत्तेजना स्पेक्ट्रम (प्रकाश जो नमूना द्वारा अवशोषित होता है) और/या एक उत्सर्जन स्पेक्ट्रम (नमूना द्वारा उत्सर्जित प्रकाश) दोनों को मापा जा सकता है। विश्लेषण की एकाग्रता उत्सर्जन की तीव्रता के साथ सीधे आनुपातिक है।

### 2.3.2 उपयोग

(a) **चिकित्सा सूक्ष्म जीव विज्ञान** - विशेष रूप से सूक्ष्मजीवों से जुड़े रोगों के लिए उच्च संवेदनशीलता और विशिष्टता के साथ नैदानिक तकनीक के लिए, चिकित्सा सूक्ष्म जीव विज्ञान क्षेत्र में प्रतिदीप्ति स्पेक्ट्रोस्कोपी लागू किया जा रहा है।

(b) **पैथोलॉजी**- विभिन्न सूक्ष्मजीवों के विभिन्न पैथोफिजियोलॉजिकल चरणों को समझने के लिए फ्लोरेसेंस स्पेक्ट्रोस्कोपी और फ्लोरेसेंस सहसंबंध स्पेक्ट्रोस्कोपी (एफसीएस) को लागू किया जा सकता है।

(c) **जैव रसायन-प्रतिदीप्ति**-आधारित प्रौद्योगिकी में ऊतकों में विशिष्ट डीएनए और/या आरएनए अनुक्रमों की पहचान करने

के लिए जैव-अणुओं, चयापचय एंजाइमों, डीएनए अनुक्रमण, जैव-अणु गतिशीलता सेल सिग्नलिंग और अनुकूलन में अनुसंधान, और स्वस्थानी संकरण (FISH) में प्रतिदीप्ति शामिल हैं।

(d) **आनुवंशिकी** - हाल ही में, आणविक विधियों को ग्रीन फ्लोरोसेंट प्रोटीन (जीएफपी) के लिए जीन को अन्य जीनों में फ्यूज करने के लिए लागू किया गया है जिससे जीवित कोशिकाओं में इसकी अभिव्यक्ति हुई है। यह महत्वपूर्ण संरचनात्मक प्रोटीन और एंजाइमों के जीन अभिव्यक्ति और सेलुलर स्थान के परिष्कृत विश्लेषण की अनुमति देता है।

हम इस आकृति के साथ कार्बनिक अणु के प्रतिदीप्ति स्पेक्ट्रम को देख सकते हैं

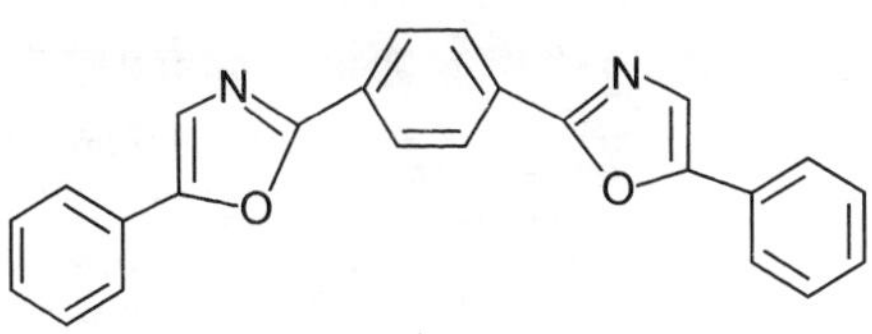

**POPOP**

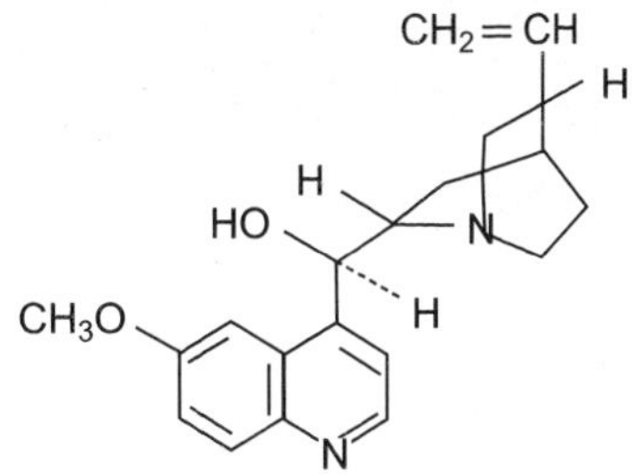

**Quinine**

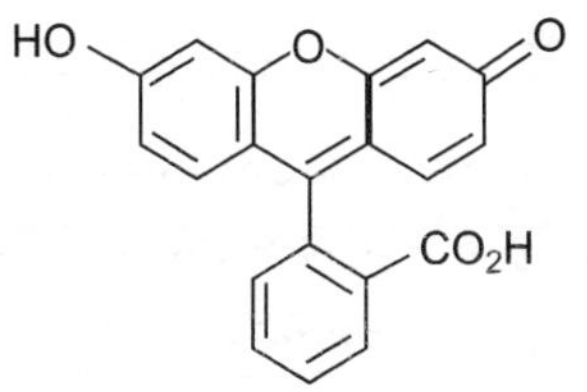

**Fluorescein**

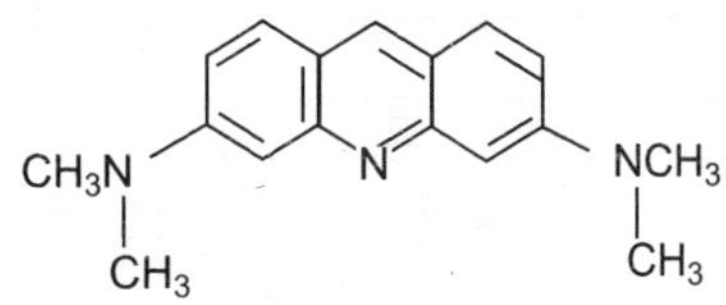

**Acridine Orange**

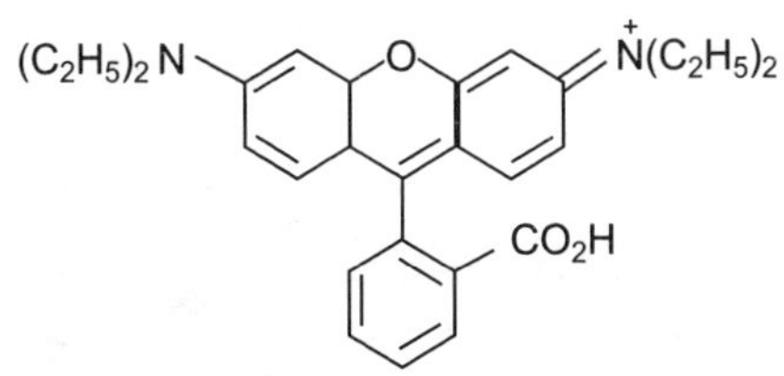

**Rhodamine B**

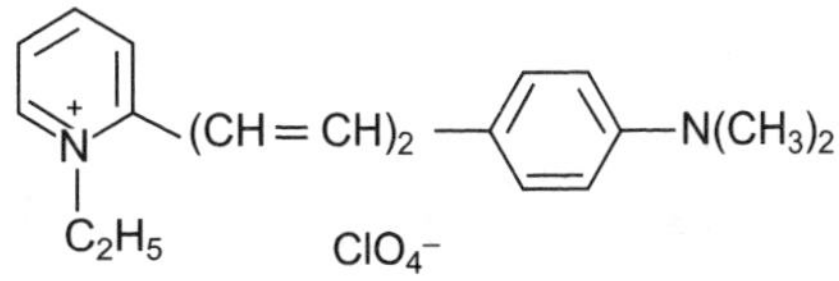

**Pyridine 1**

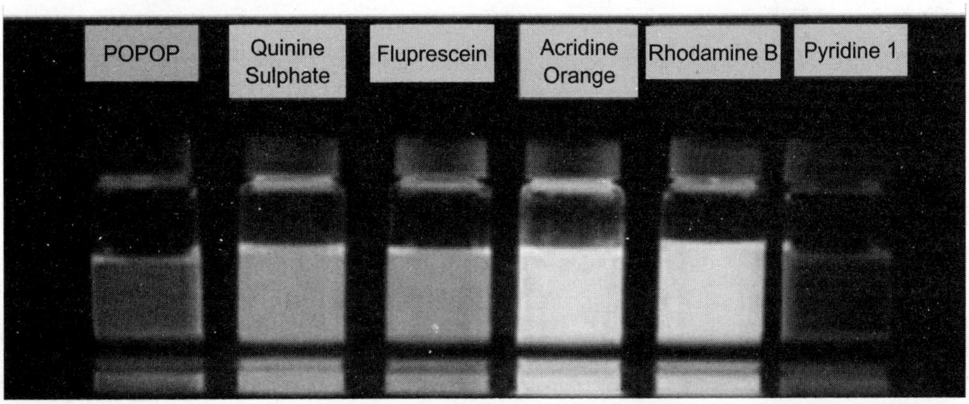


*चित्र 2.6: कार्बनिक अणुओं का प्रतिदीप्ति स्पेक्ट्रम*

## रोचक तथ्य

- प्रतिदीप्ति स्पेक्ट्रोस्कोपी में भोजन पर सूक्ष्मजैविक संदूषण का विश्लेषण करने के लिए एक तकनीक के रूप में उपयोग किए जाने की क्षमता है।
- इसका उपयोग दवा उद्योग में गोलियों और उत्पादों के विघटन परीक्षण का पता लगाने के लिए किया जाता है जब UV अवशोषण का उपयोग उचित नहीं होता है।
- यह एक गैर-इनवेसिव तकनीक है और इसे उच्च संवेदनशीलता और विशिष्टता के साथ मल्टीसिस्टम कैंसर के निदान के लिए सफलतापूर्वक लागू किया गया है।

## वीडियो संसाधन

Atomic and Molecular Absorption Spectrometry

Chemistry and Physics of Surfaces and Interfaces

## 2.4 घूर्णी और कंपन स्पेक्ट्रोस्कोपी

मुक्त परमाणु न तो घूमते हैं और न ही कंपन करते हैं। रासायनिक बंधों को तोड़ने के लिए आवश्यक ऊर्जा की तुलना में घूर्णी और कंपन ऊर्जा आमतौर पर बहुत छोटी होती है।

- घूर्णी ऊर्जा विद्युत चुम्बकीय विकिरण के माइक्रोवेव क्षेत्र ($3 \times 10^{10}$ से $3 \times 10^{12}$ हर्ट्ज; ऊर्जा सीमा लगभग 10 से 100 J/mol) के अनुरूप होती है।
- कंपन ऊर्जा विद्युत चुम्बकीय विकिरण के अवरक्त क्षेत्र ($3 \times 10^{12}$ से $3 \times 10^{14}$ हर्ट्ज; ऊर्जा सीमा लगभग 10 kJ/mol) में होती है।

### 2.4.1 घूर्णी संक्रमणों की ऊर्जा

जब कोई अणु प्रकाश के फोटॉन से विकिरणित होता है तो वह विकिरण को अवशोषित कर सकता है और ऊर्जा संक्रमण से गुजर सकता है। संक्रमण की ऊर्जा को अवशोषित प्रकाश के फोटॉन की ऊर्जा के बराबर होना चाहिए: $E = h\nu$। एक द्विपरमाणुक अणु के लिए घूर्णी स्तरों (J से J + 1) के बीच ऊर्जा अंतर निम्न द्वारा दिया जाता है:

$$EJ + 1 - EJ = B(J + 1)(J + 2) - BJ(J = 1) = 2B(J + 1) \quad ...(2.3)$$

j = 0, 1, 2,... के साथ

क्योंकि घूर्णी स्तरों के बीच ऊर्जा का अंतर माइक्रोवेव क्षेत्र में होता है ($1^{-10}$ सेमी $^{-1}$) घूर्णी स्पेक्ट्रोस्कोपी को आमतौर पर माइक्रोवेव स्पेक्ट्रोस्कोपी कहा जाता है। स्पेक्ट्रोस्कोपी में यह तरंग संख्या (सेमी $^{-1}$) में ऊर्जा का प्रतिनिधित्व करने के लिए प्रथागत है, इस अंकन में B के रूप में लिखा जाता है। ऊर्जा की इकाइयों से तरंग संख्या में बदलने के लिए बस h और c से विभाजित करें, जहां c प्रकाश की गति cm/s (c = 2.998e10 cm/s) में है। तरंग संख्या $B^{o} = h8\pi cI$ में।

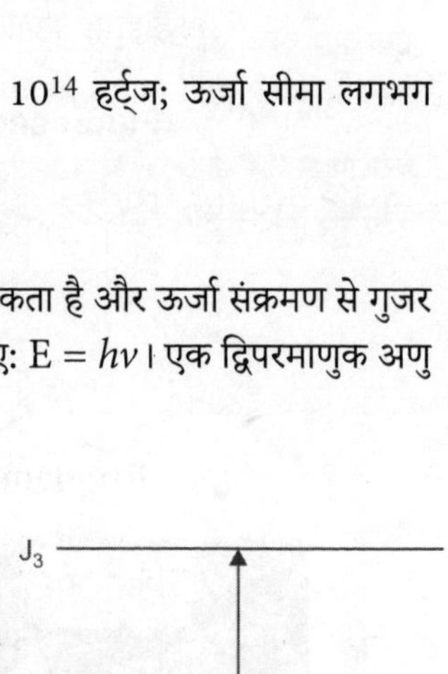

*चित्र 2.7: घूर्णी ऊर्जा स्तर*

चित्र 2.7 एक द्विपरमाणुक अणु के घूर्णी स्पेक्ट्रम की भविष्यवाणी करता है जिसमें 2 B द्वारा कई peaks की दूरी होती है। यह कंपन स्पेक्ट्रा के विपरीत है जिसमें प्रत्येक कंपन मोड के लिए केवल एक मौलिक शिखर होता है। एक द्विपरमाणुक अणु के घूर्णी स्पेक्ट्रम से बंधन की लंबाई निर्धारित की जा सकती है।

चयन नियम केवल लगातार घूर्णी स्तरों के बीच संक्रमण की अनुमति देते हैं: $\Delta J = J \pm 1$, और अणु को एक स्थायी द्विध्रुवीय आघूर्ण रखने की आवश्यकता होती है। द्विध्रुवीय आवश्यकता के कारण, HF और HCl जैसे अणुओं में शुद्ध घूर्णी स्पेक्ट्रा होता है और $H_2$ और $N_2$ जैसे अणु घूर्णी रूप से निष्क्रिय होते हैं।

## 2.4.2 एक घूर्णी संक्रमण के लिए चयन नियम है,

$$\Delta J = \pm 1$$

इस आवश्यकता के अतिरिक्त, अणु में एक द्विध्रुवीय आघूर्ण होना चाहिए। HCl और CO जैसे अणु घूर्णी स्पेक्ट्रा दिखाएंगे जबकि $H_2$, $Cl_2$ और $CO_2$ नहीं दिखाएंगे।

## 2.4.3 कंपन संक्रमण (इन्फ्रारेड स्पेक्ट्रोस्कोपी)

अवरक्त क्षेत्र के परिणामस्वरूप अणुओं की कंपन ऊर्जा में परिवर्तन होता है। चूंकि कंपन ऊर्जा स्तरों में परिवर्तन तर्कसंगत ऊर्जा स्तरों के बीच भी संक्रमण के साथ होते हैं, परिणामस्वरूप, कंपन संरचना में प्रत्येक पंक्ति घूर्णी सूक्ष्म संरचना के साथ होती है। इस प्रकार इस स्पेक्ट्रम को कंपन-घूर्णन स्पेक्ट्रम के रूप में जाना जाता है जो अत्यधिक जटिल है। तरल या घोल या ठोस नमूने के लिए IR स्पेक्ट्रम लेने से इस जटिलता से बचा जा सकता है।

## 2.4.4 इन्फ्रारेड स्पेक्ट्रोस्कोपी का सिद्धांत

एक अणु के लिए IR को अवशोषित करने के लिए, उनके रोटेशन या कंपन के साथ द्विध्रुवीय आघूर्ण में शुद्ध परिवर्तन होना चाहिए।

**आण्विक कंपन :** अणु कभी विरामावस्था में नहीं होते, वे परम शून्य ताप पर भी निरंतर कंपन करते रहते हैं। सामान्य तौर पर n परमाणुओं से बने एक बहुपरमाणुक अणु में स्वतंत्रता की 3n डिग्री होती है, जिनमें से छह अनुवादकीय और घूर्णी होती हैं। लाइनर और गैर-रैखिक अणुओं के लिए कंपन के तरीके की गणना नीचे दी गई है-

**3n-6** गैर-रैखिक अणुओं के लिए कंपन स्वतंत्रता की डिग्री।

**n-5** रैखिक अणुओं के लिए कंपन स्वतंत्रता की डिग्री।

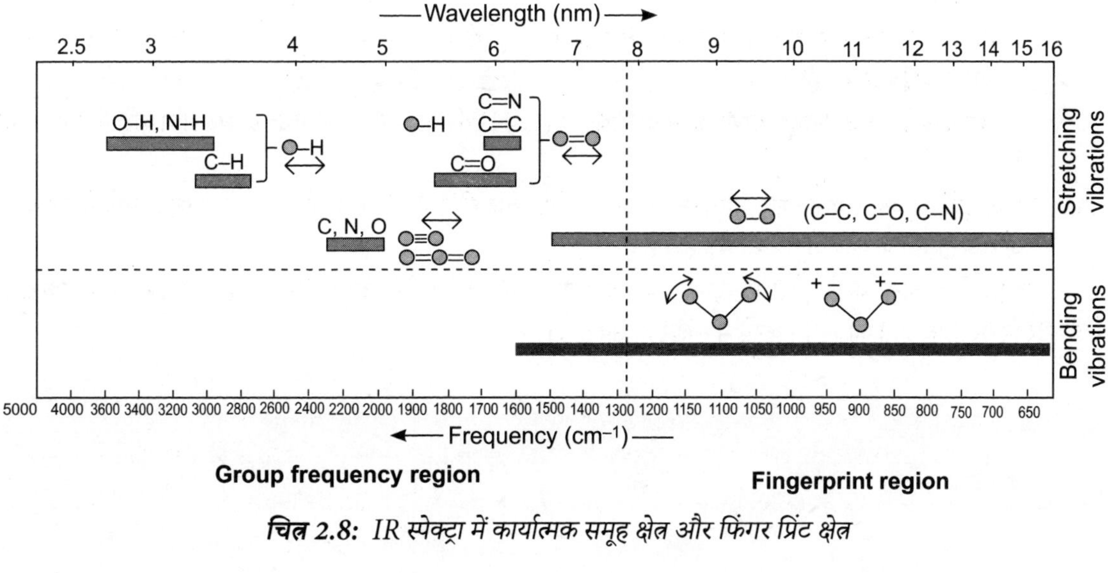


*चित्र 2.8: IR स्पेक्ट्रा में कार्यात्मक समूह क्षेत्र और फिंगर प्रिंट क्षेत्र*

मुख्य रूप से कंपन के दो तरीके होते हैं,

(a) स्ट्रेचिंग (Stretching) (b) झुकना (Bending)

(i) कार्यात्मक समूह क्षेत्र (4000–1500 सेमी$^{-1}$) : इस क्षेत्र में बैंड विभिन्न बंधों की कंपन अवस्थाओं में परिवर्तन से जुड़े होते हैं। यह क्षेत्र एक अणु या कार्यात्मक समूह के लक्षण वर्णन के लिए महत्वपूर्ण है।

(ii) अंगुलि छाप क्षेत्र/ फिंगर प्रिंट क्षेत्र (1500-600 सेमी$^{-1}$) : इस क्षेत्र में बैंड पूरे अणु की जटिल कंपन और घूर्णन ऊर्जा में परिवर्तन से जुड़े होते हैं। यह क्षेत्र कार्बनिक यौगिकों की पहचान में सहायक है।

## 2.4.5 कंपन संक्रमण के लिए चयन नियम

केवल उन संक्रमणों की अनुमति है जिनके लिए $\Delta v = \pm 1$ यानी कंपन क्वांटम संख्या में कमी या वृद्धि एक इकाई है।
इस प्रकार 2 लगातार कंपन ऊर्जा स्तर के बीच की दूरी हमेशा $hv_0$ होगी।

## 2.4.6 IR स्पेक्ट्रोस्कोपी के अनुप्रयोग

(i) **एक कार्बनिक यौगिक की पहचान:** एक अज्ञात कार्बनिक यौगिक की निश्चित रूप से पहचान की जा सकती है, यदि फिंगर प्रिंट क्षेत्र में इसका स्पेक्ट्रम ज्ञात कार्बनिक यौगिक के साथ सुपरइम्पोज़ हो। यदि दो शुद्ध नमूने अलग-अलग IR स्पेक्ट्रा देते हैं, तो यौगिक अलग-अलग होने चाहिए लेकिन यदि वे सुपरइम्पोज़ेबल स्पेक्ट्रा देते हैं, तो वे उसी यौगिक का प्रतिनिधित्व करते हैं। चूंकि फिंगर प्रिंट क्षेत्र में प्रत्येक कार्बनिक यौगिक का अपना अनूठा अवशोषण पैटर्न होता है।

(ii) **कार्यात्मक समूह की पहचान:** बैंड की उपस्थिति या अनुपस्थिति संकुल में कुछ कार्यात्मक समूहों की उपस्थिति की भविष्यवाणी करने में मदद करती है। उदाहरण के लिए, 1650-1850 सेमी$^{-1}$ क्षेत्र में बैंड संकुल में कार्बोनिल समूह की उपस्थिति का संदेह करते हैं।

(iii) **हाइड्रोजन आबंध में अंतर :** सामान्य तौर पर हाइड्रोजन आबंध अवशोषण की आवृत्ति को कम करता है। इंट्रामोल्युलर हाइड्रोजन बॉन्डिंग को IR तकनीक द्वारा इंटरमॉलिक्युलर हाइड्रोजन बॉन्डिंग से अलग किया जा सकता है। उदाहरण के लिए ओ-नाइट्रोफेनॉल (o–Nitrophenol इंट्रामोल्युलर हाइड्रोजन बॉन्डिंग प्रदर्शित करता है और कमजोर पड़ने पर, यह अवशोषण में कोई बदलाव नहीं दिखाता है जबकि पी-नाइट्रोफेनॉल(p–Nitrophenol) जो कमजोर पड़ने पर इंटरमॉलिक्युलर हाइड्रोजन बॉन्डिंग प्रदर्शित करता है, अवशोषण में बदलाव दिखाता है।

(iv) **प्राथमिक, द्वितीयक और तृतीयक ऐमीनों में अंतर करना :** 1° ऐमीन कई शिखर देती है, 2° ऐमीन एक चोटी देती है जबकि 3° ऐमीन कोई शिखर नहीं देती।

(v) **कार्बन के संकरण की भविष्यवाणी करने के लिए:** O (C-H) की अवशोषण आवृत्ति 's' लक्षण में वृद्धि के साथ बढ़ती है।

(vi) **अशुद्धियों का पता लगाना:** शुद्ध नमूने के स्पेक्ट्रम में हमेशा तेज चोटियाँ और बैंड होते हैं जबकि अशुद्ध नमूने में खराब बैंड और अशुद्धियों के कुछ अतिरिक्त बैंड होते हैं।

आइए अधिक जानने के लिए IR स्पेक्ट्रा के एक उदाहरण पर चर्चा करें। नीचे दिए गए चित्र में हम दो क्षेत्रों कार्यात्मक समूह क्षेत्र और फिंगर प्रिंट क्षेत्रों को अलग करने में सक्षम हो सकते हैं।

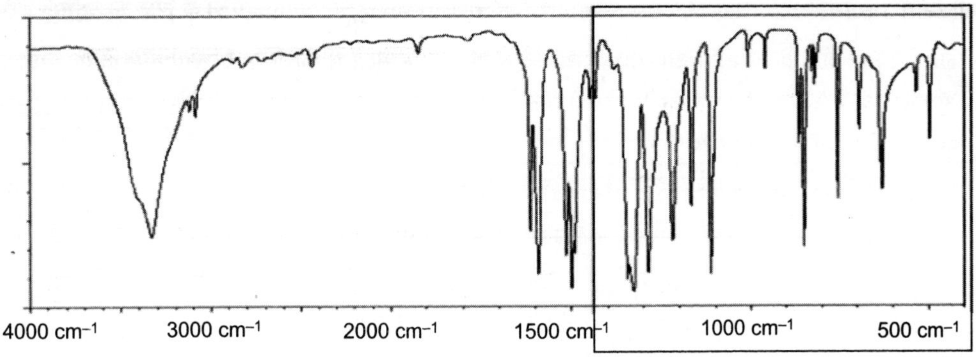


*चित्र 2.9: IR स्पेक्ट्रम में फिंगर प्रिंट क्षेत्र*

चित्र में इथेनॉल के स्पेक्ट्रम का उदाहरण लेते हुए हम इन क्षेत्रों को लागू और पहचान सकते हैं।

Fundamentals of Spectroscopy

1. कार्यात्मक समूह क्षेत्र - ध्रुवीय सहसंयोजक बंधन IR 'सक्रिय' हैं और इसकी उत्तेजना IR स्पेक्ट्रम में देखी जा सकती है। कार्बनिक अणुओं में ये ध्रुवीय सहसंयोजक बंधन कार्यात्मक समूहों का प्रतिनिधित्व करते हैं जो अणु के भीतर मौजूद हैं।

   अल्कोहल में O-H और C-O स्ट्रेचिंग कंपन दोनों से जुड़े IR अवशोषण होते हैं।
   - O-H खिंचाव, हाइड्रोजन बंधुआ 3500-3200 सेमी$^{-1}$
   - C-O खिंचाव 1260-1050 सेमी$^{-1}$
2. फ़िंगरप्रिंट क्षेत्र, स्पेक्ट्रा अधिक जटिल और असाइन करने के लिए बहुत कठिन होता है।

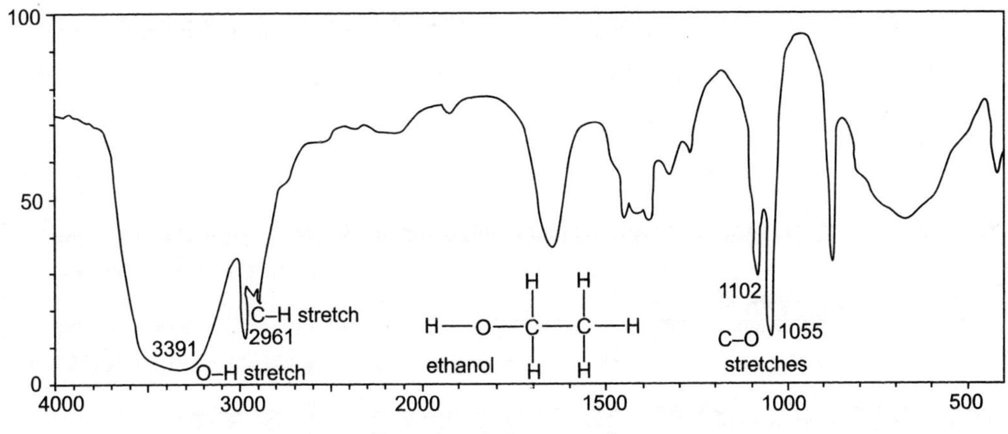


*चित्र 2.10: इथेनॉल का IR स्पेक्ट्रम*

**दैनिक जीवन में उपयोग**

- IR स्पेक्ट्रोस्कोपी का उपयोग आपराधिक और दीवानी दोनों मामलों में फोरेंसिक विश्लेषण में किया जाता है। इसका उपयोग एक संदिग्ध शराबी चालक के रक्त में अल्कोहल की मात्रा और पोस्टमॉर्टम के दौरान पाए गए जहरीले पदार्थों के निर्धारण में किया जा सकता है।
- IR का उपयोग चित्रों और अन्य कला वस्तुओं जैसे प्रबुद्ध पांडुलिपियों में पिगमेंट के विश्लेषण और पहचान में किया जाता है।
- दवा निर्माण के विभिन्न चरणों के दौरान दवा उद्योगों में इसका व्यापक रूप से उपयोग किया जाता है।

## 2.5 परमाणु चुंबकीय अनुनाद स्पेक्ट्रोस्कोपी (NMR) ( NUCLEAR MAGNETIC RESONANCE SPECTROSCOPY NMR)

परमाणु चुंबकीय अनुनाद स्पेक्ट्रोस्कोपी में विद्युत चुम्बकीय विकिरण का अवशोषण रेडियोफ्रीक्वेंसी क्षेत्र में होता है । इसमें दोलन विद्युत चुम्बकीय बलों और नाभिक की चुंबकीय ऊर्जा आमतौर पर हाइड्रोजन के बीच अंर्तकिया शामिल है।

### 2.5.1 एक नाभिक के नेट स्पिन (I) के निर्धारण के लिए नियम

कुछ परमाणुओं के नाभिक ऐसा व्यवहार करते हैं मानो वे घूमने वाले आवेश हों। कोई भी घूमने वाले चार्ज एक चुंबकीय क्षेत्र में एक छोटा चुंबक बनाता है, और व्यवहार करते हैं जैसे कि यह एक छोटा चुंबक था।

(i) यदि प्रोटॉनों की संख्या और न्यूट्रॉनों की संख्या दोनों सम हों, तो नाभिक का कोई चक्रण नहीं होता है यानी, $I = 0$, उदाहरण के लिए, $^{12}C$, $^{16}O$, $^{32}S$ आदि।

(ii) यदि प्रोटॉनों की संख्या और न्यूट्रॉनों की संख्या का योग विषम हो, तो नाभिक में अर्ध-पूर्णांक होता है। $\frac{1}{2}\frac{3}{2}\frac{5}{2}$ स्पिन यानी , , . उदाहरण के लिए $^{1}H$, $^{13}C$, $^{19}F$, $^{31}P$ आदि।

(iii) यदि प्रोटॉनों की संख्या और न्यूट्रॉनों की संख्या दोनों विषम हैं तो नाभिक में एक पूर्णांक चक्रण होता है अर्थात $I = 1, 2, 3$। उदाहरण के लिए, $N_3$।

NMR स्पेक्ट्रोस्कोपी द्वारा सबसे अधिक अध्ययन किए जाने वाले नाभिक $^{1}H$, $^{13}C$, $^{19}F$, $^{31}P$ हैं।

### 2.5.2 NMR स्पेक्ट्रोस्कोपी का सिद्धांत

घूमने वाले नाभिक छोटे चुंबकीय क्षेत्र के साथ एक बार चुंबक की तरह व्यवहार करता है जिसका परिमाण और दिशा एक चुंबकीय आघूर्ण नामक वेक्टर द्वारा वर्णित किया जा सकता है।

ये चुंबकीय आघूर्ण अनुप्रयुक्त क्षेत्र की अनुपस्थिति में यादृच्छिक रूप से उन्मुख होते हैं। $^{1}H$ के लिए, परमाणु

स्पिन में क्वांटम संख्या से जुड़े केवल दो मान हो सकते हैं। $+\frac{1}{2}(\alpha) + \frac{1}{2}(\beta)$ । दो परमाणु स्पिन *अवस्था* के बीच ऊर्जा में कोई अंतर नहीं है। लेकिन बाहरी चुंबकीय क्षेत्र की उपस्थिति में, दो स्पिन अवस्था नहीं रहते हैं।उनके चुंबकीय आघूर्ण या तो क्षेत्र के साथ संरेखित होते हैं ($\alpha$-spin) या क्षेत्र के विरुद्ध ($\beta$-spin)। $\alpha$ और $\beta$-स्पिन अवस्थाओं के बीच ऊर्जा अंतर बहुत कम है, हालांकि,$\alpha$ स्पिन अवस्था निम्न ऊर्जा की होती है। प्रोटॉन को निम्न ऊर्जा अवस्था ($\alpha$) से उच्च ऊर्जा अवस्था ($\beta$) में बदलने के लिए ऊर्जा की आवश्यकता होती है। यह ऊर्जा रेडियोफ्रीक्वेंसी क्षेत्र में विद्युत चुम्बकीय विकिरण द्वारा प्रदान की जाती है।

### 2.5.3 रासायनिक विस्थापन (Chemical Shift):

एक नाभिक लागू क्षेत्र के बराबर क्षेत्र का निरीक्षण नहीं करता है क्योंकि यह इलेक्ट्रॉनों से घिरा होता है। लागू चुंबकीय क्षेत्र और नाभिक द्वारा देखे गए क्षेत्र के बीच के अंतर को परमाणु परिरक्षण कहा जाता है।

सभी प्रोटॉन समान नहीं हैं, वे समान आवृत्ति के साथ प्रक्रिया नहीं करते हैं, इस प्रकार अवशोषण उनके पर्यावरण पर निर्भर करता है। स्थानीय वातावरण के आधार पर, अणु में विभिन्न प्रोटॉन थोड़े अलग आवृत्तियों पर प्रतिध्वनित होते हैं। रासायनिक वातावरण के कारण NMR स्पेक्ट्रम के शिखर में बदलाव को रासायनिक बदलाव कहा जाता है।

**रासायनिक परिवर्तन का सूत्र-**

$$\text{रासायनिक बदलाव} = \frac{\text{हर्ट्ज में पीक स्थिति (TMS के सापेक्ष )}}{\text{स्पेक्ट्रोमीटर की आवृत्ति (मेगाहर्ट्ज में)}}$$

δ (डेल्टा) पैमाने पर
$$\delta = \frac{\nu' - \nu_{TMS}}{\nu_0} \times 10^6 \quad \dots (2.4)$$

$\nu'$ = Hz में प्रोटॉनों के अज्ञात समूह की आवृत्ति

$\nu_{TMS}$ = संदर्भ की आवृत्ति, हर्ट्ज में टीएमएस

$\nu_0$ = मेगाहर्ट्ज में स्पेक्ट्रोमीटर की ऑपरेटिंग आवृत्ति

**(ताऊ) τ पैमाने पर**

(डेल्टा) δ पैमाने पर, TMS सिग्नल की स्थिति 0.0 PPM के रूप में ली जाती है। (ताऊ) पैमाने पर, संदर्भ को 10.0 की स्वेच्छित स्थिति दी गई है।

$$\tau = 10 - d \quad \dots (2.5)$$

रासायनिक बदलाव को एक संदर्भ यौगिक के सापेक्ष मापा जाता है। $^1$H NMR के लिए सबसे उपयुक्त संदर्भ टेट्रा मिथाइल सिलाइन ($Si(CH_3)_4$, TMS.

### 2.5.4 NMR स्पेक्ट्रोस्कोपी का अनुप्रयोग

1. NMR स्पेक्ट्रोस्कोपी पदार्थ के भौतिक, रासायनिक और जैविक गुणों का अध्ययन करने के लिए NMR घटना का उपयोग है - विश्लेषणात्मक रसायन विज्ञान में NMR तकनीक का उपयोग नमूने की सामग्री और शुद्धता के साथ-साथ इसकी आणविक संरचना को निर्धारित करने के लिए गुणवत्ता नियंत्रण और अनुसंधान में किया जाता है।
2. रसायनज्ञ इसका उपयोग आणविक पहचान और संरचना को निर्धारित करने के लिए करते हैं जैसे - युग्मन स्थिरांक, J से, हम cis और trans isomers Jtrans> Jcis के बीच अंतर कर सकते हैं।
3. चिकित्सक नैदानिक उद्देश्यों के लिए चुंबकीय अनुनाद इमेजिंग (MRI), एक बहुआयामी NMR इमेजिंग तकनीक का उपयोग करते हैं।
4. इंजीनियरिंग के क्षेत्र में यह इमेज प्रोसेसिंग और विभिन्न रोगों के साथ सहसंबंध और मानचित्रण के अध्ययन के लिए एक नया क्षितिज खोलता है।
5. MRI (चुंबकीय अनुनाद इमेजिंग) $^1$H NMR पर आधारित है। MRI मानव शरीर के खंड की छवि है। एक छवि के विभिन्न क्षेत्रों की चमक दो कारकों से संबंधित होती है:
   (a) विशेष स्थान पर ऊतक में प्रोटॉन की संख्या।
   (b) प्रोटॉन के विश्राम समय।

उदाहरण के लिए, कुछ कैंसरग्रस्त ट्यूमर में $H_2O$ के H में स्वस्थ कोशिकाओं की तुलना में कम विश्राम का समय होता है। इस प्रकार MRI ब्रेन ट्यूमर का पता लगा सकता है।

6. एक बार मूल संरचना ज्ञात हो जाने के बाद, NMR का उपयोग समाधान में आणविक संरचना को निर्धारित करने के साथ-साथ आणविक स्तर पर भौतिक गुणों का अध्ययन करने के लिए किया जा सकता है जैसे कि संरचना विनिमय, चरण परिवर्तन, घुलनशीलता और प्रसार।

आइए कुछ सरल अणुओं के ज्ञात NMR स्पेक्ट्रम की मदद से प्रोटॉन के विभाजन की व्याख्या करें।

उदाहरण 1 - चित्र a. इथेनॉल के NMR स्पेक्ट्रा को दर्शाता है और आंकड़ा b प्रोटॉन के विभाजन को दर्शाता है।

एथेनॉल का सूत्र है = $CH_3$–$CH_2$–OH

यानी यहां तीन तरह के प्रोटॉन अलग-अलग वातावरण में मौजूद हैं

1. $CH_3$ और $CH_3$ प्रोटॉन में तीन प्रोटॉन 1:2:1 ट्रिपल के अनुपात में विभाजित होते हैं
2. $CH_2$ में और अनुनाद के बाद दो प्रोटॉन 1:2:2:1quartet के अनुपात में विभाजित होते हैं
3. OH में एक प्रोटॉन और सिंगलेट के रूप में

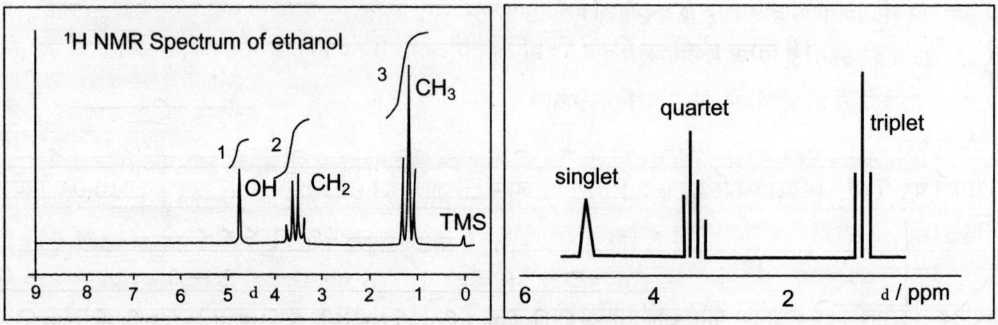


*चित्र 2.11: ¹H इथेनॉल का NMR स्पेक्ट्रा*

उदाहरण: 2- Butan-1-ol - आइए ब्यूटेन-1-ol के NMR स्पेक्ट्रा की व्याख्या करें

प्रोटोन अनुपात 3 : 2 : 2 : 2 : 1, ब्यूटेनॉल के संरचनात्मक सूत्र से मेल खाता है।

a- $CH_3$ प्रोटॉन 1:2:1 त्रिक में विभाजित हो जाता है

b- 1 $CH_2$ प्रोटॉन अनुनाद को $CH_3$ प्रोटॉन द्वारा 1:5:10:10:5:1 सेक्सटेट में विभाजित किया जाता है

c- दूसरा $CH_2$ प्रोटॉन 1 और 3 $CH_2$ प्रोटॉन द्वारा दोनों तरफ 1:4:6:4:1 पंचक में विभाजित होता है

d- 3rd $CH_2$ प्रोटॉन 1:2:1 त्रिक में विभाजित होता है

e-O-H प्रोटॉन एक सिंगलेट के रूप में

ध्यान दें कि OH प्रोटॉन के कारण कोई विभाजन नहीं पाया जाता है।

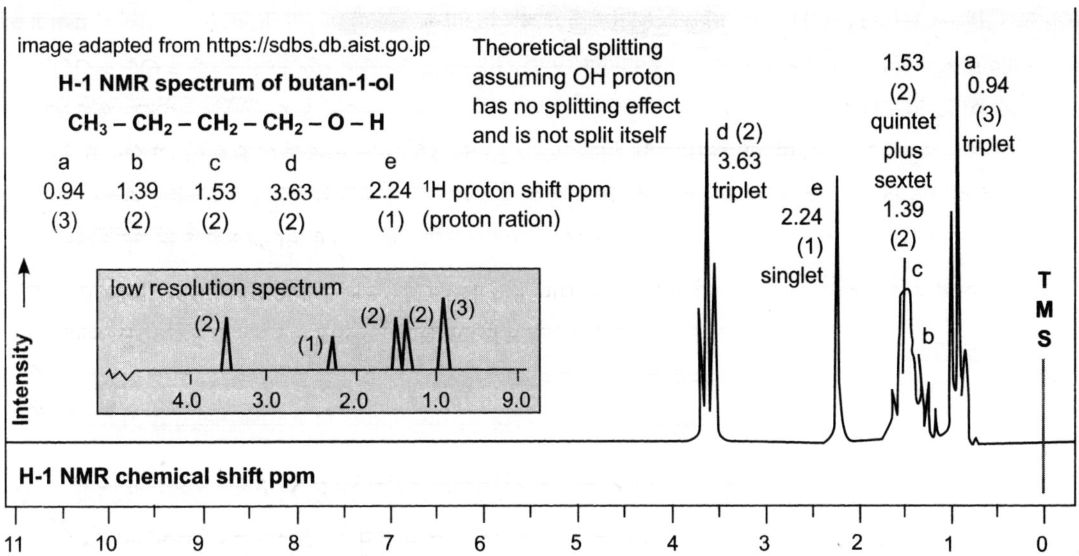


चित्र 2.12: ब्यूटेन-1-ol का NMR स्पेक्ट्रा

**उदाहरण** 3- ब्यूटेनोन (3- Butanone)

**Sol.** ब्यूटेनोन का NMR स्पेक्ट्रा

प्रोटॉन अनुपात 3 : 2 : 3 मनाया गया, ब्यूटेनोन के संरचनात्मक सूत्र से मेल खाता है।

$CH_2$ प्रोटॉन 1 : 3 : 3 : 1 चौकड़ी में विभाजित हो जाता है

$CH_3$ प्रोटॉन 1 : 2 : 1 त्रिक में विभाजित हो जाता है

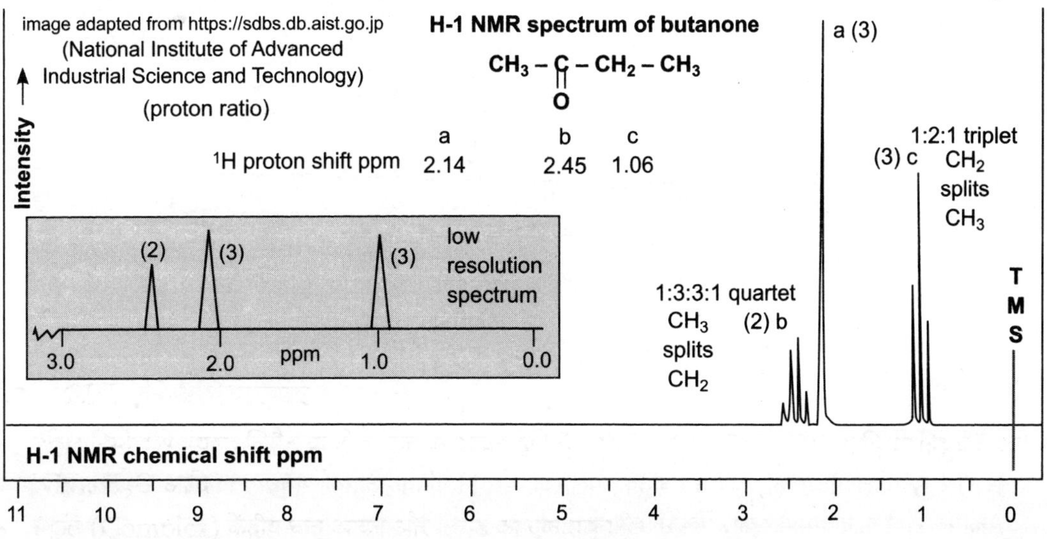


चित्र 2.13: ब्यूटेनोन का NMR स्पेक्ट्रा

**समस्या-1:** $CH_3–O–CH_2–CH_3$ अणुओं में NMR संकेतों और विभाजित संकेतों की गणना करें।

**सोल.** प्रोटॉन तीन प्रकार के होते हैं, इसलिए 3 मुख्य शिखर प्राप्त होंगे:

'a' शिखर विभाजित नहीं होगा।

'b' चोटी चौकड़ी में विभाजित हो जाएगी (3+1)

'c' चोटी तीन गुना (2+1) में विभाजित हो जाएगी

**समस्या-2:** निम्नलिखित यौगिकों के कम संकल्प स्पेक्ट्रम में सापेक्ष तीव्रता के साथ NMR चोटियों की संख्या की भविष्यवाणी करें।

(i) $CH_3CH_2—CH_2—OH$

(ii) 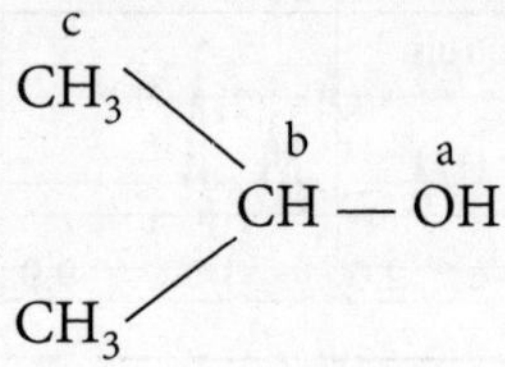


(iii) Toluene

(iv) $CH_2—O—CH_3$

(v) 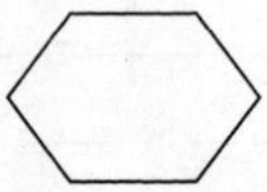

## समाधान

(i) CH CH —CH —OH → तीव्रता के अनुपात में 4 peaks का intensity ratio 3 : 2 : 2 : 1

(ii) 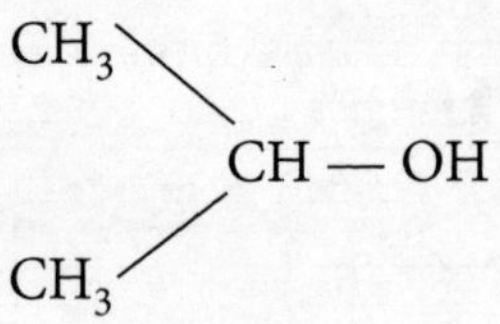

→ 3 peaks का intensity ratio 6 : 1 : 1

(iii) 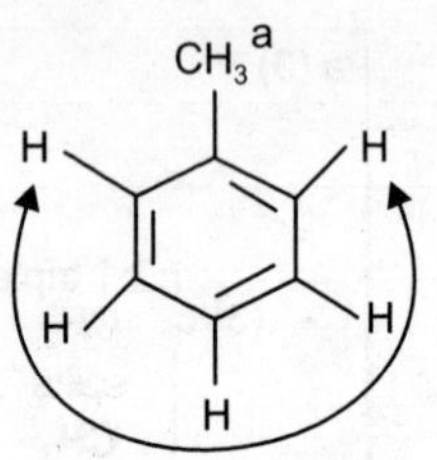

→ 2 peaks का intensity ratio 3 : 5

(iv) $CH_2—O—CH_3$ → 1 peak

(iv) 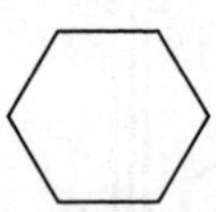 → 1 peak

### दैनिक जीवन में उपयोग

- NMR मेटाबोलामिक्स का उपयोग तपेदिक, मलेरिया और निमोनिया, तंत्रिका संबंधी विकारों और पार्किंसंस रोग जैसे संक्रामक रोगों के बायोमार्कर की खोज में किया जाता है।
- खाद्य उद्योग में, NMR प्रोटीन की संरचना, अमीनो एसिड प्रोफाइल, कैरोटीनॉयड, कार्बनिक अम्ल, लिपिड अंश, खाद्य पदार्थों में पानी की गतिशीलता को निर्धारित करने में सहायक है।

## वीडियो संसाधन

Introduction to NMR spectroscopy

NMR Spectroscopy for Chemists and Biologists

## 2.6 चुंबकीय अनुनाद इमेजिंग (MRI) MAGNETIC RESONANCE IMAGING (MRI)

चुंबकीय अनुनाद इमेजिंग 1970 और 1980 के दशक की अवधि के दौरान विकसित NMR का एक चिकित्सा अनुप्रयोग है। MRI एक चिकित्सा इमेजिंग तकनीक है जिसका उपयोग रेडियोलॉजी में स्वास्थ्य और बीमारी दोनों में शरीर रचना और शरीर की शारीरिक प्रक्रियाओं के चित्र बनाने के लिए किया जाता है। MRI आपके शरीर के अंदर की विस्तृत तस्वीरें बनाने के लिए शक्तिशाली मैग्नेट, रेडियो तरंगों और एक कंप्यूटर का उपयोग करता है। MRI में एक्स-रे और आयनकारी विकिरण का उपयोग शामिल नहीं है, जो इसे सीटी या कैट स्कैन से अलग करता है।यह स्नायुबंधन, रीढ़ की हड्डी की जड़ें, रीढ़ की हड्डी के स्तंभ, मस्तिष्क को इस्केमिक(ischemic) जैसे नरम ऊतक में infarction होने के तुरंत बाद दिखाता है, जबकि सीटी स्कैन (CT Scan ) 3 दिनों की देरी के बाद दिखाएगा।

सही सॉफ्टवेयर के साथ MRI हमें पित्त नलिकाओं, अग्राशयी नलिकाओं, रक्त वाहिकाओं जैसी संरचनाओं में तरल पदार्थ दिखाने में सक्षम है, इसलिए कभी-कभी इन ट्यूबों के अवरोधों और संकुचन के लिए एक अच्छा स्क्रीनिंग उपकरण होता है, न कि आक्रामक प्रक्रियाओं के लिए जो हमें MRI से पहले करना पड़ता था।

MRI की छवियां - आइए हम विभिन्न अंगों के MRI की कुछ छवियों को देखें –

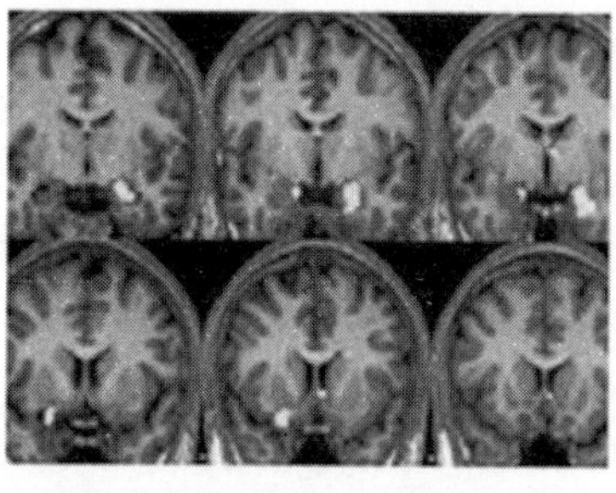

**चित्र 2.14:** *मस्तिष्क की MRI छवि*

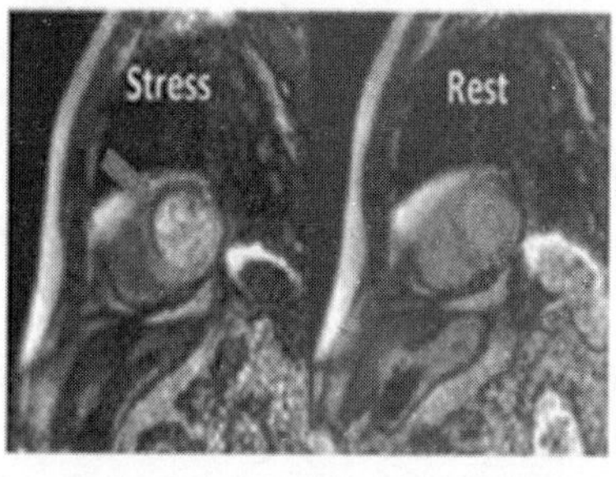


**चित्र 2.15:** *हृदय की MRI छवि*

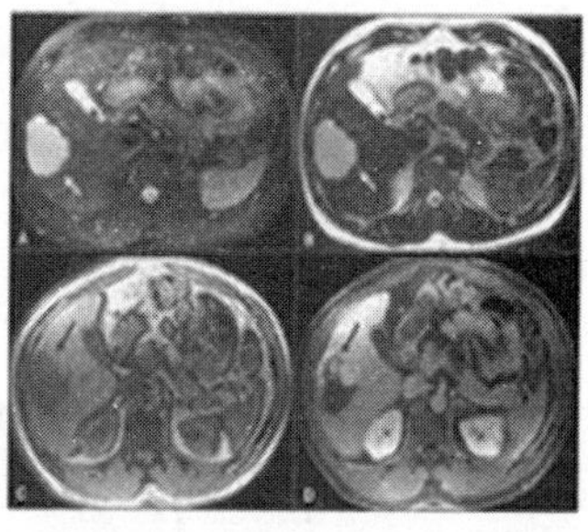

**चित्र 2.16:** *पेट की MRI छवि*

### 2.6.1 MRI के अनुप्रयोग

MRI का व्यापक रूप से अस्पतालों और क्लीनिकों में चिकित्सा निदान, बीमारी के मंचन और शरीर को विकिरण के संपर्क में लाए बिना अनुवर्ती कार्रवाई के लिए उपयोग किया जाता है। अनुप्रयोग हैं -

(a) **न्यूरोइमेजिंग:** MRI का उपयोग न्यूरोलॉजिकल कैंसर के लिए किया जाता है, क्योंकि इसमें सीटी की तुलना में बेहतर रिज़ॉल्यूशन होता है और पोस्टीरियर फोसा का बेहतर दृश्य प्रदान करता है।

(b) **कार्डियोवैस्कुलर:** कार्डिएक MRI अन्य इमेजिंग तकनीकों का पूरक है, जैसे इकोकार्डियोग्राफी, हृदय सीटी, और न्यूक्लियर मेडिसिन। इसके अनुप्रयोगों में मायोकार्डियल इस्किमिया और व्यवहार्यता, कार्डियोमायोपैथी, मायोकार्डिटिस, आयरन अधिभार, संवहनी रोग और जन्मजात हृदय रोग का मूल्यांकन शामिल है।

(c) **मस्कुलोस्केलेटल:** मस्कुलोस्केलेटल सिस्टम में अनुप्रयोगों में स्पाइनल इमेजिंग, जोड़ों की बीमारी का आकलन और सॉफ्ट टिश्यू ट्यूमर शामिल हैं।

(d) **जिगर और जठरांत्र:** हेपेटोबिलरी एमआर का उपयोग यकृत, अग्न्याशय और पित्त नलिकाओं के घावों का पता लगाने और उन्हें चिह्नित करने के लिए किया जाता है। लीवर MRI में एक्स्ट्रासेलुलर कंट्रास्ट एजेंटों का व्यापक रूप से उपयोग किया जाता है और नए हेपेटोबिलरी कंट्रास्ट एजेंट भी कार्यात्मक पित्त इमेजिंग करने का अवसर प्रदान करते हैं।

(e) **एंजियोग्राफी:** चुंबकीय अनुनाद एंजियोग्राफी (MRA) रक्त वाहिकाओं की छवि के लिए चुंबकीय अनुनाद इमेजिंग (MRI) पर आधारित तकनीकों का एक समूह है। एमआरए का उपयोग अक्सर गर्दन और मस्तिष्क की धमनियों, वक्ष और उदर महाधमनी, गुर्दे की धमनियों और पैरों के मूल्यांकन के लिए किया जाता है।

## 2.7 एक्स-रे विवर्तन (XRD विश्लेषण) X- RAY DIFFRACTION (XRD ANALYSIS)

XRD विश्लेषण वह तकनीक है जो विशिष्ट रूप से अवस्था विशेष की पहचान (phase identification) (जैसे ग्रेफाइट या हीरा) प्रदान करती है, साथ ही अवस्था विशेष मात्रा का ठहराव,% क्रिस्टलीयता, क्रिस्टलीय आकार और इकाई सेल आकार।

स्तरित सामग्री के लिए, ग्रेज़िंग घटना XRD / Grazing Incidence XRD (GIXRD) संरचना के भीतर अवस्था विशेष की संरचनागत गहराई रूपरेखा की अनुमति देता है।

### 2.7.1 एक्स-रे पाउडर विवर्तन के सिद्धांत (XRD)

मैक्स वॉन लाउ ने 1912 में पाया कि क्रिस्टलीय पदार्थ त्रि-आयामी विवर्तन के रूप में कार्य करते हैं,

जैसे की एक क्रिस्टल जाली में तलों की दूरी के समान एक्स-रे तरंग दैर्ध्य के लिए जालक । एक्स-रे विवर्तन, अब क्रिस्टल संरचनाओं और परमाणु रिक्ति के अध्ययन के लिए एक सामान्य तकनीक है।

एक्स-रे विवर्तन मोनोक्रोमैटिक एक्स-रे और एक क्रिस्टलीय नमूने के रचनात्मक हस्तक्षेप (constructive interference) पर आधारित है। ये एक्स-रे कैथोड रे ट्यूब द्वारा उत्पन्न होते हैं, मोनोक्रोमैटिक विकिरण उत्पन्न करने के लिए फ़िल्टर किए जाते हैं, केंद्रित (focus) करने के लिए एकत्रित होते हैं, और नमूने की ओर निर्देशित होते हैं। जब परिस्थितियाँ ब्रैग के नियम ($n\lambda = 2d\sin\theta$) को संतुष्ट करती हैं, तो नमूने के साथ आपतित किरणों की परस्पर क्रिया रचनात्मक हस्तक्षेप (और एक विवर्तित किरण) उत्पन्न करती है। यह नियम विद्युत चुम्बकीय विकिरण की तरंग दैर्ध्य को विवर्तन कोण से संबंधित करता है। फिर इन विवर्तित एक्स-रे का पता लगाया जाता है, संसाधित किया जाता है और गिना जाता है। $2\theta$ कोणों की एक सीमा के माध्यम से नमूने को स्कैन करके, पाउडर सामग्री के यादृच्छिक अभिविन्यास के कारण जाली के सभी संभावित विवर्तन दिशाओं को प्राप्त किया जाना चाहिए। विवर्तन चोटियों (diffraction peaks) का d-स्पेसिंग में रूपांतरण खनिज की पहचान की अनुमति देता है क्योंकि प्रत्येक खनिज में अद्वितीय डी-स्पेसिंग का एक सेट होता है। आमतौर पर, यह मानक संदर्भ पैटर्न के साथ डी-स्पेसिंग की तुलना करके प्राप्त किया जाता है।

सभी विवर्तन विधियां एक्स-रे ट्यूब में एक्स-रे के उत्पन्न होने पर आधारित होती हैं। ये एक्स-रे नमूने पर निर्देशित होते हैं, और विवर्तित किरणें एकत्र की जाती हैं। सभी विवर्तन का एक प्रमुख घटक आपतित और विवर्तित किरणों के बीच का कोण है। पाउडर और एकल क्रिस्टल विवर्तन इससे परे इंस्ट्रूमेंटेशन में भिन्न होते हैं।

### 2.7.2 XRD का उपयोग

- अज्ञात क्रिस्टलीय सामग्री (जैसे खनिज, अकार्बनिक यौगिक) की पहचान के लिए एक्स-रे पाउडर विवर्तन का व्यापक रूप से उपयोग किया जाता है।

- अज्ञात ठोस का निर्धारण भूविज्ञान, पर्यावरण विज्ञान, भौतिक विज्ञान, इंजीनियरिंग और जीव विज्ञान में अध्ययन के लिए महत्वपूर्ण है।
- XRD का उपयोग करने वाले विशिष्ट उद्योग एयरोस्पेस, ऑटोमोटिव, सामग्री, खनिज, ग्लास, सिरेमिक और रेफ्रेक्ट्रीज, हेल्थकेयर, मेडिकल डिवाइसेस, सेमीकंडक्टर्स, इलेक्ट्रॉनिक्स हैं।

**कुछ विशिष्ट अनुप्रयोग**

- चरण संरचना (Phase composition)निर्धारण
- महीन दाने वाले खनिजों की पहचान जैसे कि मिट्टी और मिश्रित परत वाली मिट्टी जिन्हें वैकल्पिक रूप से निर्धारित करना मुश्किल है
- इलेक्ट्रोसिरेमिक्स के लिए डोप्ड सेल संरचनाओं की विशेषता।
- कठोर कोटिंग संरचना और संरचना का मापन उदा. मशीन टूल्स पर कार्बाइड, नाइट्राइड्स।
- चिकित्सा प्रत्यारोपण सामग्री पर हाइड्रोक्सी-एपेटाइट कोटिंग्स की विशेषता।
- सिलिकॉन वेफर्स, आईटीओ लेपित ग्लास और सौर कोशिकाओं का गहन विश्लेषण।

एक्स-रे विवर्तन पैटर्न के माध्यम से संश्लेषित सिल्वर नैनोकम्पोजिट्स और सिल्वर नैनोक्रिस्टल की पहचान नीचे दिए गए चित्र के माध्यम से देखी जा सकती है।

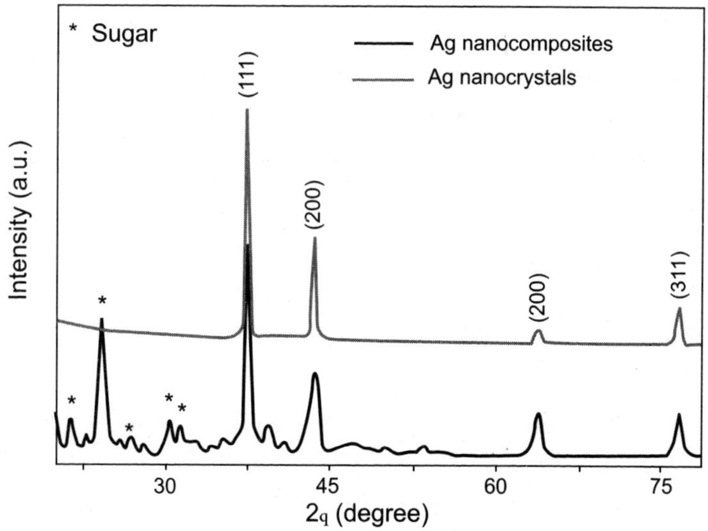


*चित्र 2.17: एक्स-रे विवर्तन पैटर्न के माध्यम से सिल्वर नैनोकम्पोजिट्स और सिल्वर नैनोक्रिस्टल*

## सुझाई गई पठन सामग्री

### पुस्तकें


1 Spectroscopy in Inorganic Chemistry by C.N.R. Rao, Academic Press, ISBN: 97-801-25802024.

2. Basic Principles of Spectroscopy By Raymond Chang, McGraw-Hill, 1970ISBN:97-800-70105171.

3. Fundamentals for Molecular Spectroscopy by Colin Banwell& Elaine McCash, McGrew Hill (UK) ISBN0-07-70797b-09 9780077079b5.

## सारांश

- स्पेक्ट्रोस्कोपी एक ऐसी तकनीक है जो विश्लेषण करने के लिए नमूने के साथ ऊर्जा की बातचीत का उपयोग करती है।
- विद्युतचुंबकीय तरंगें: EM तरंगें दोलन करने वाले चुंबकीय और विद्युत क्षेत्रों से बनी होती हैं।
- बोर्न ओपेनहाइमर सन्निकटन - एक अणु की कुल ऊर्जा किसके द्वारा दी जाती है,

  $E = E_{translational} + E_{rotational} + E_{vibrational} + E_{electronic}$

  $E_{electronic} >> E_{vibrational} >> E_{rotational} >> E_{translational}$
- फ्रेंक-कोंडोन सिद्धांत स्पेक्ट्रोस्कोपी और क्वांटम रसायन विज्ञान में एक नियम है जो वाइब्रोनिक संक्रमणों की तीव्रता की व्याख्या करता है। उचित ऊर्जा के फोटॉन के अवशोषण या उत्सर्जन के कारण एक अणु के इलेक्ट्रॉनिक और कंपन ऊर्जा स्तरों में एक साथ परिवर्तन वाइब्रोनिक संक्रमण होते हैं।
- जब्लोन्स्की आरेख एक बार जब कोई अणु विद्युत चुम्बकीय विकिरण के रूप में ऊर्जा को अवशोषित कर लेता है, तो ऐसे कई मार्ग होते हैं जिनके द्वारा वह जमीनी अवस्था में वापस आ सकता है। इसके आलेखीय निरूपण को जब्लोन्स्की आरेख कहा जाता है।
- इलेक्ट्रॉनिक ट्रांज़िशन के प्रकार - $\sigma - \sigma^*$ ट्रांज़िशन, $n - \sigma^*$ ट्रांज़िशन, $\pi - \pi^*$ ट्रांज़िशन, $n - \pi^*$ ट्रांज़िशन।
- प्रतिदीप्ति यदि एक ही स्पिन अवस्था (जैसे $S_1 \rightarrow S_0$) की अवस्थाओं के बीच फोटॉन उत्सर्जन होता है तो इसे प्रतिदीप्ति कहा जाता है।
- फॉस्फोरेसेंस - यदि प्रारंभिक और अंतिम ऊर्जा स्तरों की स्पिन अवस्था भिन्न होती है (जैसे $T_1 \rightarrow S_0$), उत्सर्जन (ऊर्जा की हानि) को फॉस्फोरेसेंस कहा जाता है।
- प्रतिदीप्ति स्पेक्ट्रोस्कोपी- प्रतिदीप्ति स्पेक्ट्रोमेट्री अपने फ्लोरोसेंट गुणों के आधार पर समाधान में एक विश्लेषक की एकाग्रता को निर्धारित करने के लिए एक तेज, सरल और सस्ती विधि है।
- इन्फ्रारेड स्पेक्ट्रोस्कोपी - किसी पदार्थ के अवरक्त अवशोषण स्पेक्ट्रम को कभी-कभी उसका आणविक फिंगरप्रिंट कहा जाता है। हालांकि अक्सर सामग्री की पहचान करने के लिए उपयोग किया जाता है, अवरक्त स्पेक्ट्रोस्कोपी का उपयोग अवशोषित अणुओं की संख्या को मापने के लिए भी किया जा सकता है।
- कंपन के सामान्य तरीके-गैर-रेखीय: 3N – 6 स्वतंत्र कंपन मोड। रैखिक: 3N – 5 स्वतंत्र कंपन मोड
- परमाणु चुंबकीय अनुनाद - NMR के पीछे सिद्धांत यह है कि कई नाभिकों में स्पिन होता है और सभी नाभिक विद्युत रूप से चार्ज होते हैं। ऊर्जा हस्तांतरण एक तरंग दैर्ध्य पर होता है जो रेडियो आवृत्तियों से मेल खाता है और जब स्पिन अपने आधार स्तर पर वापस आती है, तो उसी आवृत्ति पर ऊर्जा उत्सर्जित होती है। संकेत NMR स्पेक्ट्रम है।
- रासायनिक बदलाव नाभिक और उसके पर्यावरण का एक कार्य है। इसे एक संदर्भ यौगिक के सापेक्ष मापा जाता है। 1H NMR के लिए, संदर्भ आमतौर पर टेट्रामेथिलसिलेन, $Si(CH_3)_4$ TMS होता है।

  $$\delta = \frac{H_0\,(\text{reference}) - H_0\,(\text{sample})}{H_0\,(\text{reference})} \times 10^6\ \text{ppm.}$$
- चुंबकीय अनुनाद इमेजिंग (MRI)- चुंबकीय अनुनाद इमेजिंग 1970 और 1980 के दशक की अवधि के दौरान विकसित परमाणु चुंबकीय अनुनाद (NMR) का एक चिकित्सा अनुप्रयोग है। MRI स्कैनर शरीर में अंगों की छवियों को उत्पन्न करने के लिए मजबूत चुंबकीय क्षेत्र, विद्युत क्षेत्र ढाल, और रेडियो तरंगों का उपयोग करते हैं।
- एक्स-रे विवर्तन - XRD क्रिस्टलोग्राफिक संरचना और सामग्री और पतली फिल्मों के भौतिक गुणों पर विस्तृत जानकारी प्रदान करता है।

## अभ्यास

### सब्जेक्टिव प्रश्न

1. निम्नलिखित की व्याख्या करें:
   (a) विद्युत चुम्बकीय वर्णक्रम
   (b) वोर्न ओपेनहाइमर सन्निकटन
   (c) फ्रैंक-कोंडोन सिद्धांत
   (d) फिंगरप्रिंट क्षेत्र
   (e) मोड कंपन के प्रकार
   (f) चयन नियम
2. UV स्पेक्ट्रोस्कोपी की मदद से अज्ञात घोल की सांद्रता कैसे निर्धारित की जाती है?
3. जब कोई कार्बनिक यौगिक पराबैंगनी या दृश्य क्षेत्र में विकिरण को अवशोषित करता है तो होने वाले विभिन्न इलेक्ट्रॉनिक संक्रमणों का आरेखीय रूप से वर्णन करें।
4. XRD तकनीक क्या है? XRD स्पेक्ट्रोस्कोपी के सिद्धांत को दैनिक जीवन में प्रयोग करते हुए लिखिए।
5. आजकल MRI इंसान में बीमारियों के निदान के लिए विश्वसनीय तकनीक बन गई है। चिकित्सा विज्ञान के संदर्भ में इसके सिद्धांत और उपयोगों को विस्तार से समझाइए।
6. पराबैंगनी स्पेक्ट्रोस्कोपी और अवरक्त स्पेक्ट्रोस्कोपी के बीच बुनियादी अंतर क्या है।
7. वर्णन करें कि I.R स्पेक्ट्रोस्कोपी में कितने प्रकार के आणविक कंपन संभव हैं।
8. IR स्पेक्ट्रम का फिंगर प्रिंटिंग क्षेत्र क्या दर्शाता है?
9. इलेक्ट्रॉन संक्रमण के संबंध में UV और IR स्पेक्ट्रम एक दूसरे से कैसे भिन्न होते हैं?
10. इलेक्ट्रॉनिक, इंफ्रा रेड और NMR स्पेक्ट्रोस्कोपी के चयन नियमों की तुलना और अंतर करें।
11. निम्नलिखित यौगिकों के युग्मों में आप किस प्रकार अंतर करेंगे :
    (i) o- and p-$HO—C_6H_4—CHO$
    (ii) $C_6H_5COC_2H_5$ and p-$CH_3C_6H_4COCH_3$?
12. वेव नंबर (C = C स्ट्रेचिंग) 1600, 1670 और 1950 सेमी
    $CH_2 = CH—CH = CH_2$, $CH_2 = CH—CH = CH—CH_3$ और $CH_2 = C = CH—CH_3$.
    असाइन करें और समझाएं।
    IR स्पेक्ट्रम में कौन से कार्यात्मक समूह निम्नलिखित संकेत देते हैं?
    (a) 1700 $cm^{-1}$
    (b) 1550 $cm^{-1}$
    (c) 1700 cm-1 and 2510-3000 $cm^{-1}$
13. आप IR विश्लेषण के माध्यम से यौगिकों के निम्नलिखित युग्मों में अंतर कैसे कर सकते हैं?
    (a) $CH_3OH$ (मेथनॉल) और $CH_3CH_2OCH_2CH_3$ (डायथाइलथर)
    (b) साइक्लोपेंटेन और 1-पेंटीन।

### संक्षिप्त प्रश्न

प्रश्न 1. शुद्ध घूर्णी स्पेक्ट्रा का अध्ययन केवल परमाणुओं और अणुओं की गैसीय अवस्थाओं में ही क्यों किया जाता है?

उत्तर घूर्णी ऊर्जा स्तरों को संघनित चरणों में परिमाणित नहीं किया जाता है; यानी ठोस और तरल अवस्था में। उन्हें रासायनिक प्रणालियों की गैसीय अवस्थाओं में परिमाणित किया जाता है। इस प्रकार माइक्रोवेव स्पेक्ट्रा गैसीय अवस्था में देखे जाते हैं।

प्रश्न 2. HCl गैस के माइक्रोवेव स्पेक्ट्रम में कितनी घूर्णी रेखाएँ देखी जाएँगी?

उत्तर घूर्णी ऊर्जा स्तर की आबादी काफी है और जमीनी घूर्णी स्तर सबसे अधिक आबादी वाला नहीं है, घूर्णी स्तरों की संख्या चयन नियम के अधीन है।

प्रश्न 3. रैखिक अणु ईथेन, $C_2H_6$, और गैर-रेखीय अणु बेंजीन, $C_6H_6$ में कंपन के कितने सामान्य तरीके संभव हैं?

उत्तर एथेन में - $3n - 5 = 3(2 + 6) - 5 = 19$ कंपन के संभावित सामान्य तरीके हैं।

बेंजीन में – $3n - 6 = 3(6 + 6) - 6 = 30$ कंपन के संभावित सामान्य तरीके हैं।

प्रश्न 4 $CO_2$ के IR अवशोषण स्पेक्ट्रम के दौरान आप कितनी मौलिक कंपन आवृत्तियों की भविष्यवाणी करेंगे?

उत्तर $CO_2$ रैखिक है, इसमें कंपन के $3n - 5 = 4$ मौलिक तरीके हैं, जिन्हें इस प्रकार दर्शाया जा सकता है रैखिक $CO_2$ . के लिए कंपन मोड-

Vibrational modes for linear $CO_2$

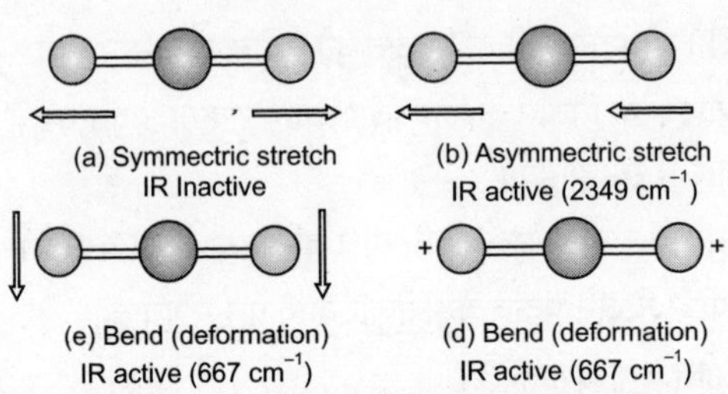


Linear $CO_2$ – number of modes = 3(3) – 5 = 4

प्रश्न 5. HF में बैंड के लिए बल स्थिरांक लगभग $9 \times 10^5$ dynes $cm^{-1}$ है। एचएफ के लिए कंपन स्पेक्ट्रम शिखर की गणना करें।

DF के लिए अवशोषण शिखर की गणना करें।

उत्तर (a) $3.99 \times 10^3$ सेमी$^{-1}$ (b) $2.99 \times 10^3$ सेमी$^{-1}$]

प्रश्न 6. इस पर एक संक्षिप्त टिप्पणी लिखिए-

(a) IR स्पेक्ट्रा
(b) IR स्पेक्ट्रा का अनुप्रयोग
(c) इलेक्ट्रॉनिक स्पेक्ट्रोस्कोपी के लिए चयन नियम
(d) MRI की छवि
(e) NMR का अनुप्रयोग

प्रश्न 7. आप कंपन के कितने मूलभूत तरीकों की भविष्यवाणी करते हैं -

(ए) बेंजीन
(बी) टोल्यूनि
(सी) मीथेन

उत्तर ए = 30, बी = 39, सी = 9

प्रश्न 8. आप IR स्पेक्ट्रम की सहायता से $CH_3CH_2CHO$ और $CH_2 = CH - CH_2OH$ के बीच अंतर कैसे करेंगे?

प्रश्न 9. UV स्पेक्ट्रम की सहायता से UV स्पेक्ट्रोस्कोपी में विभिन्न इलेक्ट्रॉनिक संक्रमणों की व्याख्या करें, आप सीआईएस और ट्रांस आइसोमर्स के बीच अंतर कैसे करेंगे?

प्रश्न 10. UV और IR स्पेक्ट्रोस्कोपी की मदद से निम्नलिखित यौगिकों के बारे में क्या जानकारी प्राप्त की जा सकती है:

(i) एसिटोफेनोन
(ii) सिनामाइकसाइड
(iii) फिनोल
(iv) बेंजामाइड।

## वस्तुनिष्ठ प्रश्न

1. 1690 $cm^{-1}$is पर अवशोषण दर्शाने वाला यौगिक :

(a) एसिड (b) अल्कोहल

(c) ईथर (d) कार्बोनिल [(उत्तर: (d)]

**प्रतिक्रिया** - कार्बोक्जिलिक एसिड का कार्बोनिल खिंचाव C=O 1760-1690 सेमी से एक तीव्र बैंड के रूप में प्रकट होता है।

2. ऐल्कीन में इलेक्ट्रॉनिक संक्रमणों की प्रकृति है :

(a) $\pi \rightarrow n^*$ (*b*) $\pi \rightarrow \pi^*$

(*c*) $\sigma \rightarrow \pi^*$ (*d*) $\sigma \rightarrow \sigma^*$ [उत्तर: (b)]

**प्रतिक्रिया** - एल्कीन का दोहरा बंधन होता है जिसमें कोई विषम परमाणु नहीं होता है, इसलिए पसंदीदा इलेक्ट्रॉनिक संक्रमण $\pi \rightarrow \pi^*$ होगा।

3. एल्डिहाइड $(CH_3)_3CCH_2CHO$ में $^1H$ NMR और $^{13}C$ NMR स्पेक्ट्रा में कितने सिग्नल होते हैं?

(a) पांच $^1H$ सिग्नल और छह $^{13}C$ सिग्नल (b) तीन $^1H$ सिग्नल और चार $^{13}C$ सिग्नल

(c) पांच $^1H$ सिग्नल और चार $^{13}C$ सिग्नल (d) तीन $^1H$ सिग्नल और छह $^{13}C$ सिग्नल [उत्तर: (b)]

**प्रतिक्रिया** - हमें गैर-समतुल्य हाइड्रोजन और कार्बन परमाणुओं को खोजने की जरूरत है। इस एल्डिहाइड में तीन प्रकार के हाइड्रोजन और चार प्रकार के कार्बन परमाणु होते हैं। प्रोटॉन और कार्बन रासायनिक बदलाव के लिए।

4. कौन सी स्पेक्ट्रोस्कोपी इस तथ्य का फायदा उठाती है कि कई परमाणु दृश्य प्रकाश का उत्सर्जन या अवशोषण करने में सक्षम हैं।

(a) UV-दृश्यमान स्पेक्ट्रोस्कोपी (b) एक्स-रे स्पेक्ट्रोस्कोपी

(c) IR स्पेक्ट्रोस्कोपी (d) NMR स्पेक्ट्रोस्कोपी [उत्तर: (a)]

**प्रतिक्रिया** - UV-विजिबल स्पेक्ट्रोस्कोपी दृश्य और UV क्षेत्रों की सीमा में काम करता है।

5. पहचानिए कि निम्नलिखित में से कौन सा अणु युग्म शुद्ध घूर्णी वर्णक्रम और घूर्णी रमन वर्णक्रम दोनों को प्रदर्शित करता है।

(a) $O_2$ और $H_2O$ (b) $CO_2$ और $N_2O$

(c) CO और $CH_4$ (d) NO और DCCH [उत्तर: (d)]

**प्रतिक्रिया:** एक शुद्ध घूर्णी स्पेक्ट्रम प्रदर्शित करने की स्थिति, इसमें एक स्थायी विद्युत द्विध्रुव होना चाहिए और एक घूर्णी रमन स्पेक्ट्रम के लिए, इसकी ध्रुवीकरण क्षमता अनिसोट्रोपिक होनी चाहिए अर्थात सभी दिशाओं में समान नहीं होनी चाहिए। इस प्रकार, $O_2$, $CO_2$, $N_2O$ सभी शुद्ध घूर्णी स्पेक्ट्रम प्रदर्शित करने में विफल होंगे। $CH_4$ को छोड़कर सभी अणुओं में अनिसोट्रोपिक ध्रुवीकरण होता है और इसलिए अणुओं की एकमात्र जोड़ी एक शुद्ध घूर्णी स्पेक्ट्रम और एक घूर्णी रमन स्पेक्ट्रम दोनों को प्रदर्शित करने के लिए NO और DCCH हैं।

6. $C_{60}$ में कंपन के कितने सामान्य तरीके हैं?

(a) 174 (b) 180

(c) 60 (d) 175 [उत्तर: (a)]

**प्रतिक्रिया:** $C_{60}$, 60 परमाणुओं से बना एक गैर-रेखीय अणु है। कुल मिलाकर इसमें 3N डिग्री स्वतंत्रता है और 60 परमाणुओं के साथ, इसलिए हमारे पास $3N - 6 = 180 - 6 = 174$ कंपन मोड हैं।

7. निम्नलिखित में से कौन सा अणु अवरक्त स्पेक्ट्रम प्रदर्शित नहीं करेगा?

(a) $CO_2$ (b) $N_2$

(c) बेंजीन (d) HCCH [उत्तर: (b)]

**प्रतिक्रिया:** होमोन्यूक्लियर डायटोमिक अणु $N_2$ एक अवरक्त स्पेक्ट्रम प्रदर्शित नहीं करेगा। सभी बहुपरमाणुक अणु, भले ही उनके पास कोई स्थायी विद्युत द्विध्रुव न हो, कम से कम दो कंपन मोड होंगे जो अणु की समग्र समरूपता को तोड़ते हैं, जिससे एक द्विध्रुवीय बनता है।

8. निम्नलिखित में से किस अणु के लिए आप इन्फ्रारेड सक्रिय मूल सिद्धांतों के रमन निष्क्रिय और इसके विपरीत होने की अपेक्षा करेंगे?

(a) $NO_2$ (b) फ्लोरोबेंजीन

(c) बेंजीन (d) फ्लोरोएथीन [उत्तर: (c)]

**प्रतिक्रिया:** वे अणु जो अपनी अवरक्त और रमन गतिविधि में पारस्परिक विशिष्टता प्रदर्शित करते हैं, वे एक व्युत्क्रम केंद्र वाले होते हैं। बेंजीन एकमात्र ऐसा अणु है जिसके अवरक्त सक्रिय मूल तत्व रमन निष्क्रिय होंगे और जिनके रमन सक्रिय मोड अवरक्त निष्क्रिय होंगे।

## अभिनव परियोजनाऐं / गतिविधियाँ

गतिविधि 1. -https://sdbs.db.aist.go.jp/sdbs/cgi-bin/direct_frame_top.cgi

2. - नीचे दिए गए अनुसार दैनिक जीवन में स्पेक्ट्रोस्कोपी के उपयोग की सूची बढ़ाएं -

| क्रमांक | क्षेत्र | उपयोग |
|---|---|---|
| 1. | चिकित्सा या नर्सिंग | सर्जिकल ऑपरेटिंग रूम कीटाणुरहित करने के लिए उपयोग किए जाने वाले UV लैंप ट्यूमर का पता लगाने के लिए MRI स्पेक्ट्रोस्कोपी का उपयोग करना |
| 2. | सीआईए एजेंट / जासूस | टेक 30 मीटर दूर से घातक रसायनों की पहचान करने के लिए |
| 3. | फोरेंसिक | किसी संदिग्ध या पीड़ित की उम्र निर्धारित करने के लिए अपराध स्थल पर खून के धब्बे का उपयोग करना |
| 4. | सामग्री वैज्ञानिक / सिविल इंजीनियरिंग। | बर्फीली सड़कों का अध्ययन करें |
| 5. | कृषि/डेयरी | खेती, अनाज खिलाया बीफ या घास खिलाया बीफ<br>साइलेज की ऊर्जा सामग्री |
| 6. | आउटडोर में करियर | पानी कीटाणुरहित करने के लिए उपयोग किए जाने वाले UV लैंप<br>वन्य जीवन के प्रबंधन में मदद के लिए इन्फ्रारेड लाइट का उपयोग करना<br>पर्यावरण विश्लेषण / विज्ञान |

परियोजना 1. - पास के केंद्र से 2-3 छोड़े गए MRI, XRD छवियों को एकत्र करें और उनका निरीक्षण करें और निम्नलिखित का पता लगाने का प्रयास करें-

- स्पेक्ट्रोफोटोमीटर का मॉडल
- स्पेक्ट्रम की रेंज

- कार्य तरंगदैर्ध्य
- छवि विशेषता
- अन्य अवलोकन किए गए

## अधिक जानिए

विद्युत चुम्बकीय विकिरण, स्पेक्ट्रोस्कोपी का नाम इसके सिद्धांत और अनुप्रयोग

| इलेक्ट्रो-चुंबकीय क्षेत्र/स्रोत | स्पेक्ट्रोस्कोपी का नाम | सिद्धांत | आवेदन |
|---|---|---|---|
| पराबैंगनी/ दृश्यमान | इलेक्ट्रॉनिक | इलेक्ट्रॉन संक्रमण अणुओं में | अशुद्धियों का निर्धारण और M. wt. निर्धारण |
| इन्फ्रारेड | कंपन | (i) सरल खिंचाव कंपन<br>(ii) कंपन बैंडिंग पैटर्न | बैंडिंग पैटर्न का उच्च क्रम कंपन विश्लेषण |
| IR और माइक्रोवेव के बीच | रमन | बिखरने के कारण घटना और संचरित विकिरणों के बीच आवृत्ति में परिवर्तन | अणुओं और अध्ययन रसायन की पहचान करने के लिए बंधन। कार्यात्मक समूह निर्धारण |
| माइक्रोवेव | घूर्णी | गैस phase में अणुओं की मात्रात्मक घूर्णी अवस्थाओं के बीच संक्रमण की ऊर्जा का माइक्रोवेव घूर्णी मापन | स्थिर प्रतिक्रिया उत्पादों की पहचान करना। शुद्धता विश्लेषण के लिए और<br>प्रतिक्रिया दक्षता। |
| रेडियो तरंगें | परमाणु चुंबकीय अनुनाद | (i) नाभिक के साथ स्पिन ½<br>(ii) रासायनिक शिफ्ट स्केल<br>(iii) नाभिक के बीच अदिश युग्मन<br>(iv) 1डी NMR स्पेक्ट्रा का विश्लेषण<br>(v) न्यूक्लियर ओवरहॉसर प्रभाव | 2डी NMR स्पेक्ट्रा के विश्लेषण का परिचय |
| परमाणु का आयनीकरण | द्रव्यमान | (i) आयनीकरण तकनीक<br>(ii) मास एनालाइजर<br>(iii) मास स्पेक्ट्रल फ्रैग्मेंटेशन पैटर्न का आणविक आयन और उच्च रिज़ॉल्यूशन एमएस विश्लेषण | मास स्पेक्ट्रल फ्रैग्मेंटेशन पैटर्न का आणविक आयन और उच्च रिज़ॉल्यूशन एमएस विश्लेषण |

## कार्बनिक अणुओं में कौन रंग प्रदान करता है?

**क्रोमोफोर:** यह अणु का एक हिस्सा है जो दृश्य प्रकाश के संपर्क में आने पर एक निश्चित रंग को अवशोषित और प्रतिबिंबित करेगा। यह है

इलेक्ट्रॉनिक अवशोषण के लिए जिम्मेदार एक सहसंयोजक असंतृप्त समूह उदा।

$C = O, C = C, NO_2$.

यह यौगिकों को रंग प्रदान करने के लिए उत्तरदायी है। उदाहरण के लिए क्रोमोफोर-$NO_2$ के कारण नाइट्रो यौगिक पीले रंग के होते हैं।

**ऑक्सोक्रोम:** यह इलेक्ट्रॉनों की अकेली जोड़ी के साथ एक संतृप्त समूह है, जब एक क्रोमोफोर से जुड़ा होता है, तो अवशोषण की तीव्रता में वृद्धि के साथ-साथ OH, $NH_2$, Cl के साथ-साथ अधिकतम तरंग दैर्ध्य की ओर अवशोषण को स्थानांतरित कर देता है।

यह रंग प्रदान नहीं करता है बल्कि केवल रंग को गहरा करता है। इलेक्ट्रॉनों की अकेली जोड़ी के कारण वे क्रोमोफोर को संयुग्मन को बढ़ाने में मदद करते हैं।

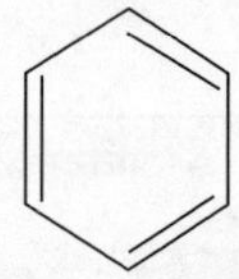

Benzene (Colorless)

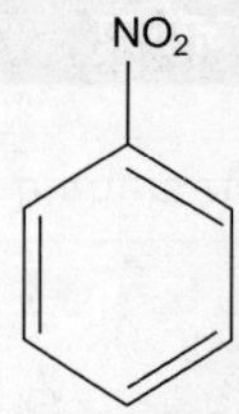

Yellow in Color

$NO_2$ → auxochrome

Nitrobenzene

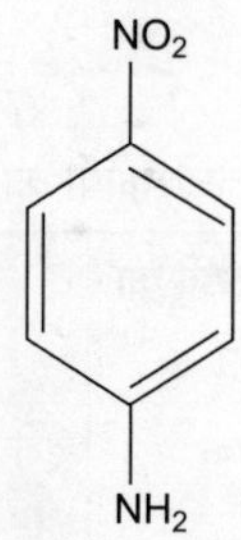

Orange in Color $NH_2$, $NO_2$ → auxochrome p-Nitroaniline

## विशिष्ट प्रोटॉन रासायनिक बदलाव

| | प्रोटॉन के प्रकार | रासायनिक बदलाव δ (ppm) |
|---|---|---|
| Primary | $R—CH_3$ | 0.9 |
| Secondary | $R_2—CH_2$ | 1.3 |
| Tertiary | $R_3—CH$ | 1.5 |
| Vinylic | $R_3—CH$ | 4.6–5.9 |
| Acetylinic | —C—CH | 2–3 |
| Aromatic | Ar—H | 6–8.5 |
| Benzylic | $Ar—CH_3$ | 2.2–3 |
| Alcohol | R—OH | 3.4–4 |
| Phenolic | Ar—OH | 4–12 |
| Aldehydic | R—CHO | 9–10 |
| Carboxylic | RCOOH— | 10.5–12 |
| Amino | R—NH2 | 1–5 |

## दैनिक जीवन में स्पेक्ट्रोस्कोपी के रोचक तथ्य

- मीठे पानी और समुद्री पारिस्थितिक तंत्र में घुलित ऑक्सीजन सामग्री की निगरानी
- दूर की आकाशगंगाओं की वर्णक्रमीय उत्सर्जन रेखाओं का अध्ययन
- अंतरिक्ष की खोज।
- पर्यावरण वैज्ञानिकों द्वारा पर्यावरणीय नमूनों के विश्लेषण के लिए दृश्यमान और पराबैंगनी स्पेक्ट्रोस्कोपिक विधियों का उपयोग किया गया है।
- सर्जिकल ऑपरेटिंग कमरों को कीटाणुरहित करने के लिए UV लैंप का उपयोग किया जाता है।

- अस्पतालों में प्रोटीन और श्वसन गैस विश्लेषण की विशेषता
- नए स्मार्टफोन ऐप में स्पेक्ट्रोस्कोपिक सेंसर लगाया गया है जो बच्चों की तस्वीरें खींचकर यह संकेत देता है कि भविष्य में बच्चे को कोई गंभीर नेत्र रोग हो सकता है या नहीं।

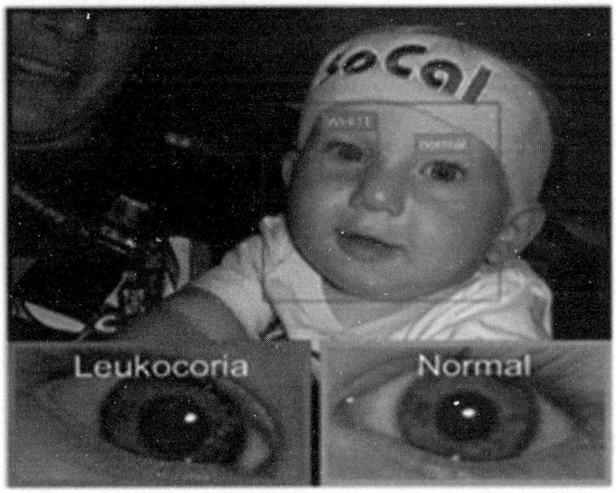


## MRI मशीन का कार्य

## MRI स्कैनर के घटक

MRI स्कैनर के प्रमुख घटक हैं: मुख्य चुंबक, जो नमूने का ध्रुवीकरण करता है, मुख्य चुंबकीय क्षेत्र की समरूपता में बदलाव को सही करने के लिए शिम कॉइल, ढाल प्रणाली जिसका उपयोग MR सिग्नल और RF सिस्टम को स्थानीयकृत करने के लिए किया जाता है, जो नमूने को उत्तेजित करता है और परिणामी NMR संकेत का पता लगाता है। पूरे सिस्टम को एक या एक से अधिक कंप्यूटरों द्वारा नियंत्रित किया जाता है

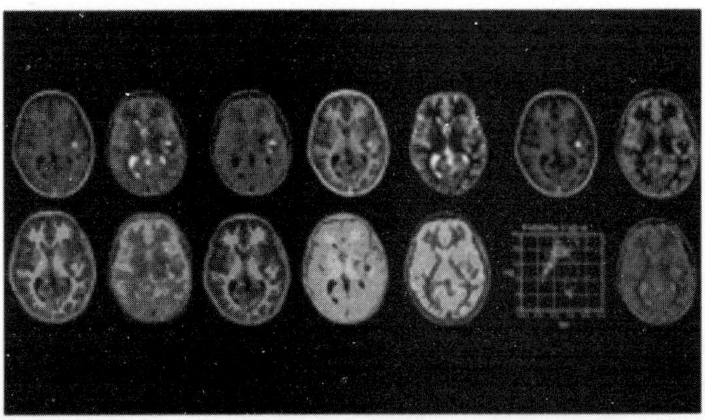

**MRI Images**

## निदान के दौरान MRI मशीन का कार्य

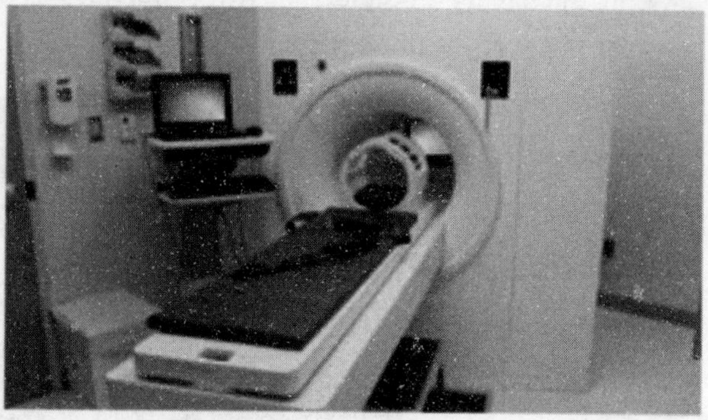

- सबसे पहले, एक दोलनशील चुंबकीय क्षेत्र से ऊर्जा अस्थायी रूप से रोगी को उपयुक्त अनुनाद आवृत्ति पर लागू की जाती है।
- उत्तेजित हाइड्रोजन परमाणु एक रेडियो फ्रीक्वेंसी सिग्नल का उत्सर्जन करते हैं, जिसे एक रिसीविंग कॉइल द्वारा मापा जाता है।
- रेडियो सिग्नल को ढाल कॉइल का उपयोग करके मुख्य चुंबकीय क्षेत्र को बदलकर स्थिति की जानकारी को एन्कोड करने के लिए बनाया जा सकता है।
- चूंकि ये कॉइल तेजी से चालू और बंद होते हैं, इसलिए वे MRI स्कैन की विशेषता दोहरावदार शोर पैदा करते हैं।
- विभिन्न ऊतकों के बीच का अंतर उस दर से निर्धारित होता है जिस पर उत्तेजित परमाणु संतुलन की स्थिति में लौटते हैं।
- छवि को स्पष्ट करने के लिए व्यक्ति को बहिर्जात कंट्रास्ट एजेंट दिए जा सकते हैं।

# 3 अंतर आणविक बल एवं संभावित ऊर्जा सतह

## इकाई विशिष्ट

यह इकाई इन विषयों पर चर्चा करती है: आयनिक, द्विध्रुव-द्विध्रुव और वैनडेरवाल्स अन्योन्यक्रिया। वास्तविक गैसों और महत्वपूर्ण घटनाओं की स्थिति के समीकरण। इन सतहों पर $H_3$, $H_2F$ और HCN की संभावित ऊर्जा सतहें।

## भूमिका

भौतिक गुणों को समझने के लिए अंतर-आणविक बल बहुत महत्वपूर्ण हैं। हाइड्रोजन बांड द्विध्रुवीय बलों का एक विशेष मामला है और पानी और जीवन के अस्तित्व सहित कई गुणों की व्याख्या करता है। गैसों में नगण्य अंतर-आणविक आकर्षण बल आदर्श व्यवहार से विचलित होते हैं और इसे वैनडेरवाल्स के वास्तविक गैस समीकरण से समझा जा सकता है। रासायनिक बंधन बनता है या नहीं, इसकी व्याख्या विभिन्न रासायनिक यौगिकों की संभावित ऊर्जा सतहों से की जा सकती है। आइए इन सभी को इस इकाई में समझते हैं।

## पूर्व अपेक्षित ज्ञान

- रसायन विज्ञान - आवर्त गुण , आवर्त सारणी
- गणित - मूल बीजगणित और त्रिकोणमितीय कार्य
- भौतिकी- बल और अंतःक्रियाएं

## लर्निंग आउटकम्स

इस इकाई के पूर्ण अध्यन करने के बाद, विद्यार्थी निम्न में सक्षम होंगे

| | |
|---|---|
| U3-O1: | विभिन्न प्रकार के आणविक अंतःक्रियाओं के कारण उत्पन्न होने वाले गुणों की व्याख्या करें। |
| U3-O2: | वास्तविक जीवन में हाइड्रोजन बांड की अवधारणा को लागू करें |
| U3-O3: | आदर्श गैसों और महत्वपूर्ण घटना से वास्तविक गैसों विचलन का विश्लेषण |
| U3-O4: | विभिन्न रासायनिक यौगिकों की संभावित ऊर्जा सतहों को समझें। |

## कोर्स आउटकम्स (COs) के साथ यूनिट आउटकम्स (UOs) का परस्पर संबंध

| आउटकम्स | कोर्स आउटकम्स (COs) के साथ अपेक्षित संबंध (1- कमजोर सहसंबंध; 2- मध्यम सहसंबंध; 3- मजबूत सहसंबंध) | | | | |
|---|---|---|---|---|---|
| | CO-1 | CO-2 | CO-3 | CO-4 | CO-5 |
| U3-O1 | 3 | | | | |
| U3-O2 | | | | 2 | |
| U3-O3 | 2 | | | | 1 |
| U3-O4 | 1 | | | 3 | |

## 3.1 प्रस्तावना

आणविक अंतःक्रियाएं अणुओं के बीच और गैर-बंधित परमाणुओं के बीच आकर्षक या प्रतिकारक बल हैं। प्रोटीन तह, दवा डिजाइन, सामग्री विज्ञान, सेंसर, नैनो प्रौद्योगिकी, पृथक्करण और जीवन की उत्पत्ति के विविध क्षेत्रों में आणविक अंतःक्रियाएं महत्वपूर्ण हैं ।

आणविक अंतःक्रियाएं के प्रकार

1. इंट्रामोल्युलर इंटरैक्शन
2. इंटरमॉलिक्युलर इंटरैक्शन

1. **इंट्रामोल्युलर इंटरैक्शन:** एक ही अणु में परमाणुओं के बीच इंट्रामोल्युलर इंटरैक्शन विकसित होता है। वे आमतौर पर अंतर-आणविक बलों से अधिक मजबूत होते हैं, जो परमाणुओं या अणुओं के बीच मौजूद होते हैं, जो बंधे नहीं हैं।
2. **इंटरमॉलिक्युलर इंटरैक्शन:** पदार्थ की सभी अवस्थाओं में सभी प्रकार के अणुओं या आयनों के बीच अंतर-आणविक अंतःक्रिया होती है। गलनांक, क्वथनांक, वाष्प दबाव, वाष्पीकरण, चिपचिपाहट, सतह तनाव और घुलनशीलता के भौतिक गुण अणुओं के बीच आकर्षक बलों की ताकत से संबंधित हैं। इन आकर्षक बलों को अंतर-आणविक बल कहा जाता है।

## 3.2 अंतर - आणविक बल के प्रकार

अधिकांश अंतरआणविक बलों के तीन प्रकार हैं

(a) आयनिक इंटरैक्शन

(b) द्विध्रुवीय-द्विध्रुवीय अंतःक्रिया

(c) वैन डेर वाल्स इंटरैक्शन

### 3.2.1 आयनिक इंटरैक्शन या आयनिक बल

आवेशित परमाणुओं या अणुओं के बीच परस्पर क्रिया हैं। यह अंतःक्रिया विपरीत आवेश के दो समूहों के बीच स्थिरवैद्युत आकर्षण से उत्पन्न होती है। आवेशों के अनुसार आयन दो प्रकार के होते हैं-

**धनायन** - धनावेशित आयन, जैसे $Na^+$, $Li^+$, और $Ca^{2+}$, धनायन कहलाते हैं।

**ऋणायन** - ऋणावेशित आयन, जैसे $Cl^-$, $Br^-$, $HO^-$ ऋणायन कहलाते हैं।

विपरीत आवेशित आयनों के बीच आकर्षण बलों का वर्णन कूलम्ब के नियम द्वारा किया जाता है, जिसमें आवेश के साथ बल बढ़ता है और जैसे-जैसे इन आयनों के बीच की दूरी बढ़ती जाती है वैसे-वैसे बल घटती जाती है। आयनिक अणुओं की अत्यधिक ध्रुवीकृत (आवेशित) प्रकृति उनके उच्च गलनांक (NaCl का गलनांक 801°C) और साथ ही उनकी उच्च जल विलेयता में परिलक्षित होती है।

### 3.2.2 द्विध्रुव-द्विध्रुवीय अन्योन्यक्रिया

द्विध्रुव-द्विध्रुवीय अन्योन्य क्रिया तब होती है जब दो ध्रुवीय अणु एक-दूसरे के निकट आते हैं। एक अणु का धनावेशित भाग दूसरे अणु के ऋणावेशित भाग की ओर आकर्षित होता है। चूंकि कई अणु ध्रुवीय होते हैं, यह एक सामान्य अंतर-आणविक बल है।

द्विध्रुवीय-द्विध्रुवीय बल। अणु जिनमें द्विध्रुवीय आघूर्ण होते हैं, वे द्विध्रुव के सकारात्मक और नकारात्मक सिरों के साथ एक दूसरे की ओर संरेखित होते हैं।

- ये अत्यधिक दिशात्मक बल हैं, लेकिन विशेष रूप से तरल अवस्था में अणुओं की तापीय गति से बाधित होते हैं।
- ऐसी अंतःक्रियाओं का परिमाण केवल सहसंयोजक या आयनिक बंधों का लगभग 1% है।
- द्विध्रुवों के बीच की दूरी बढ़ने पर ये अंतःक्रियाएं तेजी से कमजोर हो जाती हैं; $E= -2\mu_1\mu_2/dr^3$ ($\mu_1$ और $\mu_2$ व्यक्तिगत द्विध्रुवीय आघूर्ण हैं)।

हाइड्रोजन बंध का उदाहरण लेते हुए हमें द्विध्रुव-द्विध्रुवीय अन्योन्य क्रिया के रूप में वर्णित किया जा सकता है।

### 3.2.3 हाइड्रोजन आबंध

- हाइड्रोजन बंधन एक अणु के सहसंयोजक बंधित हाइड्रोजन परमाणु और दूसरे अणु (या समान अणु) के एक विद्युत ऋणात्मक परमाणु (जैसे F, O, N) के बीच एक इलेक्ट्रोस्टैटिक आकर्षक बल है।
- एक द्विध्रुवीय-द्विध्रुवीय अंतःक्रिया जहां H परमाणु गैर-सहसंयोजक रूप से एक विद्युतीय परमाणु की ओर आकर्षित होता है
- H के पास एक बड़ा धनात्मक डेल्टा होना चाहिए और दूसरे परमाणु के पास H की ओर आकर्षित होने के लिए इलेक्ट्रॉनों का एक स्रोत होना चाहिए
- सामान्यतः ऋणावेशित F, O, N धनावेशित H की ओर आकर्षित होता है
- जीव विज्ञान में इसका उपयोग बहुत महत्वपूर्ण है।

### 3.2.4 विशेषताएँ

- H बांड एक कमजोर बंधन है और गतिशील है [$3 \times 10^{-12}$ जीवनकाल]
- ठोस प्रावस्था में H-बंध स्थिर होता है
- अणुओं के बीच H-बांड लगातार तरल में बनते और टूटते हैं।

उदाहरण के लिए H-F में, H और F के बीच एक सहसंयोजक बंधन है। चूंकि F, H की तुलना में अधिक विद्युतीय है, इसलिए यह आंशिक नकारात्मक चार्ज प्राप्त करता है (क्योंकि यह इलेक्ट्रॉनों की साझा जोड़ी को अधिक आकर्षित करता है) और हाइड्रोजन आंशिक सकारात्मक चार्ज प्राप्त करता है।

सहसंयोजक बंधन हाइड्रोजन बांड

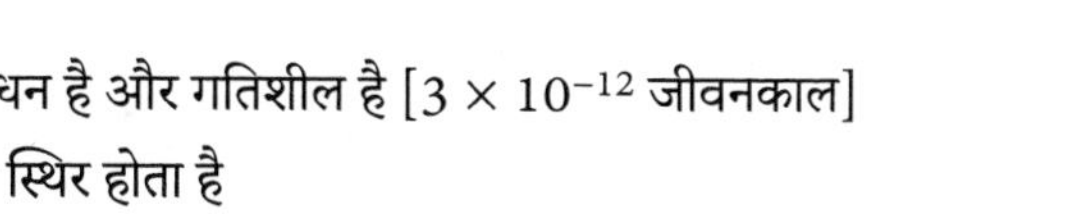


*चित्र 3.1: HF . में हाइड्रोजन आबंधन*

### 3.2.5 हाइड्रोजन बॉन्डिंग के प्रकार

1. **इंटरमॉलिक्युलर हाइड्रोजन बॉन्डिंग:** दो समान या भिन्न अणु के परमाणुओं के बीच

इस प्रकार की हाइड्रोजन बॉन्डिंग होती है।

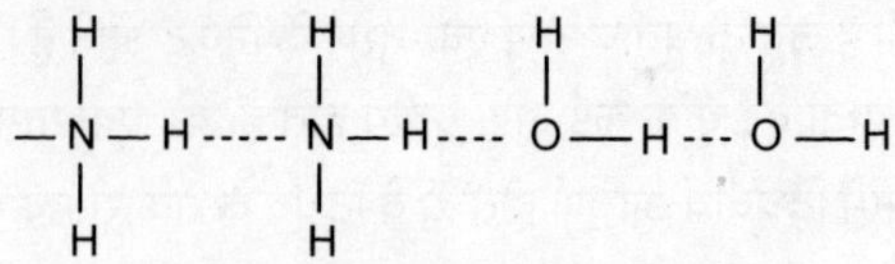

Hydrogen Bonding in $NH_3$ and $H_2O$

*चित्र 3.2: $NH_3$ और $H_2O$ में हाइड्रोजन बॉन्डिंग*

इंटरमॉलिक्युलर हाइड्रोजन बॉन्डिंग यौगिक के क्वथनांक को बढ़ाता है और पानी में इसकी घुलनशीलता को भी बढ़ाता है।

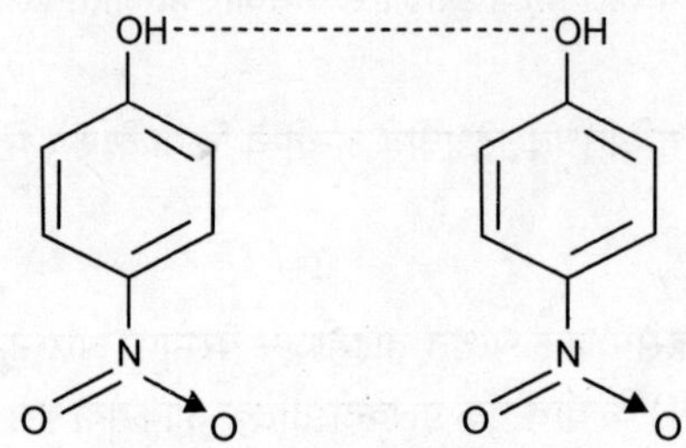

p - nitrophenol

*चित्र 3.3: p - नाइट्रोफेनोल*

2. इंट्रामोल्युलर हाइड्रोजन बॉन्डिंग: इस प्रकार की हाइड्रोजन बॉन्डिंग एक ही अणु के दो परमाणुओं के बीच होती है।

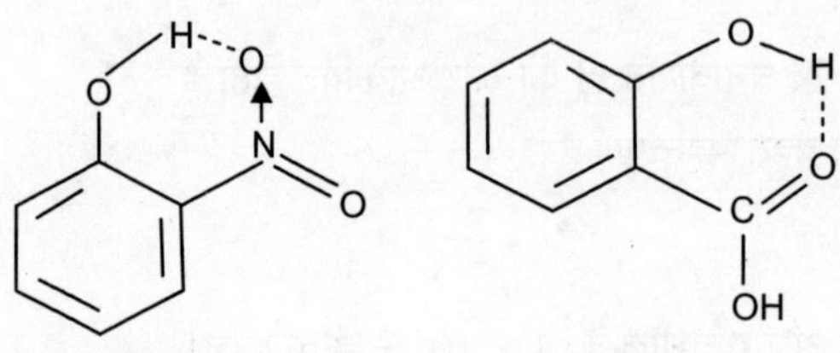

O-नाइट्रोफेनॉल O-हाइड्रॉक्सी बेंजोइक एसिड

*चित्र 3.4: o-नाइट्रोफेनॉल और p-नाइट्रोफेनोल*

इंट्रामॉलिक्युलर हाइड्रोजन बॉन्डिंग यौगिक के क्वथनांक को कम करता है और पानी में इसकी घुलनशीलता को भी कम करता है, क्योंकि यह अणुओं के बीच संबंध को रोकता है, जिससे क्वथनांक बढ़ जाता है और यह यौगिक और पानी के बीच हाइड्रोजन बॉन्डिंग को भी रोकता है जिससे $H_2O$ में इसकी घुलनशीलता कम हो जाती है।

### 3.2.6. दैनिक जीवन में हाइड्रोजन बॉन्डिंग का महत्व

1. क्वथनांक: जैसा कि हम जानते हैं कि क्वथनांक अंतर-आणविक बलों में वृद्धि के साथ बढ़ता है जो भारी अणुओं के लिए अधिक होता है।
   (a) पानी का उच्च बी.पी.-यद्यपि आवर्त सारणी के 16वें समूह के हाइड्राइडों में जल का आणविक भार सबसे कम होता है, इसका गलनांक और क्वथनांक उच्चतम होता है और सामान्य परिस्थितियों में तरल (जबकि अन्य सदस्यों के हाइड्राइड गैस होते हैं) होते हैं।

इसे इस आधार पर समझाया जा सकता है कि पानी के अणु हाइड्रोजन बंध के माध्यम से जुड़े होते हैं।

(b) पानी के दो असामान्य गुण यानी (a) तरल अवस्था की तुलना में ठोस अवस्था में कम घनत्व (b) 0°C और 4°Cके बीच गर्म होने पर संकुचन को पानी में हाइड्रोजन बॉन्डिंग के आधार पर समझाया जा सकता है।

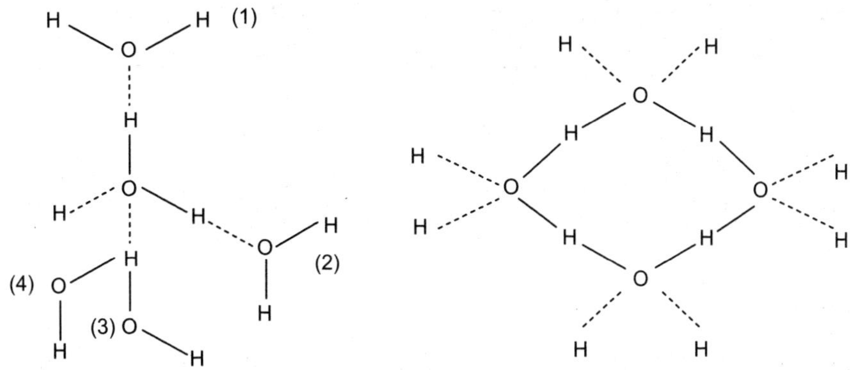


पानी में H----O हाइड्रोजन बांड

बर्फ में हाइड्रोजन बांड (पिंजरे की तरह चतुष्फलकीय व्यवस्था)

*चित्र 3.5: पानी और बर्फ में हाइड्रोजन बंधन*

2. जल विलेयता: एक पदार्थ, जो जल के अणुओं के साथ हाइड्रोजन बंध बनाने में सक्षम होता है, जल में घुलनशील होता है। दूसरी ओर पानी के साथ हाइड्रोजन बंधन बनाने में असमर्थ पदार्थ पानी में अघुलनशील होते हैं।

   उदाहरण - अल्कोहल, एसिड जैसे कार्बनिक अणु पानी में घुलनशील होते हैं जबकि अल्केन्स, एल्केन्स, ईथर जो हाइड्रोजन बॉन्ड बनाने में असमर्थ होते हैं, पानी में अघुलनशील होते हैं।

3. जैविक प्रणालियों में हाइड्रोजन बंधन: जैविक प्रणाली में हाइड्रोजन बंधन भी बहुत महत्वपूर्ण भूमिका निभाता है। D.N.A के बेस पेयर (प्यूरीन और पाइरीमिडीन) के बीच हाइड्रोजन बॉन्डिंग होती है।

एडेनिन और थाइमिन के बीच 2 हाइड्रोजन बांड हैं, जबकि 3 ग्वानिन और साइटोसिन के बीच हैं। प्रोटीन की प्राथमिक संरचना हाइड्रोजन आबंधन द्वारा स्थिर होती है।

### 3.2.7 वांडरवाल बल

वांडरवाल बल अनावेशित परमाणुओं या अणुओं के बीच परस्पर क्रिया है। वांडरवाल बलों में केसोम (Keesom) इंटरैक्शन, डेबी फोर्स और लंदन फैलाव बल शामिल (the Debye force, and the London dispersion force)हैं। तो, वैन डेर वाल्स बलों में अंतर-आणविक बल और कुछ इंट्रामोल्युलर बल भी शामिल हैं।

बलों का उपयोग निकायों के बीच सार्वभौमिक आकर्षण, गैसों के भौतिक सोखना और संघनित चरणों के सामंजस्य को समझाने के लिए किया जाता है।

चार प्रकार हैं। यह सब इस सामान्य सिद्धांत से प्रवाहित होता है: जैसे-जैसे बंधन अधिक ध्रुवीकृत होते जाते हैं, परमाणुओं पर आवेश अधिक होते जाते हैं, जिससे अधिक से अधिक अंतर-आणविक आकर्षण होते हैं, जो उच्च क्वथनांक की ओर जाता है।

आयनिक बांड > H-बॉन्डिंग > वैन डेर वाल्स डीपोल-डीपोल इंटरैक्शन > वांडरवाल फैलाव बल।

अंतर-आणविक बल निम्नलिखित के अनुसार शक्ति में वृद्धि करते हैं:

लंदन फैलाव < द्विध्रुव-द्विध्रुवीय < H-बंधन < आयन-आयन

अब, जैसे-जैसे ये चीजें ताकत में बढ़ती हैं, अणुओं को एक-दूसरे से निकालना कठिन हो जाता है।

## 3.2.8 लंदन फैलाव बल

लंदन फैलाव बल अंतर-आणविक बलों में सबसे कमजोर है। यह दो अध्रुवीय अणुओं के बीच का बल है। एक अणु के इलेक्ट्रॉन दूसरे अणु के नाभिक की ओर आकर्षित होते हैं, जबकि दूसरे अणु के इलेक्ट्रॉनों द्वारा प्रतिकर्षित किए जाते हैं। एक द्विध्रुवीय प्रेरित होता है जब अणुओं के इलेक्ट्रॉन बादल आकर्षक और प्रतिकारक इलेक्ट्रोस्टैटिक बलों द्वारा विकृत होते हैं।

उदाहरण: दो मिथाइल ($-CH_3$) समूहों, नाइट्रोजन गैस ($N_2$) और ऑक्सीजन गैस ($O_2$) अणुओं के बीच परस्पर क्रिया।

### आईसीटी का उपयोग

*https://phet.colorado.edu/sims/html/atomic-interactions/latest/atomic-interactions_en.html*

### दैनिक जीवन में उपयोग

- मानव DNA हाइड्रोजन बांड का एक दिलचस्प उदाहरण है। यह वास्तव में DNA स्ट्रैंड की प्रतिकृति को सक्षम बनाता है।
- यह हमें जैविक प्रक्रिया के दौरान प्रोटीन के कार्य और व्यवहार को समझने में मदद करता है।
- फार्मिक एसिड का उपयोग अक्सर पशुओं के लिए भोजन को संरक्षित करने के तरीके के रूप में किया जाता है ताकि सममित H-बॉन्ड के कारण यह यथासंभव लंबे समय तक ताजा रहे।
- द्विध्रुवीय-द्विध्रुवीय अंतःक्रियाओं के कारण बहुलक का संश्लेषण संभव हो सकता है।

## 3.3 समीकरण का असली गैस और गंभीर घटना

द्रव्य की अवस्थाएँ तरल, ठोस और गैस होती हैं जिन्हें उनकी प्रमुख विशेषताओं के माध्यम से पहचाना जा सकता है। यहां हम आदर्श गैस और वास्तविक गैस के बीच कुछ अंतरों को नोट करने में सक्षम होंगे। वास्तविक गैसों का व्यवहार बहुत जटिल होता है जबकि आदर्श गैसों का व्यवहार बहुत सरल होता है

आदर्श गैसें- वह गैस जो तापमान और दबाव की सभी परिस्थितियों में बॉयल के नियम, चार्ल्स के नियम आदि का पालन करती है, आदर्श गैस या आदर्श गैस कहलाती है।

गैस समीकरण ($PV = n\,RT$) व्युत्पन्न से बॉयल की नियम और चार्ल्स एक गैस जो तापमान और दबाव की सभी परिस्थितियों में बॉयल के नियम, चार्ल्स के नियम आदि का पालन करती है, एक आदर्श गैस या एक आदर्श गैस के रूप में जानी जाती है।

एक गैस जो तापमान और दबाव की सभी स्थितियों में गैस समीकरण ($PV = n\,RT$) का पालन करती है, आदर्श गैस कहलाती है।

एक गैस जो तापमान और दबाव की सभी स्थितियों में गैस समीकरण ($PV = nRT$) का पालन करती है, आदर्श गैस कहलाती है।

यह देखा गया है कि कोई भी गैस जो तापमान और दबाव की सभी परिस्थितियों में गैस के नियम या गैस समीकरण का पालन नहीं करती है। इसलिए आदर्श गैस की अवधारणा काल्पनिक है या केवल सैद्धांतिक है।

वास्तविक गैस: एक वास्तविक गैस वह है जो कम दबाव या उच्च्य तापमान के तहत गैस कानून का अच्छी तरह से पालन करती है।

वास्तविक गैसें गैर-काल्पनिक गैसें हैं जिनके अणु स्थान घेरते हैं और परस्पर क्रिया करते हैं; नतीजतन, वे गैस कानूनों का पालन करते हैं। वास्तविक गैसों के व्यवहार को समझने के लिए निम्नलिखित बातों को ध्यान में रखना चाहिए:

- संपीड्यता प्रभाव
- चर विशिष्ट ताप क्षमता
- वांडरवाल फ़ोर्स
- गैर-संतुलन थर्मोडायनामिक प्रभाव
- आणविक पृथक्करण के मुद्दे और परिवर्तनशील संरचना के साथ प्राथमिक रिऐक्शन

## 3.3.1 आदर्श और वास्तविक गैसों में अंतर

आदर्श और वास्तविक गैसों के बीच मुख्य अंतरों को तालिका 3.1 में संक्षेपित किया गया है

**तालिका 3.1:** आदर्श और वास्तविक गैसों के बीच अंतर

| क्रम | विशेषताएँ | आदर्श गैस | असली गैस |
|---|---|---|---|
| 1. | परिभाषा | एक गैस जो तापमान और दबाव की सभी स्थितियों में गैस समीकरण का पालन करती है उसे आदर्श गैस के रूप में जाना जाता है | एक वास्तविक गैस वह है जो कम दबाव या उच्च तापमान के तहत गैस नियम का अच्छी तरह से पालन करती है |
| 2. | समीकरण | यह आदर्श गैस समीकरण का पालन करता है (PV = nRT ) | यह वांडरवाल के समीकरण का पालन करता है : $\left(P^2+\frac{an^2}{V^2}\right)$ (V-b) = nRT |
| 3. | निश्चित माला | आदर्श गैस का कोई निश्चित आयतन नहीं होता है, गैस की माला 273 °Cपर शून्य हो जाएगा | वास्तविक गैस का आयतन निश्चित होता है +273°C पर पहुंचने से पहले गैस द्रवीभूत हो जाएगी |
| 4. | द्रव्यमान | आदर्श गैस का कोई द्रव्यमान नहीं होता है | वास्तविक गैस का द्रव्यमान होता है |
| 5. | टक्कर | टकराव की आदर्श गैस कणों है लोचदार | टकराव के लिए वास्तविक गैस है गैर लोचदार। |
| 6. | थर्मल प्रभाव | बाहरी दबाव के बिना विस्तार या संपीड़न पर कोई थर्मल प्रभाव नहीं होगा | वहाँ होगा होना कुछ थर्मल प्रभाव |
| 7. | संपीड़न कारक | दबाव फैक्टर Z (PV / nRT ) है हमेशा 1 होगा | वास्तविक गैसों के लिए Z का मान हमेशा 1 नहीं होता है |
| 8. | आकर्षण बल | गैस के अणुओं के बीच आकर्षण बल नगण्य होता है | गैस के अणुओं के बीच आकर्षण बल सभी तापमान और दबाव पर नगण्य नहीं होते हैं |

## 3.3.2 वास्तविक गैसों का विचलन और वांडरवाल का समीकरण

गैसों के गतिज सिद्धांत से व्युत्पन्न आदर्श गैस नियम जो निम्नलिखित महत्वपूर्ण मान्यताओं पर आधारित है:

- गैस के कुल आयतन की तुलना में अणुओं का आयतन नगण्य होता है।
- अणु एक दूसरे पर कोई आकर्षण बल नहीं लगाते हैं।

इन मान्यताओं को वास्तविक गैसों पर लागू नहीं माना जा सकता है। इसलिए वास्तविक गैसें आदर्श व्यवहार से विचलन दर्शाती हैं। गैस के अणु एक निश्चित आयतन पर कब्जा कर लेते हैं क्योंकि गैसों को कम तापमान और उच्च दबाव पर द्रवीभूत और ठोस किया जा सकता है। गैस का ताप कम करने तथा उच्च दाब लगाने पर अणु एक दूसरे के निकट आ जाते हैं, जिससे उनके बीच आकर्षण

बल बढ़ जाता है। ये दोनों कारक द्रवीकरण और जमने के पक्ष में हैं। इसलिए, यह स्पष्ट है कि गैस के अणुओं में एक निश्चित, मात्रा होनी चाहिए।

गैसों के अणुओं के बीच में भी कमजोर आकर्षण बल (वांडरवाल आकर्षण) होते हैं। यह इस तथ्य से समर्थित है कि गैसों को तरलीकृत किया जा सकता है। वांडरवाल उपरोक्त दो के कारण व्यवस्थित रूप से सुधार शर्तों को पेश करने वाले पहले व्यक्ति थे

आदर्श गैस समीकरण $p_i V_i = nRT$ में अमान्य धारणाएँ। सुधार नीचे दिए गए हैं।

## आयतन के लिए सुधार

आदर्श गैस समीकरण $p_i V_i = nRT_i$, में , जहां $V_i$ आदर्श मात्रा का प्रतिनिधित्व करता है जहां अणु स्वतंत्र रूप से आगे बढ़ सकते हैं। वास्तविक गैसों में, कुल आयतन का एक हिस्सा, हालांकि, गैस के अणुओं द्वारा कब्जा कर लिया जाता है। इसलिए, मुक्त आयतन $V$ कुल आयतन $V$ घटा अणुओं द्वारा व्याप्त आयतन है। यदि b गैस के 1 मोल के अणुओं के प्रभावी आयतन का प्रतिनिधित्व करता है, तो गैस के $n$ मोल के लिए $V_i$ द्वारा दिया जाता है-

$$V_i = V - nb \qquad \text{... (i)}$$

## आकर्षण बलों के लिए सुधार

एक बर्तन में एक अणु A पर विचार करें जैसा कि चित्र में दिखाया गया है। यह अणु दूसरे से घिरा हुआ है। अणु A सभी दिशाओं में सममित रूप से इस तरह है, कि यह अणु संपूर्ण रूप से आकर्षण का कोई शुद्ध बल अनुभव नहीं करता है।

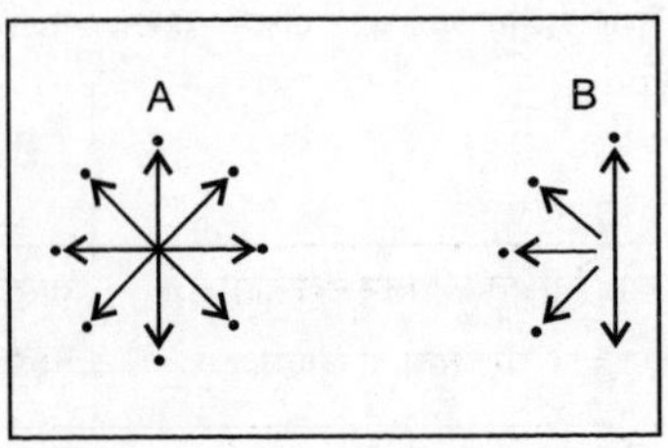


*चित्र 3.6: गैस के अणुओं के बीच आकर्षण बल*

अब, बर्तन के किनारे के पास एक अणु B पर विचार करें, जो इसके एक तरफ से टकराने वाला है, इस प्रकार गैस के कुल दबाव में योगदान देता है। केवल दीवार के भीतरी भाग में अणु होते हैं। यह अणु बर्तन के केंद्र की ओर एक शुद्ध आकर्षण बल का अनुभव करता है। इसके परिणामस्वरूप अणु का वेग कम हो जाता है। इस प्रकार, अणु उतना बल योगदान नहीं देता जितना कि केंद्र के प्रति आकर्षण बल न होने पर होता। इस प्रकार, एक वास्तविक गैस का दबाव एक आदर्श गैस के संगत दबाव से कम होगा, अर्थात।

$$p_i = p + \text{सुधार पद}$$

यह सुधार पद दो कारकों पर निर्भर करता है:

- बर्तन के प्रति इकाई आयतन में अणुओं की संख्या।
- प्रति इकाई समय में बर्तन के किनारे से टकराने वाले अणुओं की संख्या।

$$p_i = p + a\frac{n^2}{V^2} \qquad \text{... (ii)}$$

जहां '$a$' आनुपातिकता स्थिरांक है

शब्द की इकाई $\frac{an^2}{V^2}$ दबाव के समान होगा। 'a' का SI मात्रक Pa $m^6$ मोल$^{-2}$ होगा। इसे आसानी से kPa $dm^6$ मोल$^{-2}$ में व्यक्त किया जा सकता है। $V$ और $p$ के मान को प्रतिस्थापित करना। आदर्श गैस समीकरण $p_i V_i = nRT_i$ में समीकरण (i) और

(ii) से

हम पाते हैं,

$$p + a\frac{an^2}{V^2}(V - nb) = nRT$$

यह समीकरण वास्तविक गैसों पर लागू होता है और इसे वांडरवाल समीकरण के रूप में जाना जाता है। वांडरवाल समीकरण में a और b को वांडरवाल स्थिरांक कहा जाता है जो अलग-अलग गैसों पर भिन्न हो सकते हैं। pV और T अध्ययनाधीन गैस के लिए प्रेक्षित दाब, आयतन और तापमान हैं।

### 3.3.3 वांडरवाल स्थिरांक का महत्व

आसानी से द्रवीभूत गैसों (जैसे $SO_2$, $NH_3$, $H_2S$, $CO_2$ आदि) के लिए '$a$' का मान अधिक होता है जबकि स्थायी गैसों (जैसे $H_2$, $N_2$, $O_2$, He आदि) के लिए कम होता है। कुछ गैसों के द्रवीकरण का क्रम:

| गैस | $SO_2$ > | $Cl_2$ > | $NH_3$ > | $CO_2$ > | $N_2$ > | $O_2$ > | $H_2$ > | Ne > He |
|---|---|---|---|---|---|---|---|---|
| $a \rightarrow$ | 6.71 | 6.5 | 4.17 | 3.58 | 1.39 | 1.36 | 0.24 | 0.03 |

चूँकि अचर 'b' गैस के अणुओं का प्रभावी आयतन है इसलिए यह इंगित करता है कि गैस अणु असम्पीडित हैं।

### 3.3.4 गैसों का द्रवीकरण और क्रांतिक तापमान

गैस का द्रवीकरण तब होता है जब अंतर-आणविक आकर्षण बल इतने अधिक हो जाते हैं कि वे गैस के अणुओं को एक साथ बांधकर तरल अवस्था बनाते हैं। आकर्षण के अंतर-आणविक बलों को या तो दबाव बढ़ाकर बढ़ाया जा सकता है, ताकि अणु एक साथ आ जाएं, या गैस को ठंडा कर दें ताकि अणुओं की गतिज ऊर्जा कम हो जाए और वे धीमी हो जाएं।

हाइड्रोजन, हीलियम, ऑक्सीजन, नाइट्रोजन जैसी गैसों को केवल दाब लगाने से कमरे के तापमान पर द्रवीभूत नहीं किया जा सकता है। प्रत्येक गैस के लिए, एक विशेष तापमान होता है जिसके ऊपर इसे द्रवित नहीं किया जा सकता है, हालांकि, गैस पर उच्च दबाव लागू किया जा सकता है। इस तापमान को क्रांतिक तापमान कहा जाता है।

**क्रांतिक तापमान :** किसी गैस के क्रांतिक तापमान को उस तापमान के रूप में परिभाषित किया जा सकता है जिसके ऊपर इसे तरलीकृत नहीं किया जा सकता है, हालांकि गैस पर उच्च दबाव लगाया जा सकता है।

**क्रांतिक दाब :** क्रांतिक ताप पर गैस को द्रवित करने के लिए आवश्यक दाब को क्रांतिक दाब कहते हैं।

**क्रान्तिक आयतन :** क्रांतिक ताप तथा क्रांतिक दाब पर गैस के 1 मोल का आयतन क्रान्तिक आयतन कहलाता है।

तीनों गैस के क्रांतिक स्थिरांक कहलाते हैं और $T_c$, $T_p$, $T_v$ द्वारा निरूपित किए जाते हैं। इस घटना को एंड्रयू के $CO_2$ गैस के प्रयोगों द्वारा समझाया जा सकता है।

### 3.3.5 क्रांतिक बिंदु

तरल और गैस के चित्र में छायांकित क्षेत्र द्वारा दर्शाए गए क्षेत्रों के भीतर ही एक साथ रह सकते हैं। जैसे-जैसे तापमान और दबाव बढ़ता है, यह क्षेत्र और अधिक संकीर्ण हो जाता है, अंत में महत्वपूर्ण बिंदु पर शून्य चौड़ाई तक पहुंच जाता है। इस समय $P$, $T$, और $V$ के मान क्रांतिक स्थिरांक $P_c$, $T_c$ और $V_c$ के रूप में जाने जाते हैं। महत्वपूर्ण बिंदु से गुजरने वाली समताप रेखा को क्रांतिक समतापी कहते हैं। इस समतापी से परे, गैस और तरल पदार्थ अप्रभेद्य हो जाते हैं; केवल एक द्रव चरण होता है, जिसे कभी-कभी सुपरक्रिटिकल लिक्विड चित्र 3.7 के रूप में संदर्भित किया जाता है।

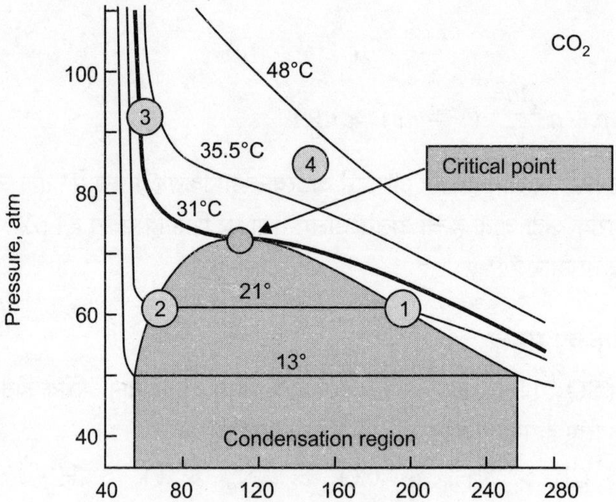


*चित्र 3.7: क्रांतिक बिंदु*

31°C (महत्वपूर्ण तापमान) से नीचे के तापमान पर, $CO_2$ कुछ हद तक उच्च दबाव (4) पर भी एक आदर्श गैस की तरह काम करता है। 31°C से नीचे, गैस को कम मात्रा में संपीड़ित करने का प्रयास अंततः संक्षेपण शुरू करने का कारण बनता है। इस प्रकार 21°C पर, लगभग 62 एटीएम (1) के दबाव पर, दबाव में और वृद्धि किए बिना आयतन 200 सेमी$^3$ से घटाकर लगभग 55 सेमी किया जा सकता है। गैस को संपीड़ित करने के बजाय, इसे कहीं अधिक कॉम्पैक्ट तरल से बदल दिया जाता है क्योंकि गैस को अनिवार्य रूप से अपने तरल चरण में "निचोड़ा" जा रहा है। सभी गैस गायब हो जाने के बाद (2), दबाव बहुत तेजी से बढ़ता है क्योंकि अब जो कुछ बचा है वह लगभग असंपीड्य तरल है। इस समताप के ऊपर (3) CO, केवल अतिक्रिटिकल द्रव के रूप में मौजूद है।

### 3.3.6 क्रांतिक घटना

गैस के द्रवीकरण के लिए आवश्यक स्थिति का वर्णन क्रांतिक तापमान, क्रांतिक दबाव और क्रांतिक आयतन और उनके अंतर्संबंधों के अध्ययन द्वारा किया जाता है।

जब एक गैसीय प्रणाली अपनी तरल अवस्था में बदल जाती है, तो आयतन में जबरदस्त कमी होती है। आयतन में यह कमी तापमान को कम करके, या दबाव बढ़ाकर या दोनों द्वारा प्रभावी रूप से लाया जा सकता है। इन दोनों प्रभावों में गैसीय अणु एक-दूसरे के करीब आते हैं और आकर्षण बल में वृद्धि का अनुभव करते हैं जिसके परिणामस्वरूप गैसों का द्रवीकरण होता है। किसी भी स्थिर तापमान पर जब दबाव बढ़ाया जाता है, तो आयतन कम हो जाता है और इसके विपरीत भी किया जा सकता है । स्थिर ताप पर ऐसे P-V वक्र समतापी कहलाते हैं। उच्च दबाव और कम मात्रा में आदर्श गैस व्यवहार से वास्तविक गैस द्वारा प्रदर्शित एक निश्चित विचलन होता है।

### 3.3.7 क्रांतिक तापमान ($T_c$)

इसे गैस के विशिष्ट तापमान के रूप में परिभाषित किया जाता है, जिस पर दबाव में वृद्धि से गैस का द्रवीकरण होता है, जिसके ऊपर कोई द्रवीकरण नहीं होता है, हालांकि दबाव कई गुना बढ़ सकता है। उदाहरण के लिए $CO_2$ का $T_c$ 31.1°C है। इसका मतलब यह है कि जब इसका तापमान 31.1 °C से ऊपर हो तो दबाव डालकर $CO_2$ को द्रवित करना संभव नहीं है।

### क्रांतिक दबाव ($P_c$)

इसे अपने महत्वपूर्ण तापमान पर मौजूद गैस के 1 मोल को द्रवीभूत करने के लिए आवश्यक न्यूनतम दबाव के रूप में परिभाषित किया गया है।

### क्रिटिकल वॉल्यूम ($V_c$)

गैस के क्रान्तिक दाब और क्रांतिक ताप पर 1 मोल गैस का आयतन गैस का क्रान्तिक आयतन ($V_c$) होता है। जब गैस का दबाव, आयतन और तापमान $P_c$, $V_c$ और $T_c$ होता है, तो गैस को उसकी क्रांतिक अवस्था में कहा जाता है।

## 3.3.8 थॉमसन का प्रयोग

थॉमसन (1871) ने एंड्रयूज द्वारा तैयार किए गए $CO_2$ के समताप मंडल का अध्ययन किया। उन्होंने सुझाव दिया कि महत्वपूर्ण तापमान से नीचे समताप रेखा में कोई नुकीला बिंदु नहीं होना चाहिए। इन समतापी को वास्तव में गैस से तरल तक अवस्था की पूर्ण निरंतरता प्रदर्शित करनी चाहिए। यह, उन्होंने एक सैद्धांतिक लहरदार वक्र के रूप में दिखाया। वक्र MLB इस तरह से संपीड़ित गैस का प्रतिनिधित्व करता है कि वह स्थिर रहे। वक्र MNC एक अतितापित तरल का प्रतिनिधित्व करता है क्योंकि Tc के ऊपर संपीड़न, ताप प्रभाव की ओर जाता है।अवस्था की इस प्रकार की निरंतरता की भविष्यवाणी वेंडरवाल के अवस्था के समीकरण द्वारा की जाती है जो बीजगणितीय रूप से एक घन समीकरण है। वांडरवाल के समीकरण को इस प्रकार लिखा जा सकता है:

$$PV^3 - (RT + Pb)\,V^2 + aV - ab = 0$$

इस प्रकार, P और T के किसी दिए गए मान के लिए V के तीन मान होने चाहिए। ये मान लहरदार वक्र के बिंदु B, M और C द्वारा दर्शाए जाते हैं। जैसे-जैसे समताप रेखा का क्षैतिज भाग ऊपर उठता है, V के तीन मान निकट होते जाते हैं। महत्वपूर्ण बिंदु पर वेंडरवाल 'वी' की तीन जड़ें समान हो जाती हैं और गैस और तरल अवस्थाओं के बीच कोई अंतर नहीं रह जाता है। इधर, गैस की क्रांतिक अवस्था होना चाहिए है। यह प्रभाव वेंडरवाल के स्थिरांक के संदर्भ में $T_c$, $P_c$ और $V_c$ की गणना को सक्षम बनाता है।

### वांडरवाल के स्थिरांक से क्रांतिक स्थिरांक की व्युत्पत्ति

आइए हम क्रांतिक स्थिरांक $T_c$ (क्रिटिकल तापमान), $V_c$ (क्रिटिकल वॉल्यूम) और $P_c$ (क्रिटिकल प्रेशर) के मान वेंडरवाल के स्थिरांक '$a$' और '$b$' के संदर्भ में व्युत्पन्न करें । वेंडरवाल का समीकरण किसके द्वारा दिया गया है

$$\mathbf{T_C = 8a / 27Rb}$$

इसलिए क्रांतिक स्थिरांक की गणना वांडरवाल के गैस के स्थिरांक और इसके विपरीत के मूल्यों का उपयोग करके की जा सकती है। चूंकि $P_c$ और $T_c$ को अक्सर प्रयोगात्मक रूप से निर्धारित किया जा सकता है, इन मानों को स्थिरांक a और b की गणना करने के लिए नियोजित किया जा सकता है।

$$a = 3V_c^2 P_c$$

$$b = V_c/3$$

महत्वपूर्ण तापमान मूल्यों के आधार पर, गैसों को "स्थायी" और "अस्थायी" गैसों के रूप में वर्गीकृत किया जाता है। $H_2$, $N_2$, वह बहुत कम क्रांतिक तापमान वाली गैसें स्थायी प्रकार की होती हैं। सामान्य तापमान सीमा में महत्वपूर्ण तापमान वाले $NH_3$, $CO_2$, $SO_2$, HCl आदि जैसी गैसें अस्थायी गैसों के प्रकार की होती हैं।

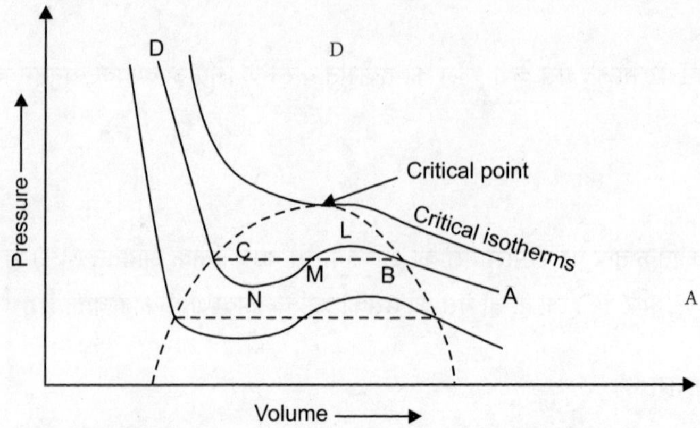


*चित्र 3.8: कार्बन डाइऑक्साइड के थॉमसन के समताप मंडल*

## 3.3.9 जूल-थॉमसन प्रभाव और व्युत्क्रम तापमान ($T_i$)

### जूल-थॉमसन प्रभाव

जूल-थॉमसन ने दिखाया कि जब कम दबाव वाले क्षेत्र में एक छिद्रपूर्ण प्लग के माध्यम से एक संपीड़ित गैस को प्रवाहित किया जाता है, तो पर्याप्त शीतलन होता है। किसी गैस को उच्च दाब के क्षेत्र से निम्न दाब के क्षेत्र में रुद्धोष्म रूप से विस्तारित करने के लिए तापमान कम करने की घटना को जूल-थॉमसन प्रभाव के रूप में जाना जाता है।

जब गैस को कम दबाव के क्षेत्र में भागने की अनुमति दी जाती है तो अणु अंतर-आणविक आकर्षक बलों के खिलाफ तेजी से अलग हो जाते हैं। इस मामले में गैस के अणुओं द्वारा गैस की आंतरिक ऊर्जा की कीमत पर काम किया जाता है। इसलिए गैस के फैलने पर शीतलन होता है। तापमान में इस कमी को आम तौर पर जूल-थॉमसन प्रभाव के रूप में जाना जाता है और इसका उपयोग गैसों के द्रवीकरण में किया जाता है।

### व्युत्क्रम तापमान ($T_i$)

जूल-थॉमसन प्रभाव एक गैसीय प्रणाली द्वारा तभी माना जाता है जब उसका तापमान एक विशिष्ट मान से कम हो। तापमान में गिरावट के साथ एक झरझरा प्लग के माध्यम से कम दबाव के क्षेत्र में एक गैस जिस विशिष्ट तापमान से नीचे फैलती है, उसे व्युत्क्रम तापमान ($T_i$) कहा जाता है।

$T_i$ एक गैस की विशेषता है और यह वांडरवाल के स्थिरांक '$a$' और '$b$' से संबंधित है,

$$2a\,T_i = 2a/Rb$$

व्युत्क्रम तापमान पर जूल थॉमसन प्रभाव नहीं होता है (यानी) तापमान में न तो गिरावट होती है और न ही वृद्धि होती है। केवल जब गैस का तापमान व्युत्क्रम तापमान से नीचे होता है तो रुद्धोष्म प्रसार के दौरान तापमान में गिरावट होती है। यदि गैस का तापमान $T_i$ से ऊपर है तो तापमान में थोड़ी वृद्धि होती है। $H_2$ और He जैसी गैसों के लिए जिनका $T_i$ मान क्रमशः −80 °C और −240 °C बहुत कम है, ये गैसें जूल-थॉमसन प्रयोग के दौरान ठंडा होने के बजाय गर्म हो जाती हैं। ये गैसें जूल-थॉमसन प्रभाव का पालन तभी करेंगी जब उन्हें इन $T_i$ मानों से नीचे के तापमान पर ठंडा किया जाएगा।

### दैनिक जीवन में उपयोग

- वाहनों में एयरबैग के संचालन के लिए आदर्श गैस कानूनों का उपयोग किया जाता है।
- एयर कंडीशन और रेफ्रिजरेटर जैसे घरेलू उपकरणों में इस्तेमाल होने वाले कूलेंट और रेडिएटर एक ही सिद्धांत पर काम कर रहे हैं ।
- वास्तविक जीवन में आदर्श गैस कानूनों के अनंत अनुप्रयोग हैं। इसका उपयोग विभिन्न प्रवाहों में दबाव के साथ घनत्व की भिन्नता की गणना के लिए किया जाता है। उदाहरण: रॉकेट, द्रव गति, संपीडनीयता विश्लेषण, इंजन, आदि।

## 3.4 संभावित ऊर्जा सतह के $H_3$, $H_2F$, HCN

संभावित ऊर्जा सतह एक गणितीय फलन है, जो कि अणु कि ऊर्जा को अपने ज्यामिति फलन के रूप में देता है। आण्विक यांत्रिकी ऊर्जा के रूप को खिंचाव, झुकाव, मरोड़ आदि के रूप प्रदान करता है ।

एक संभावित ऊर्जा सतह (PES) एक प्रणाली की संभावित ऊर्जा का वर्णन करती है, जो कुछ मापदंडों के संदर्भ में, विशेष रूप से परमाणुओं का एक संग्रह, या आमतौर पर परमाणुओं की स्थिति होती है ।

सतह ऊर्जा को एक या अधिक निर्देशांकों के कार्य के रूप में परिभाषित कर सकते हैं; यदि केवल एक निर्देशांक है, तो सतह को संभावित ऊर्जा वक्र या ऊर्जा प्रोफ़ाइल कहा जाता है। एक परिदृश्य के सादृश्य का उपयोग करना सहायक होता है: दो डिग्री स्वतंत्रता (जैसे दो बंधन लंबाई) के साथ एक प्रणाली के लिए, ऊर्जा का मूल्य (सादृश्य: भूमि की ऊंचाई) दो बंधन लंबाई का एक कार्य है (सादृश्य: जमीन पर स्थिति के निर्देशांक)। संभावित ऊर्जा सतह इस अवधारणा का प्रतिनिधित्व करती है कि रासायनिक रिऐक्शन में अणुओं के परमाणुओं की प्रत्येक ज्यामिति (बाहरी और आंतरिक दोनों) इसके साथ एक अद्वितीय संभावित ऊर्जा से जुड़ी होती है। यह एक सहज ऊर्जा 'परिदृश्य' बनाता है और रसायन विज्ञान को एक टोपोलॉजी परिप्रेक्ष्य ("घाटियों" और "दर्रे" पर विकसित होने वाले कणों के) से देखा जा सकता है।

### 3.4.1 संभावित ऊर्जा वक्र (1-D संभावित ऊर्जा सतह)

PES अपने नाभिक r की स्थिति के एक कार्य के रूप में एक अणु की ऊर्जा है। दो परमाणुओं के निकाय की यह ऊर्जा उनके बीच की दूरी पर निर्भर करती है। बड़ी दूरी पर ऊर्जा शून्य होती है, जिसका अर्थ है "कोई संपर्क नहीं"। कई परमाणु व्यास की दूरी पर आकर्षक बल हावी होते हैं, जबकि बहुत करीब पहुंचने पर बल प्रतिकारक होता है, जिससे ऊर्जा बढ़ती है। वक्र में न्यूनतम बिंदु पर आकर्षक और प्रतिकर्षकण प्रभाव संतुलित होते हैं। इस संबंध को दर्शाने वाले ग्राफ एक रासायनिक बंधन के कुछ गुणों को परिभाषित करने में काफी उपयोगी होते हैं।

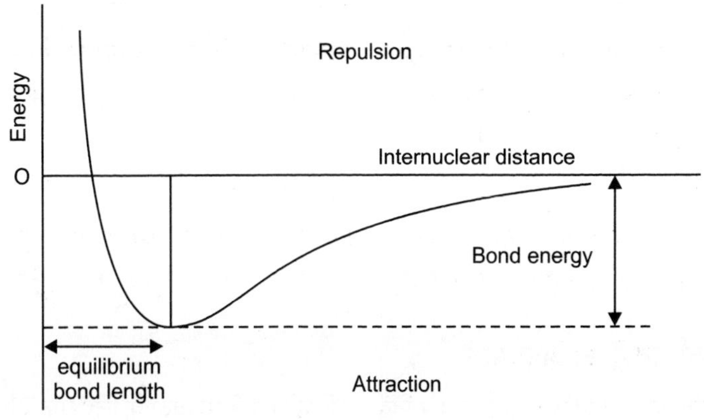


*चित्र 3.9: सहसंयोजक बंधन के लिए एक संभावित ऊर्जा वक्र।*

आंतरिक परमाणु दूरी जिस पर संभावित ऊर्जा न्यूनतम होती है, बांड की लंबाई को परिभाषित करती है। इसे अधिक सही ढंग से संतुलन बंधन लंबाई के रूप में जाना जाता है, क्योंकि थर्मल गति के कारण दो परमाणु इस दूरी के बारे में कंपन करते हैं। सामान्य तौर पर, बंधन जितना मजबूत होगा, बंधन की लंबाई उतनी ही कम होगी।

आकर्षक बल सभी परमाणुओं के बीच काम करते हैं, लेकिन जब तक संभावित ऊर्जा न्यूनतम RT के क्रम में कम से कम नहीं होती है, तब तक दो परमाणु थर्मल ऊर्जा के विघटनकारी प्रभाव का सामना करने में सक्षम नहीं होंगे, जिसके परिणामस्वरूप एक पहचान योग्य अणु हो सकता है। इस प्रकार हम कह सकते हैं कि $H_2$ में दो परमाणुओं के बीच एक रासायनिक बंधन मौजूद है।

### 3.4.2 एक प्रणाली के लिए संभावित, गतिज और कुल ऊर्जा

संभावित ऊर्जा और गतिज ऊर्जा क्वांटम सिद्धांत हमें बताता है कि एक परमाणु में एक इलेक्ट्रॉन में गतिज ऊर्जा K और साथ ही संभावित ऊर्जा V होती है, इसलिए कुल ऊर्जा E हमेशा दो का योग होता है:

$$E = V + K$$

उनके बीच का संबंध आश्चर्यजनक रूप से सरल है: $K = -0.5\ V$

इसका मतलब यह है कि जब एक रासायनिक बंधन बनता है ($\Delta E < 0$ के साथ एक एक्ज़ोथिर्मिक प्रक्रिया), संभावित ऊर्जा में कमी गतिज ऊर्जा में वृद्धि के साथ होती है (बंधन इलेक्ट्रॉनों की गति में सन्निहित), लेकिन बाद के परिवर्तन का परिमाण केवल आधा है, इसलिए स्थितिज ऊर्जा में परिवर्तन हमेशा हावी रहता है। बंध ऊर्जा-$\Delta E$ में स्थितिज ऊर्जा में गिरावट का परिमाण आधा है।

### 3.4.3 एक संभावित ऊर्जा सतह की आयामीता

3-आयामी अंतरिक्ष में एक परमाणु के स्थान को परिभाषित करने के लिए तीन निर्देशांक (जैसे, x, y, और z या r, और θ कार्तीय और ϕ गोलाकार निर्देशांक में) या स्वतंत्रता की डिग्री की आवश्यकता होती है। हालांकि, यह एक प्रतिक्रिया है, और इसलिए संबंधित पीईएस प्रतिक्रिया की पूर्ण स्थिति पर निर्भर नहीं है, केवल सापेक्ष स्थिति (आंतरिक डिग्री) स्थिति पर निर्भर है । इसलिए पूरी प्रणाली के अनुवाद और रोटेशन दोनों को हटाया जा सकता है (प्रत्येक 3 डिग्री स्वतंत्रता के साथ, गैर-रैखिक ज्यामिति मानते हुए)। तो एक PES की विमा है

$$3N-6$$

जहां N रिऐक्शन में शामिल परमाणुओं की संख्या है, यानी प्रत्येक अभिकारक में परमाणुओं की संख्या)। पीईएस एक हाइपरसर्फेस है जिसमें कई डिग्री की स्वतंत्रता होती है और आमतौर पर समझने के लिए किसी एक समय में केवल कुछ ही प्लॉट किए जाते हैं।

बहुत ही सरल रासायनिक प्रणालियों के लिए या जब अंतर-परमाणु अंतःक्रियाओं के बारे में अनुमानों को सरल बनाया जाता है, तो कभी-कभी परमाणु स्थितियों के कार्य के रूप में ऊर्जा के लिए विश्लेषणात्मक रूप से व्युत्पन्न अभिव्यक्ति का उपयोग करना संभव होता है। एक उदाहरण है

$$H + H_2 \rightarrow H_2 + H$$

यहां H-H दूरी तीन प्रणालियों के फलन के रूप में है। अधिक जटिल प्रणालियों के लिए, परमाणुओं की एक विशेष व्यवस्था की ऊर्जा की गणना अक्सर सतह के बड़े पैमाने पर प्रतिनिधित्व के लिए संभव होने के लिए बहुत कम्प्यूटेशनल रूप से महंगी होती है।

### 3.4.4 संभावित ऊर्जा सतहों का अनुप्रयोग

- आणविक ज्यामिति और रासायनिक समीकरण गतिकी के विश्लेषण में सहायता के लिए एक PES एक वैचारिक उपकरण है।

- इसका उपयोग सैद्धांतिक रूप से परमाणुओं से बनी संरचनाओं के गुणों का पता लगाने के लिए किया जा सकता है, उदाहरण के लिए, किसी अणु की न्यूनतम ऊर्जा आकार का पता लगाना या रासायनिक समीकरण की दरों की गणना करना।
- एंजाइमी अभिक्रिया के अध्ययन के लिए संभावित ऊर्जा सतहों का व्यापक रूप से उपयोग किया जाता है
- वैश्विक स्तर पर पदार्थ के इष्टतम विश्लेषण में संभावित ऊर्जा सतहों का अनुप्रयोग अधिक लोकप्रिय है।

## रोचक तथ्य

- संभावित ऊर्जा के वास्तविक जीवन उदाहरण हैं एक पहाड़ी की चोटी पर एक साइकिल, आपके सिर पर रखी एक किताब, और एक फैला हुआ वसंत सभी में संभावित ऊर्जा होती है ।
- पेंडुलम, झरने, धनुष और तीर, भोजन हम सभी संभावित ऊर्जा के सिद्धांत के तहत काम करते हैं।
- दैनिक जीवन के उदाहरणों के अधिक विवरण के लिए , लिंक पर क्लिक कर सकते हैं - https://www.youtube.com/watch?v=NW0mNe9S5dM

## सारांश

- आणविक इंटरैक्शन दो प्रकार के हो सकते हैं- इंट्रामोल्युलर इंटरैक्शन और इंटरमॉलिक्युलर इंटरैक्शन
- तीन प्रकार के अंतर-आणविक बल - आयनिक अंतःक्रिया , द्विध्रुवीय-द्विध्रुवीय अंतःक्रिया और वैन डेर वाल्स अंतःक्रिया।
- आयनिक बल या आयनिक अन्योन्यक्रिया आवेशित परमाणुओं या अणुओं के बीच परस्पर क्रिया है। यह अंतःक्रिया विपरीत आवेश के दो समूहों के बीच स्थिरवैद्युत आकर्षण से उत्पन्न होती है ।
- द्विध्रुव-द्विध्रुवीय अंतःक्रिया- द्विध्रुव-द्विध्रुवीय अंतःक्रिया तब होती है जब दो ध्रुवीय अणु एक-दूसरे के निकट आते हैं। एक अणु का धनावेशित भाग दूसरे अणु के ऋणावेशित भाग की ओर आकर्षित होता है।
- हाइड्रोजन बॉन्डिंग , एक द्विध्रुवीय-द्विध्रुवीय अंतःक्रिया जहां एच परमाणु गैर-सहसंयोजक रूप से F, O, N जैसे इलेक्ट्रोनगेटिव परमाणु की ओर आकर्षित होता है ।
- वैन डेर वाल्स बल - वांडरवाल बल अनावेशित परमाणुओं या अणुओं के बीच परस्पर क्रिया है।
- आयनिक बांड > H बॉन्डिंग> वांडरवाल डीपोल-डीपोल इंटरैक्शन> वांडरवाल फैलाव बल।
- आदर्श गैसें- वह गैस जो तापमान और दबाव की सभी परिस्थितियों में बॉयल के नियम, चार्ल्स के नियम आदि का पालन करती है, आदर्श गैस कहलाती है।
- वास्तविक गैस - एक वास्तविक गैस वह है जो कम दबाव या उच्च्य तापमान के तहत गैस नियम का अच्छी तरह से पालन करती है।
- क्रान्तिक तापमान - किसी गैस के क्रांतिक तापमान को उस तापमान के रूप में परिभाषित किया जा सकता है जिसके ऊपर इसे तरलीकृत नहीं किया जा सकता है, हालांकि गैस पर उच्च्य दबाव लागू किया जा सकता है।
- क्रान्तिक दबाव - क्रान्तिक तापमान पर गैस को दव्र बनाने के लिए आवश्यक दबाव, क्रान्तिक दबाव कहा जाता है ।
- क्रांतिक आयतन - क्रांतिक ताप और क्रांतिक दाब पर गैस के 1 मोल द्वारा व्याप्त आयतन को क्रांतिक आयतन कहते हैं ।
- $H_3$, $H_2F$, HCN की संभावित ऊर्जा सतह - संभावित ऊर्जा सतह एक गणितीय कार्य है जो अणु की ऊर्जा को इसकी ज्यामिति के कार्य के रूप में देता है।
- एक संभावित ऊर्जा सतह (PES) एक प्रणाली की संभावित ऊर्जा का वर्णन करती है, विशेष रूप से परमाणुओं का एक संग्रह, कुछ मापदंडों के संदर्भ में, आमतौर पर परमाणुओं की स्थिति।

## अभ्यास

### विषयात्मक प्रश्न

1. आदर्श गैसें किस प्रकार वास्तविक से भिन्न होती हैं ? वांडरवाल की अवस्था का समीकरण व्युत्पन्न कीजिए और वास्तविक गैसों के व्यवहार की व्याख्या करें।
2. गैसों की क्रांतिक परिघटनाएँ क्या हैं? गैस के लिए क्रांतिक स्थिरांक और वांडरवाल के समीकरण के बीच संबंध का पता लगाएं।
3. क्रांतिक स्थिरांक क्या हैं? महत्वपूर्ण परिघटना पर वांडरवाल के समीकरण को लागू करके $a$ और $b$ के पदों में $V_c$, $P_c$ और $T_c$ के मानों की गणना करें।
4. गैस समीकरण $PV = nRT$ के आदर्श व्यवहार से विचलन का क्या कारण है ? वांडरवाल के समीकरण लिखिए और उसका अनुप्रयोग दीजिए।
5. आणविक अन्योन्यक्रिया से आप क्या समझते हैं? इसके कितने प्रकार हैं? किन्हीं दो को विस्तार से समझाइए।
6. वांडरवाल की बातचीत की विस्तार से चर्चा करें।
7. जूल-थॉमसन प्रभाव के आधार पर गैसों के द्रवीकरण की व्याख्या कीजिए।
8. वांडरवाल के समीकरणों की सीमाएँ क्या हैं। वांडरवाल के स्थिरांक $a$ और $b$ की इकाइयाँ लिखिए।
9. आदर्श और वास्तविक गैसों में चार अंतर लिखिए।
10. संक्षिप्त नोट्स लिखें
    (a) हाइड्रोजन बॉन्डिंग
    (b) द्विध्रुव-द्विध्रुवीय अंतःक्रियाएं
    (c) आणविक अंतःक्रियाओं की ताकत
    (d) वास्तविक और आदर्श गैसें
    (e) वांडरवाल में गैस समीकरण और सुधार।

### संक्षिप्त उत्तर प्रश्न

1. निम्नलिखित में से किस अणु में स्थायी द्विध्रुव आघूर्ण होता है?
   (a) $H_2O$
   (b) $CO_2$
   (c) $CH_4$
   (d) $N_2$
   (e) CO
   (f) $NH_3$

उत्तर $CO_2$, $CH_4$ और $N_2$ सममित हैं, और इसलिए उनके पास कोई स्थायी द्विध्रुवीय आघूर्ण नहीं है। विषम रूप से व्यवस्थित ध्रुवीय बंधों वाले अणु में एक स्थायी द्विध्रुव होगा।

2. किसका क्वथनांक अधिक होता है, $Br_2$ या ICl?

उत्तर उनके समान आणविक भार हैं: $Br_2$, 160; ICl, 162. इनके क्वथनांक क्रमशः 332 K और 370 K हैं।

3. एक परमाणु या अणु को पास की प्रजाति द्वारा अस्थायी रूप से ध्रुवीकृत किया जा सकता है। ध्रुवीकरण चार्ज देने के केंद्रों को अलग करता है
   (a) स्थायी द्विध्रुवीय
   (b) अस्थायी शुल्क
   (c) हाइड्रोजन बंधन
   (d) प्रेरित द्विध्रुवीय
   (e) प्रेरित आयन
   (f) मूलक

उत्तर लंदन के फैलाव बलों के लिए प्रेरित द्विध्रुव जिम्मेदार हैं। अणु जितना भारी होगा, प्रेरित द्विध्रुव उतना ही बड़ा होगा। इस प्रकार, भारी अणुओं के लिए लंदन फैलाव बल मजबूत हैं।

4. किसका क्वथनांक अधिक होता है, $I_2$ या $Br_2$?

उत्तर Br और I के परमाणु भार क्रमशः 80 और 127 हैं। आणविक भार जितना अधिक होगा, लंदन फैलाव बल उतना ही मजबूत होगा।

5. यदि केवल लंदन फैलाव बल मौजूद हैं, जिनका क्वथनांक कम होना चाहिए, $H_2O$ या $H_2S$?

उत्तर बी.पी. $H_2O$ के लिए 100 °C है, और $H_2S$ का –70 °C है। तरल $H_2O$ में बहुत मजबूत हाइड्रोजन बॉन्डिंग मौजूद होती है, लेकिन लिक्विड $H_2S$ में कोई हाइड्रोजन बॉन्डिंग मौजूद नहीं होती है।

6. अधिकांश अन्य पदार्थों के विपरीत, तापमान 4 और 0 डिग्री सेल्सियस के बीच घटने पर पानी का घनत्व कम हो जाता है। इसका कारण है

(a) द्विध्रुवीय-द्विध्रुवीय अंतःक्रिया
(b) लंदन फैलाव
(c) हाइड्रोजन बांड की घटती संख्या
(d) गठित हाइड्रोजन बांड की बढ़ती संख्या

उत्तर जब तापमान कम होने पर अधिक हाइड्रोजन बांड बनते हैं, तो आयतन का विस्तार होता है, जिससे घनत्व में कमी आती है। 4 डिग्री सेल्सियस से ऊपर, हाइड्रोजन बांड के प्रभाव की तुलना में थर्मल विस्तार अधिक प्रमुख है।

7. इथेनॉल ($C_2H_5OH$, मोलर मास 46) 351 K पर उबलता है, लेकिन पानी ($H_2O$, मोलर मास 18) 373 K के उच्च तापमान पर उबलता है। ऐसा इसलिए है क्योंकि:

(a) पानी सघन है
(b) पानी में मजबूत लंदन फैलाव बल हैं
(c) पानी में मजबूत हाइड्रोजन बंधन हैं
(d) पानी के अणुओं में कोई कार्बन नहीं होता है

उत्तर दो छोटे, विद्युत ऋणात्मक परमाणुओं (जैसे F, O, N) के बीच एक हाइड्रोजन परमाणु एक मजबूत अंतर-आणविक अंतःक्रिया का कारण बनता है जिसे हाइड्रोजन बंधन के रूप में जाना जाता है। हाइड्रोजन बांड की ताकत दो परमाणुओं के इलेक्ट्रोनगेटिविटी और आकार पर निर्भर करती है।

8. एथेनॉल $C_2H_5OH$ और मिथाइल ईथर $CH_3OCH_3$ का मोलर द्रव्यमान समान है। किसका क्वथनांक अधिक होता है?

उत्तर R-OH समूह हाइड्रोजन आबंधन के लिए प्रोटॉन दाता और स्वीकर्ता दोनों है। मिथाइल समूहों में बहुत कमजोर हाइड्रोजन बंधन होता है, यदि कोई हो।

## वस्तुनिष्ठ प्रश्न

1. कोयले में संचित ऊर्जा है

(a) गतिज ऊर्जा
(b) संभावित ऊर्जा
(c) रासायनिक ऊर्जा
(d) परमाणु ऊर्जा [उत्तर (c)]

**प्रतिक्रिया** - प्रकाश संश्लेषण के दौरान सौर ऊर्जा ग्लूकोज और कार्बोहाइड्रेट के रूप में परिवर्तित होती है।

2. सैडल प्वॉइंट का निर्धारण किसका एक अनुप्रयोग है -

(a) संभावित ऊर्जा सतह
(b) गतिज ऊर्जा रेखांकन
(c) एस के आकार का वक्र
(d) वृद्धि वक्र [उत्तर (a)]

**प्रतिक्रिया** - किसी भी दो मिनीमा (घाटी के नीचे) के बीच संभावित ऊर्जा सबसे कम ऊर्जा पथ एक सैडल बिंदु पर अधिकतम से गुजरेगी, जिसे हम उस सैडल बिंदु को एक संक्रमण-राज्य संरचना कहते हैं।

3. निम्नलिखित में से कौन दो प्रजातियों के बीच सबसे कमजोर अंतःक्रिया का प्रतिनिधित्व करता है?
   (a) हाइड्रोजन बंधन (b) डाइसल्फ़ाइड बांड
   (c) आयनिक बंध (d) परिक्षेपण बल [उत्तर (d)]

   **प्रतिक्रिया** - इस प्रश्न के लिए, आपको याद रखना होगा कि एक डाइसल्फ़ाइड बंधन एक प्रकार का सहसंयोजक बंधन है (जो दो सल्फर परमाणुओं के बीच संचालित होता है)। हाइड्रोजन बंधन आयनिक या सहसंयोजक बंधन से कमजोर है, लेकिन फैलाव बल से लगभग दस गुना मजबूत है।

4. DNA में बेस पेयर के बीच काम करने वाले हाइड्रोजन बॉन्ड की न्यूनतम संख्या क्या है?
   (a) 0 (b) 1
   (c) 2 (d) 4 [उत्तर (c)]

   **प्रतिक्रिया** - DNA में मौजूद आधार जोड़े दो या तीन हाइड्रोजन बॉन्ड से जुड़े होते हैं: C और G तीन हाइड्रोजन बॉन्ड से जुड़ते हैं, जबकि A और T दो से जुड़ते हैं।

5. उपरोक्त पदार्थों में अंतराआण्विक आकर्षण बल का वर्णन निम्नलिखित में से किसके द्वारा किया जाता है:
   (a) द्विध्रुव-द्विध्रुवीय बल (स्थायी द्विध्रुव) (b) आयन-द्विध्रुवीय बल
   (c) गुरुत्वीय बल (d) परिक्षेपण (या लंदन) बल [उत्तर (d)]

   **प्रतिक्रिया** - सही उत्तर फैलाव (या लंदन) बल है

6. हाइड्रोजन सल्फाइड और हाइड्रोजन सेलेनाइड के क्वथनांक से पानी का क्वथनांक लगभग 200 °C अधिक होता है। इस स्पष्ट विसंगति की व्याख्या निम्नलिखित में से किसके द्वारा की जा सकती है?
   (a) पानी का आणविक भार सबसे कम होता है।
   (b) H-O सहसंयोजक बंधन H-S और H-Se बंधों की तुलना में बहुत अधिक मजबूत होता है।
   (c) हाइड्रोजन सल्फाइड और हाइड्रोजन सेलेनाइड की तुलना में पानी कम ध्रुवीय है।
   (d) हाइड्रोजन सल्फाइड और हाइड्रोजन सेलेनाइड की तुलना में पानी में अंतर-आणविक आकर्षक बल बहुत अधिक होते हैं। [उत्तर (d)]

   **प्रतिक्रिया** - सही उत्तर हाइड्रोजन सल्फाइड और हाइड्रोजन सेलेनाइड की तुलना में पानी में अंतर-आणविक आकर्षक बल बहुत अधिक हैं।

## प्रायोगिक कार्य

### प्रयोग-1

(छात्र अनुलग्नक-4 में दिए गए टेम्पलेट के अनुसार प्रयोग को रिकॉर्ड करें)

**उद्देश्य:** स्टैलेगमोमीटर का उपयोग करके कमरे के तापमान पर दिए गए तरल के सतह तनाव का निर्धारण करें।

**आवश्यकताएं:**

- **रसायन:** अज्ञात तरल, आसुत जल।
- **उपकरण:** स्टैलेगमोमीटर, स्क्रू के साथ रबर ट्यूब।

**सिद्धांत:** प्रदान किए गए तरल के सतह तनाव के निर्धारण के लिए, दो तरल के बराबर मात्रा से बनने वाली बूंदों की संख्या की गणना की जाती है।

यदि $m_1$ और $m_2$ बूंदों का द्रव्यमान है, $d_1$ और $d_2$ क्रमशः घनत्व हैं। यदि $n_1$ और $n_2$ दो तरल पदार्थों के आयतन v द्वारा बनने वाली बूंदों की संख्या हैं, तो उनके पृष्ठ तनाव संबंधित हैं

$$\frac{\rho_1}{\rho_2} = \frac{d_1}{d_2} \times \frac{n_1}{n_2}$$

**प्रयोगात्मक प्रक्रिया:**

1. शुष्क स्टैलेगमोमीटर के ऊपरी सिरे पर एक स्क्रू पिंच कॉक वाली रबर ट्यूब का एक छोटा टुकड़ा संलग्न करें।
2. स्टैलेग्मोमीटर के निचले सिरे को आसुत जल में डुबोएं और पानी को निशान A से 1-2 सेंटीमीटर ऊपर चूसें। पिंच कॉर्क को समायोजित करें ताकि प्रति मिनट 10-15 बूंदें गिरें
3. स्टैलेग्मोमीटर को क्लैंप करें और पानी की बूंदों को गिरने दें और जब मेनिस्कस ऊपरी निशान A को पार कर जाए तो बूंदों की संख्या गिनना शुरू करें और जब मेनिस्कस निशान B से गुजरता है तो गिनना बंद कर दें।

**सावधानी:**

- केशिका नली और पानी ग्रीस से मुक्त होना चाहिए।
- केशिका ट्यूब को लंबवत सेट किया जाना चाहिए।
- केशिका ट्यूब के आंतरिक व्यास को दो परस्पर लंबवत दिशाओं में मापा जाना चाहिए।
- पानी का तापमान नोट किया जाना चाहिए।

**अवलोकन और गणना:**

- कमरे का तापमान = T°C
- पानी का घनत्व = dw
- पानी का पृष्ठ तनाव = dynes/cm
- संदर्भ के रूप में तरल और पानी की एक निश्चित माला से बूंदों की संख्या (mL में), औसत मूल्य की गणना

**परिणाम:** द्रव का पृष्ठ तनाव ......... dynes/cm है।

**चर्चा:** सिद्धांत और वास्तविक जीवन/औद्योगिक अनुप्रयोगों के साथ सहसंबंध करते हुए प्रयोग, अवलोकन और परिणाम पर चर्चा की जानी चाहिए।

## प्रयोग-2

(छात्र अनुलग्नक-4 में दिए गए टेम्पलेट के अनुसार प्रयोग को रिकॉर्ड करें)

**उद्देश्य:** अणुओं की संभावित ऊर्जा सतहों के मॉडल का अध्ययन करना

**आवश्यकताएं:**

- अणुओं की संभावित ऊर्जा सतह से संबंधित चित्र/स्पेक्ट्रा/आरेख/ग्राफ।

**सिद्धांत:** एक संभावित ऊर्जा सतह (पीईएस) एक प्रणाली की संभावित ऊर्जा का वर्णन करती है, विशेष रूप से परमाणुओं का एक संग्रह, कुछ मापदंडों के संदर्भ में, आमतौर पर परमाणुओं की स्थिति।

सतह ऊर्जा को एक या अधिक निर्देशांकों के कार्य के रूप में परिभाषित कर सकती है; यदि केवल एक निर्देशांक है, तो सतह को संभावित ऊर्जा वक्र या ऊर्जा प्रोफ़ाइल कहा जाता है।

**अवलोकन तालिका:**

| क्रम संख्या | यौगिक का नाम | स्वतंत्रता की डिग्री के आधार पर यौगिक सादृश्य | व्याख्या |
|---|---|---|---|
| | | | |
| | | | |

**अनुप्रयोग:**

- एक परिदृश्य की सादृश्यता का उपयोग करना सहायक होता है।
- स्वतंत्रता के दो डिग्री (जैसे दो बंधन लंबाई) के साथ एक प्रणाली के लिए, ऊर्जा का मूल्य (सादृश्य: तल की ऊंचाई) दो बंधन लंबाई (सादृश्य: जमीन पर स्थिति के निर्देशांक) का एक फलन है।
- संभावित ऊर्जा सतह इस अवधारणा का प्रतिनिधित्व करती है कि रासायनिक प्रतिक्रिया में अणुओं के परमाणुओं की प्रत्येक ज्यामिति (बाहरी और आंतरिक दोनों) इसके साथ एक अद्वितीय संभावित ऊर्जा से जुड़ी होती है।
- यह एक सहज ऊर्जा "परिदृश्य" बनाता है और रसायन विज्ञान को एक टोपोलॉजी परिप्रेक्ष्य ("घाटियों" और "पास" पर विकसित होने वाले कणों के) से देखा जा सकता है।

**परिणाम और चर्चा**- सिद्धांत और वास्तविक जीवन/औद्योगिक अनुप्रयोगों के साथ सहसंबंध करते हुए प्रयोग, अवलोकन और परिणाम पर चर्चा की जानी चाहिए।

**संदर्भ** -

अणुओं की संभावित ऊर्जा सतहों के उदाहरण किसी भी विश्वसनीय संसाधन से लिए जा सकते हैं। ऐसा ही एक संसाधन है *https://pubs.acs.org/doi/pdf/10.1021/ed070p295*

Examples of Potential Energy Surface

## प्रयोग -3

(छात्र अनुलग्नक-4 में दिए गए टेम्पलेट के अनुसार प्रयोग को रिकॉर्ड करें)

**उद्देश्य:** प्रयोगशाला के तापमान पर, पानी के संबंध में किसी अज्ञात तरल की चिपचिपाहट को विस्कोमीटर द्वारा निर्धारित करना।

**आवश्यकताएं:**

- रसायन - अज्ञात तरल, आसुत जल।
- उपकरण: ओस्टवाल्ड विस्कोमीटर, पिंच कॉक, स्पेसिफिक ग्रेविटी बॉटल।

**सिद्धांत:**

घर्षण बल जो द्रव का एक भाग द्रव के दूसरे भाग को प्रदान करता है, श्यानता कहलाता है। श्यानता गुणांक को मापने के लिए, ओस्टवाल्ड विस्कोमीटर विधि का उपयोग किया जाता है जो पॉइस्यूइल के नियम (Poiseuille's law)पर आधारित है। श्यानता गुणांक वाले के रूप में व्यक्त सूत्र,

$$\eta = \frac{\pi r^4 t P}{8 v l}$$

जहा पे,

$v$ = वॉल्यूम। तरल (mL में)

$t$ = प्रवाह समय (sec में) केशिका के माध्यम से

$r$ = केशिका की त्रिज्या (सेमी में)

$l$ = केशिका की लंबाई (सेमी में)

$P$ = हाइड्रोस्टेटिक दबाव (dyne/sq.cm में)

$\eta$ = श्यानता गुणांक (in poise)।

**प्रयोगात्मक प्रक्रिया:**

1. प्रयोगशाला के तापमान पर ध्यान दें।
2. विशिष्ट गुरुत्व की बोतल को आसुत जल से धोएं और सुखाएं।
3. खाली और भरे हुए (आसुत जल के साथ) विशिष्ट गुरुत्व बोतल (स्टॉपर के साथ) का वजन लें। फिर, विशिष्ट गुरुत्व बोतल से भरे हुए अज्ञात दिए गए तरल को तौलें। घनत्व को मापने के लिए डेटा का प्रयोग करें।
4. आसुत जल से विस्कोमीटर को अच्छी तरह से साफ और धो लें। स्टैंड पर विस्कोमीटर को लंबवत रूप से ठीक करें और विशिष्टता से भरें।
5. प्रत्येक विलयन (पानी और दिए गए तरल) के लिए प्रवाह का समय दर्ज किया गया था।
6. 3 से 4 रीडिंग लें।

**सावधानी :**

- तरल पदार्थ के प्रवाह के दौरान विस्कोमीटर को एक ऊर्ध्वाधर स्थिति में रखा जाना चाहिए।
- तरल पदार्थ को चूसते समय, केशिका नली के अंदर कोई हवा का बुलबुला नहीं बनना चाहिए।

(प्रयोग करने के लिए सुरक्षा और पर्यावरण के अनुकूल दृष्टिकोण के लिए उपयोग किए जा रहे प्रत्येक रसायन के एमएसडीएस डेटा का संदर्भ लें।)

**अवलोकन और गणना:**

- खाली R.D. बोतल का भार ($w_1$) =…g.
- पानी के साथ R.D. बोतल का वजन ($w_2$) =…g.
- तरल के साथ R.D. बोतल का वजन ($w_3$) =…g.
- तो, पानी का वजन (ww) = ($w_2 - w_1$) =…g.

प्रत्येक सेट-अप और माध्य मान के लिए प्रवाह समय (सेकेंड में)

**परिणाम और चर्चा:** सिद्धांत और वास्तविक जीवन/औद्योगिक अनुप्रयोगों के साथ सहसंबंध करते हुए प्रयोग, अवलोकन और परिणाम पर चर्चा की जानी चाहिए।

## अभिनव परियोजनाऐं / गतिविधियाँ

**परियोजना 1.** - किसी भी जैव-अणु की संभावित ऊर्जा सतह का निर्माण और प्रक्षेप करना।

**परियोजना 2.** अणुओं की परस्पर क्रिया के दौरान ऊर्जा अवरोधों को प्रभावित करने वाले कारकों की सूची बनाइए।

छात्र कम्प्यूटेशनल केमिस्ट्री पैकेज सॉफ्टवेयर के लिए किसी भी वेब-आधारित इंटरफेस का उपयोग कर सकता है। उदाहरण - वेबएमओ। वेबमो बेसिक एक मुफ्त सॉफ्टवेयर है *https://www.webmo.net/*

## सुझाई गई पठन सामग्री

### पुस्तकें

- Selected Topics in Inorganic Chemistry by Wahid U Malik , GD Tuli & RD Madan , S Chand Publishing , ISBN: 81-219-0600-8.
- Potential Energy Surfaces, Volume 42,K. P. Lawley (Editor) , Wiley Publication, ISBN: 978-0-470-14307-0.

### ई संसाधन

- https://nptel.ac.in/courses/122/101/122101001/
- https://nptel.ac.in/courses/104/106/104106094/
- https://ncert.nic.in/textbook/pdf/kech104.pdf

## अधिक जानिए

आकर्षण बल सबसे मजबूत से सबसे कमजोर

| IMFA का प्रकार | शामिल | के बीच होता है | आकर्षण की ताकत | क्वथनांक / गलनांक पर प्रभाव | हिमांक बिंदुओं पर प्रभाव E |
|---|---|---|---|---|---|
| लंदन / फैलाव | अस्थायी द्विध्रुव | अध्रुवीय अणु | कम | कम ऊंचाई ( ↑ बीपी) | ( ↑↑↑↑ एफपी) |
| द्विध्रुवीय-द्विध्रुवीय | स्थायी द्विध्रुव | ध्रुवीय अणु | मध्यम | मध्यम ऊंचाई ( ↑↑ बीपी) | ( ↑↑↑↑ एफपी) |
| हाइड्रोजन बांड | स्थायी द्विध्रुव H और F, O, N के बीच | ध्रुवीय अणु | मध्यम ऊँचाई | मध्यम-उच्च ऊंचाई ( ↑↑↑ बीपी) | ( ↑↑ एफपी) |
| द्विध्रुवीय-द्विध्रुवीय | पूर्ण आयन और द्विध्रुव | ध्रुवीय अणु | उच्च | उच्च ऊंचाई ( ↑↑↑↑ बीपी) | ( ↑ एफपी) |

**कुछ गैसों के लिए वांडरवाल स्थिरांक**

| पदार्थ | Molar mass (g) | a ($L^2$- atm $mole^{-2}$) | b (L $mol^{-1}$) |
|---|---|---|---|
| हाइड्रोजन $H_2$ | 2 | 0.244 | 0.0266 |
| हीलियम He | 4 | 0.034 | 0.0237 |
| मीथेन $CH_4$ | 16 | 2.25 | 0.0428 |
| जल $H_2O$ | १८ | 5.46 | 0.0305 |
| नाइट्रोजन $N_2$ | 28 | 1.39 | 0.0391 |
| कार्बन डाइऑक्साइड $CO_2$ | 44 | 3.59 | 0.0427 |

## एंड्रयू के $CO_2$ गैस पर प्रयोग

1861 से 1870 तक एंड्रयूज ने कार्बन डाइऑक्साइड की मात्रा पर तापमान और दबाव के प्रभाव पर अपने प्रसिद्ध प्रयोग किए। प्रायोगिक व्यवस्था का उपयोग करते हुए उन्होंने दबावों की एक विस्तृत श्रृंखला पर बॉयल के नियम की वैधता का परीक्षण करने के लिए समतापी (वक्र) की एक श्रृंखला तैयार की। गैसों को screw से कस कर संकुचित किया गया था और हवा का उपयोग करके दबाव का अनुमान लगाया गया था, यह मानते हुए कि प्रयोग की शर्तों के तहत यह अभी भी बॉयल के कानून का पालन करता है।

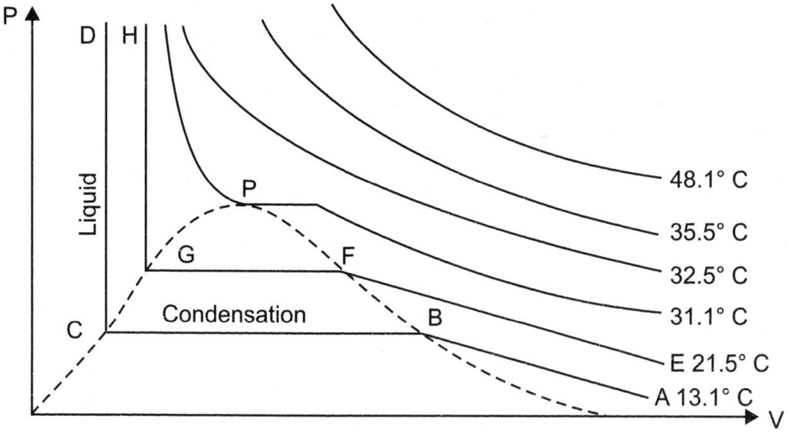


$CO_2$ गैस के लिए P और V के बीच का ग्राफ।

एंड्रयूज समतापी को 13.1°C, 21.5°C, 31.1°C, 32.5°C, 35.5°C और 48.1°C तापमान पर खींचा गया था। प्रयोगात्मक परिणाम को निम्नलिखित ग्राफ के रूप में दर्शाया जा सकता है-

### ग्राफ की व्याख्या

एंड्रयूज प्रयोग द्वारा प्राप्त वक्रों को चित्र में दिखाया गया है। हम देखते हैं कि दो हैं
समतापी के प्रकार:

(a) 31.1 डिग्री सेल्सियस से ऊपर, समतापी लगभग आयताकार हाइपरबोला होते हैं जो एक आदर्श गैस के व्यवहार से मिलते जुलते हैं।

(b) 31.1 डिग्री सेल्सियस से नीचे, समतापी आयताकार हाइपरबोला नहीं हैं।

13.1°C पर, इस वक्र के भाग AB से पता चलता है कि दबाव के बढ़ने के साथ, $CO_2$ के गैसीय व्यवहार को दर्शाने वाले बिंदु B तक आयतन कम हो जाता है (बॉयल के नियम का पालन किया जाता है)। B से C तक, CO, की अवस्था गैसीय से द्रव (संघनन) में बदल जाती है और वक्र आयतन अक्ष के समानांतर हो जाता है। यह इंगित करता है कि दबाव में उल्लेखनीय वृद्धि के बिना मात्रा घट जाती है। बिंदु C के बाद, वक्र बहुत खड़ी है यह दर्शाता है कि C के बाद, पदार्थ अत्यधिक असंपीड्य हो जाता है। C पर, गैस पूरी तरह से तरल हो जाती है। भाग सीडी $CO_2$ के तरल चरण का प्रतिनिधित्व करता है।

### निष्कर्ष

1. इस प्रकार भाग AB पदार्थ के गैसीय चरण का प्रतिनिधित्व करता है और BC वाष्प से तरल अवस्था में रूपांतरण का प्रतिनिधित्व करता है। B रूपांतरण शुरू होता है और C पर, यह पूरा हो जाता है।

2. 21.5°C पर वक्र समान है लेकिन केवल क्षैतिज भाग BC घटा है। इससे पता चलता है कि संपीड़न द्रवीकरण पैदा करता है।
3. 31.1 डिग्री सेल्सियस पर, क्षैतिज भाग बस गायब हो गया जो बताता है कि गैस को. संपीड़न के तहत तरलीकृत किया जा सकता है।
4. इस तापमान से ऊपर यानी 32.5°C, 35.5°C और 48.1°C, क्षैतिज भाग गायब हो गया और गैस का व्यवहार एक आदर्श गैस के समान हो गया।
5. $CO_2$, को केवल दाब लगाकर द्रवित नहीं किया जा सकता बल्कि इसे एक निश्चित तापमान से नीचे ठंडा करके भी द्रवित किया जा सकता है। इस तापमान को 'महत्वपूर्ण तापमान' कहा जाता है। यह व्यवहार केवल $CO_2$ के लिए विशिष्ट नहीं है बल्कि यह सभी गैसों के लिए सामान्य है।

# 4 रासायनिक साम्य में मुक्त ऊर्जा का उपयोग

## इकाई विशिष्ट

यह इकाई इन विषयों पर चर्चा करती है: थर्मोडायनामिक कार्य: ऊर्जा, एन्ट्रापी और मुक्त ऊर्जा सेल क्षमता, नर्नस्ट समीकरण, ऑक्सीकरण में कमी और रासायनिक साम्य। जल रसायन, विद्युत रासायनिक जंग और एलिंघम आरेख

## भूमिका

ऊष्मागतिकी, ऊर्जा परिवर्तन और पदार्थ के संबंध से संबंधित है। प्राकृतिक घटना विभिन्न प्रकार की ऊर्जा, उसके रूपांतरण, उसके संचय आदि को, सीखने और देखने के लिए बड़ा कैनवास प्रदान करती है। इस इकाई में ऊष्मागतिकी कार्यों की अवधारणा, विद्युत रसायन। रासायनिक साम्य का उपयोग अम्ल और क्षार धातुकर्म और क्षरण को सहसंबद्ध किया गया है।

## पूर्व अपेक्षित ज्ञान

ऊष्मागतिकी और इलेक्ट्रो-रसायन विज्ञान का बुनियादी ज्ञान

## लर्निंग आउटकम्स

इस इकाई के पूर्ण अध्ययन करने के बाद, विद्यार्थी निम्न में सक्षम होंगे

| | |
|---|---|
| U4-O1: | एक अभिक्रिया की सहजता जानने के लिए ऊष्मागतिकी कार्यों की अवधारणा को लागू करें और देखे क्या यह ऊष्माक्षेपी है या ऊष्माशोषी है। |
| U4-O2: | दो आधे सेल से एक सेल डिज़ाइन करें और इसके सेल स्थिरांक की गणना करें |
| U4-O3: | रासायनिक साम्य के रूप में अम्ल और क्षार और घुलनशीलता के सिद्धांतों का विश्लेषण करें |
| U4-O4: | एलिंगहैम आरेखों के माध्यम से धातु विज्ञान और क्षरण में मुक्त ऊर्जा विचार लागू करें। |

## कोर्स आउटकम्स (COs) के साथ यूनिट आउटकम्स (UOs) का परस्पर संबंध

| आउटकम्स | कोर्स आउटकम्स (COs) के साथ अपेक्षित संबंध (1- कमजोर सहसंबंध; 2- मध्यम सहसंबंध; 3- मजबूत सहसंबंध) | | | | |
|---|---|---|---|---|---|
| | CO-1 | CO-2 | CO-3 | CO-4 | CO-5 |
| U4-O1 | | 3 | | | |
| U4-O2 | | 3 | | | |
| U4-O3 | | 3 | | | |
| U4-O4 | | 3 | | | |
| U4-O5 | | 3 | | | |

## 4.1 प्रस्तावना

रसायन विज्ञान की वह शाखा जो एक प्रणाली में ऊर्जा के विभिन्न रूपों के अंतर्संबंधों के अध्ययन से संबंधित है, ऊष्मागतिकी कहलाती है।

### थर्मोडायनामिक्स क्यों?

आइए कुछ रोज़मर्रा के अनुभवों के बारे में सोचें जो रासायनिक अभिक्रियाओं से संबंधित हैं –

- अंडे को भूनना एक अनुत्क्रमणीय अभिक्रिया का उदाहरण है।
- NaCl क्यों घुलता है? क्या यह गर्मी देता है? क्या इसे ऊर्जा की आवश्यकता है?
- यह कैसे है कि हीरा, C का एक उच्च दबाव वाला रूप, पृथ्वी की सतह पर कम दबाव के रूप, ग्रेफाइट के साथ सह-अस्तित्व में हो सकता है?
- बर्फ का पिघलना और फिर से जमना दर्शाता है कि तापमान के कारण $H_2O$ के दो चरण होते हैं।

रासायनिक उष्मागतिकी हमें इन और अन्य सवालों के जवाब देने का एक साधन प्रदान करती है।

## 4.2 मुक्त ऊर्जा (ΔG)

मुक्त ऊर्जा में ऊर्जा के आयाम होते हैं, और इसका मूल्य प्रणाली की स्थिति से निर्धारित होता है, न कि इसके इतिहास से। मुक्त ऊर्जा का उपयोग यह निर्धारित करने के लिए किया जाता है, कि सिस्टम कैसे बदलते हैं ? और वे कितना काम कर सकते हैं? इसे दो रूपों में व्यक्त किया जाता है:

1. हेल्महोल्ट्ज़ मुक्त ऊर्जा या कार्य कार्य (Helmholtz free energy or work function) F
2. गिब्स मुक्त ऊर्जा (Gibbs free energy) G.

यदि U एक प्रणाली की आंतरिक ऊर्जा है, और TS तापमान-एन्ट्रॉपी उत्पाद (T परम शून्य से ऊपर का तापमान है), तो

$$F = U - TS$$

$$G = H - TS \qquad ...(4.1)$$

अभिक्रिया की गिब्स मुक्त ऊर्जा (ΔG) ऊष्मागतिकी ड्राइविंग बल का एक उपाय है, जो अभिक्रिया उत्पन्न करती है। **ΔG के लिए एक ऋणात्मक मान इंगित करता है कि, एक अभिक्रिया बाहरी इनपुट के बिना स्वतःस्फूर्त आगे बढ़ सकती है, जबकि एक धनात्मक मान इंगित करता है कि अभिक्रिया गैर-सहज है । मुक्त ऊर्जा एक व्यापक गुण है।** मुक्त ऊर्जा में परिवर्तन, F या ΔG, सहज परिवर्तन की दिशा निर्धारित करने और अधिकतम कार्य का मूल्यांकन करने में उपयोगी होते हैं।

ΔG, $T > 273.16$ K के लिए ऋणात्मक है, यह दर्शाता है कि स्वतः परिवर्तन की दिशा बर्फ से पानी की ओर है।

ΔG $T < 273.16$ K के लिए धनात्मक है, जहाँ हिमीकरण की विपरीत अभिक्रिया होती है।

### 4.2.1 एन्थैल्पी (ΔH)

**एन्थैल्पी (ΔH) वास्तविक ऊर्जा का एक माप है, जो अभिक्रिया होने पर मुक्त होती है** (अभिक्रिया की गर्मी)। यदि यह ऋणात्मक है, तो अभिक्रिया से ऊर्जा निकलती है; जबकि अगर यह धनात्मक है, तो अभिक्रिया के लिए ऊर्जा की आवश्यकता होती है। यह ऊर्जा का एक और माप है जिसे एन्थैल्पी 'H' कहा जाता है, जो क्रिस्टल की तापीय ऊर्जा का एक प्रकार का माप है। जैसा कि हम नीचे देखेंगे,

$$dH = dQ + VdP \qquad ...(4.2)$$

dH का चिन्ह (–) ऋणात्मक होता है, जब रासायनिक अभिक्रिया के दौरान ऊष्मा अवशोषित होती है। और, जब ऊष्मा निकलती है, तो dH का (+) चिन्ह धनात्मक होता है।

### 4.2.2 एन्ट्रॉपी ($\Delta S$)

गैसों के मिश्रण या पानी में डाई के फैलने के बारे में ध्यान से देखें। ऐसा क्या है जो इन अभिक्रियाओं को स्वतःस्फूर्त रूप से आगे बढ़ने का कारण बनता है, भले ही ऊष्मा परिवर्तन शून्य या एंडोथर्मिक हो? जिसका **उत्तर एन्ट्रॉपी S है, जो व्यवस्थित या अव्यवस्थित, अवस्था है।**

**एन्ट्रापी ($\Delta S$) अभिकारकों की तुलना में उत्पादों में अव्यवस्थित अवस्था की संभावनाओं में परिवर्तन का एक उपाय है।** उदाहरण के लिए, यदि एक ठोस (एक आदेशित अवस्था) एक गैस (एक अत्यधिक अव्यवस्थित अवस्था) बनाने के लिए एक तरल (कुछ हद तक कम व्यवस्थित अवस्था) के साथ अभिक्रिया करता है, तो अभिक्रिया के लिए एन्ट्रापी में आम तौर पर एक बड़ा धनात्मक परिवर्तन होता है।

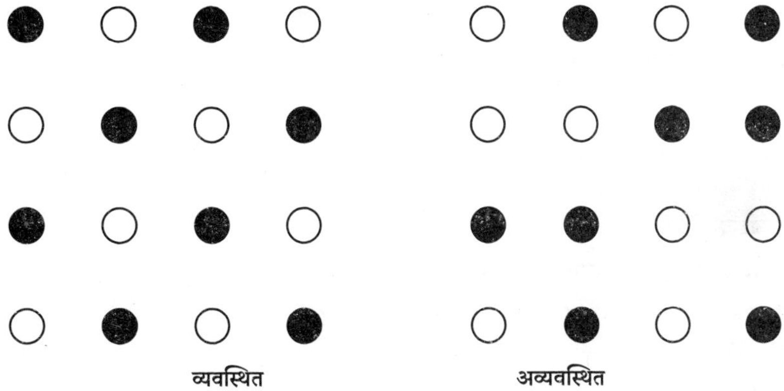


*चित्र 4.1: एन्ट्रापी, यादृच्छिकता की डिग्री*

अनुत्क्रमणीय(irreversible process) प्रक्रियाओं के दौरान एक प्रणाली की एन्ट्रापी हमेशा बढ़ती है; यानी, **एक उत्क्रमणीय प्रक्रिया(reversible process) के लिए, $dS = 0$, जबकि अनुत्क्रमणीय प्रक्रियाओं के लिए $dS > 0$। यह ऊष्मागतिकी का दूसरा नियम है।**

एन्ट्रापी $\Delta S$ में परिवर्तन को किए गए परिवर्तन में अवशोषित कुल ऊष्मा के अनुपात के रूप में परिभाषित किया गया है, समतापी और उत्क्रमणीय और निरपेक्ष तापमान जिस पर ताप को अवशोषित किया गया था।

$$\Delta S = \frac{Q_{Rev}}{T} \quad ...(4.3)$$

एन्ट्रापी की इकाई $\Delta S$ एक व्यापक गुणधर्म है। इसलिए इसका मान पदार्थों की मात्रा पर निर्भर करता है। इसकी इकाई कैलोरी प्रति डिग्री प्रति मोल (Cal $deg^{-1}$ $mol^{-1}$) है।

**चक्रीय प्रक्रिया की एन्ट्रापी**– चक्रीय प्रक्रिया में एन्ट्रापी एक अवस्था फलन है, सिस्टम की एन्ट्रापी में कोई परिवर्तन नहीं होगा, इसलिए एन्ट्रापी में परिवर्तन होगा।

$$\Delta S = 0 \quad ...(4.4)$$

रुद्धोष्म परिवर्तन में रुद्धोष्म प्रक्रम में एन्ट्रापी परिवर्तन न तो तंत्र को दिया जाता है, और न ही तंत्र से बाहर निकाला जाता है। इसलिए $q = 0$, और प्रक्रिया के दौरान एन्ट्रापी में परिवर्तन, $\Delta S = 0$ होगा। इसे इस रूप में दर्शाया जाएगा।

$$\Delta S = \frac{q_{Rev}}{T} = \frac{q}{T} = 0 \quad ...(4.5)$$

ऐसी प्रक्रिया को **आइसो-एंट्रोपिक प्रक्रिया** के रूप में जाना जाता है।

## 4.3 तापमान, दबाव और आयतन में परिवर्तन के साथ एक आदर्श गैस का एन्ट्रॉपी परिवर्तन

एन्ट्रॉपी एक ऊष्मागतिकी गुण है, जो सिस्टम की स्थिति पर निर्भर करता है और इसलिए शुद्ध पदार्थ के लिए इसका मूल्य तीन स्वतंत्र राज्य चरों में से किन्हीं दो पर निर्भर करेगा, अर्थात दबाव, आयतन और तापमान। एन्ट्रापी परिवर्तनों पर दो शीर्षों के अंतर्गत विचार किया जाएगा:

(i) जब T और V को चर माना जाता है।

(ii) जब T और P को चर माना जाता है।

### 4.3.1 जब T और V चर हैं–

हमने व्यंजक द्वारा गैस की एन्ट्रॉपी में वृद्धि को एक अपरिमित परिवर्तन के लिए परिभाषित किया है,

एन्ट्रापी में परिवर्तन के लिए हमें व्यंजक प्राप्त होता है।

$$\Delta S = nC_v \ln \frac{T_2}{T_1} + nR \ln \frac{V_2}{V_1} \quad \ldots (4.6)$$

यहा पर,

R = गैस स्थिरांक,

$T_1$ = प्रारंभिक अवस्था में तापमान

$V_1$ = प्रारंभिक अवस्था में आयतन

$T_2$ = अंतिम अवस्था में तापमान

$V_2$ = अंतिम अवस्था में आयतन,

उपरोक्त समीकरण में, समीकरण के दाहिने हाथ का पहला पद स्थिर आयतन पर तापमान परिवर्तन पर एक आदर्श गैस के n मोल की एन्ट्रापी में परिवर्तन देता है, और दूसरा पद स्थिर तापमान पर आयतन परिवर्तन के कारण $\Delta S$ देता है। इस प्रकार, यह स्पष्ट है कि एक आदर्श गैस की अवस्था में परिवर्तन के लिए एन्ट्रापी परिवर्तन प्रारंभिक और अंतिम तापमान के साथ-साथ सिस्टम के प्रारंभिक और अंतिम आयतन पर स्वतंत्र है। लघुगणक को आधार 10 में बदलने पर, समीकरण होगा।

$$\Delta S = 2.303n\, C_v \log \frac{T_2}{T_1} + nR\, 2.303 \log \frac{V_2}{V_1} \quad \ldots (4.7)$$

### 4.3.2 जब T और P को चर माना जाता है–

मान लीजिए $P_1$ दाब है और $V_1$ प्रारंभिक अवस्था में आयतन है और अंतिम अवस्था में $P_2$ दाब है और $V_2$ आयतन है, तब हमें एन्ट्रापी में परिवर्तन के लिए व्यंजक प्राप्त होता है।

$$\Delta S = nC_p \ln \frac{T_2}{T_1} + nR \ln \frac{P_1}{P_2} \quad \ldots (4.8)$$

यहा पर,

R = गैस स्थिरांक,

$T_1$ = प्रारंभिक अवस्था में तापमान

$P_1$ = प्रारंभिक अवस्था में दबाव

$T_2$ = अंतिम अवस्था में तापमान

$P_2$ = अंतिम अवस्था में दबाव

$$\Delta S = nC_p\, 2.303 \log \frac{T_2}{T_1} + nR\, 2.303 \log \frac{P_1}{P_2} \quad \text{... (4.9)}$$

समीकरण का पहला पद स्थिर दाब पर तापमान में परिवर्तन के कारण एक आदर्श गैस के n मोल द्वारा प्रभावित एन्ट्रापी में परिवर्तन देता है, जबकि दूसरा पद तापमान स्थिर रखने पर दबाव में भिन्नता के कारण एन्ट्रापी परिवर्तन देता है।

इस प्रकार एक आदर्श गैस की अवस्थाओं के परिवर्तन के लिए एन्ट्रापी परिवर्तन प्रारंभिक और अंतिम तापमान के साथ-साथ सिस्टम के प्रारंभिक और अंतिम दबाव पर निर्भर करता है।

## 4.4 गिब्स मुक्त ऊर्जा ($\Delta G$)

गिब्स मुक्त ऊर्जा G ऊष्मागतिकी क्षमता है। ऊर्जा के दो माप (एंथैल्पी H और एन्ट्रोपिक ऊर्जा TS), को गिब्स मुक्त ऊर्जा समीकरण में एक साथ लाया जाता है: (रासायनिक क्षमता एक घटक के बराबर है) इसे और अधिक समझने योग्य तरीके से लिखा जा सकता है।

$$G = H - TS \quad \text{...(4.10)}$$

जो कहता है कि, G ऊष्मा ऊर्जा और एन्ट्रोपिक ऊर्जा के बीच का अंतर है।

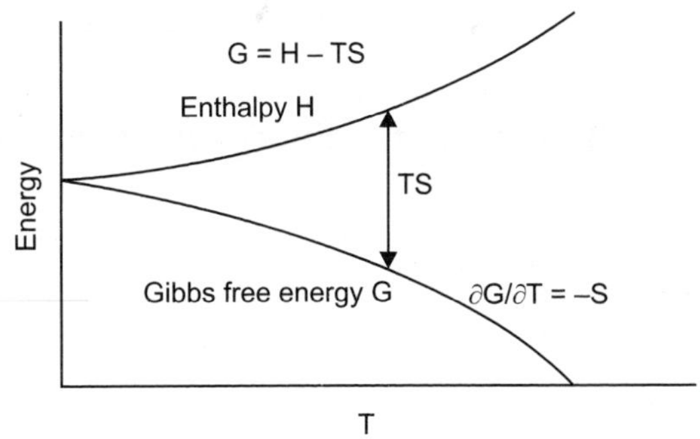


*चित्र 4.2: G, S और H के बीच संबंध*

### 4.4.1 G, S, और V के बीच संबंध

सभी के बीच के संबंध को इस प्रकार लिखा जा सकता है–

$$dG = VdP - SdT \quad \text{...(4.11)}$$

इसका मतलब है कि गिब्स मुक्त ऊर्जा में परिवर्तन एक चरण के आयतन और एन्ट्रापी पर दबाव और तापमान में परिवर्तन से उत्पन्न होते हैं।

इस रूप में लिखा जा सकता है–

$$dG = \frac{\partial G}{\partial P} dP - \frac{\partial G}{\partial T} dT \quad \text{...(4.12)}$$

जिसका मतलब है कि

$$\left(\frac{\partial G}{\partial P}\right)_T = V \quad \text{...(4.14)}$$

and

$$\left(\frac{\partial G}{\partial T}\right)_P = -S \quad \text{...(4.15)}$$

इन संबंधों से संकेत मिलता है कि दबाव के संबंध में गिब्स मुक्त ऊर्जा में परिवर्तन मोलर आयतन V है और गिब्स मुक्त ऊर्जा में परिवर्तन और तापमान के संबंध में एंट्रॉपी S से घटाव है।

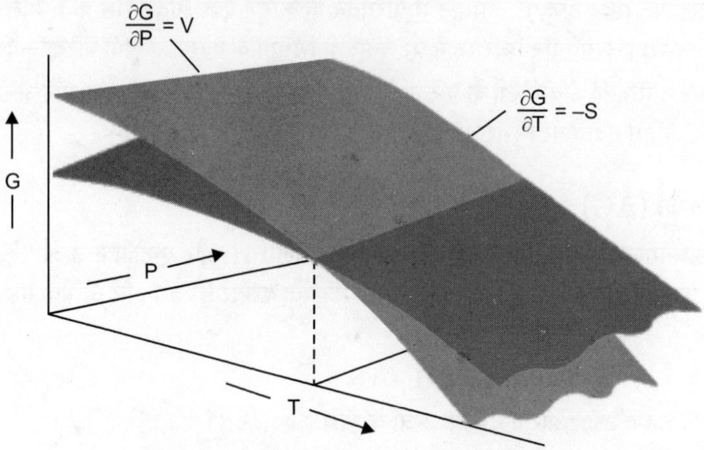


*चित्र 4.3: गिब्स मुक्त ऊर्जा, आयतन और एन्ट्रापी के बीच संबंध*

### 4.4.2 निर्माण की गिब्स मुक्त ऊर्जा (Gibbs Free Energy of Formation)

निर्माण की गिब्स मुक्त ऊर्जा $\Delta_f G^o$ है।

$$\Delta_f G^o = \Delta_f H^o - T\Delta_f S^o \qquad ...4.15$$

**दैनिक जीवन में उपयोग**

- एंट्रोपी का वास्तविक जीवन में उदाहरण है भोजन का सेवन, प्रकाश संश्लेषण, ये सभी एन्ट्रापी में कमी के उदाहरण हैं।
- बर्फ का पिघलना, नमक या चीनी का घुलना, पॉपकॉर्न का बनाना और चाय के लिए पानी उबालना, हमारी रसोई में बढ़ती एन्ट्रापी की प्रक्रिया है।
- कैम्प फायर एन्ट्रापी का एक उदाहरण है। ठोस लकड़ी जलती है और राख, धुआं और गैस बन जाती है, ये सभी ठोस ईंधन की तुलना में अधिक आसानी से ऊर्जा को बाहर की ओर फैलाते हैं।

## 4.5 सेल विभव

सेल विभव, $E_{cell}$, एक विद्युत रासायनिक सेल में दो आधे सेल के बीच संभावित अंतर का माप है। संभावित अंतर एक आधे सेल से दूसरे सेल में इलेक्ट्रॉनों के प्रवाह की क्षमता के कारण होता है। इलेक्ट्रॉन, इलेक्ट्रोड के बीच गति करने में सक्षम हैं, क्योंकि रासायनिक अभिक्रिया एक रेडॉक्स अभिक्रिया है। ऑक्सीकरण के दौरान, पदार्थ एक या अधिक इलेक्ट्रॉनों को खो देता है, और इस प्रकार धनात्मक रूप से चार्ज हो जाता है। इसके विपरीत, कमी के दौरान, पदार्थ इलेक्ट्रॉनों को प्राप्त करता है और नकारात्मक रूप से चार्ज हो जाता है। यह सेल क्षमता के मापन से संबंधित है। सेल पोटेंशिअल ($E_{cell}$) को वोल्टेज (V) में मापा जाता है, जो हमें सेल पोटेंशिअल को एक निश्चित मान देने की अनुमति देता है।

### 4.5.1 वैद्युत रासायनिक सेल

एक वैद्युत रासायनिक सेल में दो आधे सेल होते हैं। एक आधे सेल में, एक धातु इलेक्ट्रोड का ऑक्सीकरण होता है, और दूसरे आधे सेल में, अपचयन से धातु आयनों की कमी होती है। आधा सेल अनिवार्य रूप से एक ही धातु आयनों के जलीय विलयन में डूबे हुए

एक निश्चित धातु के धातु इलेक्ट्रोड से बना होता है। प्रथम आधे सेल को, एनोड के रूप में चिह्नित किया जाएगा। जहां इलेक्ट्रोड में परमाणुओं में धातु ऑक्सीकृत हो जाती है और जलीय विलयन में अन्य धातु आयनों से जुड़ जाती है। इसका एक उदाहरण कॉपर इलेक्ट्रोड होगा, जिसमें, इलेक्ट्रोड में Cu परमाणु दो इलेक्ट्रॉनों को खो देता है और $Cu^{2+}$ बन जाता है।

**वैद्युत रासायनिक सेल के घटक:** एक विशिष्ट वैद्युत रासायनिक सेल में निम्नलिखित घटक होते हैं–

- दो आधा सेल
- दो धातु इलेक्ट्रोड
- एक वोल्टमीटर
- एक लवण सेतु
- प्रत्येक अर्ध सेल के लिए दो जलीय विलयन

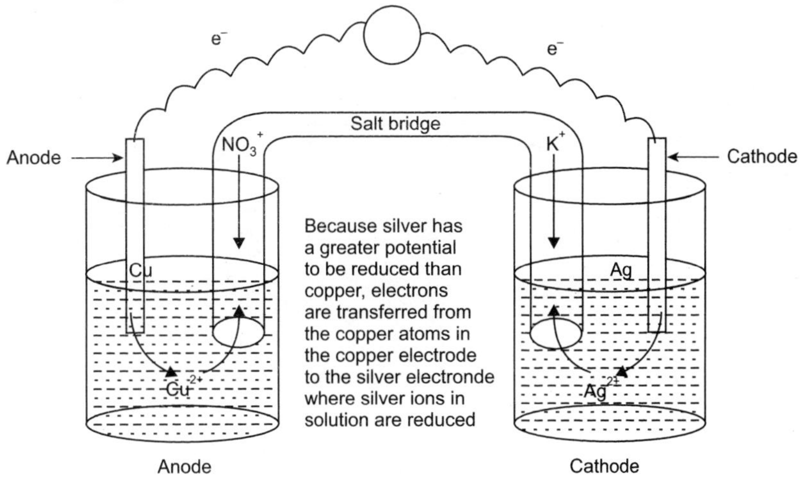


*चित्र 4.4: विद्युत-रासायनिक सेल*

## 4.5.2 सेल आरेख को इस प्रकार लिखा जा सकता है:

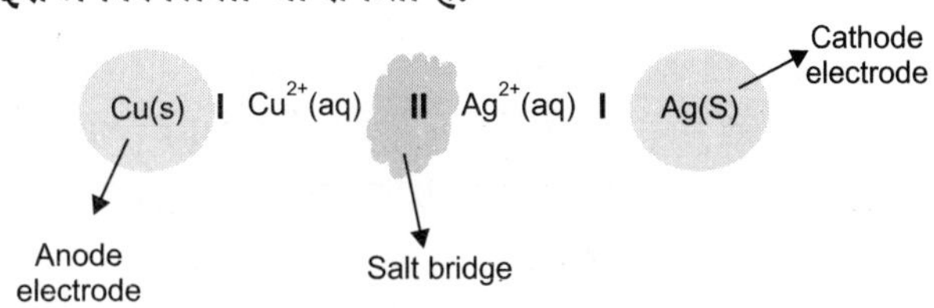


*चित्र 4.5: सेल का समीकरण*

- सेल आरेख वैद्युत रासायनिक सेल में समग्र अभिक्रिया का प्रतिनिधित्व करता है।
- सेल आरेख में एनोड हाफ सेल हमेशा आरेख के बाईं ओर लिखा जाता है, और कैथोड में हाफ सेल हमेशा आरेख के दाईं ओर लिखा जाता है।
- एनोड और कैथोड दोनों को दो लंबवत रेखाओं (ll) द्वारा अलग किया जाता है जैसा कि चित्र में दिखाया गया है।
- एनोड और कैथोड विलयन दोनों के इलेक्ट्रोड को एक ही ऊर्ध्वाधर रेखा (l) द्वारा अलग किया जाता है।
- जब जलीय विलयन में अधिक रसायन शामिल होते हैं, तो उन्हें अल्पविराम और फिर रसायन जोड़कर आरेख में जोड़ा जाता है।

- उदाहरण के लिए, ऊपर की आरेख में, यदि तांबे को अकेले ऑक्सीकृत नहीं किया जा रहा था, और K जैसा कोई अन्य रसायन शामिल था, तो आप इसे आरेख में (Cu, K) के रूप में निरूपित करेंगे। सेल आरेख में यह देखना आसान बनाता है कि क्या ऑक्सीकरण किया जा रहा है और क्या अपचयन हो रहा है। ये वे अभिक्रियाएं हैं, जो सेल विभव का निर्माण करती हैं।

## 4.6 मानक सेल विभव

मानक सेल विभव ($E^o_{cell}$) दो इलेक्ट्रोड का अंतर है, जो सेल में उसके वोल्टेज का निर्माण करता है। दो अर्ध सेल का अंतर ज्ञात करने के लिए, निम्नलिखित समीकरण का उपयोग किया जाता है:

$$E^o_{Cell} = E^o_{Red,\ Cathode} - E^o_{Oxd,\ Anode} \quad ...(4.16)$$

साथ में,

- $E^o_{Cell}$ मानक सेल क्षमता है (1M, 1 Barr और 298°K में)।
- $E^o_{Red}$, कैथोड, कैथोड पर होने वाली मानक अपचयन विभव अभिक्रिया की आधी क्रिया के लिए मानक अपचयन विभव है।
- $E^o_{Oxd}$, एनोड, एनोड पर होने वाली मानक ऑक्सीकरण विभव अभिक्रिया की आधी क्रिया के लिए मानक ऑक्सीकरण विभव है।

क्षमता की इकाइयों को वोल्ट (V) में मापा जाता है। ध्यान दें कि इस समीकरण को अंतर के बजाय योग के रूप में भी लिखा जा सकता है।

$$E^o_{Cell} = E^o_{Red,\ Cathode} + E^o_{Oxd,\ Anode} \quad ...(4.17)$$

### 4.6.1 मानक सेल विभव के उदाहरण

कॉपर और सिल्वर सेल आरेख।

रेडॉक्स समीकरण के ऑक्सीकरण का आधा सेल है:

$$Cu(s) \rightarrow Cu^{2+}(aq) + 2e^- \; E^o_{Ox} = -0.340 \text{ V}$$

रेडॉक्स समीकरण के अपचयन का आधा सेल है:

$$(Ag^+ + e^- \rightarrow Ag(s)) \times 2 \; E^o_{Red} = 0.800 \text{ V} \quad ...(4.18)$$

जहां, हमने इलेक्ट्रॉन गणना को संतुलित करने के लिए अपचयन रासायनिक समीकरण को दो से गुणा किया है लेकिन हमने $E^o_{Red}$ को दोगुना नहीं किया है, क्योंकि E° मान वोल्टेज की इकाइयों में दिए गए हैं। वोल्टेज प्रति चार्ज ऊर्जा है, लेकिन प्रति अभिक्रिया ऊर्जा नहीं है। रासायनिक समीकरणों को सारांशित करके भी लिखा जा सकता है:

$$Cu(s) + 2Ag^+ \rightarrow Cu^{2+}(aq) + 2Ag(s)$$

यहां अर्ध-कोशिका अभिक्रियाओं की संभावनाओं को अभिव्यक्त किया जा सकता है

$$E^o_{Cell} = E^o_{Red,\ Cathode} + E^o_{Ox,\ Anode}$$
$$E^o_{Cell} = 0.800 \text{ V} + (-0.340 \text{ V})$$
$$E^o_{Cell} = 0.460\text{V}$$

यह पता लगाने के लिए कि इस सेल की मानक सेल क्षमता 0.460 V है।

### 4.6.2 सेल क्षमता की गणना

एक मानक जिंक इलेक्ट्रोड और एक मानक कॉपर इलेक्ट्रोड से निर्मित वोल्टाइक सेल की शुद्ध अभिक्रिया दो अर्ध-अभिक्रियाओं को

एक साथ जोड़कर प्राप्त किया जाता है:

| | | |
|---|---|---|
| ऑक्सीकरण | $Zn(s) \longrightarrow Zn^{2+}(aq) + 2e^-$ | $E° = 0.763\ V$ |
| अपचयन | $2\ [1e^- + Ag^+(aq) \longrightarrow Ag\ (s)]$ | $E° = 0.337\ V$ |
| | | sum |
| नेट | $Zn(s) + 2\ Ag^+(aq) \longrightarrow 2\ Ag(s) + Zn^{2+}(aq)$ | $E° = 1.100\ V$ |

## 4.7 नर्नस्ट समीकरण (NERNST EQUATION)

विद्युतरसायन में, नर्नस्ट समीकरण एक समीकरण है, जो एक विद्युत रासायनिक अभिक्रिया (आधा-सेल या पूर्ण सेल अभिक्रिया) की अपचयन क्षमता को मानक इलेक्ट्रोड विभव, तापमान, और गतिविधियों (अक्सर सांद्रता द्वारा अनुमानित) से संबंधित रासायनिक क्रिया में अपचयन और ऑक्सीकरण से संबंधित है। यह विद्युतरसायन के क्षेत्र में सबसे महत्वपूर्ण समीकरण है। इसका नाम जर्मन भौतिक रसायनज्ञ, वाल्थर नर्नस्ट के नाम पर रखा गया है, जिन्होंने इसे पहली बार तैयार किया था।

एक अभिक्रिया मानक-अवस्था की स्थितियों में शुरू हो सकती है, लेकिन जैसे-जैसे अभिक्रिया आगे बढ़ती है, विलयन की सांद्रता बदलती जाती है, अभिक्रिया के पीछे की प्रेरक शक्ति कमजोर होती जाती है, और सेल क्षमता अंततः शून्य तक पहुंच जाती है। जब सेल विभव शून्य के बराबर होता है, तो अभिक्रिया साम्य पर होती है।

**नर्नस्ट समीकरण**– किसी अभिक्रिया के दौरान या किसी भी समय सेल क्षमता को खोजने के लिए मानक- अवस्था के अलावा अन्य शर्तें के लिए, नर्नस्ट समीकरण इस्तेमाल किया जा सकता है।

$$E = E^o - \frac{RT}{nF} \ln Q_c \qquad ...(4.19)$$

$E°$ = सेल विभव (V) विशिष्ट परिस्थितियों में

E = मानक-अवस्था की स्थितियों में सेल विभव

R = आदर्श गैस स्थिरांक = $8.314\ JK^{-1}mol^{-1}$

T = तापमान (केल्विन), जो आम तौर पर 25 डिग्री सेल्सियस (298 K) होता है

n = संतुलित समीकरण में स्थानांतरित इलेक्ट्रॉनों के मोल की संख्या

F = फैराडे स्थिरांक, इलेक्ट्रॉनों के एक मोल पर आवेश = $95,484.56\ C\ mol^{-1}$

lnQc = समय पर अभिक्रिया भागफल का प्राकृतिक लघुगणक

इस समीकरण का उपयोग इसकी मानक-अवस्था सेल विभव से किसी भी ऑक्सीकरण-अपचयन अभिक्रिया के लिए साम्य स्थिरांक की गणना के लिए किया जा सकता है।

Nernst Equation

## दैनिक जीवन में उपयोग

आइए जानते हैं, कि हमारे आज के जीवन में विद्युतरसायन का क्या महत्व हैं–

- सभी प्रकार की बैटरियां, जिनमें टॉर्च को बिजली देने से लेकर कैलकुलेटर तक, ऑटोमोबाइल से लेकर बिजली उत्पन्न करने तक के लिए हम रासायनिक अभिक्रियाओं पर निर्भर करते हैं।
- विद्युतरसायन का उपयोग वस्तुओं को सोने, क्रोमियम और जिंक जैसी सुरक्षात्मक और सजावटी धातुओं से कोट करने के लिए किया जाता है।
- नर्नस्ट समीकरण का व्यापक रूप से pH, घुलनशीलता उत्पाद, निरंतरता साम्य और अन्य ऊष्मागतिकी गुणों, पोटेंशियोमेट्रिक अनुमापन आदि की गणना में उपयोग किया जाता है।

## 4.8 अम्ल क्षार सिद्धांत

**अम्ल–** अम्ल को ऐसे पदार्थ के रूप में परिभाषित किया जाता है जिसके पानी के विलयन का स्वाद खट्टा होता है, नीले लिटमस को लाल कर देता है, क्षार को बेअसर कर सकता है और Zn, Mg, Na जैसी धातुओं के साथ व्यवहार करने पर हाइड्रोजन गैस बनता है। उदाहरण– HCl, $H_2SO_4$, $HNO_3$

**क्षार–** क्षार को ऐसे पदार्थ के रूप में परिभाषित किया जाता है जिसके पानी के विलयन का स्वाद कड़वा होता है, जो नीले लिटमस को लाल में बदल देता है, साबुन जैसा स्पर्श है, और एसिड को बेअसर कर सकता है।उदाहरण - NaOH, KOH, $NH_4OH$।

### 4.8.1 सीमाएं

- उपरोक्त परिभाषाएं अम्ल और क्षार के कुछ देखे गए गुणों, के आधार पर है।
- उपरोक्त परिभाषाएं, रासायनिक संरचना की व्याख्या करने में असमर्थ हैं, जो इस गुण के लिए जिम्मेदार हैं। इसलिए, कुछ संकल्पना आधारित परिभाषाओं की आवश्यकता है।

अम्ल-क्षार के बारे में तीन प्रमुख सिद्धांत हैं:

1. अरहेनियस सिद्धांत
2. ब्रोंस्टेड-लोरी सिद्धांत
3. लुईस सिद्धांत

### 4.8.2 अम्ल और क्षार का अरहेनियस सिद्धांत

**अम्ल-** अम्ल वे पदार्थ हैं जो विलयन में हाइड्रोजन आयन ($H^+$) उत्पन्न करते हैं।

**क्षार–** क्षार वे पदार्थ हैं जो विलयन में हाइड्रॉक्साइड आयन ($OH^-$) उत्पन्न करते हैं। न्यूट्रलाइजेशन इसलिए होता है क्योंकि हाइड्रोजन आयन और हाइड्रॉक्साइड आयन पानी बनाने के लिए अभिक्रिया करते हैं।

$$H^+_{(aq)} + OH^-_{(aq)} \longrightarrow H_2O_{(l)}$$

### 4.8.3 सिद्धांत की सीमाएं

- यह सिद्धांत केवल जलीय विलयनों पर लागू होता है और गैर-जलीय और गैसीय अभिक्रियाओं पर लागू नहीं होता है।
- यह केवल उन यौगिकों पर लागू होता है जिनमें अम्लों के लिए सूत्र HA या क्षारों के लिए BOH होता है।
- सिद्धांत अम्ल और क्षार की प्रकृति को तय करने में विलायक की भूमिका पर विचार नहीं करता है।

### 4.8.4 अम्ल और क्षार का ब्रोंस्टेड-लोरी सिद्धांत

1923 में, ब्रोंस्टेड और लोरी ने एसिड और बेस का एक और सिद्धांत प्रस्तावित किया जो अरहेनियस अवधारणा की तुलना में व्यापक रेंज के लिए लागू है। यह जलीय और गैर-जलीय समाधान दोनों के लिए लागू है।

**अम्ल** – अम्ल एक प्रोटॉन (हाइड्रोजन आयन) दाता होता है।

**क्षार** – एक आधार एक प्रोटॉन (हाइड्रोजन आयन) स्वीकर्ता है।

### 4.8.5 संयुग्मी जोड़े

जब हाइड्रोजन क्लोराइड पानी में घुल जाता है, तो हाइड्रोक्सोनियम आयन और क्लोराइड आयन बनाता है। हाइड्रोजन क्लोराइड एक मजबूत एसिड है, और इस तरह अभिक्रिया लिख सकता है:

$$H_2O + HCl \longrightarrow H_3O^+ + Cl^-$$

वास्तव में, HCl और पानी के बीच अभिक्रिया उत्क्रमणीय है, लेकिन केवल बहुत मामूली सीमा तक। सामान्यीकरण करने के लिए, एक एसिड HA पर विचार करें, और अभिक्रिया को उत्क्रमणीय होने के बारे में सोचें।

$$HA + H_2O \rightleftharpoons H_3O^+ + A^-$$

- HA एक एसिड है क्योंकि यह पानी को एक प्रोटॉन (हाइड्रोजन आयन) दान कर रहा है।
- पानी एक क्षार है क्योंकि यह HA से एक प्रोटॉन ग्रहण कर रहा है।

हाइड्रॉक्सोनियम आयन और $A^-$ आयन के बीच अभि क्रिया:

- $H_3O^+$ एक अम्ल है क्योंकि यह $A^-$ आयन को एक प्रोटॉन (हाइड्रोजन आयन) दान कर रहा है।
- $A^-$ आयन एक क्षार है क्योंकि यह $H_3O^+$ से एक प्रोटॉन ग्रहण कर रहा है।

उत्क्रमणीय अभिक्रिया में दो अम्ल और दो क्षार होते हैं। हम उनके बारे में जोड़ियों में सोचते हैं, जिन्हें **संयुग्मी युग्म** कहते हैं।

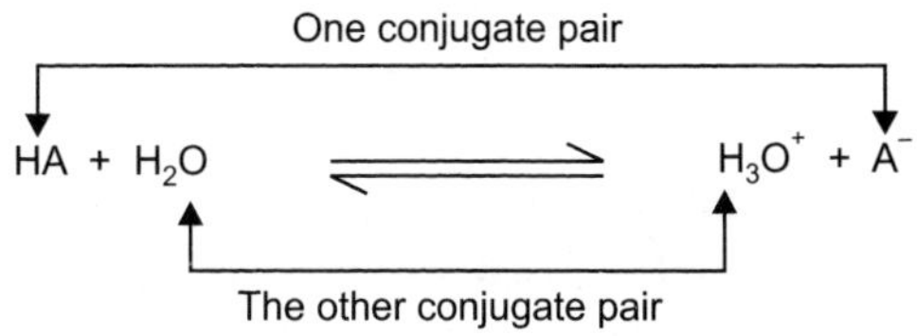


*चित्र 4.6: जल अणु में अम्ल और संयुग्म क्षार युग्मों को संयुग्मित करें*

**ब्रोंस्टेड लोरी सिद्धांत की सीमाएं**

- यह $SO_3$, $CO_2$, SO जैसे अम्लीय ऑक्साइड और CaO, BaO, MgO जैसे क्षारीय ऑक्साइड के बीच की अभिक्रियाओं की व्याख्या नहीं कर सकता है।
- गैर-प्रोटोनिक विलायकों जैसे $SO_2$, $N_2O_4$, $COCl_2$ और कई अन्य में होने वाली अभिक्रियाओं की व्याख्या नहीं कर सकता।

## 4.8.6 अम्ल और क्षार का लुईस सिद्धांत

1923 में लुईस ने इलेक्ट्रॉनों के लेन-देन पर आधारित एक सिद्धांत का सुझाव दिया।

**सिद्धांत**

**लुईस एसिड** – एक एसिड एक इलेक्ट्रॉन जोड़ी स्वीकर्ता है।

**लुईस बेस**: एक बेस एक इलेक्ट्रॉन जोड़ी दाता है।

**लुईस एसिड का वर्गीकरण**: लुईस अवधारणा के अनुसार एसिड को निम्नलिखित तरीके से वर्गीकृत किया जाता है:

1. **सरल धनायन** – धनायनों की शक्ति बढ़ जाती है–
   - आयन के आवेश में वृद्धि।
   - आयनिक त्रिज्या में कमी।
   - इलेक्ट्रॉनों के परिरक्षण में कमी

   कुछ धनायनों की लुईस अम्ल शक्ति का क्रम है

   $$Na^+ < Mg^{++} < Al^{+++} \; Cs^+ < K^+ < Na^+ < Li^+$$

2. अणु जिनके केंद्रीय परमाणु में अधूरा अष्टक होता है- Be, B और एल्युमिनियम के हैलाइड्स।

   **उदाहरण**– $BF_3$, $AlCl_3$, $BeCl_2$ आदि।

3. अणु जिनके केंद्रीय परमाणु में 'd' कक्षक रिक्त होता है।

   **उदाहरण**– $SiX_4$, $SnCl_4$, $GeX_4$, $TiCl_4$, $PX_3$, $PF_5$, $SF_4$ आदि।

4. विभिन्न वैद्युतीयऋणात्मकता वाले परमाणुओं के बीच बहुबंध वाले अणु।

**उदाहरण**– $SO_2$, $CO_2$

**लुईस बेस का वर्गीकरण** : लुईस की अवधारणा के अनुसार आधारों को निम्न प्रकार से वर्गीकृत किया गया है:

1. उदासीन अणु जिनके किसी भी परमाणु पर एकाकी इलेक्ट्रॉन युग्म होता है–

   **उदाहरण हैं**– $NH_3$, $RNH_2$, $R_2NH$, $R_3N$, $H_2O$, ROH, ROR
2. ऋणायन– आम तौर पर सभी धनायनों में इलेक्ट्रॉन का एक अकेला जोड़ा होता है जिसे वे लुईस अम्ल को दान कर सकते हैं। जैसे $Cl^-$, $Br^-$, $NH_2^-$, $SO_3^{2-}$, $NO_2^-$, $OR^-$ आदि।
3. एक अणु जिसमें द्वि बंध या π बंध $CH_2 = CH_2$ होता है।
4. हैलाइड्स– जो हैलोजन आयन दे सकते हैं, लुईस बेस के रूप में कार्य करते हैं, उदा। $XeF_2$, CsF, $XeF_4$, $XeF_6$, आदि।

## 4.9 ऑक्सीकरण और अपचयन

ऑक्सीकरण प्रक्रिया के दौरान भाग लेने वाली रासयानिक तत्त्व या आयनों की ऑक्सीकरण संख्या मूल तत्त्व या आयन की तुलना में बढ़ जाती है और अपचयन के दौरान ऑक्सीकरण संख्या भाग लेने वाली रासयानिक तत्त्व या आयनों की मूल संख्या से घट जाती है।

**ऑक्सीकरण अर्ध-अभिक्रिया:** इस अभिक्रिया में Zn से $Zn^{++}$ आयन का, दो इलेक्ट्रॉनों के नुकसान से ऑक्सीकरण शामिल है। Zn की ऑक्सीकरण संख्या 0 (शून्य) है, ऑक्सीकरण के बाद यह +2 हो जाती है।

$$Zn \rightarrow Zn^{++} + 2e^-$$

**अपचयन अर्ध-अभिक्रिया:** इस अभिक्रिया में दो इलेक्ट्रॉनों के लाभ द्वारा $Cu^{++}$ आयन का Cu में अपचयन शामिल है। $Cu^{++}$ की ऑक्सीकरण संख्या +2 है, कमी के बाद यह 0 (शून्य) हो जाती है।

$$Cu^{++} + 2e^- \rightarrow Cu$$

प्रत्येक पक्ष से दो इलेक्ट्रॉनों को रद्द करने के बाद पूर्ण अभिक्रिया के रूप में लिखा जा सकता है।

$$Zn + Cu^{++} \rightarrow Zn^{++} + Cu$$

ऑक्सीकरण और अपचयन प्रक्रिया को कई तरीकों से परिभाषित किया जा सकता है। उनमें से कुछ का उल्लेख नीचे किया गया है-

1. ऑक्सीजन हस्तांतरण के संदर्भ में ऑक्सीकरण और अपचयन

   परिभाषाएँ:

   - ऑक्सीकरण ऑक्सीजन का लाभ है।
   - अपचयन ऑक्सीजन की कमी है।

   उदाहरण के लिए, लोहे के निष्कर्षण में लोहे के अयस्क में से लोहे का अपचयन:

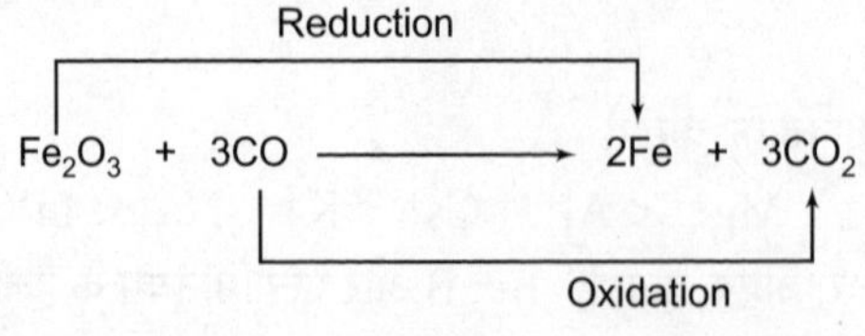


*चित्र 4.7: $Fe_2O_3$ और कार्बन मोनो-ऑक्साइड के बीच रेडॉक्स अभिक्रिया*

क्योंकि अपचयन और ऑक्सीकरण दोनों साथ-साथ चल रहे हैं, इसे रेडॉक्स अभिक्रिया कहते हैं।

### 4.9.1 ऑक्सीकरण और अपचयन करने वाले अभिकारक

ऑक्सीकारक वह पदार्थ है जो किसी अन्य वस्तु का ऑक्सीकरण करता है। उपरोक्त उदाहरण में, आयरन (III) ऑक्साइड ऑक्सीकरण अभिकारक है। एक अपचयन करने वाला अभिकारक कुछ और अपचयित करता है। समीकरण में, कार्बन मोनोऑक्साइड अपचयित करने वाला अभिकारक है। ऑक्सीकरण अभिकारक दूसरे पदार्थ को ऑक्सीजन देते हैं। अपचयन करने वाले अभिकारक दूसरे पदार्थ से ऑक्सीजन निकालते हैं।

**हाइड्रोजन स्थानांतरण के संदर्भ में ऑक्सीकरण और कमी**

ये पुरानी परिभाषाएँ हैं जिनका आजकल बहुत अधिक उपयोग नहीं किया जाता है।

**परिभाषाएं**

- ऑक्सीकरण हाइड्रोजन की हानि है।
- अपचयन हाइड्रोजन का लाभ है।

ध्यान दें कि ये ऑक्सीजन की परिभाषाओं के बिल्कुल विपरीत हैं।

उदाहरण के लिए, इथेनॉल को एथेनल में ऑक्सीकृत किया जा सकता है:

$$CH_3CH_2OH \rightarrow CH_3CHO$$

हाइड्रोजन के नुकसान से ऑक्सीकरण

इथेनॉल से हाइड्रोजन निकालने के लिए आपको एक ऑक्सीकरण अभिकारक का उपयोग करने की आवश्यकता होगी। आमतौर पर इस्तेमाल किया जाने वाला ऑक्सीकरण अभिकारक पोटेशियम डाइक्रोमेट (VI) विलयन है जो तनु सल्फ्यूरिक एसिड के साथ अम्लीकृत होता है। एथेनल को फिर से इथेनॉल में हाइड्रोजन जोड़कर अपचयित किया जा सकता है। एक संभावित अपचयन करने वाला अभिकारक सोडियम टेट्राहाइड्रिडोबोरेट, $NaBH_4$ है।

**ऑक्सीकरण और अपचयन करने वाले अभिकारको की एक और परिभाषा**– ऑक्सीकरण अभिकारक किसी अन्य पदार्थ को ऑक्सीजन देते हैं या उसमें से हाइड्रोजन निकालते हैं। अपचायक अभिकारक दूसरे पदार्थ से ऑक्सीजन निकालते हैं या उसे हाइड्रोजन देते हैं।

इलेक्ट्रॉन हस्तांतरण के संदर्भ में ऑक्सीकरण और अपचयन

यह आसानी से A' स्तर पर ऑक्सीकरण और अपचयन शब्दों का सबसे महत्वपूर्ण उपयोग है।

**परिभाषाएं**

- ऑक्सीकरण इलेक्ट्रॉनों की हानि है।
- अपचयन इलेक्ट्रॉनों का लाभ है।

यह आवश्यक है कि आप इन परिभाषाओं को याद रखें। ऐसा करने का एक बहुत ही आसान तरीका OIL और RIG है।

| OIL | RIG |
|---|---|
| Oxidation is Loss of electron | Reduction is Gain of electron |

आपको याद है, कि आप इलेक्ट्रॉन हस्तांतरण के बारे में बात कर रहे हैं– ऑक्सीकरण इलेक्ट्रॉन का नुकसान है अपचयन इलेक्ट्रॉन का लाभ है।

**हम संक्षेप में बता सकते हैं–**

- एक ऑक्सीकरण अभिकारक किसी और रासयानिक तत्त्व या आयन का ऑक्सीकरण करता है।

- ऑक्सीकरण इलेक्ट्रॉनों की हानि (OIL) है।
- इसका मतलब है कि एक ऑक्सीकरण अभिकारक किसी अन्य पदार्थ से इलेक्ट्रॉन लेता है।
- तो एक ऑक्सीकरण अभिकारक को उस इलेक्ट्रॉनों को प्राप्त करना चाहिए।

## 4.10 जल रसायन

जल का रासायनिक सूत्र $H_2O$ होता है। एक पानी के अणु में ऑक्सीजन का एक परमाणु होता है जो दो हाइड्रोजन के परमाणुओं से बंधा होता है। हाइड्रोजन परमाणु ऑक्सीजन परमाणु के एक तरफ "संलग्न" होते हैं, जिसके परिणामस्वरूप पानी के अणु में एक तरफ धनात्मक चार्ज होता, है जहां हाइड्रोजन परमाणु होते हैं और दूसरी तरफ एक ऋणात्मक चार्ज होता है, जहां ऑक्सीजन परमाणु होता है। चूंकि विपरीत विद्युत आवेश आकर्षित होते हैं, पानी के अणु एक दूसरे को आकर्षित करते हैं, जिससे पानी चिपकने वाला हो जाता है। हाइड्रोजन परमाणुओं वाला पक्ष (धनात्मक आवेश) एक भिन्न जल अणु के ऑक्सीजन पक्ष (ऋणात्मक आवेश) को आकर्षित करता है।

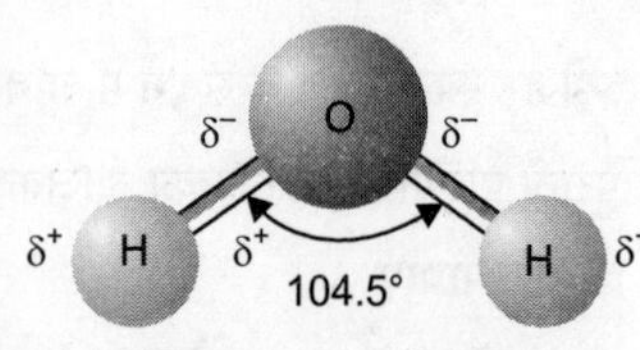

*चित्र 4.8: जल की संरचना*

### 4.10.1 कठोरता

पानी में घुले हुए कैल्शियम और मैग्नीशियम की मात्रा इसकी "कठोरता" निर्धारित करती है। पानी की कठोरता पूरे क्षेत्र में भिन्न होती है। जहां पानी अपेक्षाकृत कठोर होता है, वहां आप देख सकते हैं कि हाथ या कपड़े धोते समय झाग उठना मुश्किल होता है। और, आपके क्षेत्र के उद्योगों को अपने पानी को सॉफ़्ट करने के लिए पैसा खर्च करना पड़ सकता है, क्योंकि कठोर पानी उपकरण को नुकसान पहुंचा सकता है। कठोर जल कपड़ों और कपड़ों के जीवन को भी छोटा कर सकता है।

**जल की कठोरता**– वह जल जो साबुन से झाग उत्पन्न नहीं करता, कठोर जल कहलाता है। दूसरी ओर, साबुन की थोड़ी मात्रा में भी मिलाने पर सॉफ़्ट जल आसानी से बहुत अधिक झाग उत्पन्न करता है। कठोरता ज्यादातर Ca और Mg धातु आयनों की उपस्थिति के कारण होती है जो साबुन के साथ अभिक्रिया करते हैं और अवक्षेप बनाते हैं। कुछ प्रमुख उद्धरण $Mg^{++}$, $Ca^{++}$, $Al^{+++}$ और $Fe^{+++}$ हैं। कुछ महत्वपूर्ण ऋणायन हैं $HCO_3^-$, $NO_3^-$, $SO_3^-$ आदि।

कठोर जल के कारण बॉयलर की समस्याएँ उत्पन्न होती हैं जैसे स्केल बनना आदि। उदाहरण: कैल्शियम क्लोराइड और मैग्नीशियम सल्फेट के साथ साबुन (सोडियम स्टीयरेट) की अभिक्रिया निम्नानुसार है–

$$2\,C_{17}H_{35}COONa + CaCl_2 \longrightarrow (C_{17}H_{35}COO)_2Ca + 2\,NaCl$$

सोडियम स्टीयरेट कठोरता     कैल्शियम स्टीयरेट (स्कम)

$$2\,C_{17}H_{35}COONa + MgSO_4 \longrightarrow (C_{17}H_{35}COO)_2Mg + Na_2SO_4$$

सोडियम स्टीयरेट कठोरता     मैग्नीशियम स्टीयरेट (स्कम)

कठोरता की डिग्री के आधार पर पानी को व्यावसायिक रूप से निम्नानुसार वर्गीकृत किया जाता है–

| कठोरता | जल का नाम |
|---|---|
| 0-70 मिलीग्राम/लीटर | शीतल जल |
| 70-150 मिलीग्राम/लीटर | मध्यम कठोर जल |
| 150-300 मिलीग्राम/लीटर | कठोर जल |
| ३०० मिलीग्राम/लीटर और अधिक | बहुत कठोर पानी |

### 4.10.2 कठोरता के प्रकार

HARDNESS

(A) Temporary Hardness
or
Carbonate or Alkaline Hardness

(B) Permanent Hardness
or
Non Carbonate or Non alkaline Hardness

| (a) अस्थायी कठोरता | (b) स्थायी कठोरता |
|---|---|
| (i) यह कैल्शियम, मैग्नीशियम और अन्य भारी धातुओं के घुले हुए बाइकार्बोनेट की उपस्थिति के कारण होता है।<br>(ii) अस्थायी कठोरता के लिए उत्तरदायी लवण हैं– $Ca(HCO_3)_2$ तथा $Mg(HCO_3)_2$ | (i) यह कैल्शियम, मैग्नीशियम, लोहा और अन्य भारी धातुओं के घुलनशील क्लोराइड और सल्फेट की उपस्थिति के कारण होता है।<br>(ii) स्थायी कठोरता के लिए उत्तरदायी लवण हैं– $CaCl_2$, $MgCl_2$, $CaSO_4$, $FeSO_4$, $Al_2(SO_4)_3$ |
| (iii) इसे पानी को साधारण उबालने से हटाया जा सकता है।<br>(iv) बाइकार्बोनेट विघटित हो जाते हैं, और अघुलनशील कार्बोनेट या हाइड्रॉक्साइड में परिवर्तित हो जाते हैं, जो बर्तन के तल पर अवक्षेपित और जम जाते हैं। | (iii) इसे पानी को साधारण उबालने के द्वारा हटाया नहीं जा सकता।<br>(iv) इसे गैर-कार्बोनेट या गैर-क्षारीय कठोरता के रूप में भी जाना जाता है। |

पानी की कठोरता को कैल्शियम कार्बोनेट ($CaCO_3$) के बराबर या तुल्यांक के रूप में व्यक्त किया जाता है।

### 4.10.3 $CaCO_3$ को मानक के रूप में चुनने का कारण है–

$CaCO_3$ का आणविक भार ठीक 100 है, इसलिए गणना में आसानी होती है। दूसरे यह सबसे अघुलनशील नमक बनाता है, जिसे जल उपचार में अवक्षेपित किया जा सकता है।

$$\text{कठोरता की डिग्री} = \frac{\text{कठोरता पैदा करने वाले पदार्थ का द्रव्यमान}}{\text{कठोरता पैदा करने वाले पदार्थ का रासायनिक तुल्यांक}} \times 50$$

अस्थायी कठोरता को उबालकर दूर किया जा सकता है, लेकिन स्थायी कठोरता को उबालकर दूर नहीं किया जा सकता है। इसे मृदु करने के तरीकों की आवश्यकता है। यह विधि हैं–

1. चूना-सोडा विधि
2. जिओलाइट विधि
3. आयन-विनिमय विधि

### ICT का उपयोग

http://chemcollective.org/chem/electrochem/step2_cell.php

## दैनिक जीवन में उपयोग

दैनिक जीवन में उपयोग होने वाले सामान्य अम्ल और क्षारक

| | नाम | उपयोग |
|---|---|---|
| अम्ल | HCl | मकई स्टार्च से ग्लूकोज का उत्पादन |
| | $H_2SO_4$ | उर्वरक, पेंट, रंग, रसायन, प्लास्टिक और सिंथेटिक फाइबर, कार बैटरी। |
| | $H_2CO_3$ | गैस से भरे हुए पेय में प्रयुक्त |
| | $HNO_3$ | उर्वरक, विस्फोटक जैसे टीएनटी, डाई और ड्रग्स का निर्माण |
| क्षार | NaOH | साबुन, कागज और रेयान जैसे सिंथेटिक फाइबर का उत्पादन |
| | $NH_4OH$ | उर्वरक जैसे अमोनियम फॉस्फेट और अमोनियम सल्फेट। |
| | $Ca(OH)_2$ | ब्लीचिंग पाउडर |

**जल की कठोरता**– कठोर जल से उद्योग पर प्रतिकूल प्रभाव पड़ता है–

- डाई और कपड़ा उद्योगों को साबुन की अत्यधिक मांग और कपड़े पर रंगों की उचित छाया प्रदान करने में समस्या का सामना करना पड़ता है।
- बॉयलर स्केल और स्लज की समस्या से बुरी तरह प्रभावित हैं जिससे वाष्प उत्पादन और ईंधन के अधिक उपयोग में दक्षता कम हो जाती है।
- समय के साथ- साथ, खनिज पाइप, फिक्स्चर और उपकरणों के अंदर जमने लगते हैं। इससे पानी का प्रवाह कम हो जाता है और कभी-कभी यह क्षरण लग जाता है जिससे प्लंबिंग के काम में छेद हो जाते हैं।
- कठोर पानी पीने से कोई गंभीर प्रतिकूल स्वास्थ्य समस्या नहीं होती है। हालांकि, कठोर पानी त्वचा को शुष्क बना सकता है और बालों की खोपड़ी में खुजली महसूस हो सकती है।

## 4.11 क्षरण या संक्षारण

किसी ठोस धातु के खराब होने (या नष्ट होने) की कोई भी प्रक्रिया और उसके सतह से शुरू होने वाले अवांछित रासायनिक या विद्युत रासायनिक हमले के परिणामस्वरूप होने वाली हानि को क्षरण कहा जाता है।

"क्षरण निष्कर्षण की एक विपरीत प्रक्रिया है"

नोबेल धातुओं (Pt, Au) को छोड़कर अधिकांश धातुएँ अपने ऑक्साइड, कार्बोनेट, सल्फाइड, क्लोराइड आदि के रूप में संयुक्त रूपों में मौजूद हैं। इस अवस्था में, अयस्क धातु के रूप में बहुत कम ऊर्जा होती है, इसलिए यह अवस्था ऊष्मागतिकी रूप से स्थिर अवस्था है। धातुकर्म संचालन के दौरान अयस्क को धातु में परिवर्तित किया जाता है। धातु विज्ञान के प्रत्येक चरण में ऊर्जा प्राप्त करके अयस्क श्रेष्ठ और ऊष्मागतिकी रूप से अस्थिर हो जाता है। निर्मित धातु ने अयस्क की तुलना में अधिक ऊर्जा प्राप्त की और अस्थिर हो गई, और फिर से स्थिर होने के लिए धातु का क्षरण होता है। अतः हम यह कह सकते है, की क्षरण निष्कर्षण की एक विपरीत प्रक्रिया है।

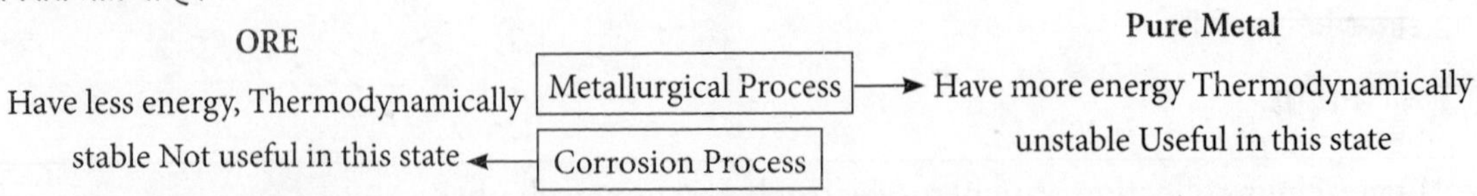


### 4.11.1 क्षरण के उदाहरण

- लौह धातु की सतह पर फेरिक हाइड्रॉक्साइड का बनना, फॉर्मूला है– $Fe_3O_4$
- कॉपर धातु की सतह पर बेसिक कॉपर कार्बोनेट $CuCO_3$. $H_2O$ की हरी परत का निर्माण।

- मोलिब्डेनम की सतह पर $MoO_3$ का बनना।

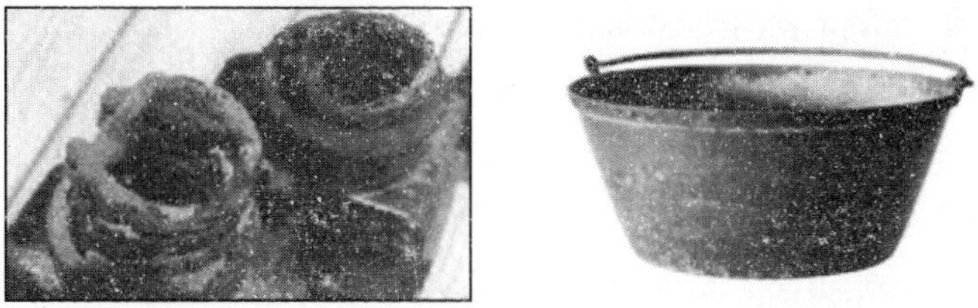

*चित्र 4.9: (a) लोहे में क्षरण लगना (काले और पीले रंग का रतुआ) (b) तांबे पर क्षरण लगना (हरी परत)*

### 4.11.2 नीचे दी गई तकनीकों का उपयोग करके क्षरण को रोका जा सकता है–

- उपयुक्त सामग्री का चयन।
- उत्पाद का डिज़ाइन।
- सुरक्षात्मक तरीके (कोटिंग, एनोड, आदि)
- सही स्थापना और रखरखाव।
- अनुसंधान, विकास और परीक्षण।

### 4.11.3 क्षरण के प्रकार

संक्षारण या क्षरण को दो प्रकारों में विभाजित किया जा सकता है–

1. **रासायनिक या शुष्क क्षरण:** रासायनिक क्षरण को ऑक्सीकरण के रूप में देखा जा सकता है और अक्सर उच्च तापमान पर शुष्क गैसों की क्रिया से होता है। उदाहरण– ऑक्सीकरण क्षरण।
2. **वैद्युत रासायनिक या गीला क्षरण:** दूसरी ओर वैद्युत रासायनिक क्षरण इलेक्ट्रोड अभिक्रियाओं से होती है, अक्सर आर्द्र वातावरण में, यानी गीला क्षरण। गीला क्षरण, क्षरण के बड़े क्षेत्र को कवर करता है। उदाहरण - गैल्वेनिक क्षरण, तनाव क्षरण, वाटरलाइन क्षरण, सांद्रता सेल क्षरण।

### 4.11.4 क्षरण दर को प्रभावित करने वाले पैरामीटर

धातुओं की क्षरण दर को प्रभावित करने वाले कुछ सबसे महत्वपूर्ण मापदंडों की रूपरेखा नीचे दी गई है।

1. **ऑक्सीकारक:** क्षरण प्रक्रिया एक एनोडिक अभिक्रिया और एक साथ होने वाली कैथोडिक अभिक्रिया पर सशर्त होती है। एनोडिक अभिक्रिया धातु को भंग कर देती है। कैथोडिक अभिक्रिया के लिए एक ऑक्सीकारक मौजूद होना चाहिए, और सबसे आम ऑक्सीकारक एजेंट घुलित ऑक्सीजन या हाइड्रोजन आयन हैं। यदि ऑक्सीकारक की उपलब्धता प्रतिबंधित है, तो क्षरण प्रक्रिया बाधित हो जाएगी या पूरी तरह से समाप्त हो जाएगी।
2. **इलेक्ट्रोलाइट की विद्युत चालकता:** क्षरण में विद्युत रासायनिक अभिक्रियाएं शामिल होती हैं, और इलेक्ट्रोलाइट की विद्युत चालकता में वृद्धि से क्षरण दर में वृद्धि होगी। समुद्र के पानी में क्लोराइड की मात्रा तेजी से चालकता में वृद्धि का कारण बनती है।
3. **तापमान:** तापमान में वृद्धि आम तौर पर क्षरण दर में वृद्धि का कारण बनती है। अंगूठे का एक नियम यह है कि तापमान में 10 डिग्री सेल्सियस की वृद्धि से क्षरण की दर दोगुनी हो जाएगी।
4. **सांद्रता:** एक बढ़ी हुई एकाग्रता सामान्य रूप से क्षरण की दर को अधिकतम स्तर तक बढ़ा देगी। इससे ऊपर उच्च सांद्रता उच्च क्षरण दर नहीं देगी। जैसे लगभग 1500 ppm से ऊपर क्लोराइड की सांद्रता क्षरण दर में वृद्धि नहीं करेगी।

## 4.12 एलिंगहैम आरेख – धातुकर्म के थर्मोडायनामिक्स

एलिंगम आरेख एक यौगिक के तापमान और स्थिरता के बीच संबंध को दर्शाता है।

यह मूल रूप से गिब्स एनर्जी फ्लो का ग्राफिकल प्रतिनिधित्व है।

यहाँ G को तापमान के संबंध में आलेखित किया जाता है।

वक्र का ढलान एन्ट्रापी है और अवरोधन थैलीपी का प्रतिनिधित्व करता है।

गिब्स समीकरण हमें सीधे एन्थैल्पी और एन्ट्रापी मूल्यों के आधार पर किसी अभिक्रिया की सहजता की भविष्यवाणी करने में मदद करता है।

चूंकि $\Delta H$ और $\Delta S$ अनिवार्य रूप से तापमान के साथ स्थिर होते हैं जब तक कि एक चरण परिवर्तन नहीं होता है, मुक्त ऊर्जा बनाम तापमान प्लॉट को सीधी रेखाओं की एक श्रृंखला के रूप में खींचा जा सकता है, जहां $\Delta S$ ढलान है और $\Delta H$ y-अवरोधन है।

अधिकांश धातु ऑक्साइड के लिए गठन की मुक्त ऊर्जा ऋणात्मक होती है, और इसलिए आरेख $\Delta G = 0$ आरेख के शीर्ष पर, के साथ खींचा जाता है और दिखाए गए $\Delta G$ के मान सभी ऋणात्मक संख्याएँ हैं।

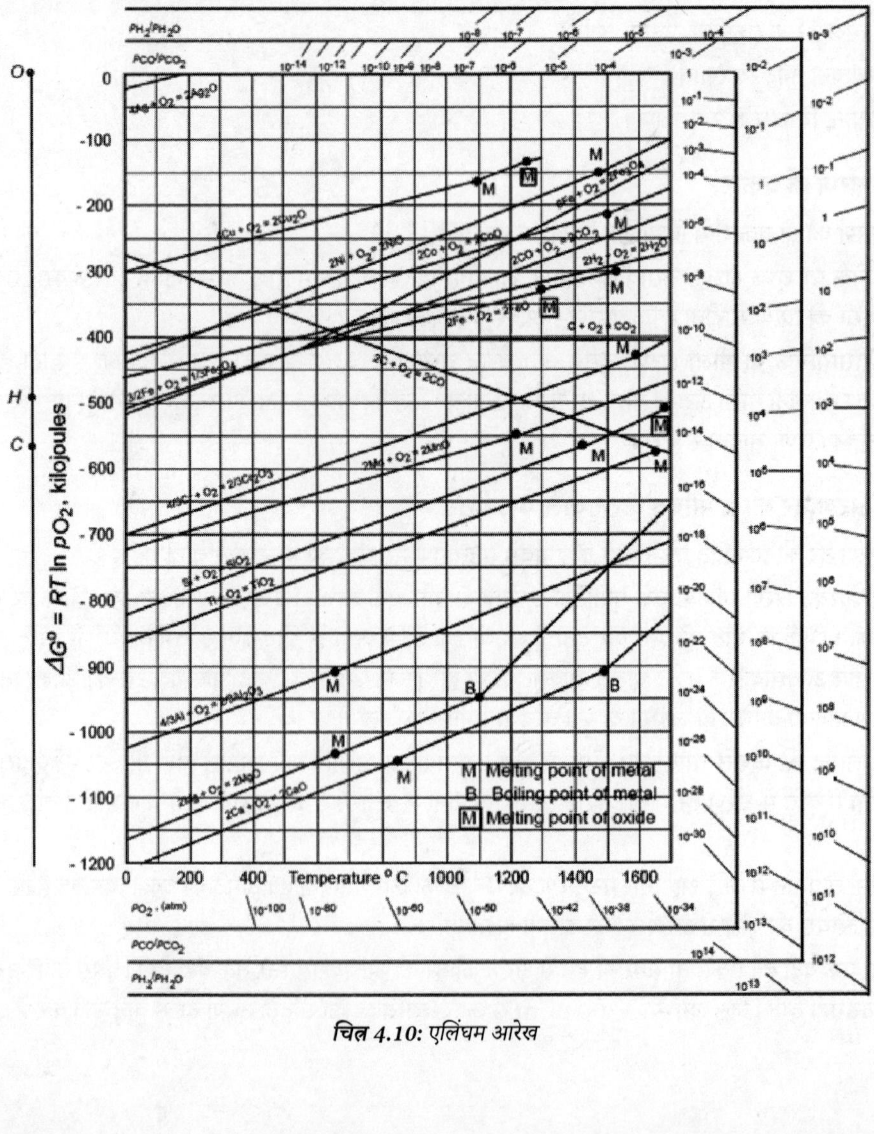

चित्र 4.10: एलिंघम आरेख

**एलिंघम आरेख के अनुप्रयोग**

धातु विज्ञान में, एलिंगहैम आरेख का उपयोग धातु, उसके ऑक्साइड और ऑक्सीजन के बीच साम्य तापमान की भविष्यवाणी करने के लिए किया जाता है।

- एलिंगहैम आरेख का उपयोग एक धातु के आक्साइड के दूसरे धातु द्वारा अपचयन की ऊष्मागतिकी व्यवहार्यता की भविष्यवाणी करने के लिए किया जाता है।
- किसी दिए गए तापमान पर धातु ऑक्साइड के साथ साम्य में ऑक्सीजन के आंशिक दबाव का निर्धारण।
- कार्बन मोनोऑक्साइड और कार्बन डाइऑक्साइड के अनुपात का निर्धारण जो किसी दिए गए तापमान पर ऑक्साइड को धातु में कम करने में सक्षम होगा।

## सारांश

- **मुक्त ऊर्जा ($\Delta G$):** मुक्त ऊर्जा में ऊर्जा के आयाम होते हैं, और इसका मूल्य प्रणाली की स्थिति से निर्धारित होता है, न कि इसके इतिहास से। इसे दो रूपों में व्यक्त किया जाता है:

  1. हेल्महोल्ट्ज़ मुक्त ऊर्जा या कार्य फलन F
  2. गिब्स मुक्त ऊर्जा G.

  $$G = H - TS$$

  $\Delta G$ $T > 273.16$ K के लिए ऋणात्मक है, यह दर्शाता है कि स्वतः परिवर्तन की दिशा बर्फ से पानी की ओर है।

  $\Delta G$ $T < 273.16$ K के लिए धनात्मक है, जहाँ हिमीकरण की विपरीत अभिक्रिया होती है।
- **एन्थैल्पी:** एन्थैल्पी ($\Delta H$) वास्तविक ऊर्जा का एक माप है जो अभिक्रिया होने पर मुक्त होती है (अभिक्रिया की ऊर्जा)। $dH = dQ + VdP, dU = dQ - PdV$
- **dH का चिन्ह:** जब रासायनिक अभिक्रिया के दौरान ऊष्मा अवशोषित होती है तो dH का धनात्मक चिन्ह होगा और जब ऊष्मा निकलती है, तो ऋणात्मक चिन्ह होगा।
- **एंट्रोपी ($\Delta S$):** एंट्रॉपी एस, जो आदेश या विकार का एक उपाय है। $\Delta S = Q_{Rev}/T$
- **रुद्धोष्म परिवर्तन में:** रुद्धोष्म प्रक्रम में एन्ट्रापी परिवर्तन न तो तंत्र को दिया जाता है और न ही तंत्र से बाहर निकाला जाता है। इसलिए, $q = 0$, और प्रक्रिया के दौरान एन्ट्रापी में परिवर्तन होगा।

  $$\Delta S = \frac{q_{Rev}}{T} = \frac{q}{T} = 0$$

  एन्ट्रापी में परिवर्तन–

  $$\Delta S = 2.303n\, C_v \log\frac{T_2}{T_1} + nR\, 2.303 \log\frac{V_2}{V_1}$$
- **गिब्स मुक्त ऊर्जा:** गिब्स मुक्त ऊर्जा G ऊष्मागतिकी क्षमता है। ऊर्जा के दो माप (एंथैल्पी H और एन्ट्रोपिक ऊर्जा TS) को गिब्स मुक्त ऊर्जा समीकरण में एक साथ लाया जाता है: (रासायनिक क्षमता एक घटक के बराबर है)। $G = H - TS$
- **G, S, और V के बीच संबंध** $dG = VdP - SdT$

  इसका मतलब है कि गिब्स मुक्त ऊर्जा में परिवर्तन एक चरण के आयतन और एन्ट्रापी पर दबाव और तापमान में परिवर्तन से उत्पन्न होते हैं।

- **सेल पोटेंशिअल:** सेल पोटेंशिअल, $E_{cell}$, एक वैद्युत रासायनिक सेल में दो हाफ सेल्स के बीच संभावित अंतर का माप है।
- **वैद्युत रासायनिक सेल के घटक:** दो आधे सेल, दो धातु इलेक्ट्रोड, एक वोल्टमीटर एक नमक पुल, प्रत्येक आधे सेल के लिए दो जलीय विलयन
- **स्टैंडर्ड सेल विभव:** स्टैंडर्ड सेल विभव ($E^o_{cell}$) दो इलेक्ट्रोड का अंतर है, जो उस सेल का वोल्टेज बनाता है। दो अर्ध सेल का अंतर ज्ञात करने के लिए, निम्नलिखित समीकरण का उपयोग किया जाता है: $E^o_{Cell} = E^o_{Red,\ Cathode} + E^o_{Oxd,\ Anode}$
- **नर्नस्ट समीकरण:** जब सेल की क्षमता शून्य के बराबर होती है, तो प्रतिक्रिया साम्य पर होती है।

$$E = E^o - \frac{RT}{nF} \ln Qc$$

- **अम्ल और क्षार के सिद्धांत**

**अरहेनियस थ्योरी एसिड**– एसिड ऐसे पदार्थ होते हैं जो विलयन में हाइड्रोजन आयन ($H^+$) पैदा करते हैं। **बेस**– बेस ऐसे पदार्थ होते हैं जो विलयन में हाइड्रॉक्साइड आयन ($OH^-$) पैदा करते हैं।

**ब्रोंस्टेड-लोरी थ्योरी-एसिड**– एक एसिड एक प्रोटॉन (हाइड्रोजन आयन) दाता है। **बेस**– बेस एक प्रोटॉन (हाइड्रोजन आयन) स्वीकर्ता है।

**लुईस सिद्धांत**– एक एसिड एक इलेक्ट्रॉन जोड़ी स्वीकर्ता है। एक आधार एक इलेक्ट्रॉन जोड़ी दाता है।

**ऑक्सीकरण और अपचयन**–

**ऑक्सीजन स्थानांतरण के संदर्भ में ऑक्सीकरण और कमी**– ऑक्सीकरण ऑक्सीजन का लाभ है। कमी ऑक्सीजन की कमी है।

**हाइड्रोजन स्थानांतरण के संदर्भ में ऑक्सीकरण और कमी**– ऑक्सीकरण हाइड्रोजन का नुकसान है। हाइड्रोजन का लाभ कम करना है।

इलेक्ट्रॉन स्थानांतरण के संदर्भ में ऑक्सीकरण और कमी ऑक्सीकरण इलेक्ट्रॉनों का नुकसान है। कमी इलेक्ट्रॉनों का लाभ है।

**जल की कठोरता**– वह जल जो साबुन से झाग नहीं बनाता, कठोर जल कहलाता है। कठोरता ज्यादातर Ca और Mg धातु आयनों की उपस्थिति के कारण होती है जो साबुन के साथ प्रतिक्रिया करते हैं और अवक्षेप बनाते हैं।

**कठोरता के प्रकार दो प्रकार के होते हैं**– (ए) अस्थायी कठोरता (बी) स्थायी कठोरता

**कठोरता को दूर करने की विधियाँ हैं**– लाइम-सोडा विधि, जिओलाइट विधि, आयन-विनिमय विधि

- **क्षरण**– किसी ठोस धातु के खराब होने (या नष्ट होने) की कोई भी प्रक्रिया और उसके पर्यावरण के अवांछित रासायनिक या विद्युत रासायनिक हमले के परिणामस्वरूप उसकी सतह से शुरू होने वाली हानि को क्षरण कहा जाता है। "क्षरण निष्कर्षण की एक विपरीत प्रक्रिया है"
- **एलिंगहैम आरेख**– धातुकर्म के थर्मोडायनामिक्स-एचजीटी एलिंगहैम ने विभिन्न धातु आक्साइडों की कमी की सहजता की भविष्यवाणी करने के लिए एलिंघम आरेख का प्रस्ताव दिया। आरेख मूल रूप से एक वक्र है जो तापमान के साथ गिब्स ऊर्जा मूल्य से संबंधित है।

## अभ्यास

### विषयात्मक प्रश्न

1. उपयुक्त अभिव्यक्ति के साथ नीचे उल्लिखित ऊष्मागतिकी अभिव्यक्ति को परिभाषित करें–

    (a) एन्ट्रापी (b) एन्थैल्पी (c) गिब्स मुक्त ऊर्जा

2. रुद्धोष्म और समतापीय प्रक्रिया में अंतर स्पष्ट कीजिए। दोनों प्रक्रमों पर एन्ट्रापी परिवर्तन के दौरान सूत्र लिखिए।
3. वैद्युत रासायनिक सेल कैसे काम करता है? मानक इलेक्ट्रोड विभव को विस्तार से समझाइए।
4. नर्नस्ट समीकरण लिखिए। इसका रासायनिक सूत्र दीजिए। दैनिक जीवन में नर्नस्ट समीकरण के महत्व की चर्चा कीजिए।
5. ऑक्सीकरण और अपचयन प्रक्रिया से आप क्या समझते हैं? दो ऑक्सीकारक तथा दो अपचायक के नाम पूरी जानकारी के साथ लिखिए।
6. जल की कठोरता को परिभाषित कीजिए, कठोर और मृदु जल में अंतर बताइए। कठोरता की मात्रा के लिए व्यंजक लिखिए।
7. संयुग्म अम्ल और क्षार क्या हैं? ब्रोंस्टेड एसिड की सापेक्ष ताकत कैसे हैं? संयुग्म युग्म से संबंधित क्षार को उदाहरण सहित स्पष्ट कीजिए।
8. लुईस अम्ल और क्षार से आप क्या समझते हैं? उदाहरण सहित वर्णन करें, वर्गीकृत करें और सीमाएं दें।
9. सॉल्वेंट सिस्टम अवधारणा अरहेनियस अवधारणा का व्यापक रूप है। उदाहरण सहित स्पष्ट कीजिए।
10. निम्नलिखित पर संक्षिप्त टिप्पणियाँ लिखिए।
    - विलायक प्रणाली की अवधारणा के आधार पर अम्ल क्षार सिद्धांत।
    - अरहेनियस परिकल्पना।
    - संयुग्मित अम्ल क्षार युग्म।
    - लक्स-द्रव अवधारणा।
11. ब्रोंस्टेड लोरी और लुईस द्वारा दी गई एसिड बेस अवधारणाओं के बीच अंतर लिखिए। दोनों अवधारणाओं की उपयोगिता और सीमा लिखिए।
12. निम्नलिखित की व्याख्या करें:
    - प्रबल अम्लों के संयुग्मी क्षार दुर्बल होते हैं
    - Mg (II) एक कमजोर क्षार है
    - $[COF_6]^{3-}$ $[CoI_6]^{3-}$ की तुलना में अधिक स्थिर है–
    - अम्ल शक्ति के बढ़ते क्रम में व्यवस्थित करें: $ClCH_2COOH$, $C_6H_5COOH$, HCl, $CH_3COOH$

## वस्तुनिष्ठ प्रश्न

1. निम्नलिखित में से किस एक मोल में उच्चतम एन्ट्रापी है?

   (a) तरल नाइट्रोजन　　(b) हाइड्रोजन गैस

   (c) Hg　　(d) हीरा　　[**उत्तर** (b)]

   **प्रतिक्रिया**– किसी पदार्थ की याद्दच्छिकता के माप को एन्ट्रापी कहते हैं। किसी पदार्थ के अणुओं की याद्दच्छिकता जितनी अधिक होगी, एन्ट्रापी उतनी ही अधिक होगी।

2. निम्नलिखित में से कौन प्रतिक्रिया के लिए सही है? $H_2O\ (l) \leftrightarrow H_2O\ (g)$ 100 डिग्री सेल्सियस और 1 एटीएम दबाव पर

   (a) $\Delta S = 0$　　(b) $\Delta H = T\Delta S$　　(c) $\Delta H = \Delta U$　　(d) $\Delta H = 0$　　[**उत्तर** (a)]

   **प्रतिक्रिया**– साम्य, इसलिए, $\Delta G = 0 = \Delta H - T\Delta S$, Or $T\Delta S = \Delta H$

3. कौन सा ऊष्मागतिकी फ़ंक्शन स्वचालित रूप से एथैलेपी और एन्ट्रॉपी दोनों के लिए होता है?

(a) हेल्महोल्ट्ज़ मुक्त ऊर्जा (A)    (b) आंतरिक ऊर्जा (E)

(c) कार्य फलन    (d) गिब्स मुक्त ऊर्जा    [उत्तर (d)]

**प्रतिक्रिया**– गिब्स मुक्त ऊर्जा एथैलेपी और एन्ट्रापी दोनों के प्रभाव को जोड़ती है। $\Delta G = \Delta H - T\Delta S$

4. निम्नलिखित में से कौन एक प्रकार का विद्युत रासायनिक सेल नहीं है?

(a) वोल्टाइक सेल    (b) फोटोवोल्टिक सेल

(c) इलेक्ट्रोलाइटिक सेल    (d) ईंधन सेल    [उत्तर (b)]

**प्रतिक्रिया**– प्रकाश ऊर्जा को विद्युत ऊर्जा में परिवर्तित करने के लिए फोटोवोल्टिक सेल का उपयोग किया जाता है। अन्य रासायनिक ऊर्जा को विद्युत ऊर्जा में परिवर्तित करते हैं।

5. जब हाइड्रोजन गैस इलेक्ट्रोड मानक तापमान और दबाव पर -0.22 V की क्षमता दिखाता है तो HCl विलयन का pH क्या होता है?

(a) 2.17    (b) 2.98

(c) 3.73    (d) 3.14    [उत्तर (c)]

**प्रतिक्रिया**– नर्नस्ट समीकरण को लागू करना, $E_{(H^+/H_2)} = E^o_{(H^+/H_2)} - 0.059 \log (1/[H^+])$

$E^o_{(H^+/H_2)} = 0$ हाइड्रोजन गैस इलेक्ट्रोड के लिए $-0.22 = 0.059 \log H^+$,

$-0.22 = -0.059pH$ $pH = 3.73$.

6. अम्ल धातुओं के साथ अभिक्रिया करने पर कौन सी गैस निकलती है?

(a) $O_2$    (b) $CO_2$    (c) $H_2$    (d) $N_2$    [उत्तर (c)]

**प्रतिक्रिया**– यह धातु का एक विशिष्ट गुण है।

7. निम्नलिखित में से कौन अम्लीय शक्ति का सही बढ़ता हुआ क्रम देता है?

(a) पानी < एसिटिक एसिड < हाइड्रोक्लोरिक एसिड    (b) पानी < हाइड्रोक्लोरिक एसिड < एसिटिक एसिड

(c) एसिटिक एसिड < पानी < हाइड्रोक्लोरिक एसिड    (d) हाइड्रोक्लोरिक एसिड < पानी < एसिटिक एसिड

**उत्तर** (a)

**प्रतिक्रिया**– $H_2O$ तटस्थ है, एसिटिक एसिड एक कमजोर एसिड है और HCl एक मजबूत एसिड है।

## प्रायोगिक कार्य

### प्रयोग - 1

(छात्र अनुलग्नक -4 में दिए गए टेम्पलेट के अनुसार प्रयोग को रिकॉर्ड करें)

**उद्देश्य:** पानी की क्लोराइड सामग्री का निर्धारण करें

**आवश्यकताएं:**

- **रसायन:** NaCl, $AgNO_3$, $K_2CrO_4$।
- **उपकरण:** अनुमापन फ्लास्क, शंक्वाकार फ्लास्क, ब्यूरेट।

**सिद्धांत:**

क्लोराइड आयनों को मोहर विधि द्वारा निर्धारित किया जा सकता है। जब सिल्वर नाइट्रेट के घोल को सोडियम क्लोराइड के घोल में मिलाया जाता है जिसमें संकेतक ($K_2CrO_4$) की कुछ बूंदें होती हैं, तो शुरू में सफेद सिल्वर क्लोराइड अवक्षेपित होता है। जिस क्षण सभी क्लोराइड आयन सिल्वर क्रोमेट के अवक्षेपित हो गए हैं। यह अंतिम बिंदु को इंगित करता है।

जैसे ही सभी क्लोराइड आयन अवक्षेपित हो जाते हैं, $Ag^+$ की थोड़ी सी भी अधिकता अघुलनशील सिल्वर क्रोमेट उत्पन्न करती है जो लाल रंग का होता है।

$$AgNO_3 + NaCl \longrightarrow AgCl + NaNO_3$$

$$2\,Ag^+ + CrO_4^{2-} \longrightarrow Ag_2CrO_4$$

**प्रायोगिक प्रक्रिया:**

(i) साफ और धुले हुए ब्यूरेट को अज्ञात $AgNO_3$ विलयन से भरें।

(ii) शंक्वाकार फ्लास्क में 5 mL NaCl विलयन पिपेट करें।

(iii) $K_2CrO_4$ संकेतक की 2-3 बूंदें डालें।

(iv) फ्लास्क को लगातार हिलाते हुए ब्यूरेट से $AgNO_3$ डालें। NaCl का सफेद अवक्षेप प्राप्त होता है। $AgNO_3$ के कुछ mL मिलाने के बाद फ्लास्क में एक लाल रंग दिखाई देता है लेकिन हिलने पर जल्दी गायब हो जाता है।

(v) एक स्थायी लाल भूरा रंग प्राप्त होने तक बूंद-बूंद करके जोड़ दिया जाता है। तीन समवर्ती रीडिंग लें।

**सावधानी:**

- आमतौर पर एक हवा का बुलबुला ब्यूरेट के नोजल में मौजूद होता है; प्रारंभिक रीडिंग लेने से पहले इसे हटा दिया जाना चाहिए।
- अनुमापन के दौरान ब्यूरेट से कोई रिसाव नहीं होना चाहिए।
- रंगहीन विलयन के मामले में हमेशा निचला मेनिस्कस और रंगीन विलयन के मामले में ऊपरी मेनिस्कस पढ़ें।

(प्रयोग करने के लिए सुरक्षा और पर्यावरण के अनुकूल दृष्टिकोण के लिए उपयोग किए जा रहे प्रत्येक रसायन के एमएसडीएस डेटा का संदर्भ लें।)

**अवलोकन और गणना:**

$$AgNO_3 \text{ का } N_1V_1 = NaCl\,.\text{ का } N_2V_2$$

$$N_1 = N_2V_2 / V_1$$

दिए गए $AgNO_3$ विलयन की सांद्रता = $N_1 \times AgNO_3$ . का तुल्यांकी भार

$$= N_1 \times 169.9 \text{ g/L}$$

**परिणाम:** दिए गए $AgNO_3$ विलयन की सांद्रता .................. g/L पाई गई।

चर्चा- सिद्धांत और वास्तविक जीवन/औद्योगिक अनुप्रयोगों के साथ सहसंबंध करते हुए प्रयोग, अवलोकन और परिणाम पर चर्चा की जानी चाहिए।

अधिक जानकारी के लिए क्यूआर कोड का उपयोग किया जा सकता है

Precipitation Titrations

Environmental Engineering

## प्रयोग -2

(छात्र अनुलग्नक-4 में दिए गए टेम्पलेट के अनुसार प्रयोग को रिकॉर्ड करें)

**उद्देश्य:** दो के बीच किसी पदार्थ के विभाजन गुणांक का निर्धारण अमिश्रणीय तरल पदार्थ।

**आवश्यकताएं:**

- रसायन: हाइपो विलयन (N/10 और N/100), $CCl_4$ में आयोडीन का संतृप्त विलयन स्टार्च सूचक विलयन.
- उपकरण: शेकर मशीन, लगभग 250 mL क्षमता की चार ग्लास-स्टॉपर अभिकर्मक बोतलें, अलग करने वाली कीप।

**सिद्धांत:**

आयोडीन खुद को दो मिश्रणीय विलायकों में पानी और कार्बन टेट्रा क्लोराइड के रूप में और इन दोनों विलायकों में समान आणविक अवस्था $I_2$ में वितरित करता है। यदि $C_1$ और $C_2$ एक दूसरे के संपर्क में पानी और कार्बन टेट्रा क्लोराइड परतों में आयोडीन की सांद्रता हैं और विषम संतुलन बनाते हैं, तो इन सांद्रता का अनुपात; यानी = $C_1/C_2$ = निश्चित तापमान पर स्थिर रहेगा।

गणितीय रूप से:

$$K = \text{वितरण या विभाजन गुणांक} = \frac{C_1}{C_2} = \frac{\text{पानी की परत में } I_2 \text{ की सांद्रता}}{CCl_4 \text{ परत में } I_2 \text{ की सांद्रता}}$$

**प्रायोगिक प्रक्रिया:**

1. साफ और सूखी डाट वाली अभिकर्मक बोतलें लें और उन्हें 1,2,3 और 4 के रूप में लेबल करें। विभिन्न कांच की बोतलों में 10,20,30 और 40 mL घोल भरें।
2. प्रत्येक बोतल में क्रमशः 40, 30, 20 और 10 mL $CCl_4$ मिलाएं। फिर प्रत्येक बोतल में 50 mL आसुत जल डालें।
3. इन बोतलों को बंद कर दें और प्रत्येक बोतल को लगभग 20 मिनट तक जोर - जोर से हिलाएं।
4. दो अलग-अलग परतों के स्पष्ट रूप से बनने तक खड़े रहने दें।
5. प्रत्येक बोतल की सामग्री को अलग से अलग करने वाले कीप में डालें और कार्बन टेट्रा क्लोराइड और प्रत्येक बोतल की पानी की परत को अलग-अलग बीकर में इकट्ठा करें।
6. अलग परतों से $CCl_4$ परत को पिपेट करें। लगभग 1 ग्राम KI, 5 बूंदें स्टार्च के घोल में मिलाएं और N/10 हाइपो घोल के खिलाफ अनुमापन करें।
7. नीले रंग का गायब होना अंतिम बिंदु को चिह्नित करता है। दो समवर्ती रीडिंग प्राप्त करने के लिए दोहराएं। इस प्रक्रिया को अन्य बोतलों की $CCl_4$ परत के साथ भी इसी तरह दोहराएं।
8. जलीय परत को अनुमापन फ्लास्क में पिपेट करें और चरण 7 में दिए गए अनुसार N/100 हाइपो विलयन के विरुद्ध अनुमापन करें।
9. अन्य बोतलों में क्रमशः ऊपरी और निचली परतों के लिए समान अनुमापन करें।

**सावधानी:**

1. रबर स्टॉपर का उपयोग न करें क्योंकि $CCl_4$ में आयोडीन का घोल इसके साथ प्रतिक्रिया कर सकता है।
2. अभिकर्मक बोतलों को अच्छी तरह से साफ और सुखाया जाना चाहिए।
3. हिलाव के दौरान स्टॉपर को ठीक से दबाकर रखा जाता है
4. बोतलों में सामग्री को हिलाने की प्रक्रिया के दौरान यदि कोई दबाव विकसित होता है, तो उसे मुक्त करने के लिए डाट को हिलाने के बाद ढीला करें।
5. हाइपो विलयनों में संकेतक के रूप में केवल ताजा स्टार्च विलयन का ही प्रयोग करें।

**अवलोकन और गणना:**

कमरे का तापमान = °C

प्रत्येक अनुमापन में प्रयुक्त जल परत का आयतन = mL

प्रत्येक अनुमापन में प्रयुक्त $CCl_4$ परत का आयतन = mL

| क्रमांक | आयोडीन का प्रतिशत (V/V) | अनुमापन जल के परत के साथ | | | | अनुमापन $CCl_4$ के परत के साथ | | | |
|---|---|---|---|---|---|---|---|---|---|
| | | प्रारंभिक पठन | अंतिम पठन | इस्तेमाल किया गया हाइपो सॉल्यूशन का आयतन $V_1$ mL | हाइपो सॉल्यूशन की नॉर्मलिटी | इनिशियल रीडिंग | फाइनल रीडिंग | इस्तेमाल किया गया हाइपो सॉल्यूशन का आयतन $V_1$ mL | हाइपो सॉल्यूशन की नॉर्मलिटी |
| 1. | 10% | | | | N/100 | | | | N/10 |
| 2. | 20% | | | | N/100 | | | | N/10 |
| 3. | 30% | | | | N/100 | | | | N/10 |
| 4. | 40% | | | | N/100 | | | | N/10 |

$$\text{जल परत की सांद्रता} = \frac{\text{पानी की परत के साथ प्रयुक्त हाइपो की सांद्रता} \times V_1}{\text{उपयोग की गई पानी की परत की मात्रा}} \text{ g eq । } L^{-1}$$

$$CCl_4 \text{ परत की सांद्रता} = \frac{CCl_4 \text{ की परत के साथ प्रयुक्त हाइपो की सांद्रता} \times V_2}{\text{उपयोग की गई } CCl_4 \text{ की परत की मात्रा}} \text{ g eq । } L^{-1}$$

**परिणाम:** पानी और कार्बन टेट्रा क्लोराइड के बीच आयोडीन का विभाजन गुणांक ............ °C है।

## प्रयोग-3

(छात्र अनुलग्नक -4 में दिए गए टेम्पलेट के अनुसार प्रयोग को रिकॉर्ड करें)

**उद्देश्य:** कमरे के तापमान पर किसी दिए गए सेल के लिए सेल स्थिरांक निर्धारित करना।

**आवश्यकताएं:**

N/10 KCl सॉल्यूशन, बीकर, पिपेट, स्टैंडर्ड फ्लास्क-100 mL, वेट बॉक्स/डिजिटल बैलेंस

**सिद्धांत:** एक सेल के लिए सेल स्थिरांक को स्थिर कारक के रूप में परिभाषित किया जाता है जिसका अर्थ है, किसी विलयन के विशिष्ट चालकता और सेल में उसकी मापी गई चालकता का अनुपात.

$$\text{सेल स्थिरांक} = \frac{l}{A}\ m^{-1} \text{. में}$$

**प्रयोगात्मक प्रक्रिया:**

1. एक साफ 100 ml मानक कुप्पी में KCl के 0.7455 ग्राम का सही वजन करके 0.1MKCl विलयन तैयार करें ।
2. इस 0.1 MKCl विलयन से 0.05M,0.02M,0.01M और 0.001 M KCl विलयनों में से प्रत्येक 100 mL तैयार करें।
3. प्रत्येक विलयन का लगभग 40 मिलीलीटर एक साफ और सूखे 100 मिलीलीटर बीकर में लें और चालकता सेल को डुबोएं और आवश्यक कनेक्शन बनाएं। प्रत्येक विलयन की चालकता को मापें और नोट कर लें।

**सावधानी:**

1. प्रत्येक समाधान के विशिष्ट चालकता मूल्यों पर ध्यान दें।
2. अच्छी तरह से साफ किए गए कंडक्टिविटी सेल का इस्तेमाल करें।
3. नमूने में सेल को ऐसे विसर्जित करें कि इलेक्ट्रोड प्लेट पूरी तरह से तरल में डूबे हुए हैं।
4. यदि बाहरी सिलेंडर और सपोर्टिंग ट्यूब के बीच हवा के बुलबुले रह जाते हैं, तो सेल को हिलाकर उन्हें हटा दें।

**अवलोकन और गणना:**

$$\text{विशिष्ट चालन} = \text{माप की गई चालकता} \times \text{सेल स्थिरांक}$$

चूँकि किसी भी चालक के लिए प्रतिरोध $R = \rho \frac{l}{A}$

जहां, $\rho$ = स्थिरांक, $l$ = लंबाई और A= कंडक्टर का अनुप्रस्थ काट का क्षेत्रफल।

$$\text{व्युत्क्रम लेना} = \frac{1}{R} \times \frac{A}{l} \quad \text{या} \quad \frac{1}{\rho} = \frac{1}{R} \times \frac{l}{A}$$

इसलिए विशिष्ट चालकता $= \text{चालन} \times \frac{l}{A}$

इसलिए, सेल स्थिरांक = in m-1 में

**परिणाम:** प्रेक्षित सेल स्थिरांक ……. m-1

**चर्चा:** सिद्धांत और वास्तविक जीवन/औद्योगिक अनुप्रयोगों के साथ सहसंबंध करते हुए प्रयोग, अवलोकन और परिणाम पर चर्चा की जानी चाहिए।

अधिक जानकारी के लिए क्यूआर कोड का उपयोग किया जा सकता है-

EMF Measurement

## प्रयोग 4

(छात्र अनुलग्नक- 4 में दिए गए टेम्पलेट के अनुसार प्रयोग को रिकॉर्ड करें)

**उद्देश्य:** पानी की कठोरता को दूर करने के लिए आयन एक्सचेंज कॉलम।

विद्यार्थी पानी की कठोरता से संबंधित कोई भी प्रयोग कर सकता है

कुछ प्रयोग नीचे सूचीबद्ध हैं।

- कैल्शियम की कठोरता को दूर करना
- मैग्नीशियम कठोरता को हटाना
- कुल कठोरता का निर्धारण और निष्कासन

विद्यार्थी अनुलग्नक में दिए गए टेम्पलेट के अनुसार प्रयोग को रिकॉर्ड करें।
संबंधित प्रयोगों के लिए क्यूआर कोड यहां दिया गया है।

Hard Water

## सुझाई गई पठन सामग्री

**पुस्तकें–**

- Physical Chemistry by Peter Atkins, Julio de Paula and Jame Keeler, Oxford university Press 2010.
- An Introduction To Electrochemistry by Samuel Glasstone, East-West Press (Pvt.) Ltd. January 2006.

**ई संसाधन–**

- http://www.che.ncku.edu.tw/FacultyWeb/ChenBH/E340100%20Thermodynamics/Supplementary/Gibbs_free_energy%20Nov%202%202011.pdf
- https://www.google.co.in/books/edition/Atkins_Physical_Chemistry_11e/0UKjDwAAQBAJ?hl=en&gbpv=1&dq=physical+chemistry+by+Atkins&printsec=frontcover

## अधिक जानिए

### भौतिक परिवर्तन में एन्ट्रापी परिवर्तन

एन्ट्रापी में परिवर्तन तब भी होता है जब कुछ भौतिक परिवर्तन जैसे संलयन, वाष्पीकरण या एक क्रिस्टलीय अवस्था से दूसरी क्रिस्टलीय अवस्था में संक्रमण होता है।

- आइसोकोरिक प्रक्रिया – $\Delta S_v = nC_v \ln \frac{T_2}{T_1}$
- समदाब रेखीय प्रतिया – $\Delta S_p = nC_p \ln \frac{T_2}{T_1}$
- समतापीय प्रक्रिया – $\Delta S_T = \Delta S_p = nR \ln \frac{P_2}{P_1}$
- रुद्धोष्म प्रक्रिया – $\Delta S = \frac{q}{T} = 0$ ; $nC_p \ln$
- भौतिक परिवर्तन में एन्ट्रापी परिवर्तन – $\Delta S = \frac{q}{T} = \frac{\Delta H}{T}$
- संलयन की एन्ट्रॉपी – $\Delta S_f = \frac{\Delta H_f}{\Delta T_f}$ $\Delta H_f$ ऋणात्मक हो जाता है, हिमांक में कमी की प्रक्रिया होती है।
- वाष्पीकरण की एन्ट्रॉपी – $\Delta S_v = \frac{\Delta H_v}{T_v}$ $\Delta H_v$ = ऋणात्मक, वाष्पों के संघनन की प्रक्रिया

## कठोरता की रेंज

| Hardness in H | m mol/l | Water hardness range |
|---|---|---|
| 0 to 7 | 0 to 0.7 | Very soft |
| higher 7 to 15 | higher 0.7 to 1.5 | Soft |
| higher 15 to 25 | higher 1.5 to 2.5 | Medium hard |
| higher 25 to 32 | higher 2.5 to 3.2 | Quite hard |
| higher 32 to 42 | higher 3.2 to 4.2 | Hard |
| higher than 42 | higher than 4.2 | Very hard |

# 5 आवर्ती गुण

## इकाई विशिष्ट

यह इकाई इन विषयों पर चर्चा करती है: प्रभावी परमाणु आवेश और कक्षकों का प्रवेश। s, p, d और f ऑर्बिटल्स में ऊर्जा की विविधताएं। इलेक्ट्रॉनिक विन्यास, परमाणु और आयनिक आकार। आयनीकरण ऊर्जा, इलेक्ट्रॉन बन्धुता, वैद्युतीय ऋणात्मकता और ध्रुवीकरण। ऑक्सीकरण अवस्था, समन्वय संख्या और C.N. 4 और 6 की ज्यामिति। कठोर और नरम अम्ल और क्षार।

## भूमिका

निर्वात को छोड़कर ब्रह्मांड सहित सब कुछ एक या एक से अधिक तत्वों से बने रासायनिक यौगिकों का बना है। प्रत्येक तत्व में विशिष्ट भौतिक और रासायनिक गुण होते हैं, आवर्त सारणी तत्वों के गुणों को व्यवस्थित और वैज्ञानिक तरीके से खूबसूरती से व्यवस्थित करती है। इस इकाई में कुछ महत्वपूर्ण आवधिक प्रवृत्तियों पर चर्चा की जाएगी। ये एसिडिटी और बेसिसिटी जैसे गुणों के रुझान को समझने में मदद करेंगे। अकार्बनिक यौगिकों के बारे में, आणविक ज्यामिति के साथ केंद्रीय परमाणु के समन्वय संख्या के सहसंबंध पर भी चर्चा की जाती है।

## पूर्व अपेक्षित ज्ञान

**रसायन विज्ञान:** तत्वों की समझ, परमाणु संरचना, इलेक्ट्रॉनिक विन्यास, परमाणु संख्या और वैधता
**गणित:** मूल बीजगणित और त्रिकोणमितीय कार्य
**भौतिकी:** विद्युत आवेश, बल और परस्पर क्रिया

## लर्निंग आउटकम्स

इस इकाई के पूर्ण अध्ययन करने के बाद, विद्यार्थी निम्न में सक्षम होंगे

| | |
|---|---|
| U5-O1: | इलेक्ट्रॉनिक संरचना और ऑर्बिटल्स के आधार पर आवर्त सारणी में किसी भी तत्व की स्थिति की भविष्यवाणी करें। |
| U5-O2: | आवर्त सारणी में उनकी स्थिति से सरल तत्वों के संयोजी इलेक्ट्रॉनों और प्रभावी परमाणु आवेशों की संख्या को इंगित करें। |
| U5-O3: | आवर्त सारणी में उनकी स्थिति के आधार पर परमाणु और आयनिक आकार, आयनीकरण ऊर्जा, इलेक्ट्रॉन बन्धुता, विद्युत ऋणात्मकता, ध्रुवीकरण और ऑक्सीकरण अवस्था जैसे तत्वों के गुणों में प्रवृत्तियों का विश्लेषण करें। |
| U5-O4: | केंद्रीय परमाणु की समन्वय संख्या के आधार पर विभिन्न अकार्बनिक यौगिकों की ज्यामिति बनाएं। |

## कोर्स आउटकम्स (COs) के साथ यूनिट आउटकम्स (UOs) का परस्पर संबंध

| आउटकम्स | कोर्स आउटकम्स (COs) के साथ अपेक्षित संबंध (1- कमजोर सहसंबंध; 2- मध्यम सहसंबंध; 3- मजबूत सहसंबंध) | | | | |
|---|---|---|---|---|---|
| | CO-1 | CO-2 | CO-3 | CO-4 | CO-5 |
| U5-O1 | 2 | | | 3 | |
| U5-O2 | | | | 3 | |
| U5-O3 | | | | 3 | |
| U5-O4 | | | | 3 | |

## 5.1 प्रस्तावना

रसायन विज्ञान की दुनिया में बहुत प्रसिद्ध प्रतिष्ठित व्यक्ति, दिमित्री मेंडेलीव को 'रासायनिक तत्वों की आवर्त सारणी के पिता' के रूप में जाना जाता है। वर्ष 2019 में, सर दिमित्री मेंडेलीव की 150 वीं वर्षगांठ थी। इस मील के पत्थर का सम्मान करने के लिए, यूनेस्को ने 2019 को आवर्त सारणी का संयुक्त राष्ट्र अंतर्राष्ट्रीय वर्ष (IYPT 2019) घोषित किया। आइए, ऐतिहासिक समयरेखा के माध्यम से आवर्त सारणी के विकास की यात्रा को संक्षेप में देखें–

### ऐतिहासिक समयरेखा

| अवधि | वैज्ञानिक | योगदान |
|---|---|---|
| 1829 | जोहान डोबेराइनर | हैलोजन ट्रायड और अल्कली मेटल ट्रायड की खोज की। |
| 1864 | जॉन न्यूलैंड्स | अष्टक का नियम विकसित किया। |
| 1869 | दिमित्री मेंडेलीव | आवर्त सारणी प्रकाशित की। |
| 1898 | विलियम रैमसे | शून्य समूह (शून्य संयोजकता के लिए) की स्थापना की और नियॉन तत्व की भविष्य की खोज की भविष्यवाणी की। |
| 1911 | अर्नेस्ट रदरफोर्ड | स्थापित किया कि "नाभिक पर परमाणु आवेश तत्व के परमाणु भार के समानुपाती होता है"। |
| 1913 | हेनरी मोसले | स्थापित किया कि, तत्वों के गुण समय-समय पर परमाणु संख्या के साथ बदलते रहते हैं," परमाणु भार नहीं। तत्वों के समस्थानिकों की भी खोज की। |
| 1940 | ग्लेन सीबॉर्ग | 94 से 102 तक प्लूटोनियम और ट्रांसयूरानिक तत्वों की खोज की। |

**मेंडलीफ की आवर्त सारणी** में तत्वों के परमाणु द्रव्यमान के फलन के आधार पर तत्व के गुणधर्म होते हैं। उन्होंने तत्वों को 8 समूहों में बांटा और अनदेखे तत्वों के लिए अंतराल प्रदान किया। लेकिन रासायनिक रूप से भिन्न तत्वों के समूह, तत्वों के विषम जोड़े, समस्थानिक और हाइड्रोजन के स्थान को संतोषजनक ढंग से समझाने में असमर्थ रहे। इनका उत्तर **मोसले द्वारा आधुनिक आवर्त सारणी** के साथ दिया जा सकता है। आधुनिक आवर्त सारणी में तत्वों के रासायनिक गुण उनके परमाणु क्रमांक के आवर्त फलन होते हैं। इस अवधारणा को लागू करते हुए सभी तत्वों को चार ब्लॉकों में बांटा गया है; *s*, *p*, *d* और *f*। यह व्यवस्था अधिक सरल तरीके से समस्थानिकों की स्थिति को सही ठहराने में सक्षम है।

जैसा कि हम पिछले अध्यायों में क्वांटम यांत्रिकी के माध्यम से सूक्ष्म तरीके से परमाणुओं और अणुओं की संरचना के बारे में पढ़ चुके हैं। इसका आकार और ज्यामिति, आण्विक कक्षीय सिद्धांत के द्वारा और जटिल यौगिक के आकार और चुंबकीय गुणों में लिगैंड का प्रभाव को क्रिस्टल फील्ड थ्योरी के माध्यम से समझ चुके हैं। इन समझ के साथ हम यहां कुछ महत्वपूर्ण आवर्ती गुण और इसकी आवर्तीता सीख रहे हैं–

## 5.2 प्रभावी परमाण्विक आवेश

प्रभावी नाभिकीय आवेश, नाभिक के चारों ओर परिरक्षण इलेक्ट्रॉनों की संख्या को ध्यान में रखते हुए बहु-इलेक्ट्रॉन परमाणु के सबसे बाहरी (वैलेंस) इलेक्ट्रॉनों द्वारा महसूस किए गए आवेश को संदर्भित करता है।

प्रभावी परमाणु आवेश वह शुद्ध आवेश है, जो एक इलेक्ट्रॉन एक परमाणु में कई इलेक्ट्रॉनों के साथ अनुभव करता है।

एकल इलेक्ट्रॉन के लिए प्रभावी नाभिकीय आवेश की गणना का सूत्र $Z_{eff} = Z - S$ है।

जहाँ, $Z_{eff}$ प्रभावी नाभिकीय आवेश है, Z नाभिक में प्रोटॉनों की संख्या है, और S परिरक्षण इलेक्ट्रॉनों की संख्या है।

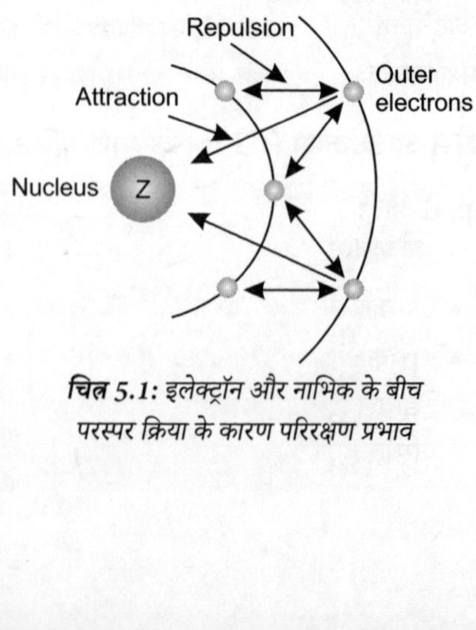


*चित्र 5.1: इलेक्ट्रॉन और नाभिक के बीच परस्पर क्रिया के कारण परिरक्षण प्रभाव*

### 5.2.1 परिरक्षण प्रभाव

परिरक्षण प्रभाव का दूसरा नाम स्क्रीनिंग प्रभाव है। **यह घटना तब होती है जब नाभिक आंतरिक-कोश में इलेक्ट्रॉनों की उपस्थिति के कारण वैलेंस इलेक्ट्रॉनों पर अपने आकर्षण बल को कम कर देता है, जिसे स्क्रीनिंग प्रभाव के रूप में जाना जाता है।**

**परिरक्षण प्रभाव**– वैलेंस इलेक्ट्रॉनों और प्रोटॉन के बीच आकर्षण एवं वैलेंस और आंतरिक इलेक्ट्रॉनों के बीच प्रतिकर्षण के बीच के संतुलन को दिया गया नाम है। परिरक्षण प्रभाव आवर्त सारणी पर परमाणु आकार में प्रवृत्ति की व्याख्या करता है, और यह भी बताता है कि क्यों एक परमाणु से वैलेंस इलेक्ट्रॉनों को आसानी से हटा दिया जाता है।

यदि एक इलेक्ट्रॉन और नाभिक के बीच की दूरी है–

(a) **अनंत तक पहुंचता है,** $Z_{eff} = 1$ के मान तक पहुंचता है क्योंकि अन्य सभी $(Z - 1)$ इलेक्ट्रॉन उदासीन परमाणु, औसतन, इसके और नाभिक के बीच होता है।

(b) **नाभिक के बहुत करीब**, तो किसी भी आघूर्ण में अधिकांश अन्य इलेक्ट्रॉन नाभिक से दूर होते हैं और परमाणु चार्ज को परिरक्षण नहीं देते हैं। $r \approx 0$ पर, एक इलेक्ट्रॉन द्वारा अनुभव किया गया धनात्मक आवेश लगभग पूर्ण परमाणु आवेश या $Z_{eff} \approx Z$ होता है।

(c) **r के मध्यवर्ती मूल्यों पर,** प्रभावी परमाणु चार्ज कहीं 1 और जेड: $1 \le Z_{eff} \le Z$ के बीच होता है। इस प्रकार किसी दिए गए कक्षीय में इलेक्ट्रॉन द्वारा अनुभव किया गया वास्तविक $Z_{eff}$ न केवल उस में इलेक्ट्रॉन के स्थानिक कक्षीय वितरण पर निर्भर करता है, लेकिन मौजूद अन्य सभी इलेक्ट्रॉनों के वितरण पर भी।

ध्यान दें, आवर्त सारणी की पहली तीन पंक्तियों के तत्वों में केवल हाइड्रोजन के लिए $Z_{eff} = Z$, और हीलियम के लिए $Z_{eff}$ और Z परिमाण में तुलनीय हैं।

## 5.3 कक्षकों का भेदन

यह सोचना दिलचस्प है, क्या तत्व के अंदर इलेक्ट्रॉन का वितरण एक समान है या यह किसी पैटर्न का अनुसरण करता है? ऑर्बिटल्स के भेदन की ओर बढ़ने से पहले आइए जानते हैं कि ऑर्बिटल्स क्या है, आकार कैसे बनते हैं, विभिन्न ऑर्बिटल्स में ऊर्जा के स्तर और इसमें इलेक्ट्रॉनों के भरने के नियमों के बारे में क्या है?

**कक्षीय**– किसी तत्व में परमाणु के चारों ओर त्रिविमीय स्थान, जहां इलेक्ट्रॉन मिलने की संभावना अधिकतम होती है, कक्षीय कहलाती है। ऑर्बिटल्स को *s, p, d* और *f* नाम दिया गया है। परमाणु में प्रत्येक कक्षक का आकार, परिमाण और ऊर्जा की मात्रा निर्धारित होती है।

परमाणु से ऊर्जा का उत्सर्जन तब होता है जब इलेक्ट्रॉन एक कक्षा से दूसरी कक्षा में नाभिक के करीब कूदता है। भेदन से तात्पर्य है कि इलेक्ट्रॉन कितनी प्रभावी रूप से नाभिक के करीब पहुंच सकते हैं। s-कक्षकों के लिए इलेक्ट्रॉन संभाव्यता घनत्व कक्षीय के केंद्र में या नाभिक में सबसे अधिक होता है। विभिन्न ऑर्बिटल्स में दूसरों की तुलना में अधिक परमाणु भेदन होता है। आइए इसे क्रमशः जानें।

### 5.3.1 s, p, d, f आवर्त सारणी में परमाणुओं की कक्षीय ऊर्जाएँ

s, p, d और f ऑर्बिटल्स संरेखित हैं और परमाणुओं में विभिन्न अक्षों में स्थित हैं। इसके प्रकार, आकार और ऊर्जा के बारे में विवरण हैं–

- **s-कक्षक**– पहले कोश में s कक्षक होता है जिसमें दो इलेक्ट्रॉन भरे जा सकते हैं। आकार गोल या गोलाकार होता है।
- **p-कक्षक**– दूसरे कोश में s & p कक्षक होते हैं, p कक्षक में अधिकतम 6 इलेक्ट्रॉन हो सकते हैं। p कक्षक का आकार डम्बल है। इसमें सबशेल $p_x$ होता है जो x अक्ष पर स्थित होता है, $p_y$, y अक्ष पर स्थित होता है और $p_z$ जो z अक्ष पर स्थित होता है।

- **d-कक्षक**– तीसरे कोश में s, p और d कक्षक होते हैं, d कक्षक में अधिकतम 10 इलेक्ट्रॉन हो सकते हैं। d कक्षक का आकार डबल डम्बल के आकार का होता है। इसमें उपकोश होते हैं जिन्हें $d_{xy}$ x और y अक्ष के बीच स्थित है, $d_{yz}$ y और z अक्ष के बीच स्थित है, $d_{zx}$ z और x अक्ष के बीच स्थित है, $d_{x^2-y^2}$ x और y अक्ष पर स्थित है और अंत में $d_{z^2}$ जो z अक्ष पर स्थित है।
- **f-कक्षक**– चौथे कोश में s, p, d और f कक्षक होते हैं, f में अधिकतम 14 इलेक्ट्रॉन हो सकते हैं। इनका आकार काफी जटिल होता है।

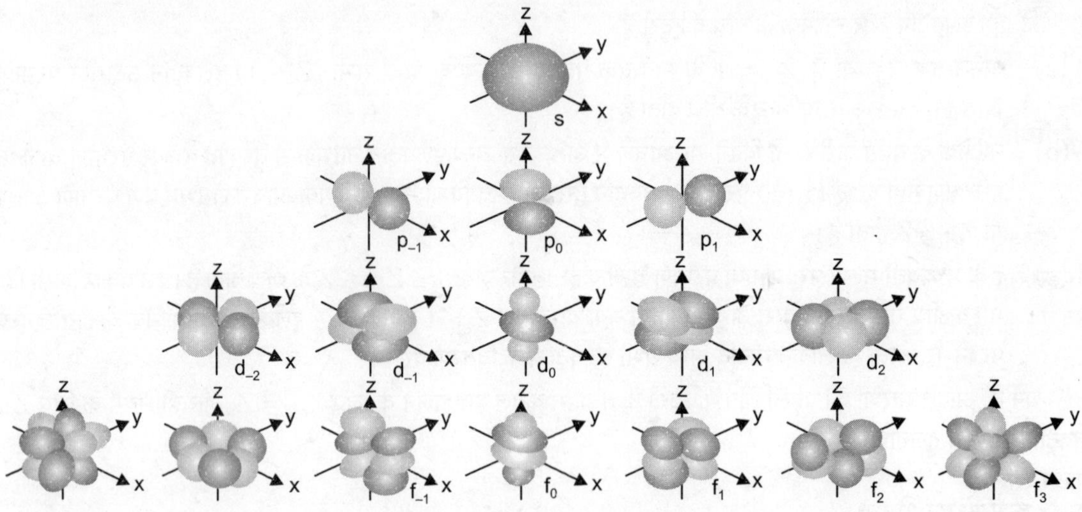


*चित्र 5.2: परमाणु कक्षक की आकृतियाँ*

ऑर्बिटल्स में इलेक्ट्रॉनों की नियुक्ति को नियंत्रित करने वाले तीन प्रमुख नियम हैं–

- **पाउली अपवर्जन सिद्धांत:** इस सिद्धांत के अनुसार, एक कक्षक में अधिकतम दो इलेक्ट्रॉन हो सकते हैं और इनमें विपरीत स्पिन होना चाहिए। दूसरे शब्दों में, परमाणु में किसी भी दो इलेक्ट्रॉनों की सभी चारों क्वांटम संख्याएँ बिल्कुल समान नहीं हो सकती हैं। जैसा कि हम जानते हैं कि चौथी क्वांटम संख्या m है, +1/2 स्पिन ऊपर (↿) है, और –1/2 स्पिन नीचे (⇂) है। और इसलिए यदि दो इलेक्ट्रॉनों के लिए पहले तीन क्वांटम संख्याएं समान हैं, तो इलेक्ट्रॉनों में एक ही कक्ष में विपरीत स्पिन होना चाहिए ।
- **हुंड का नियम:** कक्षा में इलेक्ट्रॉनों को भरते करते समय, प्रत्येक इलेक्ट्रॉन पहले सभी कक्षकों को समान ऊर्जा (जिसे पतित भी कहा जाता है) से भरेगा और फिर आधे भरे कक्षक में अन्य इलेक्ट्रॉन के साथ जुड़ेगा।
- **औफबाऊ सिद्धांत:** इस सिद्धांत के अनुसार, इलेक्ट्रॉन सबसे पहले उन कक्षकों पर कब्जा करेंगे जो सबसे कम ऊर्जा के है।

निम्नलिखित सबशेल ऑर्बिटल्स को भरने का क्रम है, जो आवर्त सारणी में ब्लॉक का क्रम भी देता है।

1s, 2s, 2p, 3s, 3p, 4s, 3d, 4p, 5s, 4d, 5p, 6s, 4f, 5d, 6p, 7s, 5f, 6d, 7p

### 5.3.2 भेदन शक्ति

इसका अर्थ है, एक इलेक्ट्रॉन को आकर्षित करने के लिए एक कक्ष की क्षमता। यह प्रक्रिया ऊर्जा के मुक्त होने के साथ है। *p*, *d* और *f* ऑर्बिटल्स की तुलना में नाभिक से निकटता के कारण *s* कक्षक का भेदन प्रभाव अधिकतम होता है। इस प्रकार, एक *s* कक्षीय, इसके अधिक भेदन प्रभाव के कारण, जब यह एक इलेक्ट्रॉन स्वीकार करता है तो *p* कक्ष की तुलना में अधिक मात्रा में ऊर्जा मुक्त करता है। इसी प्रकार एक *d* कक्षक द्वारा निर्मुक्त ऊर्जा *f* कक्षक की तुलना में अधिक लेकिन *p* कक्षीय की तुलना में कम होती है।

एक बहु-इलेक्ट्रॉन परमाणु में एक इलेक्ट्रॉन की भेदन शक्ति, कोश और उपकोश दोनों के मूल्यों पर निर्भर होती है। हम नीचे दिए गए मामलों को लेकर सीख सकते हैं:

**केस 1** – एक ही मान के कोश (n) के भीतर, एक इलेक्ट्रॉन की भेदन शक्ति, उपकोश (l) में इस प्रवृत्ति का अनुसरण करती है:

$$s > p > d > f$$

**केस 2** – कोश (n) और उपकोश (l) के विभिन्न मानों के लिए, इलेक्ट्रॉन की भेदन क्षमता इस प्रवृत्ति का अनुसरण करती है:

$$1s > 2s > 2p > 3s > 3p > 4s > 3d > 4p > 5s > 4d > 5p > 6s > 4f...$$

**स्थिति 3** – प्रत्येक कोश और उपकोश के लिए एक इलेक्ट्रॉन की ऊर्जा इस प्रकार है...

$$1s < 2s < 2p < 3s < 3p < 4s < 3d < 4p...$$

इलेक्ट्रॉन जो अधिक पैठ का अनुभव करते हैं, वे नाभिक के प्रति अधिक आकर्षण, अर्थात कम परिरक्षण का अनुभव करते हैं, और इसलिए एक बड़े प्रभावी परमाणु चार्ज ($Z_{eff}$) का अनुभव करते हैं, लेकिन अन्य इलेक्ट्रॉनों को अधिक प्रभावी ढंग से परिरक्षित करते हैं।

## 5.4 इलेक्ट्रॉनिक विन्यास

**इलेक्ट्रॉनिक विन्यास परमाणु या आणविक कक्षा में एक परमाणु या अणु के इलेक्ट्रॉनों का वितरण है।** परमाणु भौतिकी और क्वांटम रसायन विज्ञान में, इलेक्ट्रॉनिक विन्यास परमाणु या आणविक कक्षा में एक परमाणु या अणु (या अन्य भौतिक संरचना) के इलेक्ट्रॉनों का वितरण है। उदाहरण के लिए, नियॉन परमाणु का इलेक्ट्रॉन विन्यास $1s^2\ 2s^2\ 2p^6$ है।

### इलेक्ट्रॉनिक कॉन्फ़िगरेशन का महत्व

- तत्वों की आवर्त सारणी की संरचना को समझना।
- यह उन रासायनिक बंधों का वर्णन करने के लिए भी उपयोगी है जो परमाणुओं को एक साथ रखते हैं।
- परिमाण में, यही विचार लेजर और अर्धचालक के विशिष्ट गुणों को समझाने में मदद करता है।
- एक इलेक्ट्रॉन विन्यास विभिन्न कक्षकों के बीच इलेक्ट्रॉनों के वितरण का एक परमाणु में वर्णन करता है

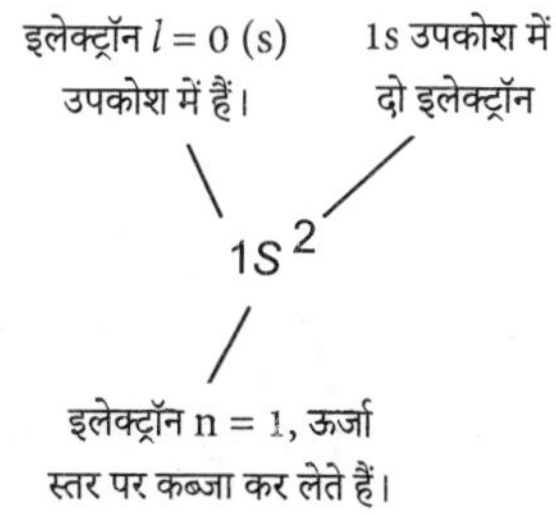


इलेक्ट्रॉनिक विन्यास को इस प्रकार दर्शाया जाता है–

*n* नोटेशन एक मुख्य शेल को निर्दिष्ट करने के लिए संख्याओं का उपयोग करता है, और एक उपकोश की पहचान करने के लिए अक्षरों (*s*, *p*, *d*, *f*) का उपयोग करता है; एक सुपरस्क्रिप्ट एक निर्दिष्ट उपकोश में इलेक्ट्रॉनों की संख्या को इंगित करता है।

### इलेक्ट्रॉनिक कॉन्फ़िगरेशन कैसे लिखें?

इलेक्ट्रॉन एक तरह से परमाणु की ऊर्जा को कम करने के लिए कक्षकों को भरते हैं। इसलिए, परमाणु में इलेक्ट्रॉन, ऊर्जा के बढ़ने के क्रम में, प्रमुख ऊर्जा स्तरों को भरते हैं (इलेक्ट्रॉन नाभिक से दूर हो रहे हैं)। भरे हुए स्तरों का क्रम इस तरह दिखता है:

*1s, 2s, 2p, 3s, 3p, 4s, 3d, 4p, 5s, 4d, 5p, 6s, 4f, 5d, 6p, 7s, 5f, 6d,* और *7p*

इस क्रम को याद रखने में मदद के लिए इस व्यवस्था की जाँच करें,

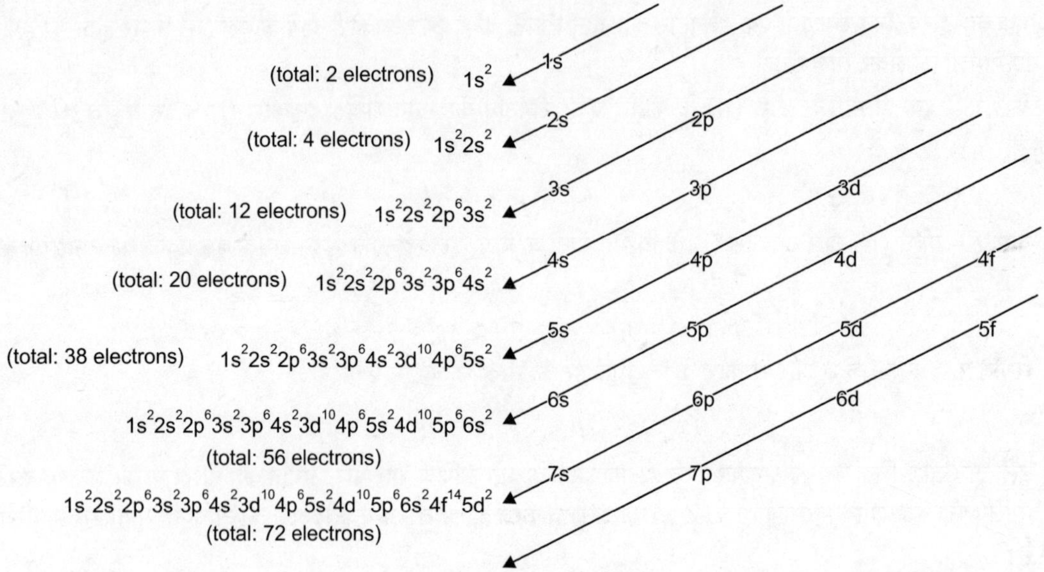


*चित्र 5.3: इलेक्ट्रॉनिक विन्यास*

ऊर्जा स्तरों में इलेक्ट्रॉनों का भरना पाउली अपवर्जन सिद्धांत, हुंड के नियम और औफबाऊ सिद्धांतों का पालन करता है। यद्यपि औफबाऊ नियम अधिकांश तत्वों के इलेक्ट्रॉन विन्यास की सटीक भविष्यवाणी करता है, लेकिन संक्रमण धातुओं और भारी तत्वों के बीच उल्लेखनीय अपवाद हैं। कारण का अपवाद यह है कि कुछ तत्व अधिक स्थिर होते हैं, कुछ उपकोशों में कम इलेक्ट्रॉन होते हैं और अन्य में अधिक इलेक्ट्रॉन होते हैं।

**औफबाऊ आरेख बक्से**– कक्षों को खींचना कठिन है और औफबाऊ आरेख बक्से के सेट का उपयोग करके इलेक्ट्रॉन स्थान दिखाने का एक आसान तरीका है।

प्रत्येक बॉक्स में $2e^-$ तक हो सकता है।

- s कक्षीय – 1 डिब्बा – कुल संख्या। $2e^-$ का
- p कक्षीय – 3 बक्से – कुल संख्या। $6e^-$ का
- d कक्षीय – 5 बक्से – कुल संख्या। $10e^-$ का
- f कक्षीय – 7 बक्से – कुल संख्या। $14e^-$ का

| तत्व | होना चाहिए | वास्तव में है |
|---|---|---|
| कॉपर | $1s^2 2s^2 2p^6 3s^2 3p^6 \mathbf{3d^4 4s^2}$ | $1s^2 2s^2 2p^6 3s^2 3p^6 \mathbf{3d^5 4s^1}$ |
| क्रोमियम | $1s^2 2s^2 2p^6 3s^2 3p^6 \mathbf{3d^9 4s^2}$ | $1s^2 2s^2 2p^6 3s^2 3p^6 \mathbf{3d^{10} 4s^1}$ |

इलेक्ट्रॉन विन्यास लिखते समय, पहले ऊर्जा स्तर (पीरियड) लिखें, फिर उपकोश भरें और सुपरस्क्रिप्ट, जो उस उपकोश में इलेक्ट्रॉनों की संख्या है। इलेक्ट्रॉनों की कुल संख्या परमाणु संख्या, Z है। उपरोक्त नियम आवर्त सारणी में सभी तत्वों के लिए इलेक्ट्रॉन विन्यास लिखने की अनुमति देते हैं।

उदाहरण के लिए, Fe के इलेक्ट्रॉनिक विन्यास को इस प्रकार लिखा जा सकता है:

$$1s^2\ 2s^2\ 2p^6\ 3s^2\ 3p^6\ 3d^6\ 4s^2 = [Ar]\ 3d^6 4s^2$$

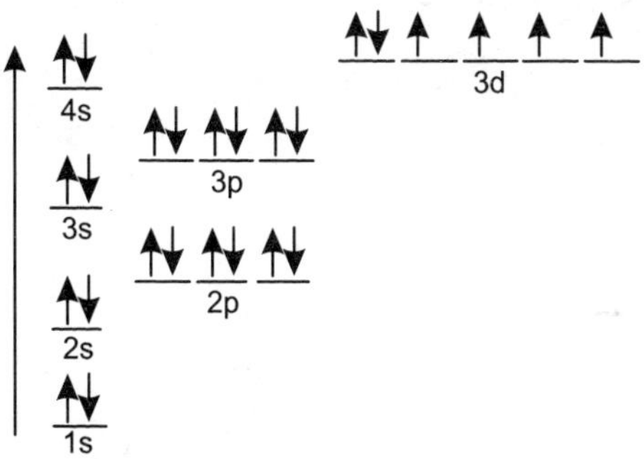


*चित्र 5.4: इलेक्ट्रॉनिक विन्यास – आयरन*

## 5.5 इलेक्ट्रॉनिक विन्यास के आधार पर तत्वों का वर्गीकरण [*s, p, d* और *f*-ब्लॉक तत्व]

आवर्त सारणी या आधुनिक आवर्त सारणी के 'लॉन्ग फॉर्म' के अनुसार, सभी तत्वों को मोटे तौर पर चार ब्लॉकों यानी *s, p, d* और *f* ब्लॉक में विभाजित किया गया है। तत्वों का यह वर्गीकरण विभिन्न उपकोशों या कक्षकों में अंतिम इलेक्ट्रॉन के भेदन पर आधारित है।

1. **s-ब्लॉक तत्व**– 1 और 2 समूहों के तत्व, हाइड्रोजन और हीलियम इस समूह के हैं। उनके सबसे बाहरी कोश में एक ($ns^1$) या दो ($ns^2$) इलेक्ट्रॉन होते हैं।
2. **p-ब्लॉक तत्व**– 13, 14, 15, 16, 17 और शून्य समूह 9 (He को छोड़कर) के तत्वों को पी-ब्लॉक तत्व कहा जाता है। ये वे तत्व हैं जिनमें अंतिम इलेक्ट्रॉन सबसे बाहरी कोश के p-कक्षक में भेदन करता है। उनका सामान्य सबसे बाहरी इलेक्ट्रॉनिक विन्यास $ns^2p^1$ से $ns^2p6$ तक होता है। केवल वे तत्व जिनका सबसे बाहरी कोश अधूरा होता है, प्रतिनिधि तत्व कहलाते हैं। उनका सामान्य सबसे बाहरी इलेक्ट्रॉनिक वितरण $ns^1$ से $ns^2p^6$ तक होता है।
3. **d-ब्लॉक तत्व**– 3, 4, 5, 6, 7, 8, 9, 10, 11 और 12 समूहों के तत्वों को डी-ब्लॉक तत्व कहा जाता है। यह ब्लॉक s- और p-ब्लॉक के बीच स्थित है। अंतिम कोश के d-कक्षक (सबसे बाहरी कोश के ठीक नीचे का कोश) क्रमिक रूप से तब तक भरे जाते हैं जब तक कि वे अधूरे न हों। इस प्रकार ऐसे तत्वों के सबसे बाहरी दो कोश अधूरे हैं। आवर्त सारणी में d-ब्लॉक तत्वों को s-ब्लॉक और p-ब्लॉक तत्वों के बीच लंबी अवधि में रखा जाता है। उनका सामान्य सबसे बाहरी इलेक्ट्रॉनिक विन्यास $(n-1)\ d^{1-10}\ ns^{1-2}$ से होता है। उन्हें संक्रमणकालीन तत्वों के रूप में भी जाना जाता है।
4. **f-ब्लॉक तत्व**– इनके अंतिम तीन कोश होते हैं जो अपूर्ण होते हैं। लैंथेनाइड्स या दुर्लभ-मृदा (परमाणु क्रमांक 58 से 71) और एक्टिनाइड्स या एक्टिनॉन 9 परमाणु क्रमांक 89-103) को f-ब्लॉक तत्व कहा जाता है। इन तत्वों का अंतिम इलेक्ट्रॉन अंतिम (n-2) यानी तीसरी अंतिम कक्षा के f-कक्षकों में भेदन करता है। चूँकि आंतरिक f-कक्षक क्रमिक रूप से भरे हुए हैं, इसलिए इन तत्वों को आंतरिक संक्रमण तत्व भी कहा जाता है।

### आईसीटी का उपयोग–

https://phet.colorado.edu/sims/html/build-an-atom/latest/build-an-atom_en.html

### रोचक तथ्य

- दिमित्री मेंडेलीव को ताश के खेल का बहुत शौक था। इसलिए उन्होंने प्रत्येक तत्व का वजन एक अलग इंडेक्स कार्ड पर लिखा और उन्हें वर्गीकृत किया, जैसे वे सॉलिटेयर में व्यवस्थित होंगे। IUPAC आवर्त सारणी को बनाए रखने और पूर्व संस्करण से बेहतर करने के लिए जिम्मेदार है। आवर्त सारणी का सबसे नया संशोधन दिसंबर 2018 में प्रकाशित हुआ था।
- इलेक्ट्रॉनिक विन्यास एक परमाणु की सूचना की रीढ़ है। यह पदार्थ के रासायनिक, भौतिक, विद्युत और चुंबकीय व्यवहार की भविष्यवाणी करने में सहायक होता है।
- व्यापक रूप से, आवधिकता की विशेषताएं लेज़रों और अर्धचालकों के विशिष्ट गुणों की व्याख्या करने में मदद करती हैं

## 5.6 परमाणु त्रिज्या

परमाणु का आकार गोलाकार माना जाता है। तो, इसका आकार आम तौर पर गोले की त्रिज्या के रूप में व्यक्त किया जाता है। परमाणु त्रिज्या नाभिक के केंद्र और इलेक्ट्रॉनों के सबसे बाहरी कोश के बीच की दूरी है।

### 5.6.1 कारक जिन पर परमाणु आकार निर्भर करता है

(i) **परमाणु आवेश**– परमाणु आवेश में वृद्धि के साथ, नाभिक और इलेक्ट्रॉन बादल के बीच आकर्षण बल बढ़ता है। इसलिए, इलेक्ट्रॉन बादल नाभिक के करीब जाता है और परमाणु आकार कम हो जाता है।

(ii) **कक्षाओं की संख्या**– कक्षाओं की संख्या में वृद्धि के साथ, नाभिक और अंतिम कक्षा के बीच की दूरी बढ़ जाती है इसलिए, परमाणु आकार बढ़ता है। इसी प्रकार, कक्षाओं की संख्या में कमी के साथ, परमाणु आकार कम हो जाता है।

(iii) **मापन**– परमाणु त्रिज्या को एंगस्ट्रॉम इकाइयों ($1 Å = 10^{-8}$ सेमी) में इलेक्ट्रॉन विवर्तन विधि द्वारा मापा जाता है।

(iv) **परमाणु त्रिज्या का अध्ययन**- विभिन्न प्रकार की परमाणु त्रिज्याएँ (जो एक परमाणु के वातावरण पर निर्भर करती हैं) इस प्रकार हैं:

(a) सहसंयोजक त्रिज्या (b) धात्विक त्रिज्या

(c) वांडरवाल की त्रिज्या (d) आयनिक त्रिज्या

### 5.6.2 सहसंयोजक त्रिज्या

सहसंयोजक त्रिज्या को विशुद्ध रूप से **सहसंयोजक एकल बंधन द्वारा एक साथ रखे गए दो समान परमाणुओं के परमाणु केंद्रों के बीच की दूरी के आधे के रूप में परिभाषित किया जा सकता है।**

H की परमाणु त्रिज्या

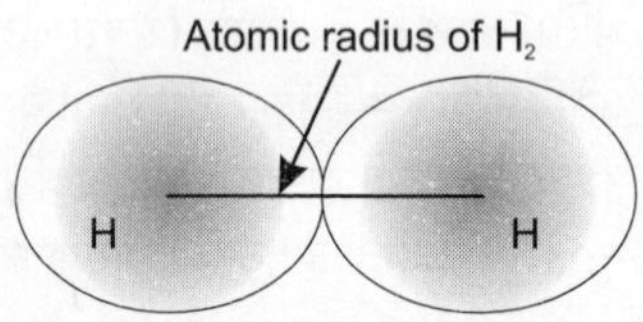


**चित्र 5.5:** *हाइड्रोजन परमाणु की सहसंयोजी त्रिज्या*

1. बंधित परमाणुओं की अंतर-परमाणु दूरी स्पेक्ट्रोस्कोपिक तकनीकों के एक्स-रे विवर्तन द्वारा निर्धारित की जा सकती है। इस दूरी का आधा सहसंयोजक त्रिज्या देता है।

$$\text{सहसंयोजक त्रिज्या} = \frac{\text{दो सहसंयोजक बांधित परमाणुओं के बीच अंतर –परमाणु दूरी}}{2}$$

**उदाहरण:** $H_2^-$ अणु में अंतर-परमाणु दूरी = 0.74 Å

$$\text{H-परमाणु की सहसंयोजी त्रिज्या} = \frac{0.74}{2} = 0.37 \text{ Å}$$

### 5.6.3 धात्विक त्रिज्या (क्रिस्टल त्रिज्या)

**एक धातु बंधन में दो आसन्न परमाणुओं के बीच अंतर-नाभिकीय दूरी का आधा क्रिस्टल त्रिज्या या धातु त्रिज्या का प्रतिनिधित्व करता है।** यह आमतौर पर एक्स-रे विवर्तन विधि द्वारा निर्धारित किया जाता है।

जैसे ठोस सोडियम में दो आसन्न सोडियम परमाणुओं के बीच अंतर-नाभिकीय दूरी 3.72 है, इसलिए–

Na की धात्विक त्रिज्या = 1.86Å (3.72Å का आधा होगा)

### 5.6.4 वांडरवाल की त्रिज्या

इसे ठोस अवस्था में दो पड़ोसी अणुओं से संबंधित दो समान आसन्न परमाणुओं के नाभिक के बीच की आधी दूरी के रूप में परिभाषित किया गया है।

कुछ आकर्षण बल होते हैं, जिन्हें वांडरवाल की शक्तियों के रूप में जाना जाता है जो निष्क्रिय गैसों के तटस्थ परमाणुओं के बीच और विभिन्न पदार्थों के गैर-ध्रुवीय अणुओं के बीच भी काम करते हैं। इन आकर्षण बलों के कारण, निष्क्रिय तत्वों के तटस्थ परमाणु और अन्य तत्वों के गैर-ध्रुवीय अणु ठोस अवस्था में एक साथ काफी करीब आ सकते हैं।

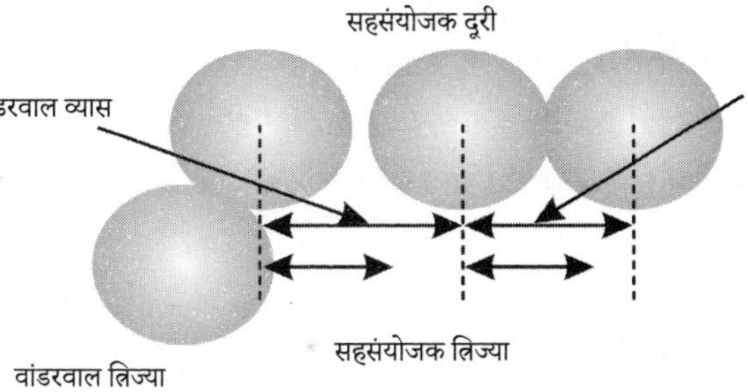


***चित्र 5.6:** वांडरवाल की क्लोरीन और आर्गन की त्रिज्या*

चित्र 5.6 से यह स्पष्ट है कि वांडरवाल की त्रिज्या सहसंयोजक त्रिज्या से बड़ी होनी चाहिए क्योंकि गैर-बंधित परमाणुओं के बीच अंतर-नाभिकीय दूरी बंधित परमाणुओं के बीच की दूरी से अधिक होनी चाहिए।

### 5.6.5 आयनिक त्रिज्या

आयनिक त्रिज्या को एक आयन के नाभिक से उस दूरी के रूप में परिभाषित किया जा सकता है, जिस तक यह अपने इलेक्ट्रॉन बादल का प्रभाव रखता है।

किसी भी आयनिक यौगिक में अंतर-परमाणु दूरी एक्स-रे अध्ययन से निर्धारित होती है। यदि आयनों को गोले के रूप में लिया जाता है, तो अंतर-परमाणु दूरी को दो आयनों की आयनिक त्रिज्या के योग से बना माना जा सकता है। उदाहरण के लिए, Na-Cl की अंतर-नाभिकीय दूरी 2.76Å है। यह $Na^+$ और $Cl^-$ आयनों की आयनिक त्रिज्याओं के योग के बराबर है। इसलिए, यदि हम एक आयन की त्रिज्या जानते हैं, तो दूसरे आयन की त्रिज्या की गणना की जा सकती है।

### 5.6.6 परमाणु त्रिज्याओं की आवर्ती प्रवृत्तियां

जब हम किसी समूह में ऊपर से नीचे की ओर बढ़ते हैं तो परमाणु त्रिज्या बढ़ जाती है, क्योंकि प्रत्येक पंक्ति में एक नया इलेक्ट्रॉन कोश होता है और नाभिक और सबसे बाहरी कक्षीय के बीच दूरी अधिक होती है। एक आवर्त में बाएं से दाएं, आयनिक आकार घटता है, क्योंकि सभी परमाणुओं में कोशों की कुल संख्या समान रहती है केवल इलेक्ट्रॉनों को समान ऊर्जा स्तर में जोड़ा जा रहा है।

## 5.7 आयनीकरण ऊर्जा (I.E.) या आयनीकरण क्षमता (I.P.)

परमाणु में इलेक्ट्रॉन धनावेशित नाभिक द्वारा आकर्षित होते हैं। एक परमाणु से एक इलेक्ट्रॉन को निकालने के लिए ऊर्जा की आपूर्ति करनी पड़ती है।

### 5.7.1 प्रथम आयनन ऊर्जा (IE)

पहली आयनीकरण ऊर्जा या केवल आयनीकरण ऊर्जा (IE) को एक पृथक तटस्थ गैसीय परमाणु से एक वैलेंस इलेक्ट्रॉन को निकालने के लिए आवश्यक ऊर्जा की मात्रा के रूप में परिभाषित किया जाता है जिसके परिणामस्वरूप एक मोनोवैलेंट धनात्मक आयन बनता है।

प्रक्रिया को इस प्रकार दर्शाया जा सकता है:

परमाणु (g) + ऊर्जा → धनात्मक आयन (g) + इलेक्ट्रॉन (g), अर्थात

$Li(g)$ + ऊर्जा ($520.1\ kJ\ mol^{-1}$) $\rightarrow Li^{+}(g) + e^{-}(g)$

**इकाई**– इसे या तो इलेक्ट्रॉन-वोल्ट परमाणु$^{-1}$ या $kcal\ mol^{-1}$ या $kJ\ mol^{-1}$ में व्यक्त किया जाता है।

1 eV परमाणु$^{-1}$ = $23.06\ kcal\ mol^{-1} = 96.5\ kJ\ mol^{-1}$ होता है।

आयनन ऊर्जा को आयनन विभव भी कहते हैं। आयनन ऊर्जा दर्शाता है, कि कितनी आसानी से एक परमाणु से एक इलेक्ट्रॉन को हटाया जा सकता है। स्पष्ट है कि आयनन ऊर्जा का मान जितना छोटा होता है, परमाणु से इलेक्ट्रॉन निकालना उतना ही आसान होता है।

आवश्यक ऊर्जा की आपूर्ति करके एक उदासीन परमाणु से एक से अधिक वैलेंस इलेक्ट्रॉन को हटाया जा सकता है। ऊर्जा का घटता क्रम –

$$IE_4 > IE_3 > IE_2 > IE_1$$

$$M_{(g)} \rightarrow M^{+}_{(g)} + e^{-} \quad IE_1 \text{ (First ionisation energy)}$$

$$M^{+}_{(g)} \rightarrow M^{2+}_{(g)} + e^{-} \quad IE_2 \text{ (Second ionisation energy)}$$

### 5.7.2 कारक जिन पर आयनन ऊर्जा निर्भर करती है

1. परमाणु आवेश
2. परमाणु आकार
3. आंतरिक इलेक्ट्रॉनिक ऑर्बिटल्स की स्क्रीनिंग या परिरक्षण प्रभाव बाहरी इलेक्ट्रॉन पर
4. उप-कोशों का भेदन

### 5.7.3 आयनन ऊर्जा की आवर्ती प्रवृत्तियाँ

इलेक्ट्रॉनों के परिरक्षण के कारण, एक समूह के भीतर तत्वों की आयनीकरण ऊर्जा आमतौर पर ऊपर से नीचे की ओर घटती है। एक अवधि के भीतर तत्वों की आयनीकरण ऊर्जा आमतौर पर बाएं से दाएं की ओर बढ़ जाती है, वैलेंस शेल की स्थिरता के कारण।

## 5.8 इलेक्ट्रॉन बंधुता (EA)

जब किसी इलेक्ट्रॉन को एक उदासीन गैसीय परमाणु में जोड़ा जाता है, तो ऊर्जा की मात्रा निकलती है।

ऋणायन बनाने वाले तत्व को, प्रथम इलेक्ट्रॉन बंधुता कहते हैं। उदाहरण के लिए,

$$A_{(g)} + e^{-} \rightarrow A^{-}_{(g)} + \text{Energy}$$ (इलेक्ट्रॉन बंधुता कहलाती है)

Neutral Atom          Anion

**इकाई**– इसे $kcal\ mol^{-1}$ या इलेक्ट्रॉन वोल्ट (eV) में मापा जाता है। 1 eV = 23.06 किलो कैलोरी मोल$^{-1}$।

**उदाहरण**– जब F परमाणु का एक मोल $F^{-}$ आयनों के एक मोल में परिवर्तित होता है, तो 83 किलो कैलोरी ऊर्जा निकलती है।

$$F_{(g)} + e^{-} \rightarrow F^{-}(g) + 83\ kcal\ mol^{-1}\ (= E.A.)$$

जितनी अधिक ऊर्जा निकलती है, परमाणु की इलेक्ट्रॉन बंधुता का मूल्य उतना ही अधिक होता है। इसी प्रकार उच्चतर EA का मूल्य परमाणु से आयनों का निर्माण आसान होता है और तत्व की ऑक्सीकरण प्रकृति अधिक मजबूत होती है।

### 5.8.1 क्रमिक इलेक्ट्रॉन समानताएं

जब गैसीय परमाणु में पहला इलेक्ट्रॉन जोड़ा जाता है, तो यह एक ऋणात्मक आयन बनाता है और ऊर्जा मुक्त होती है।

प्रक्रिया के दौरान पहली इलेक्ट्रॉन **बंधुता** कहा जाता है। उदाहरण के लिए,

$$O_{(g)} + e^- \rightarrow O^-_{(g)} + E.A_1 \ (= 34.0 \text{ kcal mol}^{-1})$$

अब, यदि एक इलेक्ट्रॉन को एक ऋणात्मक आयन में जोड़ा जाता है, तो यह आयन से एक प्रतिकर्षण बल का अनुभव करता है, परिणामस्वरूप, प्रतिकारक बल को दूर करने के लिए ऊर्जा की आपूर्ति करनी पड़ती है। इस प्रकार, दूसरे इलेक्ट्रॉन को जोड़ने के लिए उसे ऊर्जा मुक्त करने के बजाय ऊर्जा लेने की आवश्यकता होती है और इसे **दूसरी इलेक्ट्रॉन बंधुता** कहा जाता है। उदाहरण के लिए,

$$O^-_{(g)} + e^- + E.A \ (= 168.3 \text{ kcal mol}^{-1}) \rightarrow O^{2-}_{(g)}$$

अतः द्वितीय इलेक्ट्रॉन बंधुता का मान ऋणात्मक होता है। इलेक्ट्रॉनों को एक के बाद एक जोड़ने की घटना, यानी क्रमिक रूप से, क्रमिक इलेक्ट्रॉन बंधुता कहलाती है।

### 5.8.2 कारक जिन पर इलेक्ट्रॉन बंधुता निर्भर करती है

(i) **परमाणु आवेश**– परमाणु आवेश बढ़ने पर इलेक्ट्रॉन **बंधुता** बढ़ती है। यदि आने वाले इलेक्ट्रॉन का परमाणु चार्ज अधिक है, तो यह नियत है के लिए अधिक आकर्षण का अनुभव करेगा।

(ii) **परमाणु का आकार**– परमाणु के आकार में वृद्धि के साथ, नाभिक और आने वाले इलेक्ट्रॉनों के बीच की दूरी बढ़ जाती है और इसके परिणामस्वरूप कम आकर्षण होता है। नतीजतन, इलेक्ट्रॉन **बंधुता** का मूल्य कम हो जाएगा।

(iii) **इलेक्ट्रॉनिक विन्यास**– आधे और पूरी तरह से भरे हुए वैलेंस सब-शेल के स्थिर इलेक्ट्रॉनिक कॉन्फ़िगरेशन वाले तत्व अतिरिक्त इलेक्ट्रॉन को स्वीकार करने की बहुत कम प्रवृत्ति दिखाते हैं और इस प्रकार, कुछ मामलों में इलेक्ट्रॉन बंधुता कम या लगभग शून्य होती है।

(iv) **स्क्रीनिंग और भेदन प्रभाव**– इलेक्ट्रॉन बंधुता का मान उस कक्षक पर भी निर्भर करता है जिसमें इलेक्ट्रॉन भेदन करता है। s-कक्षक में भेदन करने वाले इलेक्ट्रॉन के लिए इलेक्ट्रॉन बंधुता का मान p, d और f कक्षकों से कम होता है। यह s-इलेक्ट्रॉनों की अधिक भेदन शक्ति के कारण है।

### 5.8.3 इलेक्ट्रॉन बंधुता की आवर्ती प्रवृत्तियाँ

यह देखा गया है, कि सामान्य रूप से इलेक्ट्रॉन बंधुता एक आवर्त में बाएं से दाएं बढ़ती है और एक समूह में ऊपर से नीचे की ओर घटती है। आवर्तीता की प्रवृत्ति में देखे गए कुछ अपवाद हैं- समूह 17, समूह 1 के तत्वों की तुलना में बड़े (अधिक नकारात्मक) हैं और समूह 14 में ज्यादा (अधिक नकारात्मक) इलेक्ट्रॉन बंधुता हैं, समूह 15 के तत्वों की तुलना में।

## 5.9 विद्युत ऋणात्मकता

**विद्युत ऋणात्मकता को एक सहसंयोजक अणु में एक परमाणु की क्षमता को साझा इलेक्ट्रॉन जोड़े को अपनी ओर आकर्षित करने की क्षमता के रूप में परिभाषित किया जाता है।** इसे ग्रीक अक्षर $\chi$ (chi) से दर्शाया जाता है।

समान विद्युत ऋणात्मकता वाले दो परमाणुओं (जैसे A और B) द्वारा निर्मित एक सहसंयोजक बंधन पर विचार करें। बंधित इलेक्ट्रॉन युग्म परमाणुओं के बीच समान रूप से साझा होता है और दो परमाणुओं के केंद्र के बीच स्थित होता है। जैसे $H_2$, $N_2$, $Cl_2$

आदि। लेकिन, यदि असमान वैद्युतीयऋणात्मकता के परमाणु एक सहसंयोजक बंधन बनाते हैं, तो इलेक्ट्रॉनों की साझा जोड़ी बिल्कुल बीच में नहीं होती है, बल्कि अधिक विद्युतीयता के पक्ष में स्थानांतरित हो जाती है।

**उदाहरण**– दो परमाणु जो समान नहीं हैं, जैसे, H और Cl, सहसंयोजक यौगिक H: Cl बनाते हैं। क्लोरीन की वैद्युतीयऋणात्मकता हाइड्रोजन की तुलना में अधिक होती है, पहले वाले का इलेक्ट्रॉन युग्म में बाद वाले की तुलना में बड़ा हिस्सा होता है; अणु का क्लोरीन सिरा द्विध्रुव का ऋणात्मक सिरा होता है, अर्थात,

$$\overset{\delta+}{H} - \overset{\delta-}{Cl} \quad \text{or} \quad \overset{\delta+}{H} : \overset{\delta-}{Cl}$$

### 5.9.1 वैद्युतीयऋणात्मकता का मापन

एक यौगिक के प्रतिशत आयनिक गुण और अभिक्रिया में निर्माण की ऊर्जा को मापने के लिए, वैद्युतऋणात्मकता के ये पैमाने प्रचलित हैं, और उपयोग किया जाता है।

(a) मुल्लिकेन स्केल, (b) पॉलिंग स्केल, (c) एलेड और रोचो विधि।

### 5.9.2 विद्युत ऋणात्मकता का अनुप्रयोग

(a) **वैद्युतऋणात्मकता मूल्य और बंध की प्रकृति**– विभिन्न वैद्युतऋणात्मकता के दो परमाणुओं के बीच बनने वाले बंधन की प्रकृति ध्रुवीय इलेक्ट्रोवैलेंट यौगिक बना सकती है।
उदाहरण, Na (0.9) और Cl (3.0) $Na^+$, $Cl^-$ बनाते हैं। जब दो समान परमाणु आपस में जुड़ते हैं, यानी वैद्युतऋणात्मकता मानों में अंतर प्रशंसनीय नहीं होता है, तो वे गैर-ध्रुवीय बनाते हैं।

(b) **विद्युत ऋणात्मकता और यौगिकों का नामकरण**– बाइनरी यौगिकों में, पहले कम इलेक्ट्रोनगेटिव का नाम रखना प्रथागत हो गया है। उदाहरण के लिए, ICl एक इंटरहैलोजन यौगिक है, जिसे आयोडीन क्लोराइड, ICl कहा जाता है।

(c) **एक सहसंयोजक बंधन के आंशिक आयनिक चरित्र की गणना**

(d) **वैद्युतऋणात्मकता अभिक्रिया के हाइड्रोलिसिस तंत्र की भविष्यवाणी** करने में मदद करती है।

(e) **बांड की लंबाई की गणना**– आइए हम बांड दूरी N–O की गणना करें। नाइट्रोजन और ऑक्सीजन परमाणुओं की सहसंयोजक त्रिज्याएँ क्रमशः 0.75 Å और 0.74 Å हैं और N और O की विद्युत ऋणात्मकताएँ क्रमशः 3.0 और 3.5 हैं।

इस प्रकार,

$$D_{N-O} = 0.75 + 0.74 - 0.09\,(3.5 - 3.0) = \mathbf{1.445Å}$$

वास्तविक N–O बांड की लंबाई 1.46Å . है

### 5.9.3 वैद्युतऋणात्मकता की आवर्ती प्रवृत्तियाँ

आवर्त सारणी में, जब हम बाएं से दाएं की ओर बढ़ते हैं, तो परमाणु का आकार धीरे-धीरे कम हो जाता है क्योंकि प्रभावी परमाणु चार्ज में क्रमिक वृद्धि होती है, इसलिए वैद्युतऋणात्मकता भी धीरे-धीरे बढ़ेगी। जबकि, समूह के नीचे से, परमाणु का आकार धीरे-धीरे बढ़ता जाता है, इसका परिणाम यह होता है कि वैद्युतऋणात्मकता में धीरे-धीरे कमी आती है।

## 5.10 ध्रुवणीयता

**ध्रुवणीयता एक माप है,कि किसी विद्युत क्षेत्र द्वारा इलेक्ट्रॉन बादल कितनी आसानी से विकृत हो जाता है**।एक आयन की दूसरे आयन को नष्ट करने की शक्ति को इसकी ध्रुवीकरण शक्ति के रूप में जाना जाता है और विकृत करने की प्रवृत्ति को इसकी ध्रुवीकरण क्षमता के रूप में जाना जाता है।

**उदाहरण** LiI में, बड़ा आयोडाइड आयन, आयन धनात्मक लिथियम आयन की ओर खींचा जाता है। आयोडाइड आयन को **ध्रुवीकृत** कहा जाता है।

ध्रुवीकरण, सहसंयोजक चरित्र के बंध के लिए महत्वपूर्ण होता है। धनायन को ध्रुवीकरण करना चाहिए और आयनों को ध्रुवीकरण होना चाहिए। यदि धनायन दृढ़ता से ध्रुवीकरण कर रहा है, तो आयनों को ध्रुवीकरण होना चाहिए यदि धनायन मध्यम ध्रुवीकरण है, तो आयनों को बहुत ध्रुवीकरण होना चाहिए ।ध्रुवीकरण धनायनों और ध्रुवीकरण आयनों के बीच के बंधनों में महत्वपूर्ण सहसंयोजक चरित्र होते हैं। आयनों की ध्रुवीकरण क्षमता इसके आकार और आवेश दोनों पर निर्भर करती है।

### 5.10.1 निम्न आवेश घनत्व वाले ऋणायन अधिक ध्रुवणीय होते हैं।

समान आवेश वाले ऋणायनों के लिए, बड़ा ऋणायन अधिक हद तक $F^- < Cl^- < Br^- < I^-$ तक ध्रुवीकृत होता है।

समान आकार के आयनों $S^{2-} > Cl^-$ के लिए, अधिक ध्रुवीकरण वाले आयनों में अधिक ऋणात्मक चार्ज होता है। ऐसा इसलिए है क्योंकि एक बड़ा चार्ज प्रोटॉन पर इलेक्ट्रॉनों की अधिकता को इंगित करता है।

**उदाहरण** 1. NaCl की प्रकृति आयनिक क्यों है? और $AlI_3$ सहसंयोजक क्यों है?

**कारण**- सोडियम क्लोराइड, NaCl में कम धनात्मक आवेश (+1), काफी बड़ा धनायन (~1 Å ) और अपेक्षाकृत छोटा आयन (0.2 Å ) होता है, इसलिए यह प्रकृति में आयनिक है। लेकिन एल्युमिनियम आयोडाइड $AlI_3$ में एक उच्च धनात्मक आवेश (+3) और एक बड़ा आयन होता है, इसलिए यह प्रकृति में सहसंयोजक होता है।

### 5.10.2 ध्रुवीकरण बढ़ाना संभव हो जाएगा:

(i) उच्च आवेश और धनायन का छोटा आकार।

(ii) आयनिक क्षमता Å $Z^+/r^+$ (= ध्रुवीकरण शक्ति)

(iii) उच्च आवेश और आयनों का बड़ा आकार।

(iv) एक आयन की ध्रुवीकरण क्षमता उसके इलेक्ट्रॉन बादल की विकृति से संबंधित है।

(v) एक अपूर्ण संयोजकता कोश इलेक्ट्रॉन विन्यास।

(vi) धनायन का अक्रिय गैस विन्यास बेहतर परिरक्षण और कम ध्रुवीकरण शक्ति पैदा करता है।

जैसे– $Hg^{2+}$ ($r^+$ = 102 pm) $Ca^{2+}$ ($r^+$ = 100 pm) की तुलना में अधिक ध्रुवीकरण है।

### 5.10.3 ध्रुवीकरण को प्रभावित करने वाले कारक

ध्रुवीकरण और विभिन्न कारकों जैसे– इलेक्ट्रॉन घनत्व, परमाणु त्रिज्या और आणविक अभिविन्यास के बीच संबंध इस प्रकार है:

1. इलेक्ट्रॉनों की संख्या जितनी अधिक होगी, परमाणु आवेश का आवेश वितरण पर नियंत्रण उतना ही कम होगा, और इस प्रकार परमाणु की ध्रुवीकरण क्षमता में वृद्धि होगी।
2. परमाणु आवेश से इलेक्ट्रॉनों की दूरी जितनी अधिक होगी, आवेश वितरण पर परमाणु आवेश का नियंत्रण उतना ही कम होगा, और इस प्रकार परमाणु की ध्रुवीकरण क्षमता में वृद्धि होगी।
3. एक विद्युत क्षेत्र के संबंध में आणविक अभिविन्यास ध्रुवीकरण (लेबल अभिविन्यास-निर्भर) को प्रभावित कर सकता है, टेट्राहेड्रल, ऑक्टाहेड्रल या इकोसाहेड्रल (लेबल अभिविन्यास-स्वतंत्र) अणुओं को छोड़कर। यह कारक असंतृप्त अणुओं के लिए अधिक महत्वपूर्ण है, जिसमें इलेक्ट्रॉन घने क्षेत्रों के होते हैं, जैसे कि 2, 4-हेक्साडीन। इन अणुओं में सबसे बड़ा ध्रुवीकरण तब प्राप्त होता है जब विद्युत क्षेत्र को अणु के लंबवत के बजाय अणु के समानांतर लागू किया जाता है।

### 5.10.4 ध्रुवीकरण की प्रवृत्ति

एक सामान्य प्रवृत्ति यह है कि अधिक विद्युतीय परमाणुओं के लिए ध्रुवीकरण कम होता है, और कम विद्युतीय परमाणुओं के लिए ध्रुवीकरण क्षमता अधिक होती है।

### रोचक तथ्य

(a) तालिका में चार तत्वों को हाल ही में नामित किया गया था- 28 नवंबर 2016 को, आईयूपीएसी ने निहोनियम (Nh), मोस्कोवियम (Mc), टेनेसीन (Ts) और ओगनेसन (Og) नामक चार तत्वों 113, 115, 117 और 118 के नाम और प्रतीकों को मंजूरी दी ) ।

(b) कुछ तत्वों का नाम प्रसिद्ध वैज्ञानिकों, ग्रहों या पौराणिक आकृतियों के नाम पर रखा गया है-

| क्रमांक | तत्व | के नाम पर |
|---|---|---|
| 1. | आइंस्टीनियम | अल्बर्ट आइंस्टीन |
| 2. | जर्मेनियम, अमेरिकियम और गैलियम | वे स्थान है जहाँ इनकी खोज की गई थी |
| 3. | यूरेनियम | यूरेनस की खोज के बाद |
| 4. | थोरियम | स्कैंडिनेवियाई गड़गड़ाहट के देवता, थोर |
| 5. | टाइटेनियम | ग्रीक टाइटन्स |

## 5.11 ऑक्सीकरण अवस्था

ऑक्सीकरण अवस्था एक संख्या है जो एक रासायनिक संयोजन में एक तत्व को दी जाती है। यह संख्या उन इलेक्ट्रॉनों की संख्या का प्रतिनिधित्व करती है, जो एक परमाणु किसी अन्य तत्व के परमाणु के साथ रासायनिक रूप से बंधने पर प्राप्त कर सकता है, खो सकता है या साझा कर सकता है।

ऑक्सीकरण अवस्था की IUPAC परिभाषा है **"एक परमाणु की ऑक्सीकरण अवस्था उसके विषम नाभिकीय बंधों के आयनिक सन्निकटन के बाद इस परमाणु का आवेश है, और ऑक्सीकरण संख्या शब्द ऑक्सीकरण अवस्था लगभग पर्यायवाची है।"**

ऑक्सीकरण अवस्था/ऑक्सीकरण संख्या, एक रासायनिक यौगिक में एक परमाणु के ऑक्सीकरण (इलेक्ट्रॉनों की हानि) की डिग्री का वर्णन करती है। इसे पूर्णांकों द्वारा दर्शाया जाता है जो धनात्मक, शून्य या ऋणात्मक हो सकते हैं। कुछ मामलों में, किसी तत्व की औसत ऑक्सीकरण अवस्था भिन्न होती है, **जैसे मैग्नेटाइट में लोहे के लिए 8⁄3।**

- इरिडियम टेट्रोक्साइड धनायन **($IrO^{+}$)** में उच्चतम ऑक्सीकरण अवस्था + 9 है।]
- मीथेन में कार्बन के लिए या $[Cr(CO)^{-4}]_4$ में क्रोमियम के लिए निम्नतम ऑक्सीकरण अवस्था – 4 है।

### ऑक्सीकरण अवस्था के नियम

**नियम 1:** कोई भी परमाणु जो अन्य तत्वों के साथ संयुक्त नहीं है, उसकी ऑक्सीकरण अवस्था 0 (शून्य) होती है। Ag (सिल्वर) के लिए OS, 0 है। O (ऑक्सीजन) या $O_2$ के लिए ऑक्सीकरण अवस्था 0 है, जब तक कि यह किसी अन्य तत्व के साथ संयुक्त नहीं है।

**नियम 2:** किसी भी प्रजाति में सभी परमाणुओं की ऑक्सीकरण अवस्था का कुल योग उस प्रजाति के शुद्ध आवेश के बराबर होता है। Ex– उदासीन स्पीशीज़ में, सभी परमाणुओं की ऑक्सीकरण अवस्था का कुल योग 0 होता है। उदा. NaCl के लिए OS का योग 0 है क्योंकि Na = +1 का OS और Cl = –1 का OS है, इसलिए NaCl कुल OS = 0 है।

**नियम 3:** एक यौगिक में, समूह 1 धातु के लिए ऑक्सीकरण अवस्था +1 है और समूह 2 धातु के लिए ऑक्सीकरण अवस्था +2 है। उदा. NaCl में, Na की ऑक्सीकरण अवस्था +1 है क्योंकि यह समूह 1 क्षार धातु है। ऑक्सीकरण अवस्थाओं का योग 0

(नियम 2) बनाने के लिए Cl की ऑक्सीकरण संख्या –1 होगी। $MgCl_2$ में, Mg की ऑक्सीकरण अवस्था +2 है, क्योंकि यह एक समूह 2 क्षारीय पृथ्वी धातु है। Cl की ऑक्सीकरण अवस्था –1 होगी, और चूंकि 2 Cl परमाणु हैं, इसलिए प्रजातियों का समग्र आवेश फिर से 0 (नियम 2) होगा।

**नियम 4: एक यौगिक में फ्लोरीन की ऑक्सीकरण अवस्था –1 होती है।**

**उदा.** HF, $SF_6$ में F का OS, –1 है।

**नियम 5: किसी यौगिक में हाइड्रोजन की ऑक्सीकरण अवस्था +1 होती है।**

**उदा.** HI, $CH_4$, $NH_4$ + में H का OS, +1 है।

**नियम 6:** किसी यौगिक में ऑक्सीजन की ऑक्सीकरण अवस्था –2 होती है।

**उदा.** $OH^-$, $H_2O$, $CO_3^{2-}$ में ऑक्सीजन का OS, –2 होता है।

**नियम 7:** धातुओं के साथ दो-तत्व यौगिकों में, समूह 15(3A) तत्वों की ऑक्सीकरण अवस्था –3, समूह 16(6A) तत्वों की ऑक्सीकरण अवस्था –2 होती है, और समूह 17(7A) के तत्वों में ऑक्सीकरण अवस्था –1 होती है।

## 5.12 समन्वय संख्या और ज्यामिति

एक केंद्रीय धातु परमाणु या आयन को समन्वय केंद्र कहा जाता है और इसके आसपास के अणुओं या आयनों को लिगैंड के रूप में जाना जाता है, संयुक्त रूप से उन्हें समन्वय संकुल के रूप में जाना जाता है। केंद्रीय परमाणु या आयन आमतौर पर, संक्रमण धातु या आंतरिक संक्रमण धातु होते हैं, जो इलेक्ट्रॉनों को दान करते हैं। लिगैंड इलेक्ट्रॉन घाटे वाले समूह या आयन हैं, जो इलेक्ट्रॉनों को स्वीकार करते हैं।

**समन्वय संख्या (C.N.)**– "एक समन्वय संख्या एक केंद्रीय परमाणु के चारों ओर आयनों और परमाणुओं की संख्या है, या एक अणु में केंद्रीय तत्व के लिए लगाव स्थानों की कुल संख्या है।"

इस प्रकार, "समन्वय संख्या किसी यौगिक के केंद्रीय धातु परमाणु से बंधे हुए अणु में परमाणुओं का योग है।" C.N. 2 से 16 तक होता है लेकिन आमतौर पर 6 होता है।

**तालिका 5.1: धातु आयनों की समन्वय संख्या**

| उदाहरण | धातु परमाणु | समन्वय संख्या |
|---|---|---|
| $[Mo(CN)_8]_4$ and $[Sr(H_2O)_8]_2$ | Mo, Sr | 8 |
| $[ZrF_7]_3^-$ | Zr | 7 |
| $Fe(CN)_6^{4-}$, $Co(NH3)_6^{3+}$ and $Ni(NH_3)_6^{2+}$ | $Fe^{2+}$, $Co^{3+}$, $Ni^{2+}$ | 6 |
| $[Zn(CN)_4]^{2-}$, $[Cu(CN)_4]^{3-}$, and $[Ni(CN)_4]^{4-}$ | Zn, Cu, Ni | 4 |
| $[Ag(NH_3)_2]^+$, $[AuCl_2]^-$, and $[HgCl_2]$ | Ag, Au, Hg | 2 |
| $[AlCl_4]^-$ | $Al^{3+}$ | 4 |
| $[AlF_6]^{3-}$ | $Al^{3+}$ | 6 |

**उदाहरण**– $[Ag(NH_3)_2]^+$ में सिल्वर आयन के लिए समन्वय संख्या दो है:

### 5.12.1 समन्वय संख्या की गणना कैसे करें?

यहां एक समन्वय यौगिक की समन्वय संख्या की पहचान करने के चरण दिए गए हैं।

- रासायनिक सूत्र में केंद्रीय परमाणु की पहचान करें। आमतौर पर, यह एक संक्रमण धातु होता है।

- केंद्रीय धातु परमाणु के निकटतम परमाणु, अणु या आयन का पता लगाएँ। ऐसा करने के लिए, समन्वय यौगिक के रासायनिक सूत्र में सीधे धातु प्रतीक के बगल में अणु या आयन खोजें। यदि केंद्रीय परमाणु सूत्र के बीच में है, तो दोनों तरफ पड़ोसी परमाणु/अणु/आयन होंगे।
- निकटतम परमाणु/अणु/आयनों के परमाणुओं की संख्या जोड़ें। केंद्रीय परमाणु केवल एक अन्य तत्व से बंधा हो सकता है, लेकिन आपको अभी भी सूत्र में उस तत्व के परमाणुओं की संख्या नोट करने की आवश्यकता है। यदि केंद्रीय परमाणु सूत्र के बीच में है, तो आपको पूरे अणु में परमाणुओं को जोड़ना होगा।
- निकटतम परमाणुओं की कुल संख्या ज्ञात कीजिए। यदि धातु में दो बंधित परमाणु हैं, तो दोनों संख्याओं को एक साथ जोड़ दें।
- एक विशिष्ट समन्वय संख्या वाले कॉम्प्लेक्स में कई संभावित ज्यामिति का विकल्प होगा (यानी, समन्वय संख्या और ज्यामिति के बीच एक-से-एक समानता नहीं है)। आइए चर्चा करें

**समन्वय संख्या 2**

पहली पंक्ति संक्रमण धातु आयन संकुलों के लिए यह व्यवस्था बहुत आम नहीं है और कुछ सबसे प्रसिद्ध उदाहरण सिल्वर (I) के लिए हैं। आबंध कोण = 180°। आकार – रैखिक **उदा.**– $[Ag(CN)_2]^-$, $[Cu(CN)_2]^-$

Linear $ML_2$

**समन्वय संख्या 4**

दो अलग-अलग ज्यामिति संभव टेट्राहेड्रोन और स्क्वायर प्लानर हैं। चतुष्फलक अधिक सामान्य है जबकि वर्गाकार तलक लगभग अनन्य रूप से धातु आयनों के साथ $d^8$ इलेक्ट्रॉनिक विन्यास के साथ पाया जाता है।

**टेट्राहेड्रल ज्यामिति:** टेट्राहेड्रल C परमाणु के आसपास केंद्रित अणुओं की कार्यशीलता कार्बनिक पाठ्यक्रमों में शामिल है। बड़ी संख्या में टेट्राहेड्रल कोबाल्ट (II) संकुल ज्ञात हैं। आबंध कोण = 109°28'

उदाहरण: $[Zn(Cl_4)]^{2-}$, $[Hg(CN)_4]^{2-}$, $[Ni(CO)_4]^0$

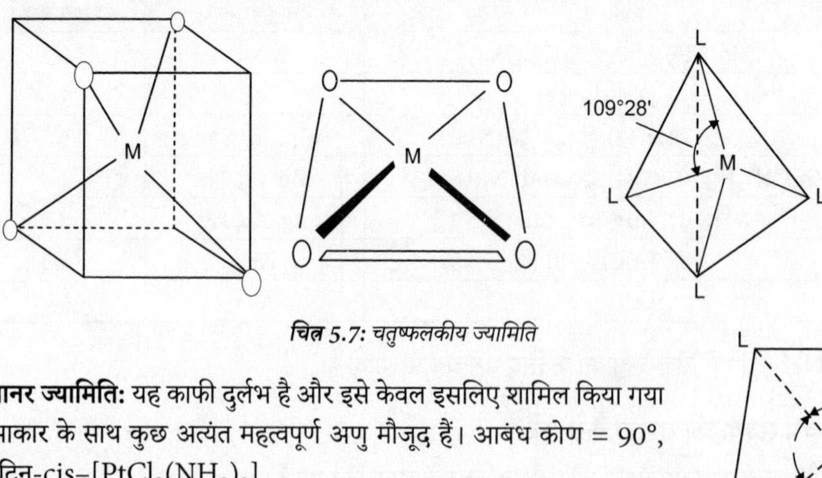


*चित्र 5.7: चतुष्फलकीय ज्यामिति*

**स्क्वायर प्लानर ज्यामिति:** यह काफी दुर्लभ है और इसे केवल इसलिए शामिल किया गया है क्योंकि इस आकार के साथ कुछ अत्यंत महत्वपूर्ण अणु मौजूद हैं। आबंध कोण = 90°, उदाहरण सिस्प्लैटिन-cis–$[PtCl_2(NH_3)_2]$

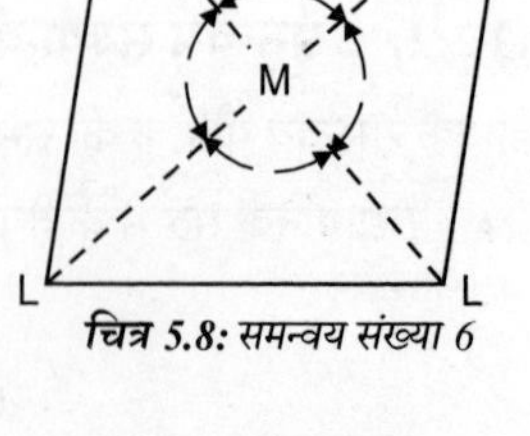


*चित्र 5.8: समन्वय संख्या 6*

**स्क्वायर प्लानर ज्यामिति**

यह संक्रमण धातुओं द्वारा गठित सबसे आम है।

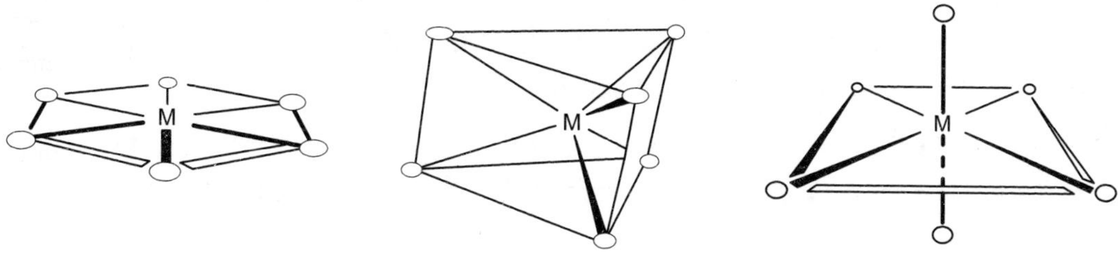


**समकोण योजनाकार** **त्रिकोणीय प्रिज्म** **अष्टभुजाकार**

*चित्र 5.9: ज्यामिति समन्वय संख्या 6 की*

- **षट्कोणीय तलीय ज्यामिति:** प्रथम पंक्ति संक्रमण धातु आयनों के लिए अज्ञात हैं, हालांकि एक तल में छह समूहों की व्यवस्था कुछ उच्च समन्वय संख्या ज्यामिति में पाई जाती है।
- **ट्राइगोनल प्रिज्म ज्यामिति:** अधिकांश ट्राइगोनल प्रिज्मीय यौगिकों में तीन बाइडेंटेट लिगैंड होते हैं,जैसे डाइथियोलेट्स या ऑक्सालेट्स और कुछ पहली पंक्ति संक्रमण धातु आयनों के लिए जाने जाते हैं।
- **अष्टफलकीय ज्यामिति** : सभी Aqua आयनों सहित पहली पंक्ति संक्रमण धातु आयनों के लिए सबसे सामान्य ज्यामिति पाई जाती है। कुछ मामलों में विकृतियां देखी जाती हैं। Ex $[Co(en)_3]Cl_3$ और $[CoCO_3(NH_3)_5]^+$

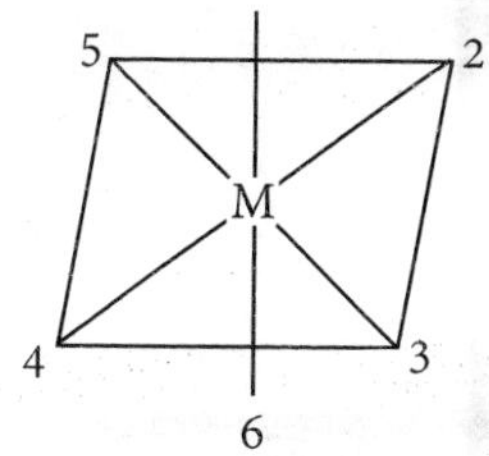


$ML_6$ Octahedral

*आकृती.5.10: ऑक्टाहेड्रल भूमिती*

इस प्रकार किसी भी अणु की निर्देशांक संख्या की सहायता से हम उस अणु के आकार का अनुमान लगा सकते हैं। अणु की अंतिम ज्यामिति CFT द्वारा निर्धारित और पुष्टि की जाती है जिसे हम इकाई 1 में पहले ही सीख चुके हैं।

## अनुप्रयोग

- उद्योगों और प्रयोगशालाओं में रसायनों के संश्लेषण के दौरान समन्वय यौगिकों का मुख्य रूप से उत्प्रेरक के रूप में उपयोग किया जाता है।
- इन यौगिकों में रंग के विशेष गुण होते हैं, जिनका उपयोग औद्योगिक उत्पादों की पहचान और विज़ुअलाइज़ेशन में किया जाता है।

## 5.13 हार्ड और सॉफ्ट एसिड और बेस (HSAB)

हार्ड एंड सॉफ्ट एसिड और बेस (HSAB) थ्योरी धातु संकुलओं की स्थिरता और उनकी अभिक्रियाओं के तंत्र की व्याख्या करने के लिए राल्फ पियर्सन द्वारा पेश की गई एक गुणात्मक अवधारणा है।

- **HSAB सिद्धांत:** इस अवधारणा के अनुसार, हार्ड एसिड आयनिक कॉम्प्लेक्स देने के लिए हार्ड बेस के लिए बाध्यकारी पसंद करते हैं, जबकि सॉफ्ट एसिड सहसंयोजक संकुलों को देने के लिए सॉफ्ट आधारों के लिए बाध्यकारी पसंद करते हैं।
- हार्ड एसिड और हार्ड बेस के बीच बड़े वैद्युतऋणात्मकता अंतर मजबूत आयनिक इंटरैक्शन को जन्म देते हैं।

- सॉफ्ट एसिड और सॉफ्ट बेस की वैद्युतऋणात्मकता लगभग समान होती है और इसलिए इनमें आयनिक इंटरैक्शन कम होता है। यानी, उनके बीच की बातचीत अधिक सहसंयोजक है।
- **हार्ड एसिड** - सॉफ्ट बेस या सॉफ्ट एसिड - हार्ड बेस के बीच की बातचीत ज्यादातर ध्रुवीय सहसंयोजक होती है और अधिक अभिक्रियाशील या कम स्थिर होती है। ध्रुवीय सहसंयोजक यौगिक आसानी से या तो अधिक आयनिक या अधिक सहसंयोजक यौगिक बनाते हैं यदि उन्हें अभिक्रिया करने की अनुमति दी जाती है।

लुईस एसिड और बेस को आगे हार्ड या सॉफ्ट या बॉर्डर लाइन प्रकारों में विभाजित किया जा सकता है।

संक्षेप में, कठोर अम्ल और क्षार छोटे और गैर-ध्रुवीय होते हैं, जबकि सॉफ्ट अम्ल और क्षार बड़े और अधिक ध्रुवीकरण योग्य होते हैं।

हार्ड और सॉफ्ट एसिड, बेस और बॉर्डरलाइन एसिड और बेस की विशेषताओं को सारणी 5.2 में संक्षेपित किया गया है।

**तालिका 5.2: हार्ड, सॉफ्ट और बॉर्डरलाइन एसिड और बेस के लक्षण**

| अम्ल/क्षार का प्रकार | विशेषताएँ | उदाहरण |
|---|---|---|
| हार्ड एसिड | * छोटे आयनिक त्रिज्या के परमाणु केंद्र (<90 pm)।<br>* उच्च धनात्मक चार्ज।<br>* अपने संयोजकता कोश में रिक्त कक्षक।<br>* कम वैद्युतऋणात्मकता (0.7 – 1.6) और कम इलेक्ट्रॉन बंधुता।<br>* दृढ़ता से हल होने की संभावना है।<br>* उच्च ऊर्जा LUMO। | $H^+$, $Li^+$, $Na^+$, $K^+$, $Be^{2+}$, $Mg^{2+}$, $Ca^{2+}$, $Sr^{2+}$, $Sn^{2+}$<br>$Al^{3+}$, $Ga^{3+}$, $In^{3+}$, $Cr^{3+}$, $Co^{3+}$, $Fe^{3+}$, $Ir^{3+}$, $La^{3+}$, $Si^{4+}$, $Ti^{4+}$, $Zr^{4+}$, $Th^{4+}$, $VO^{2+}$, $UO_2^{2+}$<br>$BeMe_2$, $BF_3$, $BCl_3$, $B(OR)_3$, $AlMe_3$ |
| सॉफ्ट एसिड | * बड़ी त्रिज्या (> 90 बजे)।<br>* कम या आंशिक धनात्मक चार्ज।<br>* अपने संयोजकता कोशों में पूर्णतः भरे हुए कक्षक।<br>* इंटरमीडिएट वैद्युतऋणात्मकताज (2.5-1.9)<br>* LUMO गुणांक के बड़े परिमाण के साथ कम ऊर्जा LUMO। | $Cu^+$, $Ag^+$, $Au^+$, $Hg^+$, $Cs^+$, $Tl^+$, $Hg^{2+}$, $Pd^{2+}$, $Cd^{2+}$, $Pt^{2+}$<br>Metal atoms in zero oxidation states |
| बॉर्डरलाइन एसिड | | $Fe^{2+}$, $Co^{2+}$, $Ni^{2+}$, $Cu^{2+}$, $Zn^{2+}$, $Pb^{2+}$, $B(CH_3)_3$, $SO_2$, $NO^+$ |
| हार्ड बेस | छोटी त्रिज्या (लगभग 120pm) और अत्यधिक घुलनशील।<br>* विद्युत ऋणात्मक परमाणु केंद्र (3.0-4.0)।<br>* कमजोर ध्रुवीकरण।<br>* ऑक्सीकरण होना मुश्किल है।<br>* उच्च ऊर्जा HOMO। | $H_2O$, $OH^-$, $F^-$, $Cl^-$, $CH_3CO_{2-}$, $PO_4^{3-}$, $SO^{2-}$, $CO^{2-}$, $N_3O^-$, $ClO_3^-$, ROH, $R_4O^-$, $R_2O$, $NH_3$, $RNH_2$, $N_2H_4$ |
| सॉफ्ट बेस | मध्यवर्ती विद्युत ऋणात्मकता (2.5–3.0) के साथ बड़े परमाणु (> 170 अपराह्न)।<br>* उच्च ध्रुवीकरण<br>* आसानी से ऑक्सीकरण से गुजरना<br>* कम ऊर्जा वाले HOMO लेकिन बड़े परिमाण वाले HOMO गुणांक। | RSH, $RS^-$, $R_2S$, $I^-$, $CN^-$, $SCN^-$, $S_2O_3^-$, $R_3P$, $R_3As$, $(RO)_3P$, RNC, CO, $C_2H_4$, $C_6H_6$, $R^-$, $H^-$ |
| बॉर्डरलाइन बेस | | Aniline, pyridine, $N^-$, $Br^-$, $NO_2^-$, $SO_3^{2-}$, $N_2$ |

### HSAB सिद्धांत के उपयोग

1. **हाइड्रोजन बॉन्डिंग का अनुप्रयोग:** $H_2O$, $NH_3$ और HF के मामलों में मजबूत हाइड्रोजन बॉन्ड संभव है, क्योंकि डोनर परमाणु (F, O & N) हार्ड लेविस बेस होते हैं और आंशिक रूप से धनात्मक चार्ज H के साथ उनकी अर्न्तक्रिया होती है, जो कि एक कठिन एसिड, मजबूत हैं।
2. **धातु के परमाणुओं के साथ उभयलिंगी लिगैंड का जुड़ाव:** उभयलिंगी लिगैंड, $SCN^-$ में बंध के लिए दो छोर होते हैं। यह बंध सकता है, या तो S छोर द्वारा या N छोर द्वारा। बॉन्डिंग मोड को HSAB सिद्धांत का उपयोग करके निर्धारित किया जा सकता है। यह सल्फर परमाणु (सॉफ्ट बेस) के माध्यम से बंधता है, जब यह एक सॉफ्ट एसिड $Pt^{2+}$ से जुड़ा होता है। हालाँकि यह नाइट्रोजन परमाणु (एक हार्ड बेस) के माध्यम से बंध जाता है, जब इसे $Cr^{3+}$, एक कठोर अम्ल से जोड़ा जाता है।
3. **कार्बनिक अभिक्रियाओं में साइट वरीयता:** RCOX एक कठोर एसिड है और $SCN^-$ आयन के नाइट्रोजन के अंत के साथ एक एसाइल आइसोथियोसाइनेट बनाने के लिए अभिक्रिया करता है।

   $SCN^-$ आयन एक एसाइल आइसोथियोसाइनेट बनाने के लिए।

   $$CH_3\,COX + SCN^- \xrightarrow{-X^-} RC(O)NCS$$

   जबकि सॉफ्ट मिथाइल समूह सल्फर परमाणु से बंध जाता है और मिथाइल थायोसाइनेट बनाता है।

   $$CH_3\,X + SCN^- \xrightarrow{-X^-} CH_3\,SCN$$

4. **अकार्बनिक अभिक्रियाएं:** कुछ अभिक्रियाओं के परिणाम की भविष्यवाणी करने के लिए एचएसएबी सिद्धांत का उपयोग किया जाता है।

   (a) निम्नलिखित अभिक्रिया संभव है, क्योंकि जैसा किAs, P से सॉफ्ट है और $I^-$ $F^-$ से सॉफ्ट है।

   $$AsF_3 + PI_3 \longrightarrow AsI_3 + PF_3$$

   याद रखें कि As और P दोनों सॉफ्ट हैं लेकिन अपेक्षाकृत As सॉफ्ट हैं।

   (b) निम्नलिखित अभिक्रिया संभव है क्योंकि $Mg^{2+}$, $Ba^{2+}$ की तुलना में कठोर अम्ल है और $O^{2-}$, $S^{2-}$ की तुलना में कठोर बेस है।

   $$MgS + BaO \longrightarrow MgO + BaS$$

5. **वर्षा अभिक्रियाएँ:** सॉफ्ट अम्ल जैसे $Ag^+$, $Hg^+$, $Hg^{2+}$ आदि, और सीमा रेखा अम्ल जैसे $Fe^{2+}$, $Ni^{2+}$, $Cu^{2+}$, $Zn^{2+}$, $Pb^{2+}$ आदि, सल्फाइड के रूप में उनके जलीय घोल से अवक्षेपित हो सकते हैं क्योंकि $S^{2-}$ आयन एक सॉफ्ट बेस है।

## 5.14 आण्विक ज्यामिति

आणविक ज्यामिति एक अणु का निर्माण करने वाले परमाणुओं की त्रि-आयामी व्यवस्था है।

यह किसी पदार्थ के कई गुणों को प्रभावित करता है जिसमें उसकी अभिक्रियाशीलता, ध्रुवता, पदार्थ का अवस्था, रंग, चुंबकत्व और जैविक गतिविधि शामिल हैं।

### आणविक ज्यामिति का निर्धारण

आणविक ज्यामिति को विभिन्न स्पेक्ट्रोस्कोपिक विधियों और विवर्तन विधियों द्वारा निर्धारित किया जा सकता है।

- **अवरक्त, माइक्रोवेव और रमन स्पेक्ट्रोस्कोपी** इन तकनीकों द्वारा पता लगाए गए कंपन और घूर्णी अवशोषण के विवरण से अणु ज्यामिति के बारे में जानकारी दे सकते हैं।
- **एक्स-रे क्रिस्टलोग्राफी, न्यूट्रॉन विवर्तन** और इलेक्ट्रॉन विवर्तन नाभिक और इलेक्ट्रॉन घनत्व की एकाग्रता के बीच की दूरी के आधार पर क्रिस्टलीय ठोस के लिए आणविक संरचना दे सकते हैं।
- **NMR स्पेक्ट्रोस्कोपी** का उपयोग सापेक्ष दूरी, डायहेड्रल कोण, कोण और कनेक्टिविटी सहित पूरक जानकारी निर्धारित करने के लिए किया जा सकता है।

## आणविक संरचना के प्रकार

एक बंधन कोण दो आसन्न बंधों के बीच का ज्यामितीय कोण है। समझने और तुलना करने में आसानी के लिए आणविक संरचना को नीचे दी गई तालिका के रूप में संक्षेपित किया जा सकता है। जब सभी प्रतिस्थापन x समान होते हैं, तो छायांकित, वर्ग ज्यामिति का प्रतिनिधित्व करते हैं, जो गैर-ध्रुवीय अणु देते हैं।

**तालिका 5.3: नीचे दी गई तालिका में आणविक और इलेक्ट्रॉन-युग्म ज्यामिति और आकार का सारांश दिया गया है-**

| कुल संख्या के समूह के ē | इलेक्ट्रॉन जोड़ी ज्यामिति (संकरण) | अनुमानित बॉन्ड कोण | अनुमानित बंधों के दिशाओं की संख्या (X की संख्या) | अकेले जोड़े की संख्या ($e^-$ की संख्या) | ज्यामिति का नाम (VSEPR वर्ग) | आकार | उदाहरण |
|---|---|---|---|---|---|---|---|
| 2 | रैखिक (sp) | 180° | 2 | 0 | **रैखिक** ($AX_2$) | | $BeH_2$, $CO_2$ |
| 3 | त्रिकोण तलीय ($sp^2$) | 120° | 3 | 0 | **त्रिकोण तलीय** ($AX_3$) | 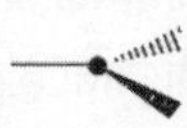 | $BF_3$, $NO_3^-$ |
| | | | 2 | 1 | **मुड़ा हुआ** ($AX_2E$) | | |
| 4 | चतुष्फलकीय ($sp^3$) | 109.5° | 4 | 0 | **चतुष्फलकीय** ($AX_4$) |  | $CH_4$ |
| | | | 3 | 1 | **त्रिकोणीय पिरामिड** ($AX_3E$) |  | $NH_3$ |
| | | | 2 | 2 | **मुड़ा हुआ** ($AX_2E_2$) | | $H_2O$ |
| 5 | त्रिकोणीय द्विपिरामिड ($sp^3d$) | 120° (in plane) & 90° (above & below) | 5 | 0 | **त्रिकोणीय द्विपिरामिड** ($AX_5$) |  | $PCl_5$ |
| | | | 4 | 1 | **सीसॉ** ($AX_4E$) |  | $SF_3$ |
| | | | 3 | 2 | **T-के आकार का** ($AX_3E_2$) | | $ClF_3$ |
| | | | 2 | 3 | **रैखिक** ($AX_2E_3$) | | $XeF_2$ |

| | | | | | | | |
|---|---|---|---|---|---|---|---|
| 6 | अष्टभुजाकार ($sp^3d^2$) | 90° | 6 | 0 | **अष्टफलक** ($AX_6$) |  | $SF_6$ |
| | | | 5 | 1 | **वर्ग पिरामिडल** ($AX_5E$) | 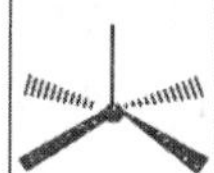 | $BrF_5$ |
| | | | 4 | 2 | **वर्ग समतलीय** ($AX_4E_2$) | 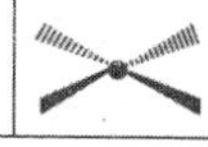 | $XeF_4$ |

**नोटः** मुड़े हुए आणविक ज्यामिति के लिए जब इलेक्ट्रॉन-जोड़ी ज्यामिति त्रिकोणीय तलीय होती है, तो बंधन कोण 120° से थोड़ा कम, लगभग 118° होता है । त्रिकोणीय पिरामिड ज्यामिति के लिए बंधन कोण 109.5° से थोड़ा कम लगभग 107° है । मुड़े हुए आणविक ज्यामिति के लिए जब इलेक्ट्रॉन-जोड़ी ज्यामिति चतुष्फलकीय होती है, बंध कोण लगभग 105° होता है।

**दैनिक जीवन में उपयोग**

- समन्वय यौगिक जानवरों और पौधों के जीवन में महत्वपूर्ण भूमिका निभाते हैं। वे ऑक्सीजन के भंडारण और परिवहन में, इलेक्ट्रॉन हस्तांतरण एजेंट के रूप में, उत्प्रेरक के रूप में और प्रकाश संश्लेषण में आवश्यक हैं। हीमोग्लोबिन लौह धातु का एक प्रसिद्ध उदाहरण है।
- बॉयलर उद्योग में पानी में मौजूद कठोरता एक बड़ी समस्या है। इसे EDTA मेटल कॉम्प्लेक्स द्वारा हटाया जाता है।
- हम नई सामग्री के तेजी से विकास के युग में रह रहे हैं। सामग्रियों की संरचना और संरचना की पहचान करने के लिए तत्वों के गुणों में आवधिक भिन्नता का व्यापक रूप से उपयोग किया गया है।
- ये क्रिस्टल सामग्री के विभिन्न भौतिक गुणों जैसे अतिचालकता, इलेक्ट्रॉनिक ध्रुवीकरण, लोचदार मापांक और कठोरता आदि की मात्रात्मक रूप से गणना करने में अत्यधिक सहायक होते हैं।

## सारांश

- **प्रभावी नाभिकीय आवेश** - प्रभावी नाभिकीय आवेश वह शुद्ध आवेश होता है जो एक इलेक्ट्रॉन एक परमाणु में कई इलेक्ट्रॉनों के साथ अनुभव करता है, $Z_{eff} = Z - S$.
- भेदन/ भेदन से तात्पर्य है कि इलेक्ट्रान कितनी प्रभावी रूप से नाभिक के करीब पहुंच सकते हैं। विभिन्न ऑर्बिटल्स में दूसरों की तुलना में अधिक परमाणु भेदन होता है।
- ऑर्बिटल्स में इलेक्ट्रॉनों को भरने का क्रम -1s, 2s, 2p, 3s, 3p, 4s, 3d, 4p, 5s, 4d, 5p, 6s, 4f, 5d, 6p, 7s, 5f, 6d, 7p
- **पाउली अपवर्जन सिद्धांतः** एक परमाणु में किसी भी दो इलेक्ट्रॉनों की सभी चार क्वांटम संख्याएँ बिल्कुल समान नहीं हो सकती हैं।
- **हंड का नियमः** ऑर्बिटल्स में इलेक्ट्रॉनों को असाइन करते समय, प्रत्येक इलेक्ट्रॉन पहले सभी ऑर्बिटल्स को समान ऊर्जा (जिसे डीजनरेट भी कहा जाता है) से भरेगा और फिर आधे भरे ऑर्बिटल में दूसरे इलेक्ट्रॉन के साथ पेयर करेगा।
- **औफबौ सिद्धांतः** इस सिद्धांत के अनुसार, इलेक्ट्रॉन सबसे पहले सबसे कम ऊर्जा वाले कक्षकों पर कब्जा करेंगे।
- तत्वों को उनके इलेक्ट्रॉनिक विन्यास के अनुसार वर्गीकृत किया जा सकता है s,p,d और f-block तत्व हैं

- **परमाणु त्रिज्या** - इसलिए, परमाणु आकार को आमतौर पर गोले की त्रिज्या या नाभिक के केंद्र और इलेक्ट्रॉनों के सबसे बाहरी कोश के बीच की दूरी के रूप में व्यक्त किया जाता है।
- **परमाणु त्रिज्या के प्रकार** - (i) सहसंयोजक त्रिज्या (ii) धात्विक त्रिज्या (iii) वांडरवाल की त्रिज्या (iv) आयनिक त्रिज्या
- **आयनन ऊर्जा** - परमाणु में इलेक्ट्रॉन धनावेशित नाभिक द्वारा आकर्षित होते हैं। एक परमाणु से एक इलेक्ट्रॉन को निकालने के लिए ऊर्जा की आपूर्ति करनी पड़ती है।

$$IE_3 > IE_2 > IE_1$$

- **इलेक्ट्रॉन बंधुता** - जब किसी तत्व के तटस्थ गैसीय परमाणु में एक इलेक्ट्रॉन जोड़कर ऋणायन बनाने के लिए ऊर्जा की मात्रा को मुक्त किया जाता है, तो इसे पहली इलेक्ट्रॉन बंधुता कहा जाता है।
- **वैद्युतऋणात्मकता** - वैद्युतऋणात्मकता को एक सहसंयोजक अणु में एक परमाणु की क्षमता को साझा इलेक्ट्रॉन जोड़े को अपनी ओर आकर्षित करने की क्षमता के रूप में परिभाषित किया गया है।
- **ध्रुवीकरण** - एक आयन की दूसरे आयन को नष्ट करने की शक्ति को उसकी ध्रुवीकरण शक्ति के रूप में जाना जाता है, और आयन को आयन की ओर विकृत करने की प्रवृत्ति को इसकी ध्रुवीकरण क्षमता के रूप में जाना जाता है।
- **ऑक्सीकरण अवस्था** – एक ऑक्सीकरण अवस्था एक संख्या है जो एक रासायनिक संयोजन में एक तत्व को सौंपी जाती है। यह संख्या उन इलेक्ट्रॉनों की संख्या का प्रतिनिधित्व करती है जो एक परमाणु किसी अन्य तत्व के परमाणु के साथ रासायनिक रूप से बंधने पर प्राप्त कर सकता है, खो सकता है या साझा कर सकता है।
- **समन्वय संख्या** - समन्वय संख्या किसी यौगिक के केंद्रीय धातु परमाणु से बंधे किसी दिए गए अणु में परमाणुओं का योग है। समन्वय संख्या आमतौर पर 2 से 16 तक होती है लेकिन आमतौर पर 6 होती है।
- **समन्वय संख्या ज्यामिति** - समन्वय संख्या 2 – रैखिक, समन्वय संख्या 4 – चतुष्फलकीय, वर्ग तलीय, समन्वय संख्या 6 – षट्कोणीय तलीय, त्रिकोणीय प्रिज्म, अष्टफलक।
- **हार्ड और सॉफ्ट एसिड और बेस** – एचएसएबी अवधारणा के अनुसार, हार्ड एसिड आयनिक कॉम्प्लेक्स देने के लिए हार्ड बेस के लिए बाध्यकारी पसंद करते हैं, जबकि सॉफ्ट एसिड कोवेलेंट कॉम्प्लेक्स देने के लिए सॉफ्ट बेस से बाध्यकारी पसंद करते हैं।
- HSAB **सिद्धांत के अनुप्रयोग**

  (a) हाइड्रोजन आबंधन में अनुप्रयोग
  (b) धातु के परमाणुओं से उभयलिंगी लिगैंड का जुड़ाव
  (c) कार्बनिक अभिक्रियाओं में साइट वरीयता
  (d) अकार्बनिक अभिक्रियाएं
  (e) अवक्षेपण अभिक्रियाएं
- **आणविक ज्यामिति** – आणविक ज्यामिति एक अणु का निर्माण करने वाले परमाणुओं की त्रि-आयामी व्यवस्था है। यह किसी पदार्थ के कई गुणों को प्रभावित करता है जिसमें उसकी अभिक्रियाशीलता, ध्रुवता, रंग, चुंबकत्व और जैविक गतिविधि शामिल हैं।

## अभ्यास

### विषयात्मक प्रश्न

1. आवर्त गुणों से आप क्या समझते हैं ? चार आवर्त गुणों के नाम लिखिए तथा इन गुणों को प्रभावित करने वाले कारकों का विस्तार से वर्णन कीजिए।
2. आयनन विभव को परिभाषित करें? इसकी आवधिकता और इसे प्रभावित करने वाले कारकों का वर्णन कीजिए। इसके मापन की विद्युत विधि का वर्णन कीजिए।

3. इलेक्ट्रॉन बंधुता की व्याख्या करें? आवर्त सारणी में इसकी आवर्तता का वर्णन कीजिए। इलेक्ट्रॉन बंधुता को प्रभावित करने वाले कारकों का वर्णन कीजिए।
4. विद्युत ऋणात्मकता से आप क्या समझते हैं? आवर्त सारणी में इसकी आवर्तता दर्शाइए। इसे प्रभावित करने वाले कारकों का वर्णन कीजिए।
5. विद्युत ऋणात्मकता और इलेक्ट्रॉन बंधुता के बीच अंतर करें। विद्युत ऋणात्मकता का अनुप्रयोग दीजिए।
6. समन्वय संख्या क्या है? यह कैसे गणना कर सकता है? धातु संकुल का एक साफ-सुथरा चित्र बनाएं जिसमें अष्टफलकीय ज्यामिति हो।
7. इलेक्ट्रॉन का अकेला युग्म धातु संकुल की ज्यामिति को कैसे प्रभावित करता है? अपनी पसंद का कोई उपयुक्त उदाहरण लेते हुए एकाकी युग्म इलेक्ट्रॉन की भूमिका स्पष्ट कीजिए।
8. ध्रुवीकरण को परिभाषित करें और उन कारकों पर चर्चा करें जो अणु के ध्रुवीकरण को प्रभावित करते हैं।
9. निम्नलिखित कारण देते हुए स्पष्ट करें:
   (i) किसी धातु के लिए द्वितीय आयनन विभव का मान प्रथम आयनीकरण क्षमता के मान से अधिक क्यों होता है?
   (ii) आकार में क्लोराइड आयन क्लोरीन परमाणु से बड़ा होता है, जबकि सोडियम आयन सोडियम परमाणु से छोटा होता है।
   (iii) आवर्त सारणी के आवर्त में जब हम बायें से दायें जाते हैं तो विद्युत ऋणात्मकता का परिमाण बढ़ जाता है।
   (iv) आम तौर पर आवर्त सारणी के समूह में ऊपर से नीचे जाने पर इलेक्ट्रॉन बंधुता का परिमाण कम हो जाता है।
10. आवर्त सारणी में निम्नलिखित गुण कैसे भिन्न होते हैं?
   (i) आयनीकरण ऊर्जा (ii) परमाणु त्रिज्या
   (iii) वैद्युतीयऋणात्मकता।
11. निम्न की ऑक्सीकरण अवस्था ज्ञात कीजिए
   (i) $C_2H_3O_2^-$ में C (ii) $MoO_2$ में Mo
   (iii) $SO_3$ में S (iv) $AsO_4^{3-}$ में As
13. निम्नलिखित यौगिकों में परमाणुओं Al, Xe और Cr की ऑक्सीकरण संख्याएँ निर्दिष्ट करें।
   (a) $Al_2O_3$ (b) $XeF_4$
   (c) $K_2Cr_2O_7$
14. कार्बन परमाणु के लिए बढ़ते हुए ऑक्सीकरण अवस्था के क्रम में निम्नलिखित यौगिकों को व्यवस्थित करें।
   (a) CO (b) $CO_2$
   (c) $H_2CO_3$ (d) $CH_3OH$ (e) $CH_4$

## वस्तुनिष्ठ प्रश्न

1. पोटैशियम आयन $K^+$ का वही इलेक्ट्रॉनिक विन्यास है, जिसका उल्लेख नीचे किया गया है?
   (a) क्रिप्टन (b) ज़ेनान
   (c) आर्गन (d) रेडॉन [उत्तर (c)]

   **प्रतिक्रिया:** पोटेशियम की परमाणु संख्या 19 है, इसलिए इसमें 19 इलेक्ट्रॉन हैं और इसलिए $K^+$ में 18 इलेक्ट्रॉन हैं, जो कि अक्रिय गैस आर्गन के समान है।

2. सहसंयोजक बंधित परमाणुओं के बीच विद्युत ऋणात्मकता अंतर ___________ है

(a) 0 से कम
(b) 0-0.3
(c) 0.3-1.7
(d) 1.7 से अधिक
[उत्तर (b)]

**प्रतिक्रिया:** सहसंयोजक बंधन परमाणुओं के बीच वैद्युतऋणात्मकता अंतर 0-0.3 है, जबकि ध्रुवीय सहसंयोजक बंधुआ परमाणुओं के लिए यह 0.3-1.7 के बीच है और आयनिक के लिए यह 1.7 से अधिक है।

3. आवर्त सारणी में आवर्त में बायें से दायें जाने पर परमाणु का आकार

(a) बढ़ता है
(b) पहले घटता है और फिर बढ़ता है
(c) पर्याप्त रूप से नहीं बदलता है
(d) घटता है।
[उत्तर (d)]

**प्रतिक्रिया:** आवर्त में बाएँ से दाएँ जाने पर मूल क्वांटम संख्या समान होगी, लेकिन इलेक्ट्रॉनों की संख्या बढ़ जाती है, इस प्रकार आकार घट जाता है।

4. कैल्शियम डाइक्रोमेट ($CaCr_2O_7$) में क्रोमियम की ऑक्सीकरण संख्या क्या है?

(a) +7
(b) −2
(c) +6
(d) 0
[उत्तर (c)]

**प्रतिक्रिया:** कैल्शियम आयन में +2 का चार्ज होता है, डाइक्रोमेट आयन में -2 का चार्ज होना चाहिए। ऑक्सीजन की हमेशा एक ऑक्सीकरण संख्या होती है ऑक्सीजन की संख्या −2 होती है, इसलिए $7 \times -2 = -14$। अब, $(-2 - (-14) = 12)$। तो, $12/2 = +6$।

5. एक इलेक्ट्रोड की इलेक्ट्रॉनों को खोने की प्रवृत्ति को के रूप में जाना जाता है

(a) इलेक्ट्रोड क्षमता
(b) अपचयन
(c) ऑक्सीकरण क्षमता
(d) EMF
[उत्तर (c)]

**प्रतिपुष्टि:** किसी धातु के इलेक्ट्रोड विभव का परिमाण उसकी इलेक्ट्रॉनों को खोने या ग्रहण करने की सापेक्ष प्रवृत्ति का माप है। यानी, यह ऑक्सीकरण (इलेक्ट्रॉनों की हानि) या अपचयन (इलेक्ट्रॉनों का लाभ) से गुजरने की सापेक्ष प्रवृत्ति का एक उपाय है। $M \rightarrow Mn^+ + ne^-$ (ऑक्सीकरण क्षमता)

6. निम्नलिखित में से किस प्रक्रिया में ऑक्सीकरण या कमी शामिल नहीं है?

(a) बुझे हुए चूने से बुझे हुए चूने का बनना
(b) मर्क्यूरिक ऑक्साइड को गर्म करना
(c) मैंगनीज ऑक्साइड से मैंगनीज क्लोराइड का निर्माण
(d) जिंक मिश्रण से जिंक का निर्माण
[उत्तर (a)]

**प्रतिक्रिया:** यहाँ, इस प्रतिक्रिया में, $CaO + H_2O \rightarrow Ca(OH)_2$, ऑक्सीकरण संख्या नहीं बदलती है, इसलिए यह रेडॉक्स प्रतिक्रिया नहीं है।

7. $[Co(CN)_6]_3^-$ के बारे में इनमें से कौन सा कथन सत्य है?

(a) इसमें 4 अयुग्मित इलेक्ट्रॉन हैं, उच्च स्पिन
(b) कोई अयुग्मित इलेक्ट्रॉन नहीं, उच्च स्पिन
(c) कोई अयुग्मित इलेक्ट्रॉन नहीं, कम स्पिन
(d) 4 अयुग्मित इलेक्ट्रॉन, कम स्पिन
[उत्तर (c)]

प्रतिक्रिया: $[CO(CN)_6]_3^-$ में $d^2sp^3$ संकरण है, कोई अयुग्मित इलेक्ट्रॉन नहीं है, कम स्पिन है।

8. निम्नलिखित में से किसका गलत मानचित्रण किया गया है?

   (a) सोडियम कार्बोनेट - वाशिंग सोडा
   (b) सोडियम क्लोराइड - सामान्य नमक
   (c) कैल्शियम कार्बोनेट - बुझा हुआ चूना
   (d) सोडियम हाइड्रॉक्साइड - कास्टिक सोडा [उत्तर (c)]

   **प्रतिक्रिया:** कैल्शियम हाइड्रॉक्साइड को आमतौर पर बुझा हुआ चूना कहा जाता है

9. निम्नलिखित में से कौन न तो अम्ल है और न ही क्षार?

   (a) $CH_3COOH$
   (b) HCl
   (c) KCl
   (d) $CH_3OH$ [उत्तर (c)]

   **प्रतिक्रिया:** $CH_3COOH$ और $CH_3OH$ कार्बनिक अम्ल हैं, HCl प्रबल अम्ल है और KCl एक नमक है।

## प्रायोगिक कार्य

### प्रयोग 1

(छात्र अनुलग्नक- 4 में दिए गए टेम्पलेट के अनुसार प्रयोग कोरिकॉर्ड करें)

**उद्देश्य:** पोटेंशियोमेट्री - रेडॉक्स क्षमता और emf का निर्धारण।

विद्यार्थी पोटेंशियोमेट्री से संबंधित कोई भी व्यावहारिक अभ्यास कर सकता है।

कुछ प्रयोग नीचे सूची बद्ध हैं।

- प्रबल अम्ल बनाम प्रबल क्षार का अनुमापन
- कमजोर अम्ल बनाम प्रबल क्षार का अनुमापन
- दुर्बल अम्ल के वियोजन नियतांक का निर्धारण
- एकल इलेक्ट्रोड क्षमता का निर्धारण

विद्यार्थी अनुलग्नक में दिए गए टेम्पलेट के अनुसार प्रयोग कोरिकॉर्ड करें। संबंधित प्रयोगों के लिए QR कोड यहां दिया गया है।

Electro-chemistry Lab Experience

### प्रयोग 2

(छात्र अनुलग्नक-4 में दिए गए टेम्पलेट के अनुसार प्रयोग कोरिकॉर्ड करें)

**उद्देश्य:** लवण का रासायनिक विश्लेषण।

यह प्रयोग गुणात्मक विश्लेषण की श्रेणी में आता है। छात्र दिए गए लिंक के माध्यम से लवण के रासायनिक विश्लेषण सेसंबंधित किसी भी समूह के किसी भी तत्व की पहचान एवं विश्लेषण कर सकते हैं।

Lab

## सामूहिक गतिविधियां

- छात्र s, p, d और f ब्लॉक तत्वों में विभाजित कर सकते हैं और आवर्त सारणी के किन्हीं पांच सामान्य लक्षणों और समूह और अवधि के साथ इसकी आवर्तता की व्याख्या कर सकते हैं।
- छात्र उन्नत सॉफ्टवेयर और प्रौद्योगिकी का उपयोग करके वृत्ताकार, सर्पिल और किसी भी अन्य ज्यामितीय आकार में अणुओं की आवर्त सारणी / संरचनात्मक सूत्र बना सकते हैं।

## सुझाई गई पठन सामग्री

**पुस्तकें**

- Selected Topics in Inorganic Chemistry by Wahid U Malik, GD Tuli & RD Madan, S Chand Publishing , ISBN: 81-219-0600-8.
- Concise Inorganic Chemistry by J.D. Lee, Wiley's Publications, ISBN: 9788126548750, 9788126548750.

**ई संसाधन**

- https://ncert.nic.in/ncerts/l/lech109.pdf
- https://ncert.nic.in/ncerts/l/jesc105.pdf

## रोचक तथ्य

- **वैज्ञानिकों ने तत्वों को तौलने के लिए बैटरी की ध्रुवता का उपयोग किया** - परमाणुओं को अलग करने के लिए बैटरियों का उपयोग किया जाता था, उनकी ध्रुवीयता एक तत्व के परमाणुओं को एक दिशा में और दूसरे को दूसरे में ले जाती थी। फिर परमाणुओं को अलग-अलग कंटेनरों में एकत्र किया गया और उनका वजन किया गया।
- **तालिका के विपरीत आकर्षण** - आप आधुनिक आवर्त सारणी ले, बीच के जटिल कॉलम को बाहर काट ले। समूह 4 तत्वों के मध्य से गुज़रती रेखा से एक बार मोड़ ले। समूहों , जो कि स्थिरतापूर्वक आपस में जुड़े है को 'अध्यारोपित' किया जा सकता है।इन तत्वों में पूरक इलेक्ट्रॉन संरचनाएं हैं जो दोनों के संयोजन की अनुमति देंगी।
- **कार्बन राजा है** - समूह 4 से कार्बन परमाणु और बनने वाले कार्बन अणु छल्ले और जाली सहित त्रि-आयामी संरचनाओं की एक विशाल विविधता में मौजूद हो सकते हैं। यह लचीलापन उन्हें हमारे अस्तित्व में एक महत्वपूर्ण अणु बनाता है। क्या आप जानते हैं कि हम लगभग 20 प्रतिशत कार्बन हैं, और अधिकांश ज्ञात यौगिकों में कार्बन होता है? यह पूरे ब्रह्मांड में चौथा सबसे प्रचुर तत्व भी है।

### अधिक जानिए

**विभिन्न तत्वों की प्रथम आयनन ऊर्जा (kJ $mol^{-1}$)**

| समूह 1 | समूह 2 | समूह 13 | समूह 14 | समूह 15 | समूह 16 | समूह 17 | समूह शून्य (18) |
|---|---|---|---|---|---|---|---|
| H 1312.0 | | | | | | | He 2372.1 |
| Li 520.1 | Be 899.3 | B 800.6 | C 1086.2 | N 1402.1 | O 1313.7 | F 1680.8 | Ne 2080.4 |
| Na 495.2 | Mg 737.6 | Al 577.4 | Si 786.4 | P 1011.7 | S 999.4 | Cl 1255.0 | Ar 1520.3 |
| K 418.7 | Ca 589.8 | Ga 579.0 | Ge 760.4 | As 946.1 | Se 940.9 | Br 1142.8 | Kr 1350.6 |

| समूह 1 | समूह 2 | समूह 13 | समूह 14 | समूह 15 | समूह 16 | समूह 17 | समूह शून्य (18) |
|---|---|---|---|---|---|---|---|
| Rb 403.0 | Sr 549.3 | In 558.2 | Sn 708.5 | Sb 88.37 | Te 869.6 | I 1008.8 | Xe 1170.2 |
| Cs 375.7 | Ba 502.6 | Ti 589.2 | Pb 715.6 | Bi 703.2 | Po 813.5 | At 916.7 | Rn 1037.0 |

## धनायनों की ध्रुवीकरण शक्ति

| $Li^+$ | $Be^{2+}$ | $Al^{3+}$ | $O^{2-}$ | $F^-$ |
|---|---|---|---|---|
| $Na^+$ | $Mg^{2+}$ | high | $S^{2-}$ | $Cl^-$ |
| $K^+$ | $Ca^{2+}$ | | $Se^{2-}$ | $Br^-$ |
| $Rb^+$ | $Sr^{2+}$ | | high | $I^-$ |
| $Cs^+$ | $Ba^{2+}$ | polarizability of anions | | |

| कुछ जटिल आयनों की समन्वय संख्या आकार, आकार और उदाहरण | | | |
|---|---|---|---|
| समन्वय संख्या | आकार | | उदाहरण |
| 2 | रैखिक |  | $[CuCl_2]^-$, $[Ag(NH_3)_2]^+$, $[AuCl_2]^-$ |
| 4 | वर्ग समतलीय |  | $[Ni(CN)_4]^{2-}$, $[PdCl_4]^{2-}$, $[Pt(NH_3)_4]^{2+}$, $[Cu(NH_3)_4]^{2+}$ |
| 4 | चतुष्फलकीय | 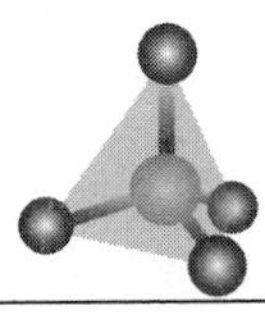 | $[Cu(CN)_4]^{3-}$, $[Zn(NH_3)_4]^{2+}$, $[CdCl_4]^{2-}$, $[MnCl_4]^{2-}$ |
| 6 | अष्टफलकीय | 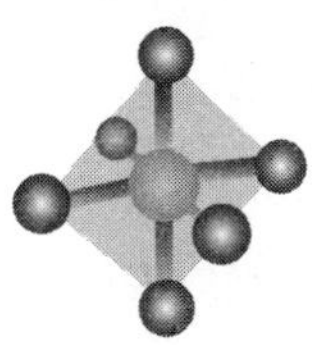 | $[Ti(H_2O)_6]^{3+}$, $[V(CN)_6]^{4-}$, $[Cr(NH_3)_4Cl_2]^+$, $[Mn(H_2O)_6]^{2+}$, $[FeCl_6]^{3-}$, $[Co(en)_3]^{3+}$ |

# 6 त्रिविम रसायन और कार्बनिक अभिक्रियाएं

## इकाई विशिष्ट

यह इकाई इन विषयों पर चर्चा करती है: त्रिविमीय संरचनाओं का प्रतिनिधित्व। संरचनात्मक समावयवता और त्रिविमस मावयवता। विन्यास, समरूपता और चिरायता। एनैन्टीओमर्स, डायस्टेरोमर्स और ऑप्टिकल गतिविधिया। निरपेक्ष विन्यास और संरूपियता। संक्रमण धातु यौगिको में समावयवता।

## भूमिका

हम अणुओं की अद्भुत दुनिया में रह रहे हैं। हर सेकेंड हम प्राकृतिक कार्बनिक और अकार्बनिक पदार्थों की भरपूर विविधता के साथ अर्न्तक्रिया कर रहे हैं। अणु स्थिर के अलावा गति, करते हैं, वे कंपन करते हैं, वे घूमते हैं आदि। इन सभी गतियों को स्टीरियोकेमिस्ट्री के अध्ययन द्वारा देखा और समझा जा सकता है। स्टीरियो केमिस्ट्री 3-D स्पेस में अणुओं में परमाणुओं की स्थानिक व्यवस्था का अध्ययन है। हमारे आस-पास और अंदर की हर चीज के मूल्यवान गुणों का विश्लेषण और व्याख्या करने के लिए, इनके बारे में सीखना और समझना बेहद जरूरी है।

## पूर्व अपेक्षित ज्ञान

- **रसायन विज्ञान:** अणुओं की समावयवता, कार्बनिक यौगिकों की संरचना, IUPAC नामकरण
- **गणित:** मूल बीजगणित, ज्यामिति, समावयवता

## लर्निंग आउटकम्स

इस इकाई के पूर्ण अध्यन करने के बाद, विद्यार्थी निम्न में सक्षम होंगे

| | |
|---|---|
| U6-O1: | विभिन्न 3D प्रक्षेपण फ़ार्मुलों में कार्बनिक अणुओं का प्रतिनिधित्व करते हैं |
| U6-O2: | कार्बनिक अणुओं की संरचना के आधार पर ज्यामितीय और प्रकाशीय समावयवी की भविष्यवाणी करें। |
| U6-O3: | एनेंटिओमर्स, डायस्टेरोमर्स, मेसो यौगिक और रेसमिक मिश्रण के बीच अंतर करें |
| U6-O4: | कार्बनिक यौगिकों के लिए R/S निरपेक्ष विन्यास असाइन करें, ऊर्जा आरेख के साथ विभिन्न अनुरूपताओं की स्थिरता को सहसंबंधित करें |
| U6-O5: | संक्रमण धातु संकुल द्वारा प्रदर्शित संरचनात्मक और त्रिविम समावयवी की पहचान करें। |

## कोर्स आउटकम्स (COs) के साथ यूनिट आउटकम्स (UOs) का परस्पर संबंध

| आउटकम्स | कोर्स आउटकम्स (COs) के साथ अपेक्षित संबंध (1- कमजोर सहसंबंध; 2- मध्यम सहसंबंध; 3- मजबूत सहसंबंध) | | | | |
|---|---|---|---|---|---|
| | CO-1 | CO-2 | CO-3 | CO-4 | CO-5 |
| U6-O1 | | | | | 3 |
| U6-O2 | | | | | 3 |
| U6-O3 | | | | | 3 |
| U6-O4 | | | | | 3 |
| U6-O5 | | | | | 3 |

## 6.1 प्रस्तावना

पिछले अध्यायों में हम परमाणुओं और अणुओं की संरचना, ज्यामिति, ऊर्जा और गुणों के बारे में जान चुके हैं। अब इन अणुओं के 3-D संरचना में अभिविन्यास और प्रतिनिधित्व के बारे में सोचें। अभिविन्यास में मामूली सा अंतर भी अणु की पूरी विशेषता को काफी हद तक बदल सकता है। आइए इसे उत्तरोत्तर जानना शुरू करें।

स्टीरियोकेमिस्ट्री रसायन विज्ञान की एक शाखा है, जिसमें उपसर्ग "स्टीरियो"- का अर्थ है "त्रि-आयामीतता"। इसमें परमाणुओं की सापेक्ष 3-D स्थानिक व्यवस्था का अध्ययन शामिल है, और कार्बनिक अणुओं की संरचना बनाता है।

कार्बनिक अणुओं को आम तौर पर इतने सीधे-सीधे तरीके से प्रस्तुत नहीं किया जाता है। अंतरिक्ष में कार्बनिक अणुओं की संरचना और अभिविन्यास का प्रतिनिधित्व करने के लिए विभिन्न प्रकार के नोटेशन का उपयोग किया जा सकता है। अणुओं की दो मुख्य श्रेणियां हैं, जो एक सीधी-श्रृंखला, या चक्रीय, रूप में हैं, और वे जो एक वलय, या चक्रीय, रूप में हैं। इसके वर्गीकरण से संबंधित जानकारी नीचे दी गई है:

1. सीधी-श्रृंखला संरचनाएं
   - वेज-डैश नोटेशन
   - न्यूमैन प्रोजेक्शंस
   - साहोरस अनुमान
   - फिशर अनुमान
2. चक्रीय संरचनाएं
   - वेज-डैश नोटेशन
   - हॉवर्थ प्रोजेक्शंस
   - चेयर कन्फर्मेशन

### 6.1.2 तीन-आयामी प्रतिनिधित्व

कार्बनिक अणुओं की त्रिविमीय संरचनाओं के निरूपण हैं:

### (ए) वेज-डैश (Wedge-Dash) नोटेशन

कार्बनिक रसायन विज्ञान में सीधी-श्रृंखला अणुओं के लिए सबसे अधिक इस्तेमाल किया जाने वाला संकेतन वेज-डैश नोटेशन है।

1. इस अंकन में, पृष्ठ के तल (रेखाएं) में दो बंधन खींचे जाते हैं, एक बंधन आपकी ओर आ रहा है, पृष्ठ के बाहर (वेज्ड), और एक बंधन आपसे दूर जा रहा है, पृष्ठ के पीछे ( डैश)।

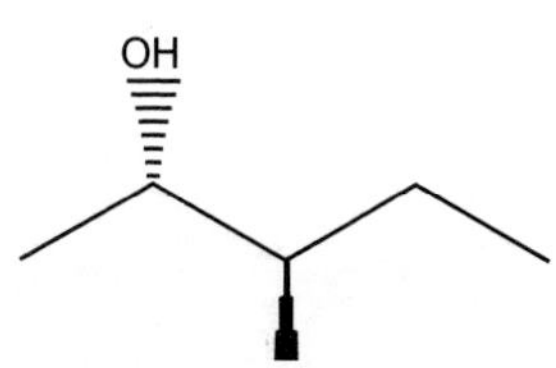


*चित्र 6.1: वेज-डैश नोटेशन का प्रतिनिधित्व*

2. **सॉलिड वेज:** सॉलिड वेज द्वारा दर्शाए गए बंध से पता चलता है कि ग्रुप या सबस्टिट्यूट पेपर के प्लेन से ऑब्जर्वर की ओर उन्मुख हैं।
3. **लाइट वेज:** एक लाइट वेज या डैश्ड वेज से पता चलता है कि सबस्टिट्यूट या ग्रुप प्लेन के अंदर या प्लेन के नीचे की ओर हैं।

## (b) न्यूमैन ( Newman) प्रोजेक्शंस

न्यूमैन प्रोजेक्शन मुख्य रूप से संरूपियनात्मक संबंधों को निर्धारित करने के लिए उपयोग किया जाता है।

1. इस बंध के अग्र कार्बन को एक बिंदु द्वारा और पीछे के कार्बन को एक बड़े वृत्त द्वारा दर्शाया जाता है।
2. शेष तीन बंध बिंदु (या वृत्त) से निकलने वाली छड़ियों के रूप में खींचे जाते हैं, जो एक दूसरे से 120 डिग्री अलग पर हो जाते हैं।
3. इसे इस तरह खींचा जाएगा कि सामने कार्बन पर अंतरित समूह (60 डिग्री अलग) या पीछे कार्बन पर समूहों के साथ ग्रसित (सीधे ओवरलैपिंग) हो।

उदाहरण - ईथेन, $C_2H_6$।

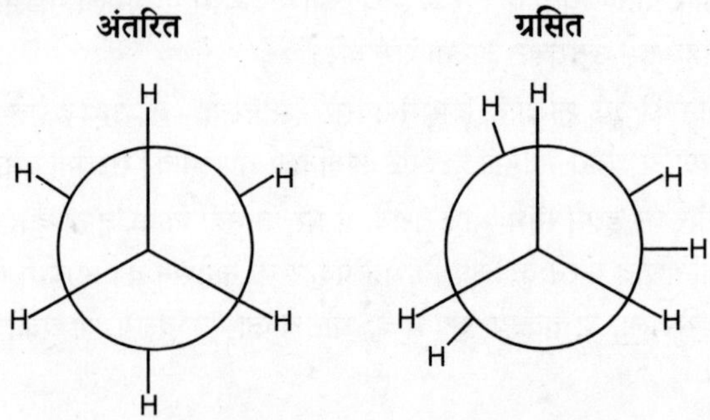


*चित्र 6.2: न्यूमैन प्रोजेक्शन अंतरित और ग्रसित किए गए रूप*

## (c) सॉहोरस (Sawhorse) प्रोजेक्शंस

1. सॉहोरस प्रोजेक्शन, न्यूमैन प्रोजेक्शंस के समान ही हैं।

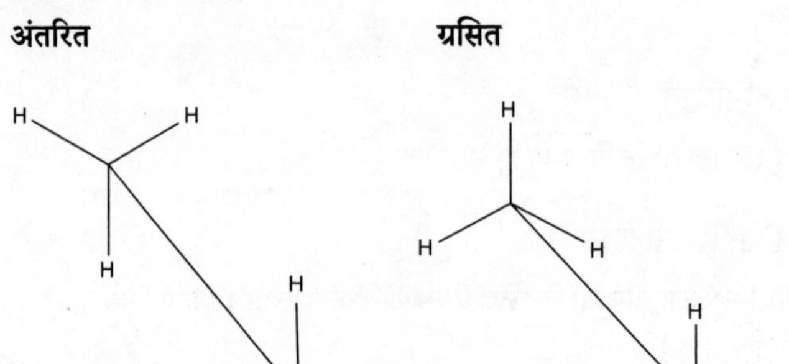


*चित्र 6.3: ईथेन का सॉहोरस प्रक्षेपण सूत्र*

2. अंतर केवल इतना है कि कार्बन-कार्बन बंधन न्यूमैन प्रोजेक्शन में संकुचित होता है, लेकिन यह पूरी तरह से सॉहोरस प्रोजेक्शन में निकाला जाता है।
3. आगे और पीछे दोनों कार्बन को 120 डिग्री के कोण पर लंबी रेखा का उपयोग करके खींचा जाता है।
4. आगे का कार्बन, पीछे के कार्बन पर समूहों के साथ अंतरित (60 डिग्री अलग) या ग्रसित (सीधे ओवरलैपिंग) हो सकता है।

उदाहरण - ईथेन। बाईं ओर की संरचना अंतरित है, और दाईं ओर की संरचना ग्रसित की गई है।

सॉहोर्स प्रोजेक्शन दो अणुओं के बीच एनेंटिओमेरिक या डायस्टेरोमेरिक संबंधों को निर्धारित करने के लिए उपयोगी होते हैं, क्योंकि दर्पण छवि या अध्यारोपित संबंध स्पष्ट होते हैं।

## (d) फिशर (Fischer) अनुमान

फिशर प्रक्षेपण विधि प्रक्षेपण द्वारा एक त्रि-आयामी कार्बनिक अणु का दो आयामी प्रतिनिधित्व है। प्रत्येक स्थान जहां क्षैतिज और ऊर्ध्वाधर रेखाएं क्रॉस करती हैं, एक कार्बन का प्रतिनिधित्व करती हैं। ऊर्ध्वाधर रेखाएँ वास्तव में आपसे दूर उन्मुख होती हैं और क्षैतिज रेखाएँ आपकी ओर उन्मुख होती हैं।

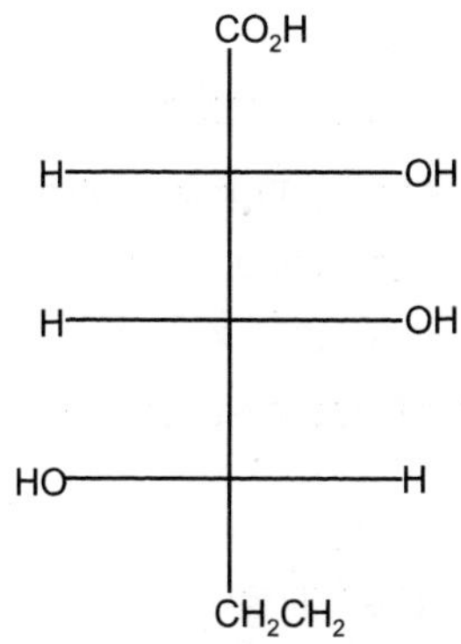


*चित्र 6.4: फिशर प्रोजेक्शन का प्रतिनिधित्व*

## 2. चक्रीय संरचनाएं

चक्रीय या वलय, संरचनाओं को भी विभिन्न तरीकों और आकारों में खींचा जा सकता है। आमतौर पर ये साइक्लोप्रोपेन (तीन कार्बन), साइक्लोपेंटेन (पांच कार्बन) और साइक्लोहेक्सेन (छह कार्बन) हैं।

## चक्रीय वेज-डैश नोटेशन

- सीधी जंजीरों की तरह, चक्रीय वेज- डैश नोटेशन में पृष्ठ के तल (स्टिक) में दो बांड खींचे जाते हैं।
- एक बंध आपकी ओर आ रहा है, पृष्ठ के बाहर और रिंग के ऊपर (वेज्ड), और एक बॉन्ड आपसे दूर जा रहा है, पेज के पीछे और रिंग के नीचे (डैश)।
- यह ध्यान रखना महत्वपूर्ण है, कि समान अभिविन्यास वाले समूह (दोनों वेजेड या दोनों डैश्ड) एक दूसरे के लिए सिस हैं, और विपरीत अभिविन्यास वाले समूह (एक वेज्ड और एक डैश्ड) एक दूसरे में ट्रांस होते हैं।

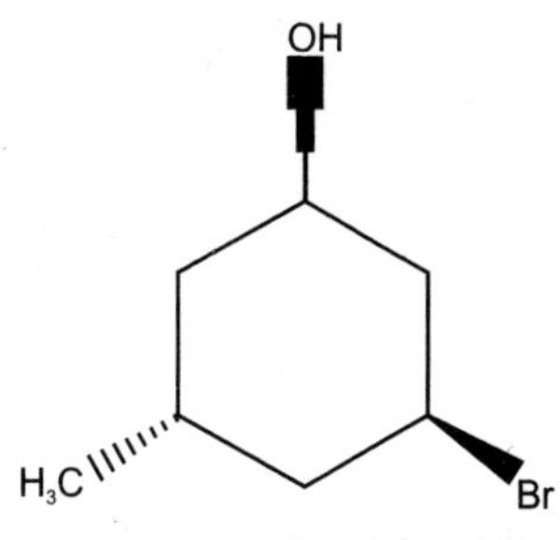


*चित्र 6.5: चक्रीय वेज-डैश नोटेशन का प्रतिनिधित्व*

संरचना में, मिथाइल समूह पृष्ठ के पीछे है। चूंकि प्रत्येक कार्बन के लिए चार बंध होने चाहिए, और दो रेखाएं और एक डैश पहले ही खींचा जा चुका है, शेष हाइड्रोजन को वेज्ड किया जाना चाहिए।

## हॉवर्थ (Hawarth) प्रोजेक्शंस

हॉवर्थ प्रोजेक्शंस आमतौर पर चक्रीय शर्करा के लिए उपयोग किए जाते हैं।

1. यह स्पष्ट रूप से निर्धारित करने में सक्षम होने के लिए उपयोगी है, कि समूह रिंग के ऊपर हैं या नीचे हैं।
2. हॉवर्थ अनुमान चक्रीय वेज-डैश संकेतन के समान हैं।
3. यह ध्यान रखना महत्वपूर्ण है, कि दो समूह जो ऊपर की ओर या दोनों नीचे की ओर उन्मुख होते हैं, एक दूसरे से **सिस** होते हैं। दो समूह जो एक ऊपर और एक नीचे उन्मुख होते हैं, एक दूसरे में **ट्रांस** होते हैं।

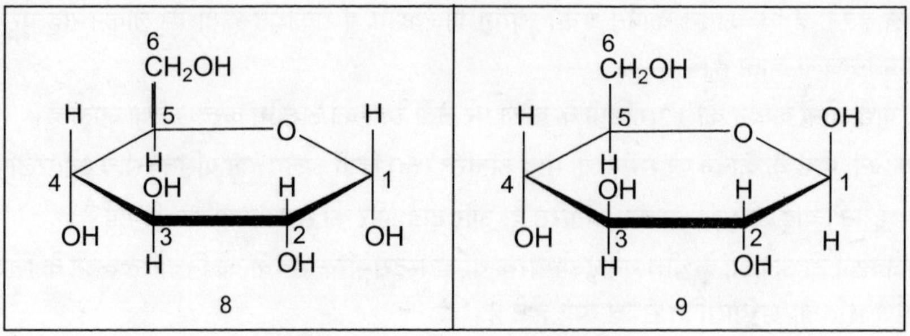

*चित्र 6.6: हॉवर्थ अनुमानों का प्रतिनिधित्व*

## चेयर (Chair) कन्फर्मेशन

चेयर कन्फर्मेशन 3-D स्पेस में ओरिएंटेशन का सबसे सटीक प्रतिनिधित्व है। वे रिंग में कार्बन के बीच के कोणों और रिंग में प्रत्येक कार्बन पर समूहों की स्थिति को उचित रूप से दर्शाते हैं।

कुर्सियाँ साइक्लोहेक्सेन रिंग को उसके वास्तविक, गैर- तलीय, अभिविन्यास में दिखाती हैं।

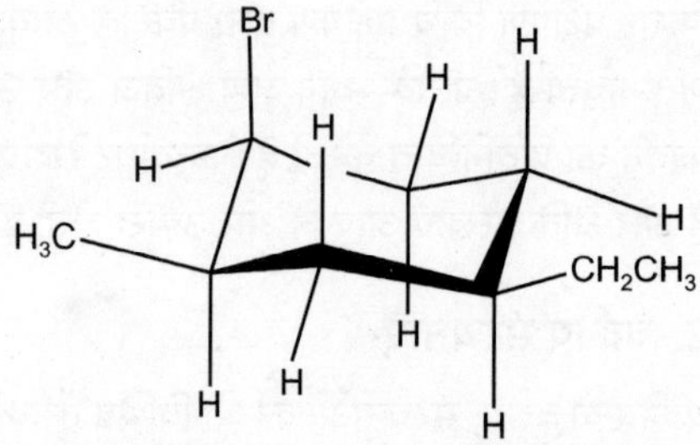

*चित्र 6.7: चेयर कन्फर्मेशन का प्रतिनिधित्व*

## ऐतिहासिक समयरेखा

| कालखंड | वैज्ञानिक | योगदान |
|---|---|---|
| 1848 | लुई पाश्चर | दिखाया कि टार्टरिक एसिड में प्रकाशीय गतिविधि होती है और यह आणविक विषमता पर निर्भर करता है |
| 1874 | जैकबस एच. वैन्ट हॉफ और जोसेफ-अकिल ले बेल | दोनों ने स्वतंत्र रूप से समझाया था कि कैसे चार अलग-अलग समूहों से बंधे कार्बन परमाणु वाले अणु में दो दर्पण-छवि रूप होते हैं। |
| 1878 | विक्टर मेयर | त्रिविम रसायन, शब्द की उत्पत्ति स्टीरियोइसोमर्स के अध्ययन के लिए हुई थी |
| 1975 | जॉन कॉर्नफोर्थ और व्लादिमीर प्रीलॉग | एल्कलॉइड, एंजाइम, एंटीबायोटिक्स और अन्य प्राकृतिक यौगिकों के स्टीरियोकेमिस्ट्री और स्टीरियोइसोमेरिज्म पर काम करने के लिए नोबेल पुरस्कार। |

## रोचक तथ्य

- औषध विकास में काइरल औषधियों की सार्थकता महत्वपूर्ण है। फार्मास्युटिकल उद्योगों में, वर्तमान में उपयोग में आने वाली दवाओं में से 56% काइरल अणु हैं और पूर्व वाले में 88% को रेसमेट्स (या रेसमिक मिश्रण) के रूप में सीमांकित किया जाता है, जिसमें दो एनैन्टीओमर का एक मिश्रण होता है।
- स्वाद और सूंघने की हमारी क्षमता हमारे मुंह और नाक में काइरल अणुओं द्वारा नियंत्रित होती है जो विदेशी पदार्थों को "समझने" के लिए रिसेप्टर्स के रूप में कार्य करते हैं। और फिर, हम अनुमान लगा सकते हैं कि एनैन्टीओमर रिसेप्टर अणुओं के साथ अलग तरह से अन्तर्क्रिया कर सकते हैं।

## वीडियो संसाधन

Stereo-chemistry

## 6.2 समावयवता

समावयवी एक ही आणविक सूत्र वाले अणु होते हैं, लेकिन अणु के भीतर परमाणुओं की विभिन्न संरचनात्मक या स्थानिक व्यवस्थाएं होती हैं। इस घटना को समावयवता (isomerism) के रूप में जाना जाता है।

समावयवता को दो व्यापक समूहों में विभाजित किया जा सकता है - संरचनात्मक समावयवता और त्रिविम समावयवता

समावयवता

- **स्ट्रक्चरल समावयवता**
  - (1) श्रृंखला समावयवता
  - (2) स्थिति समावयवता
  - (3) कार्यात्मक समावयवता
  - (4) मेटामेरिज्म
  - (5) टॉटोमेरिज्म
  - (6) रिंग-चेन आइसोमेरिज्म
- **स्टीरियो समावयवता**
  - विन्यास
    - (1) ज्यामितीय
      - (i) सिस
      - (ii) ट्रांस
    - (2) प्रकाशीय
      - (i) डायस्टेरोमर्स
      - (ii) एनंटीओमर
  - संरूपिय
    - (1) ग्रसित
    - (2) अध्यारोपित
    - (3) गौचे

### 6.2.1 संरचनात्मक समावयवता

(1) **श्रृंखला समावयवता:** श्रृंखला समावयवी एक ही आणविक सूत्र वाले अणु होते हैं, लेकिन कार्बन 'कंकाल' की व्यवस्थाएं भिन्न - भिन्न होती हैं।

$C_5H_{12}$ :

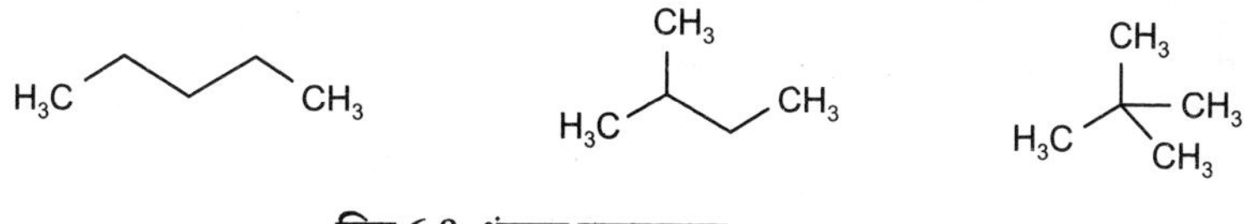


*चित्र 6.8: श्रृंखला समावयवता*

(2) **स्थिति समावयवता:** स्थिति समावयवता अणु में एक 'कार्यात्मक समूह' की गति पर आधारित होते हैं। कार्बनिक रसायन विज्ञान में एक कार्यात्मक समूह एक अणु का हिस्सा है जो इससे अपनी प्रतिक्रियाशीलता देता है।

$C_5H_{11}OH$ :

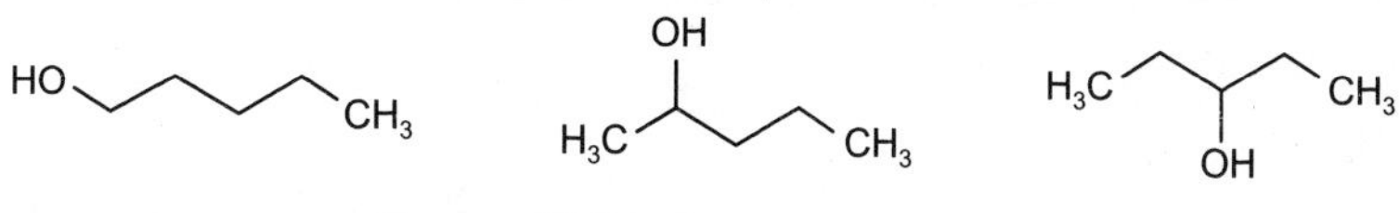


*चित्र 6.9: स्थिति समावयवता*

(3) **कार्यात्मक समावयवता:** कार्यात्मक समूह समावयवी के रूप में भी जाना जाता है, ये वे समावयवी हैं, जहां आणविक सूत्र समान रहता है, लेकिन परमाणु में कार्यात्मक समूह का प्रकार बदल जाता है।

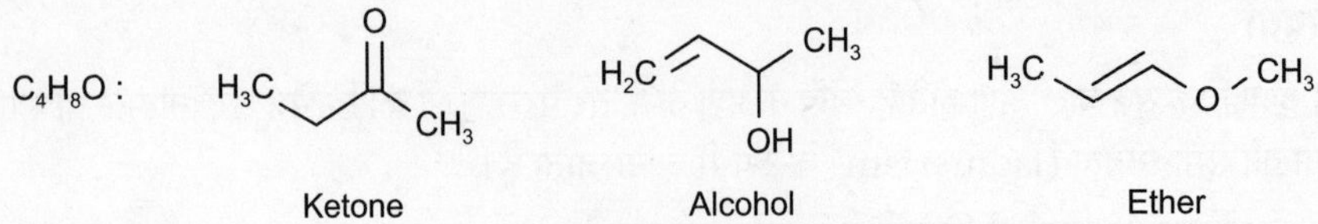


*चित्र 6.10: कार्यात्मक समावयवता*

(4) **मध्यावयवता:** समावयवता का यह रूप दुर्लभ है और O या S और एल्काइल जैसे द्विसंयोजक परमाणु वाले अणुओं के चारों ओर के समूह तक ही सीमित है। मुख्य उदाहरण ईथर और थियोएथर से आते हैं।

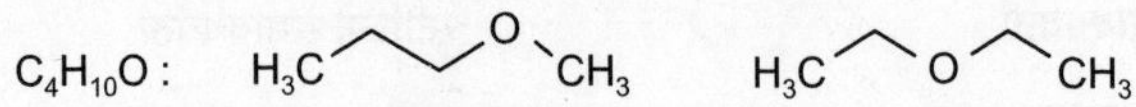


*चित्र 6.11: मध्यावयवता*

(5) **चलावयवता:** यह समावयवता विभिन्न प्रकार्यात्मक समूहों के साथ दो समावयवी रूपों के स्वतःस्फूर्त अंतर-रूपांतरण के कारण है। इसके लिए आवश्यक शर्तें सामान्य मामलों में C=O, C=N या N=O की उपस्थिति और अल्फा H परमाणु की उपस्थिति है। सबसे सामान्य 'कीटो-एनोल' टॉटोमेरिज़्म है, लेकिन नाइट्रो-एसी और एमाइन-इमाइन रूप जैसे अन्य भी हो सकते हैं।

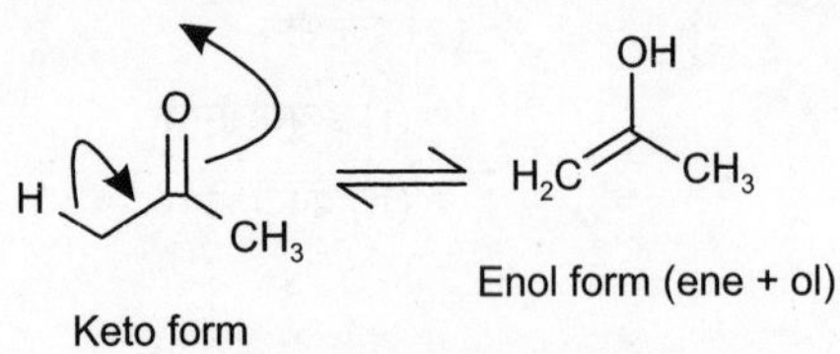


*चित्र 6.12: चलावयवता*

(6) **रिंग-चेन आइसोमेरिज्म:** यहाँ एक समावयवी एक खुली श्रृंखला अणु और दूसरा चक्रीय अणु है।

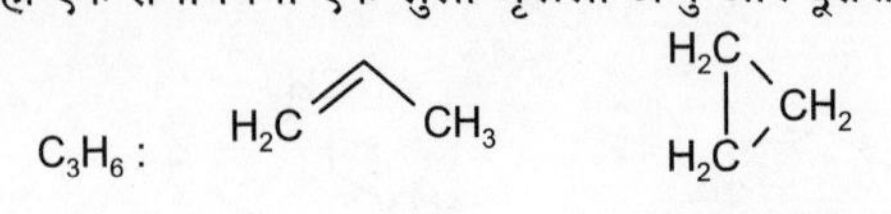


*चित्र 6.13: वलय-श्रृंखला समावयवता*

### 6.2.2 त्रिविम समावयवता

त्रिविम समावयवता अणुओं में परमाणुओं की व्यवस्था है जिनकी कनेक्टिविटी समान रहती है लेकिन अंतरिक्ष में उनकी व्यवस्था प्रत्येक समावयवी में भिन्न होती है। त्रिविम समावयवी के दो मुख्य प्रकार हैं:

- ज्यामितीय समावयवता
- प्रकाशीय समावयवता।

### ज्यामितीय समावयवता

वे समावयवी जिनके संरचनात्मक सूत्र समान होते हैं, लेकिन दोहरे बंधन के आसपास समूहों या परमाणुओं की स्थानिक व्यवस्था में भिन्नता होती हैं, ज्यामितीय समावयवों के रूप में जाने जाते हैं, और इस घटना को ज्यामितीय समावयवता के रूप में जाना जाता है। इस प्रणाली में, दो परमाणु या समूह प्रत्येक दोहरे बंधन वाले कार्बन परमाणु से जुड़े होते हैं। जब समान समूह एक ही तरफ होते हैं, तो यह '**सिस समावयवी**' होते है। जब समान समूह विपरीत पक्षों पर स्थित होते हैं, तो यह '**ट्रांस समावयवी**' होते है।

मेलिक एसिड (सिस) फ्यूमरिक एसिड (ट्रांस)

*चित्र 6.14: सिस - ट्रांस समावयवता*

ज्यामितीय समावयवता तभी संभव है जब प्रत्येक द्विबंधित कार्बन परमाणु में दो भिन्न समूह हों।

### 6.2.3 प्रकाशीय समावयवता

ऐसे यौगिक जिनमें समान भौतिक और रासायनिक गुण होते हैं, लेकिन केवल समतल ध्रुवीकृत प्रकाश के प्रति उनके व्यवहार में भिन्नता होती है, उन्हें प्रकाशीय समावयवी कहा जाता है, और इस घटना को प्रकाशीय समावयवता के रूप में जाना जाता है।

- प्रकाशिक समावयवी जो ध्रुवीकृत प्रकाश के तल को दायीं ओर (घड़ी की दिशा में) घुमाते हैं, डेक्सट्रोरोटेटरी समावयवी (d-फॉर्म) के रूप में जाने जाते हैं।
- प्रकाशिक समावयवी जो ध्रुवित प्रकाश के तल को बायीं ओर (घड़ी की विपरीत दिशा में) घुमाते हैं, लेवोरोटेटरी समावयवी (l-फॉर्म) के रूप में जाना जाता है।
- d और l-रूप का इक्विमोलर मिश्रण वैकल्पिक रूप से निष्क्रिय होगा और इसे रेसमिक मिश्रण कहा जाता है।

काइरल केंद्र और काइरलिटी- जब चार अलग-अलग समूह कार्बन से जुड़े होते हैं, तो कार्बन को काइरल कार्बन कहा जाता है। वैकल्पिक रूप से सक्रिय यौगिकों में एक काइरल केंद्र होता है। काइरलिटी कुछ अणुओं और आयनों की एक ज्यामितीय संपत्ति है। एक काइरल अणु/आयन अपने दर्पण प्रतिबिम्ब पर अध्यारोपित नहीं होता है। एक असममित कार्बन परमाणु की उपस्थिति कई संरचनात्मक विशेषताओं में से एक है जो कार्बनिक और अकार्बनिक अणुओं में काइरलिटी को प्रेरित करती है।

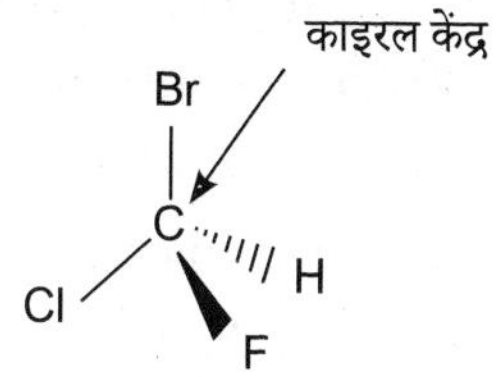


*चित्र 6.15: कार्बन में काइरल केंद्र*

### ऑप्टिकल गतिविधि के लिए आवश्यक शर्तें

किसी भी अणु की प्रकाशिक गतिविधि दिखाने के लिए आवश्यक शर्तें हैं -

- यौगिक में एक विषम कार्बन परमाणु होना चाहिए।
- अणु में एक काइरल अक्ष होना चाहिए।
- अणु में एक काइरल तल होना चाहिए।
- अणु में सममिति का कोई तत्व नहीं होता है।

उपरोक्त बिंदुओं को और स्पष्ट करने के लिए आइए, हम संक्षेप में किसी भी अणु के सममिति के तत्वों के बारे में चर्चा करें। सममिति तत्व तीन प्रकार के होते हैं-

(a) **समरूपता का तल:** वह तल जो किसी वस्तु को दो सममित भागों में विभाजित करता है, सममिति का तल कहलाता है। जिस वस्तु में सममित समतल नहीं होता है, उसे असममिति कहते हैं। ऑप्टिकल गतिविधि प्रदर्शित करने के लिए अणु में समरूपता के तल का अभाव होना चाहिए।

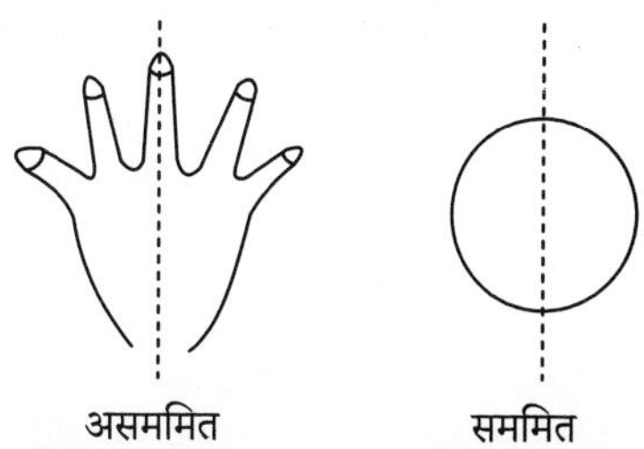


*चित्र 6.16: सममिति का तल*

(b) **समरूपता का केंद्र:** यह एक अणु के भीतर एक बिंदु है, जिसके माध्यम से सीधी रेखाएं खींचे जाने पर, उस बिंदु से दोनों दिशाओं में समान परमाणुओं या समूह मिलते हैं।

वैकल्पिक रूप से सक्रिय यौगिक में समरूपता का केंद्र नहीं होना चाहिए। एक काइरल वस्तु को इस रूप में परिभाषित किया जा सकता है, जो अपनी दर्पण छवि पर सुपरइम्पोजेबल नहीं है। इस प्रकार, एक अणु के वैकल्पिक रूप से सक्रिय होने के लिए आवश्यक शर्त यह है, कि अणु की ज्यामितीय संरचना उसके दर्पण छवि पर आरोपित नहीं होनी चाहिए।

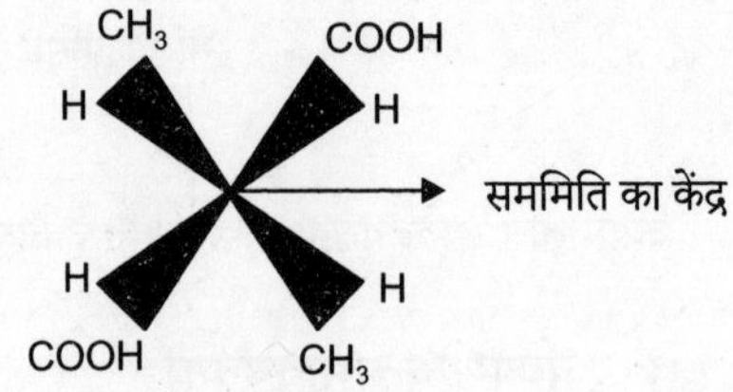


*चित्र 6.17: सममिति का केंद्र*

(c) **समरूपता की वैकल्पिक धुरी:** समरूपता की धुरी एक काल्पनिक धुरी है जिसके चारों ओर घूर्णन के न्यूनतम कोण के माध्यम से मूल यौगिक प्राप्त होता है।

एक अणु को समरूपता का एक n-गुना प्रत्यावर्ती अक्ष कहा जाता है, यदि इसे अक्ष के बारे में $360°/n$ के कोण के माध्यम से घुमाया जाता है, और फिर अक्ष के लंबवत एक तल में परिलक्षित होता है, तो एक समान संरचना प्राप्त होती है।

## कार्बनिक यौगिकों में ऑप्टिकल समरूपता

ऑप्टिकल आइसोमर्स की संख्या की गणना

1. यदि अणु में सममिति का तल नहीं है, तो वैकल्पिक रूप से सक्रिय रूप की संख्या $= 2^n$

   मेसो फॉर्म की संख्या $= 0$

   $n =$ काइरल केंद्र की संख्या

   एक काइरल कार्बन परमाणु युक्त यौगिक

   उदा. लैक्टिक अम्ल

   लैक्टिक एसिड में एक सममित कार्बन होता है।

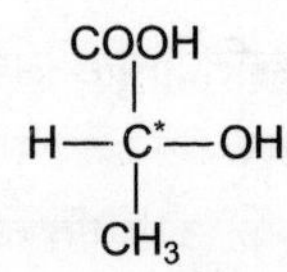


*चित्र 1.18: लैक्टिक अम्ल*

यह तीन आइसोमेरिक रूप बना सकता है। जिनमें से दो रूप वैकल्पिक रूप से सक्रिय हैं और तीसरा वैकल्पिक रूप से निष्क्रिय होगा:

(i) डेक्सट्रो-रोटेटरी (d रूप) या (+) लैक्टिक एसिड: यह ध्रुवीकृत प्रकाश के तल को दाईं ओर घुमाता है।

(ii) लेवो रोटेटरी (l रूप) या (-) लैक्टिक एसिड: यह ध्रुवीकृत प्रकाश के विमान को बाईं ओर घुमाता है।

(iii) रेसमिक (dl रूप) या (±) लैक्टिक एसिड: यह d और l-रूपों का विषुवतीय मिश्रण है। यह वैकल्पिक रूप से निष्क्रिय है। जिनमें निष्क्रियता बाहरी कॉम्पेंसेशन के कारण है।

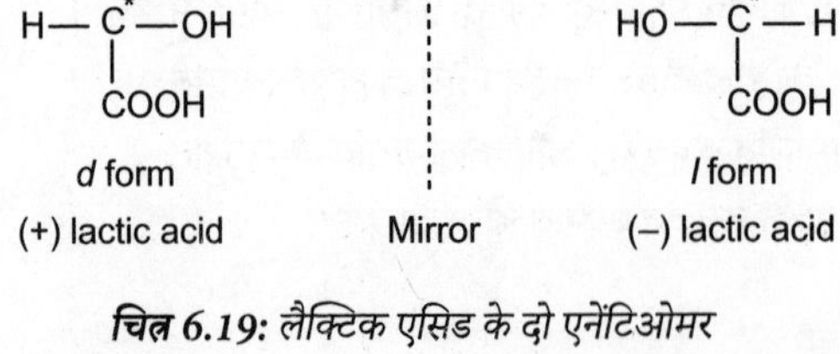


*चित्र 6.19: लैक्टिक एसिड के दो एनेंटिओमर*

2. दो काइरल कार्बन परमाणु युक्त यौगिक

टार्टरिक एसिड में ऑप्टिकल आइसोमेरिज्म: टार्टरिक एसिड में दो असममित कार्बन परमाणु होते हैं।

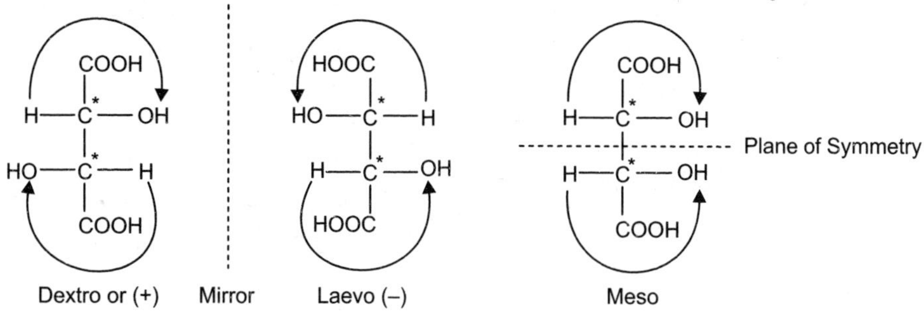


***चित्र 6.20:*** *टार्टरिक अम्ल में समावयवता*

टार्टरिक एसिड के चार रूप हैं:

(i) **डेक्सट्रो-टार्टरिक एसिड (d-रूप) :** यह ध्रुवीकृत प्रकाश के तल को दाईं ओर घुमाता है। दोनों असममित कार्बन एक दूसरे को सुदृढ़ करते हैं और ध्रुवीकृत प्रकाश के एक ही दिशा में घूमने का कारण बनते हैं।

(ii) **लेवो -टार्टरिक अम्ल (l-रूप) :** यह ध्रुवित प्रकाश के तल को बाईं ओर घुमाता है। दोनों असममित कार्बन एक दूसरे को सुदृढ़ करते हैं और ध्रुवीकृत प्रकाश के एक ही दिशा में घूमने का कारण बनते हैं।

(iii) **मेसो-टार्टरिक एसिड:** इसमें समरूपता का एक तल होता है और परिणामस्वरूप यह वैकल्पिक रूप से निष्क्रिय होता है। असममित कार्बन में से एक ध्रुवीकृत प्रकाश के तल को दायीं ओर घुमाता है जबकि दूसरा बायीं ओर समान सीमा तक घुमाता है, ताकि अणु के ऊपरी आधे भाग के कारण घूर्णन की भरपाई अणु के निचले आधे हिस्से द्वारा की जा सके। इसे ऑप्टिकल गतिविधि के आंतरिक कॉम्पेंसेशन के रूप में जाना जाता है।

(iv) **रेसमिक टार्टरिक अम्ल :** यह d तथा l-रूपों का विषुवतीय मिश्रण है। d-रूप के अणुओं की समान संख्या के घूर्णन का कॉम्पेंसेशन l-रूप द्वारा की जाती है। इसे ऑप्टिकल गतिविधि के बाहरी कॉम्पेंसेशन के रूप में जाना जाता है।

## 6.3 एनैन्टीओमर्स और डायस्टेरियोमर्स

- **एनैन्टीओमर्स:** स्टीरियोइसोमर्स की जोड़ी जो एक दूसरे की गैर-सुपरइम्पोज़ेबल दर्पण प्रतिबिम्ब हैं, एनैन्टीओमर कहलाती हैं।
- **डायस्टेरोमर्स:** स्टीरियोइसोमर्स की जोड़ी जो एक-दूसरे की दर्पण प्रतिबिम्ब नहीं होती है, डायस्टेरमर्स कहलाती है। डायस्टेरोमेरिज्म दिखाने के लिए किसी भी यौगिक के लिए कम से कम दो स्टीरियोसेंटर होने चाहिए।

  उदाहरण: d- और l-लैक्टिक एसिड एनैन्टीओमर का एक उदाहरण है, क्योंकि वे एक दूसरे की दर्पण प्रतिबिम्ब हैं।

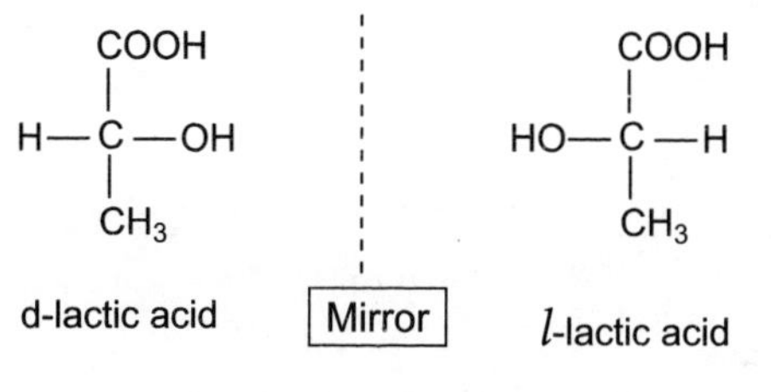

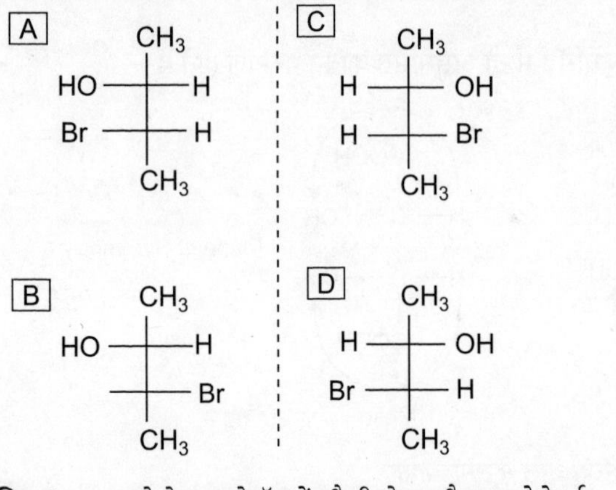


*चित्र 6.21: 3-ब्रोमो-2-ब्यूटेनॉल में एनैन्टीओमर और डायस्टेरोमर्स*

चित्र 3-ब्रोमो-2-ब्यूटेनॉल के 4 समावयवी दिखाता है, जिसमें दो काइरल कार्बन परमाणु होते हैं।
ध्यान दें कि (A) की दर्पण छवि (B) है, और (C) की दर्पण छवि (D) है ।
इस प्रकार चार समावयवी एनैन्टीओमर के दो जोड़े हैं। अब (A) की तुलना (C) से करें।
वे न तो अध्यारोपणीय हैं और न ही वे दर्पण प्रतिबिम्ब हैं। उन्हें डायस्टेरोमर कहा जाता है। (A) और (D) भी डायस्टेरोमर हैं, जैसे (B) और (C), और (B) और (D) हैं।

### 6.3.1 एनैन्टीओमर्स और डायस्टेरोमर्स के बीच अंतर

| एनैन्टीओमर्स | डायस्टेरोमर्स |
|---|---|
| वे एक दूसरे के गैर अध्यारोपणीय दर्पण प्रतिबिम्ब हैं। | वे एक दूसरे के गैर अध्यारोपणीय और गैर दर्पण प्रतिबिम्ब हैं। |
| यदि एक यौगिक में दो काइरल C परमाणु होते हैं, तो दोनों काइरल C परमाणुओं में एनैन्टीओमर विन्यास में भिन्न होते हैं। | यदि किसी यौगिक में दो काइरल C परमाणु होते हैं, तो डायस्टेरोमर्स केवल एक काइरल C परमाणु के विन्यास में भिन्न होते हैं। |
| सभी एनैन्टीओमर वैकल्पिक रूप से सक्रिय हैं | कुछ डायस्टेरोमर्स वैकल्पिक रूप से सक्रिय होते हैं। कुछ डायस्टेरोमर्स वैकल्पिक रूप से निष्क्रिय होते हैं। |
| एनैन्टीओमर में आम तौर पर समान भौतिक गुण (गलनांक, क्वथनांक, घनत्व आदि) और रासायनिक गुण होते हैं। वे केवल प्लेन पोलराइज्ड लाइट पर घूमने की दिशा में भिन्न होते हैं, जिससे d और l यौगिकों को जन्म मिलता है। | दो डायस्टेरोमर्स के अलग-अलग गलनांक, क्वथनांक और विलेयताएं होंगी। अधिकांश अभिकर्मकों के प्रति उनकी अलग-अलग प्रतिक्रियाएँ भी होंगी |

### 6.3.2 दैनिक जीवन में उपयोग

- जीव विज्ञान काइरलिटी के प्रति बहुत संवेदनशील है और गतिविधि इस बात पर निर्भर करती है कि किस एनैन्टीओमर का उपयोग किया जाता है।

  उदाहरण- (R)-(+)- डाइक्लोरप्रॉप का एनैन्टीओमर खरपतवारों को मारने के लिए प्रसिद्ध शाकनाशी है, जबकि (S)-(-)-एनैन्टीओमर शाकनाशी के रूप में निष्क्रिय है।
- D-alanine और L-alanine एनैन्टीओमर या दर्पण प्रतिबिम्ब के उदाहरण हैं। प्रोटीन बनाने के लिए केवल अमीनो एसिड के l-रूपों का उपयोग किया जाता है।

## ICT का उपयोग

https://phet.colorado.edu/en/search?q=stereo+chemistry

## 6.4 विन्यास

परमाणुओं या समूहों की अंतरिक्ष में व्यवस्था जो एक त्रिविम समावयवी की विशेषता है इसके विन्यास को कहते हैं। एक त्रिविम समावयवी को उसके विन्यास से पहचाना जाना चाहिए। विन्यास नामकरण के लिए उपयोग की जाने वाली विधि, निरपेक्ष विन्यास विधि है।

### 6.4.1 पूर्ण विन्यास: (R, S नामकरण)

यह प्रणाली काह्न-इनगोल्ड-प्रीलॉग द्वारा दी गई थी। चिरल केंद्रों पर बंध की सापेक्ष स्थिति का वर्णन करने के लिए निरपेक्ष विन्यास नियमों के एक सेट का उपयोग करता है।

एनैन्टीओमर दो अलग-अलग यौगिक हैं इसलिए हमें R और S नाम से अंतर करने की आवश्यकता है। 'R' का अर्थ रेक्टस का अर्थ है सही या घड़ी की दिशा। 'S' का अर्थ सिनिस्टर है जिसका अर्थ है बाएँ या वामावर्त दिशा।

R और S विन्यास कुछ निश्चित नियमों द्वारा तय किया जाता है। ये-

1. काइरल केंद्र से जुड़े सभी चार समूहों को प्राथमिकता दें। समूह के पहले परमाणु के परमाणु भार द्वारा प्राथमिकता तय की जाती है।
    - 1 सर्वोच्च प्राथमिकता वाला समूह है जबकि 4 सबसे कम प्राथमिकता वाला समूह है। हाइड्रोजन सबसे कम संभव प्राथमिकता वाला विकल्प है इसलिए हमेशा 4 असाइन किया जाता है।

      उदा. 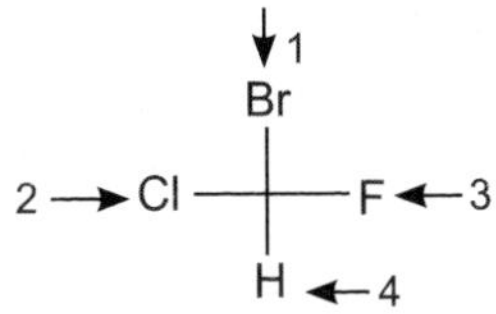
      

    - यदि पहले परमाणु का परमाणु भार समान है तो प्राथमिकता अगले परमाणु के परमाणु भार द्वारा तय की जाती है।
      उदा. $CH_2Cl > -CH_2OH > -CH_2NH_2 > -CH_2\,CH_2Cl$ के जैसे..
    - दोहरे या तिहरे बंधों में भाग लेने वाले परमाणुओं को एकल बंधों द्वारा समान संख्या में समान परमाणुओं से बंधित माना जाता है।
      उदा.- $CH{=}CH_2 < -CH{=}NH$
    - अब, यदि पहले तीन समूह दक्षिणावर्त दिशा में घूमते हैं तो विन्यास 'R' है और यदि पहले तीन समूह वामावर्त दिशा में घूमते हैं तो विन्यास 'S' है, बशर्ते कि सबसे कम प्राथमिकता वाला समूह (चौथा समूह) ऊर्ध्वाधर रेखा पर हो।

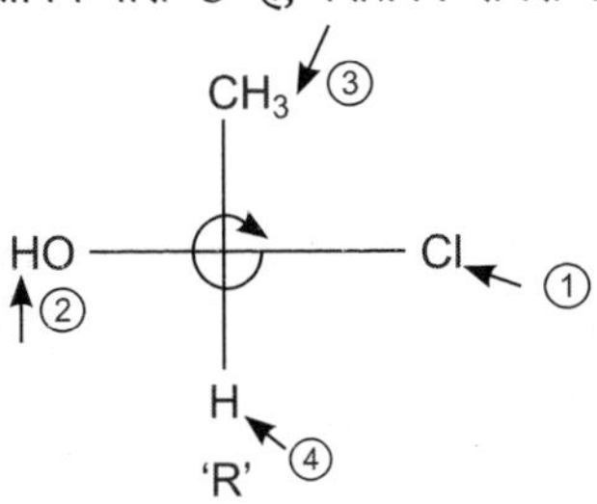


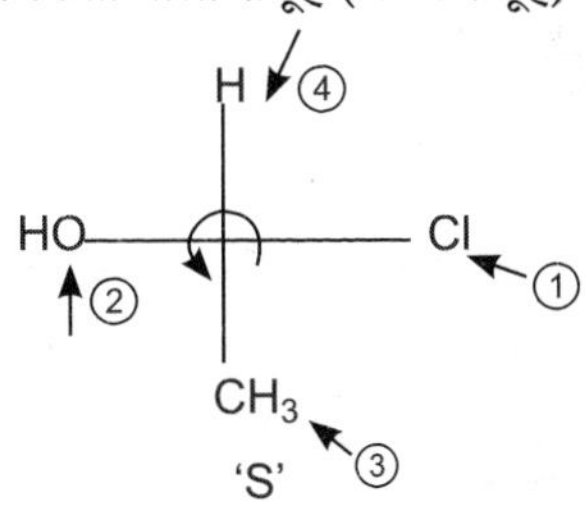


    - यदि फिशर संरचना में सबसे कम प्राथमिकता वाला चौथा समूह क्षैतिज रेखा पर है तो हम सही उत्तर का विपरीत विन्यास लेते हैं।

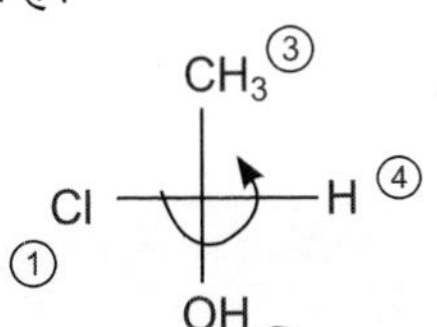


Now configuration is 'R'

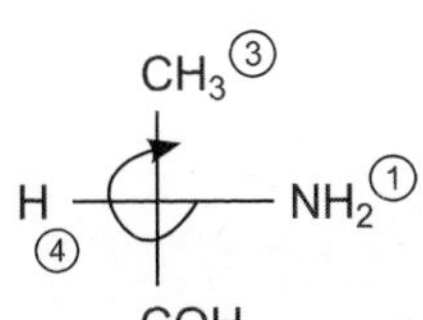


Now configuration is 'S'

**प्राथमिकता क्रम**

I, Br, Cl, $SO_3$, H, F, OR, OH, $NO_2$, $NR_2$, NHR, $NH_2$, COOR, COOH, $CONH_2$, $COCH_3$, CHO, $CH_2OH$, CN, $-CH = CH_2$, $-C{=}CH$, C, $CR_3$, $CH_2R$, $CH_3$, D, H

**उदाहरण:** निम्न में से प्रत्येक को R या S कॉन्फ़िगरेशन असाइन करें:

**समाधान:**

(a) 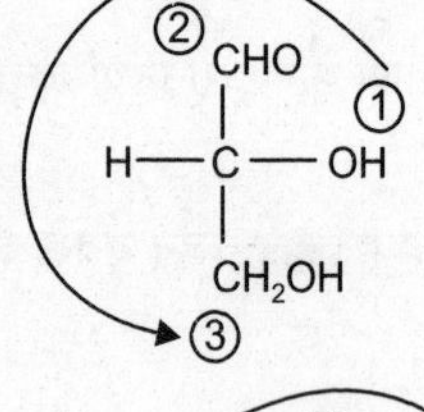


यहाँ 'H' क्षैतिज तल पर है, और प्राथमिकता क्रम वामावर्त दिशा में है, इसलिए इसे 'S' के रूप में निर्दिष्ट किया गया है।

(b) 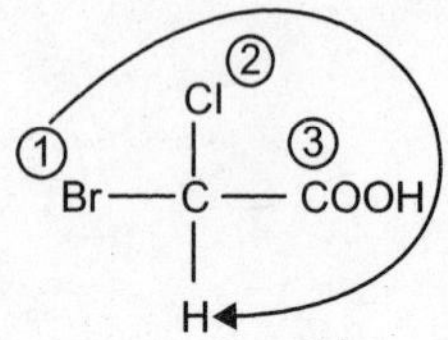


'H' ऊर्ध्वाधर तल पर है, और प्राथमिकता क्रम दक्षिणावर्त दिशा में है, इसलिए इसे 'S' के रूप में निर्दिष्ट किया गया है।

## 6.5 संरूपियता (CONFORMATIONS)

परमाणुओं की विभिन्न स्थानिक व्यवस्था जो C-C बंध अक्ष के बारे में समूहों के मुक्त घूर्णन के परिणामस्वरूप होती है,कन्फर्मेशन कहलाते हैं।

(a) **ईथेन की रचना:** ईथेन की संभावित व्यवस्था की अनंत संख्या में, दो अनुरूपता चरम का प्रतिनिधित्व करती है। इन्हें ग्रसित और अध्यारोपित रचना कहा जाता है।

ग्रसित की गई रचना में एक कार्बन परमाणु के हाइड्रोजन सीधे दूसरे के पीछे होते हैं जबकि अध्यारोपित संरचना में, दो कार्बन परमाणुओं के हाइड्रोजन एक दूसरे के संबंध में अध्यारोपित होते हैं।

कोई अन्य पुनर्व्यवस्था जो इन दो चरम स्थितियों के बीच होगी, गौचे या स्कू (तिरछा) के रूप में जानी जाती है

ग्रसित का रूप कम से कम स्थिर होता है क्योंकि हाइड्रोजन और इलेक्ट्रॉनों के बंधन जोड़े यथासंभव निकट होते हैं। इस प्रकार अधिकतम प्रतिकर्षण होता है और स्थितिज ऊर्जा अधिक होती है।

अध्यारोपित रूप सबसे अधिक स्थिर होता है, क्योंकि हाइड्रोजन और इलेक्ट्रॉनों के बंधन जोड़े अधिकतम दूरी में होते हैं। इस प्रकार न्यूनतम प्रतिकर्षण होता है और स्थितिज ऊर्जा कम होती है।

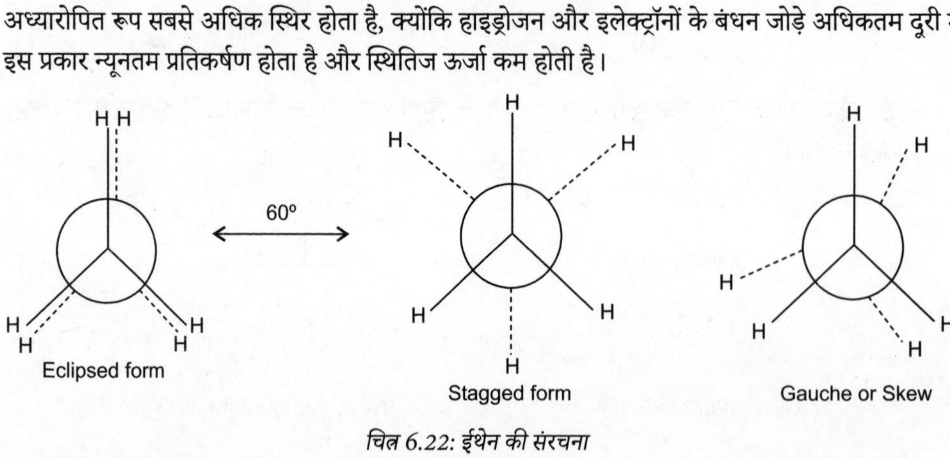


*चित्र 6.22: ईथेन की संरचना*

(b) **ब्यूटेन की रचना:** ईथेन और प्रोपेन में सभी ग्रसित किए गए अनुरूप समान हैं, और इसी तरह सभी अध्यारोपित अनुरूपता समकक्ष हैं, लेकिन ब्यूटेन में दो अलग ग्रहण और कंपित अनुरूपता संभव है।

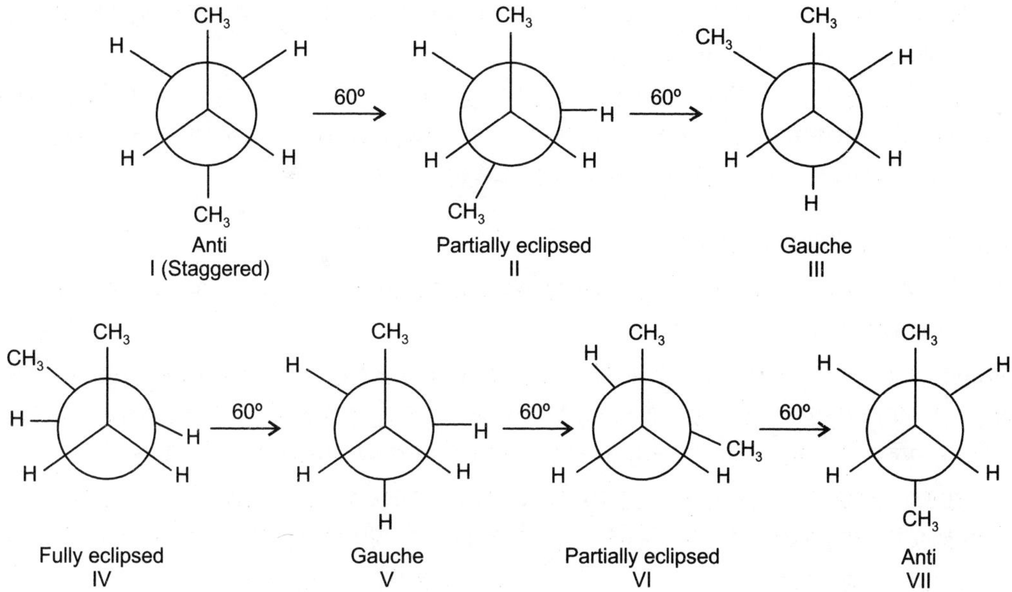


*चित्र 6.23: n-ब्यूटेन की संरचना*

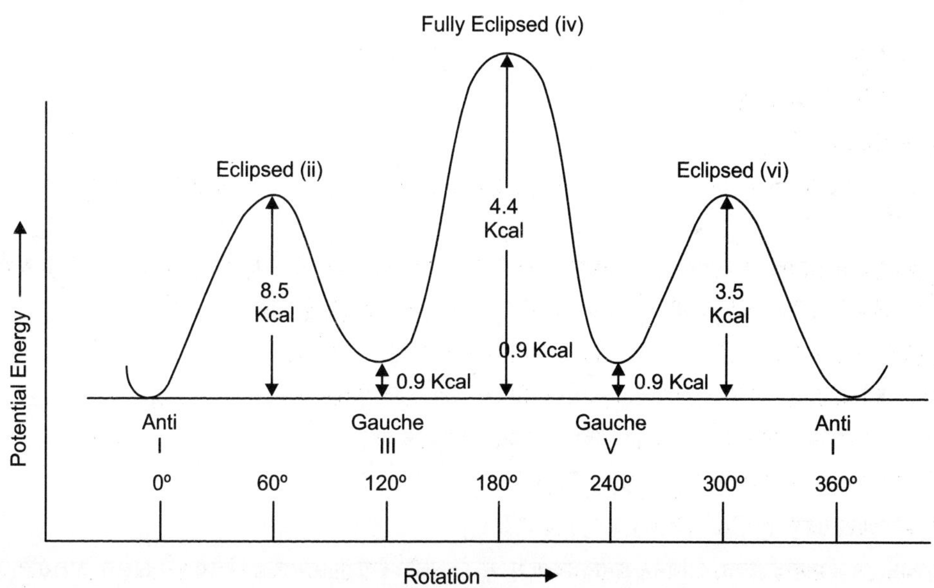


***चित्र 6.24:*** n-butane में केंद्रीय C-C के चारों ओर घूमने के दौरान ऊर्जा आवेश

### रोचक तथ्य

- एनैन्टीओमर का अनुपात अत्यंत महत्वपूर्ण है, क्योंकि जहाँ एक एनैन्टीओमर शरीर के लिए लाभदायक है, वहीं दूसरा एनैन्टीओमर शरीर के लिए अत्यधिक विषैला हो सकता है। एनैन्टीओमर संबंधित विषाक्तता का एक प्रसिद्ध उदाहरण थैलिडोमाइड के R- और S- एनैन्टीओमर हैं।
- 1950 के दशक के अंत में पेश किया गया (और 1961 में प्रतिबंधित), थैलिडोमाइड गर्भवती महिलाओं में मॉर्निंग सिकनेस के इलाज के लिए निर्धारित किया गया था। इसके बाद अब तक की सबसे बड़ी मानव निर्मित चिकित्सा आपदा थी, जहां 10,000 से अधिक बच्चे गंभीर और दुर्बल करने वाली विकृतियों के साथ पैदा हुए थे।

## 6.6 संक्रमण धातु यौगिकों में समावयवता

इस अध्याय के प्रारंभ में हम कार्बनिक अणुओं में समावयवों की घटना के बारे में पढ़ चुके हैं। अब धातु संकुलओं में एक ही अवधारणा को लागू करना।

**समावयवी** - एक ही सूत्र वाले दो या दो से अधिक यौगिक लेकिन परमाणुओं की विभिन्न व्यवस्थाओं को समावयवी कहा जाता है। एक ही सूत्र के साथ समन्वय यौगिकों का अस्तित्व लेकिन समन्वय रसायन विज्ञान के विकास में लिगैंड की एक अलग व्यवस्था महत्वपूर्ण थी। समरूपता दो प्रकारों में विभाजित है। जिनमें से प्रत्येक को आगे उप-विभाजित किया जा सकता है।

1. **ज्यामितीय समावयवता / स्ट्रक्चरल आइसोमेरिज्म:** स्ट्रक्चरल आइसोमेरिज्म, तब होता है जब बॉन्ड अलग होते हैं। आइसोमर्स अलग-अलग यौगिक होते हैं जिनमें रंग, क्रिस्टल संरचना और गलनांक जैसे विभिन्न भौतिक गुण हो सकते हैं।
   (a) समन्वय समावयवता
   (b) आयनीकरण समावयवता
   (c) हाइड्रेट समावयवता
   (d) लिंकेज समावयवता
2. **स्टीरियोइसोमेरिज्म:** स्टीरियोइसोमर्स तब होते हैं जब लिगैंड्स में एक ही बॉन्ड होता है, लेकिन बॉन्ड एक दूसरे के सापेक्ष अलग-अलग ओरिएंटेशन में होते हैं।
   (a) ज्यामितीय समावयवता
   (b) प्रकाशीय समावयवता

आइए इसे धीरे-धीरे सीखते हैं-

**1. ज्यामितीय समावयवता:**

इस समावयवता के कई प्रकार हैं जो समन्वय रसायन विज्ञान में अक्सर सामने आते हैं और निम्नलिखित उनमें से कुछ का प्रतिनिधित्व करते हैं।

(a) **समन्वय समावयवता:** समन्वय समावयवता में, नमक के धनात्मक और ऋणात्मक दोनों आयन जटिल आयन होते हैं, और दो समावयवी , धनायन और आयनों के बीच लिगैंड के वितरण में भिन्न होते हैं।

उदाहरण - $[Co(NH_3)_6][Cr(CN)_6]$ and $[Cr(NH_3)_6][Co(CN)_6]$.

जहां जटिल आयनिक और धनायनित भागों वाले यौगिकों को होने के बारे में सोचा जा सकता है

धनायन भाग से आयनिक भाग में कुछ लिगेंड के आदान-प्रदान द्वारा।

एक समावयवी $[Co(NH_3)_6]\ [Cr(C_2O_4)_3]$

एक अन्य समावयवी $[Co(C_2O_4)_3]\ [Cr(\ NH_3)_6]$

(b) **आयनीकरण समावयवता:** आयनन समावयवता में, समावयवों के परिणामस्वरूप विलयन में अलग-अलग आयन होते हैं, हालांकि उनकी संरचना समान होती है। इस प्रकार का समरूपता तब होता है जब संकुल का केंद्र आयन भी एक संभावित लिगैंड होता है। उदाहरण के लिए, पेंटामाइन ब्रोमिडोकोबाल्ट (III) सल्फेट $[Co(NH_3)_5Br]SO_4$ बैंगनी है और घोल में बेरियम क्लोराइड के साथ एक अवक्षेप देता है, जो सल्फेट आयन की उपस्थिति की पुष्टि करता है। पेंटामाइनसल्फेडोकोबाल्ट

(III) ब्रोमाइड $[Co(NH_3)_5SO_4]Br$, दूसरी ओर, लाल है और समाधान में सल्फेट आयन के लिए नकारात्मक परीक्षण करता है। यह सिल्वर नाइट्रेट ($AgNO_3$) के साथ सिल्वर ब्रोमाइड (AgBr) का अवक्षेप देता है।

उदाहरण - एक समावयवी [PtBr(NH )]NO– > NO– विलयन में ऋणायन

एक अन्य समावयवी [Pt(NO )(NH ) ]Br– > Br– विलयन में ऋणायन

(c) **हाइड्रेट समावयवता:** सॉल्वेट या हाइड्रेट आइसोमेरिज्म में, आइसोमर्स की संरचना समान होती है, लेकिन सॉल्वेंट लिगैंड अणुओं की संख्या के साथ-साथ क्रिस्टल जालक में काउंटर आयन के संबंध में भिन्न होते हैं।

उदाहरण - इसका सबसे अच्छा ज्ञात उदाहरण क्रोमियम क्लोराइड "$CrCl_3.6H_2O$" के लिए होता है जो इसमें 4, 5, या 6 समन्वित पानी के अणु हो सकते हैं।

$[CrCl_2(H_2O)_4]Cl_2 \cdot H_2O$ चमकदार-हरा ; $[CrCl(H_2O)_5]Cl_2.H_2O$ भूरा हरा ; $[Cr(H_2O)_6]Cl_3$ बैंगनी

इन समावयवों में बहुत भिन्न रासायनिक गुण होते हैं और $AgNO_3$ के साथ $Cl^-$ आयनों के परीक्षण के लिए प्रतिक्रिया करने पर, क्रमशः 1, 2, और 3 $Cl^-$ आयन घोल में मिलेंगे।

(d) **लिंकेज समावयवता:** लिंकेज आइसोमेरिज्म उभयलिंगी लिगैंड के साथ होता है, जो एक से अधिक स्थानों में बंध सकता है।

उदाहरण - $NO_2$ किसी धातु से या तो N परमाणु पर बंध सकता है या O परमाणु उभयलिंगी लिगैंड के साथ होता है। ये लिगैंड एक से अधिक तरीकों से समन्वय करने में सक्षम हैं। मोनोडेंटेट लिगैंड्स में $SCN^-$ / $NCS^-$ और $NO^-$ / ONO।

उदाहरण के लिए:

$[Co(ONO)(NH_3)_5]Cl$ नाइट्रो समावयवी – O संलग्न

$[Co(NO_2)(NH_3)_5]Cl$ नाइट्रो समावयवी – N संलग्न है।

## 2. त्रिविम समावयवी

धातु संकुलरों में, त्रिविम समावयता में समान परमाणु, समान सेट बांड होते हैं, लेकिन इन बांडों के सापेक्ष अभिविन्यास में भिन्न होते हैं।

(a) **ज्यामितीय समावयता:** धातु संकुल जो केवल भिन्न होते हैं जिसमें लिगैंड एक दूसरे से सटे होते हैं (सिस) या सीधे एक दूसरे से (ट्रांस) धातु के समन्वय क्षेत्र में। ज्यामितीय समावयवों की अपेक्षित संख्या इस प्रकार है:

**वर्ग समतलीय:**

| यौगिक प्रकार | आइसोमर्स की संख्या |
|---|---|
| $Ma_2b_2$ | 2 (सिस - और ट्रांस-) |
| Mabcd | 3 (सिस - और ट्रांस-रिलेशन का उपयोग करें) |

यहां a, b, c और d मोनोडेंटेट लिगैंड्स को संदर्भित करता है।

इस प्रकार के कई उदाहरणों को अलग कर दिया गया है, और उनकी विशेषता बताई गई है, की वे बहुत अलग रासायनिक और जैविक दिखाते हैं। इस प्रकार उदाहरण के लिए, cis-$PtCl_2(NH_3)_2$ एक कैंसर रोधी एजेंट (सिस्प्लैटिन) है जबकि ट्रांस-समावयवी कैंसर के खिलाफ निष्क्रिय है (यह विषाक्त है), और इसलिए कीमोथेरेपी में उपयोगी नहीं होते है।

$[PtCl_2(NH_3)_2]$ के cis- और trans-isomers एक दूसरे के सापेक्ष 2 समूहों की स्थिति को संदर्भित करते हैं। सिस -समावयवी में वे केंद्रीय धातु आयन के संबंध में "एक दूसरे के बगल में" यानी 90 डिग्री पर होते हैं, जबकि ट्रांस-समावयवी में वे "एक दूसरे के विपरीत" होते हैं, यानी केंद्रीय धातु आयन के सापेक्ष 180 डिग्री पर। .

**अष्टफलक:**

| यौगिक के प्रकार | समावयवी की संख्या |
|---|---|
| $Ma_4b_2$ | 2 (सिस - और ट्रांस ) |

$Ma_3b_3$ 2 (फेस- और मेर )

$MAA_2b_2$ 3 (2* सिस - और 1 ट्रांस )

यहां a, और b, मोनोडेंटेट लिगैंड का प्रतिनिधित्व करते हैं और A A एक बाइडेंटेट लिगैंड है।

(b) **प्रकाशीय समावयवता:** प्रकाशीय समावयवी गैर-सुपरइमोजेबल दर्पण छवियों के रूप में संबंधित हैं और उस दिशा में भिन्न होते हैं जिसके साथ वे तल-ध्रुवीकृत प्रकाश को घुमाते हैं। इन आइसोमर्स को एक दूसरे के एनैन्टीओमर्स या एनेंटिओमोर्फ के रूप में संदर्भित किया जाता है और उनकी गैर-सुपरइम्पोज़ेबल संरचनाओं को असममित होने के रूप में वर्णित किया जाता है।

Cahn, Ingold और Prelog (CIP नियम) द्वारा एनैन्टीओमर्स कार्बन यौगिकों के लिए विकसित मानक अनुक्रम नियमों के आधार पर मोनोन्यूक्लियर समन्वय प्रणालियों के लिए प्राथमिकताएं दी गई हैं। ये नियम समन्वयक परमाणु का उपयोग लिगैंड्स को प्राथमिकता क्रम में व्यवस्थित करने के लिए करते हैं । जैसे कि उच्चतम परमाणु संख्या सर्वोच्च प्राथमिकता संख्या (सबसे छोटी सीआईपी संख्या) देती है। उदाहरण के लिए काल्पनिक संकुल [Co Cl Br I NH NO SCN]$^{2-}$ I को 1, Br को 2, Cl को 3, SCN को 4, NO को 5 और NH को 6 के रूप में निर्दिष्ट करेगा।

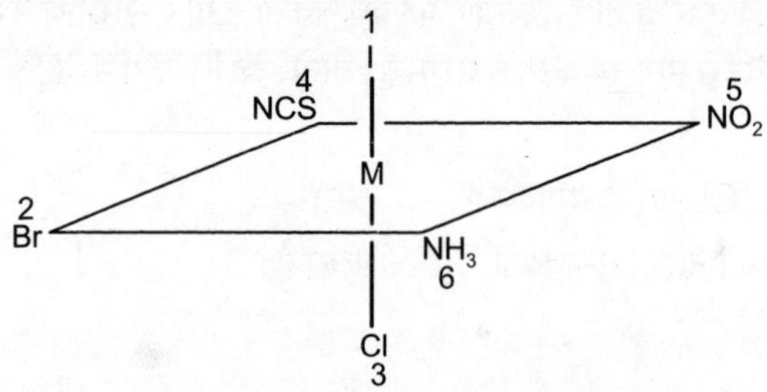


यहाँ एक समावयवी है जहाँ I और Cl, और Br और $NO_2$ एक-दूसरे को पार करते हुए पाए गए।

एक अष्टफलकीय केंद्र के लिए संदर्भ अक्ष वह अक्ष है जिसमें CIP प्राथमिकता 1 का बंधन परमाणु और न्यूनतम संभव प्राथमिकता (उच्चतम संख्यात्मक मान) का ट्रांस बंधन परमाणु होता है। संदर्भ अक्ष के लंबवत समन्वय तल में परमाणुओं को उस उच्चतम प्राथमिकता वाले लिगैंड से देखा जाता है (सीआईपी प्राथमिकता 1) और प्राथमिकता संख्याओं के दक्षिणावर्त और वामावर्त अनुक्रमों की तुलना की जाती है।

प्रकाशीय समावयवता टेट्राहेड्रल और ऑक्टाहेड्रल कॉम्प्लेक्स दोनों के लिए संभव हैं, लेकिन स्क्वायर प्लानर के लिए नहीं।

## 6.7 समन्वय यौगिकों के उपयोग

1. **रंजक और रंगद्रव्य:** समन्वय यौगिकों का उपयोग प्राचीन काल से रंजक और रंगद्रव्य के रूप में किया जाता रहा है। उदाहरण - मदार डाई जो हाइड्रॉक्सैन्थ्राक्विनोन का कॉम्प्लेक्स है, लाल रंग का होता है, जिसका इस्तेमाल प्राचीन यूनानियों द्वारा किया जाता था। एक और आधुनिक उदाहरण - वर्णक तांबा phthalocyanine है, जो नीला रंग का होता है।

कई जटिल यौगिकों का पता लगाने और पहचान के उद्देश्य के लिए विश्लेषणात्मक अभिकर्मक के रूप में उपयोग किया जा रहा है।

(a) **रंग परीक्षण:** चूंकि कई कॉम्प्लेक्स अत्यधिक रंगीन होते हैं, इसलिए उनका उपयोग वर्णमिति अभिकर्मकों के रूप में किया जा सकता है। Fe (II) के परीक्षण के रूप में लाल 2, 2'-बिपिरिडिल और l, l0-फेनेंथ्रोलाइन कॉम्प्लेक्स का निर्माण।

(b) **गुरुत्वाकर्षण विश्लेषण:** यहां अघुलनशील संकुल को बनाने के लिए अक्सर किलेटिंग लिगैंड का उपयोग किया जाता है

जैसे- $Ni(DMG)_2$ और $Al\ (Oxine)_3$।

(c) EDTA और अन्य जटिल एजेंटों का उपयोग शरीर से हानिकारक रेडियोधर्मी और अन्य जहरीले तत्वों के उन्मूलन में तेजी लाने के लिए किया गया है। (जैसे $Pb^{2+}$)। इन मामलों में घुलनशील धातु केलेट संकुल का निर्माण होता है।

3. **धातुओं का निष्कर्षण:** कभी-कभी कुछ धातुओं को उनके अयस्कों से स्थिर संकुल बनाकर निक्षालित किया जा सकता है। उदा.- Ag और Au साइनाइड आयन के संकुल के रूप में।
4. **जैव-अकार्बनिक रसायन विज्ञान:** प्राकृतिक रूप से पाए जाने वाले संकुल में हीमोग्लोबिन, क्लोरोफिल, विटामिन बी12 आदि है।
5. **कीमो-थेरेपी:** यहां एक उदाहरण ट्यूमर-विरोधी दवा के रूप में cis- $PtCl_2(NH_3)_2$ का उपयोग है।

## सारांश

- **त्रि-आयामी प्रतिनिधित्व** - कार्बनिक अणुओं की 3-डी संरचनाओं का प्रतिनिधित्व वेज-डैश नोटेशन, न्यूमैन प्रोजेक्शन, सॉहोर्स प्रोजेक्शन, फिशर प्रोजेक्शन और हॉवर्थ प्रोजेक्शन हैं।
- **समावयवता** - समावयवी एक ही आणविक सूत्र (अर्थात प्रत्येक तत्व के परमाणुओं की समान संख्या) वाले अणु होते हैं, लेकिन अणु के भीतर परमाणुओं की विभिन्न संरचनात्मक या स्थानिक व्यवस्थाएं होती हैं।
- **संरचनात्मक समावयवता** - आइसोमर्स को दो व्यापक समूहों में विभाजित किया जा सकता है - संरचनात्मक (या संवैधानिक) समावयवी , और त्रिविम समावयवी।
- **श्रृंखला समावयवी** - चेन आइसोमर्स एक ही आणविक सूत्र वाले अणु होते हैं, लेकिन कार्बन 'कंकाल' की विभिन्न व्यवस्थाएं होती हैं।
- **स्थिति समावयवी** - स्थिति समावयवी अणु में एक 'कार्यात्मक समूह' की गति पर आधारित होते हैं। कार्बनिक रसायन विज्ञान में एक कार्यात्मक समूह एक अणु का हिस्सा है जो इसे अपनी प्रतिक्रियाशीलता देता है।
- **क्रियात्मक समावयवी** - जिन्हें क्रियात्मक समूह समावयवी भी कहा जाता है, ये समावयवी होते हैं जहां आणविक सूत्र समान रहता है, लेकिन परमाणु में कार्यात्मक समूह का प्रकार बदल जाता है।
- **मध्यावयवता** - समावयवता का यह रूप दुर्लभ है और O या S जैसे द्विसंयोजी परमाणु वाले अणुओं तक सीमित है और इसके चारों ओर एल्काइल समूह हैं। मुख्य उदाहरण ईथर और थियोएथर से आते हैं।
- **चलावयवता** - विभिन्न कार्यात्मक समूहों के साथ दो आइसोमेरिक रूपों के स्वतःस्फूर्त अंतर रूपांतरण के कारण। इसके लिए आवश्यक शर्तें सामान्य मामलों में C=O, C=N या N=O की उपस्थिति और अल्फा एच परमाणु की उपस्थिति है। सबसे सामान्य 'कीटो-एनोल' टॉटोमेरिज़्म है।
- **वलय-श्रृंखला समावयवता** - यहाँ एक समावयवी एक खुली श्रृंखला अणु है, और दूसरा एक चक्रीय अणु है।
- **एनैन्टीओमर्स** - स्टीरियोइसोमर्स की जोड़ी जो एक दूसरे की गैर-सुपरइम्पोज़ेबल मिरर इमेज होती हैं, Enantiomers कहलाती हैं।
- **डायस्टेरियोमर** - स्टीरियोइसोमर्स जो एक दूसरे के दर्पण प्रतिबिम्ब नहीं होते हैं, डायस्टेरियोमर कहलाते हैं।
- **विन्यास** - विन्यास नामकरण के लिए प्रयुक्त विधि निरपेक्ष विन्यास विधि है।
- **संरूपण** - परमाणुओं की विभिन्न स्थानिक व्यवस्था जो C–C आबंध अक्ष के चारों ओर समूहों के मुक्त घूर्णन के परिणामस्वरूप होती है, संरूपण कहलाती है।

## अभ्यास

### विषयात्मक प्रश्न

1. वैकल्पिक रूप से सक्रिय यौगिक क्या हैं? यौगिक के वैकल्पिक रूप से सक्रिय होने के लिए आवश्यक शर्तें क्या हैं?
2. संकुल $[Cr(en)_2 (CN)]_2^+$ के लिए सभी संभव ज्यामितीय समावयवों को खींचिए।

उत्तर:

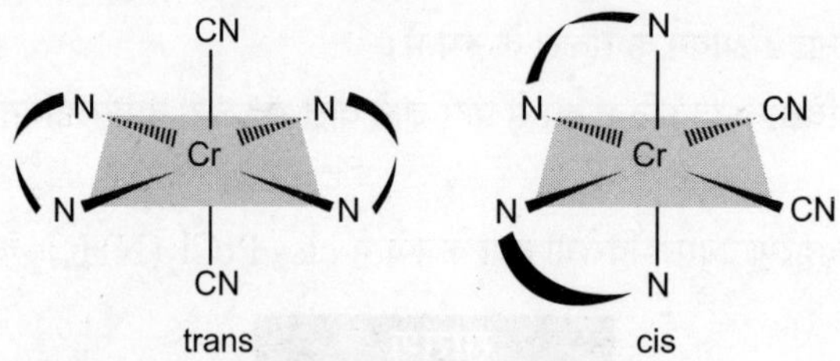


3. दो ज्यामितीय समावयव संभव हैं: ट्रांस और सिस ।
   (i) चार विभिन्न प्रकार के संरचनात्मक समावयवों के उदाहरण दीजिए ?
   (ii) प्रकाशिक समावयवता को उदाहरण सहित समझाइए और $[CoCl_2(en)_2]^+$ के मामले में ट्रांस रूप सिस रूप से वैकल्पिक रूप से निष्क्रिय क्यों है?
4. सबसे छोटे एल्केन ($C_nH_{2n+2}$ के सामान्य आणविक सूत्र के साथ) की संरचना बनाएं जिसमें ऑप्टिकल आइसोमर होते हैं।
5. प्रकाशिक गतिविधि से आप क्या समझते हैं? ऑप्टिकल गतिविधि उपस्थिति के साथ जुड़ी हुई है इसमें एक असममित कार्बन परमाणु का। उपयुक्त उदाहरण देकर इस कथन की पुष्टि कीजिए।
6. एनैन्टीओमर क्या होते हैं? एनैन्टीओमर के गुणों का वर्णन कीजिए।
7. संरचनागत विश्लेषण से आप क्या समझते हैं? साइक्लोहेक्सेन की पुष्टि का वर्णन करें।
8. वैकल्पिक रूप से सक्रिय यौगिकों के विन्यास का प्रतिनिधित्व करने के लिए सापेक्ष और पूर्ण विन्यास विधियों के उपयुक्त उदाहरण की सहायता से वर्णन करें।
9. प्रकाशिक समावयवता और ज्यामितीय समावयवता में अंतर स्पष्ट कीजिए।

### वस्तुनिष्ठ प्रश्न

1. निम्नलिखित में से कौन सा यौगिक सिस -ट्रांस आइसोमेरिज्म प्रदर्शित करेगा?

(a) 2-ब्यूटेन  (b) 2-ब्यूटिन
(c) 2-ब्यूटेनॉल  (d) ब्यूटेनल  [उत्तर (a)]

**प्रतिक्रिया:** दो अलग-अलग समूहों से जुड़े प्रत्येक दोगुने कार्बन वाले यौगिक दोहरे बंधन के प्रतिबंधित रोटेशन के कारण ज्यामितीय समरूपता प्रदर्शित करते हैं। हालाँकि, ट्रिपल बॉन्ड के लिए प्रतिबंधित रोटेशन होने के बावजूद, एल्काइन्स ज्यामितीय समरूपता का प्रदर्शन नहीं करते हैं, क्योंकि ट्रिपल बॉन्ड कार्बन केवल एक समूह से जुड़े होते हैं।

2. $CH_3 - CHOH - CH = CH - CH_3$ के लिए स्टीरियोइसोमर्स की संख्या ज्ञात कीजिए।

(a) 1  (b) 2
(c) 3  (d) 4  [उत्तर (d)]

**प्रतिक्रिया:** $CH_3 - CHOH - CH = CH - CH_3$ के लिए स्टीरियोइसोमर्स की संख्या चार है। इसकी गणना सूत्र 2n के द्वारा की जाती है

3. निम्नलिखित में से कौन सा यौगिक प्रकाशीय समावयवता प्रदर्शित करेगा?
   (a) $CH_3 - CH(OH)\ COOH$ (b) $H_2N\ CH(CH_3)_2$
   (c) $(CH_3)_2\ CHCHO$ (d) $H_2N\ CH_2\ COOH$ [उत्तर (a)]

   **प्रतिक्रिया:** $CH_3 - CH(OH)\ COOH$ ऑप्टिकल आइसोमेरिज्म दिखाएगा क्योंकि इसमें चिरल कार्बन होता है।
4. काह्न-इंगोल्ड-प्रीलॉग अनुक्रम नियमों के अनुसार निम्नलिखित में से किस समूह की सर्वोच्च प्राथमिकता है?
   (a) $CH_3$ (b) $CH_2Cl$
   (c) $CH_2OH$ (d) CHO [उत्तर (b)]

   **प्रतिक्रिया:** कान-इंगोल्ड-प्रीलॉग अनुक्रम नियमों के अनुसार।
5. निम्नलिखित में से किस संकेतन का प्रयोग एनैन्टीओमरों के युग्मों में अंतर करने के लिए नहीं किया जाता है?
   (a) R और S (b) E और Z
   (c) + और – (d) d और l [उत्तर (b)]

   **प्रतिक्रिया:** इन सभी चार नोटेशन का उपयोग आइसोमर्स के बीच अंतर करने के लिए किया जाता है, लेकिन केवल तीन का उपयोग विशेष रूप से एनैन्टीओमर के संदर्भ में किया जाता है। चौथा - E और Z - का उपयोग ज्यामितीय आइसोमर्स के बीच अंतर करने के लिए किया जाता है, न कि एनेंटिओमर्स के लिए।
6. निम्नलिखित विकल्पों में से सही कथन का चयन कीजिए।
   (a) मेसो यौगिक में सममिति के तल और सममिति केंद्र दोनों होते हैं
   (b) मेसो कंपाउंड में या तो विमान या समरूपता का केंद्र होता है
   (c) मेसो कंपाउंड में न तो समतल होता है और न ही सममिति का केंद्र होता है
   (d) मेसो यौगिकों को बाहरी रूप से मुआवजा दिया जाता है [उत्तर (b)]

   **प्रतिक्रिया:** मेसो कंपाउंड में या तो समतल या समरूपता का केंद्र होता है। उनके पास समरूपता के तल और समरूपता के केंद्र दोनों नहीं हैं और साथ ही वे आंतरिक रूप से क्षतिपूर्ति रूप हैं।
7. एक चिरल कार्बन वाले यौगिक में कितने प्रकाशिक समावयवी संभव हैं?
   (a) 5 (b) 4
   (c) 2 (d) 3 [उत्तर (d)]

   **प्रतिक्रिया:** एक चिरल कार्बन वाले यौगिक में तीन ऑप्टिकल आइसोमर (+), (-) और (±) होते हैं।

## गतिविधियां

- आइडेंटिकल ट्विन्स मिरर इमेज होते हैं! क्या आप एनैन्टीओमर के साथ एक सादृश्य बना सकते हैं?
- छात्र एक वैकल्पिक प्रयोग (समूह या व्यक्तिगत आधार के रूप में) डिजाइन करें और व्यक्तिगत भागीदारी के साथ समूह के रूप में भी प्रस्तुत करें।

## अध्यन हेतु सुझाव

**पुस्तकें**


- Organic Chemistry by A. Bahal and B.S. Bahal, S Chand & Company Publications ISBN No. 9789352-531967.
- Organic Chemistry, Reaction and Reagents by O. P. Agrawal GOEL Publishing house.
- Advanced Organic Chemistry Part A: Structure and Mechanisms by Carey, Francis A., Sundberg, Richard J., Springer Publication house, ISBN 978-0-387-44899-2

**ई संसाधन**

- https://nptel.ac.in/courses/104/105/104105086/
- https://onlinecourses.nptel.ac.in/noc19_cy25/preview

## अधिक जानिए

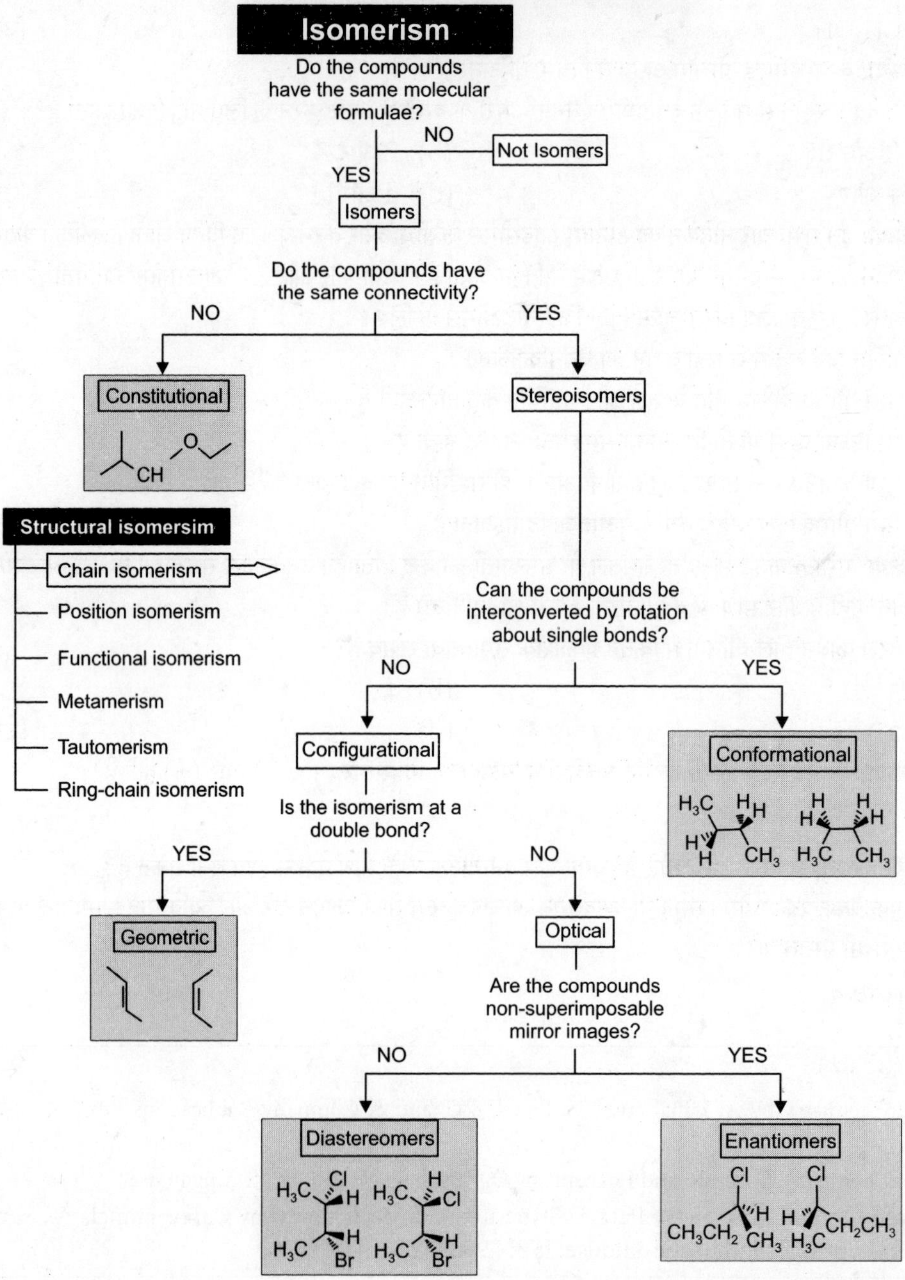

## प्रकाशीय और ज्यामितीय समावयवता की गणना के लिए सूत्र

### प्रकाशीय समावयवता

1. यदि अणु में समरूपता का तल नहीं है और चिरल केंद्र की संख्या सम संख्या में है, तो
   वैकल्पिक रूप से सक्रिय रूप की संख्या = $2^{n-1}$
   मेसो फॉर्म की संख्या = $2^{n/2-1}$
   कुल समावयवी = $2^{n-1} + 2^{n/2-1}$
2. यदि अणु में समरूपता का तल नहीं है और विषम संख्या में चिरल केंद्र है, तो
   वैकल्पिक रूप से सक्रिय रूप की संख्या = $2^{(n-1)} - 2^{(n-1)/2}$
   मेसो फॉर्म की संख्या = $2^{(n-1)/2}$
   कुल समावयवी = $2^{n-1}$

### ज्यामितीय समावयवता

1. जब एक यौगिक में n दोहरे बंधन होते हैं और पॉलीन के सिरे अलग-अलग होते हैं, तो ज्यामितीय समावयवों की संख्या = $2^n$
   उदा. $C_6H_5 - CH = CH - CH = CH - CH = CH - CH = CH - Cl$
2. दिए गए यौगिक में 4 दोहरे बंधन हैं और दो सिरे अलग-अलग हैं, इसलिए - ज्यामितीय समावयवों का
   $= 2^n = 24 = 16$ होगा

# 7 कार्बनिक अभिक्रियाएं एवं औषधीय अणुओं का संश्लेषण

## इकाई विशिष्ट

यह इकाई इन विषयों पर चर्चा करती है: प्रतिस्थापन, योगात्मक, विलोपन, ऑक्सीकरण और अपचयन, चक्रण और वलय का खुलना से संबंधित अभिक्रियाओं का परिचय। सामान्य रूप से प्रयुक्त औषधीय अणुओ का संश्लेषण।

## भूमिका

रासायनिक परिवर्तन, रसायन विज्ञान को समझने की कुंजी है। रसायनज्ञों का लक्ष्य यह जानना है कि कोई पदार्थ किसी अन्य पदार्थ की उपस्थिति में या स्वयं ही कैसे और क्यों बदलता है। रासायनिक परिवर्तन हर जगह बाहर और यहाँ तक कि हमारे अंदर भी हो रहे हैं! लाखों रासायनिक पदार्थ और संभावित रासायनिक अभिक्रियाओं की एक बड़ी संख्या है। इस इकाई में, कार्बनिक अभिक्रियाओं एवं औषधियों के संश्लेषण और उनके अनुप्रयोगों पर भी चर्चा की गई है।

## पूर्व अपेक्षित ज्ञान

- **रसायन विज्ञान** - रासायनिक समीकरणों और संश्लेषण प्रक्रिया का बुनियादी ज्ञान
- **भौतिकी** - इलेक्ट्रॉनिक परिवर्तन का ज्ञान

## लर्निंग आउटकम्स

इस  इकाई के पूर्ण अध्यन करने के बाद, विद्यार्थी निम्न में सक्षम होंगे

| | |
|---|---|
| U7-O1: | दी गई कार्बनिक अभिक्रिया को प्रतिस्थापन, योगात्मक और विलोपन अभिक्रियाओं में वर्गीकृत करें। |
| U7-O2: | सरल ऑक्सीकरण और कमी अभिक्रियाओं के उत्पादों की भविष्यवाणी करें। |
| U7-O3: | सरल कार्बनिक यौगिकों की तैयारी के लिए चक्रीकरण और वलय के उद्घाटन के सिद्धांतों को लागू करें। |
| U7-O4: | आमतौर पर उपयोग किए जाने वाले कुछ ड्रग अणुओं का संश्लेषण जानना है। |

## कोर्स आउटकम्स (COs) के साथ यूनिट आउटकम्स (UOs) का परस्पर संबंध

| आउटकम्स | कोर्स आउटकम्स (COs) के साथ अपेक्षित संबंध (1- कमजोर सहसंबंध; 2- मध्यम सहसंबंध; 3- मजबूत सहसंबंध) | | | | |
|---|---|---|---|---|---|
| | CO-1 | CO-2 | CO-3 | CO-4 | CO-5 |
| U7-O1 | | | | | 3 |

| आउटकम्स | कोर्स आउटकम्स (COs) के साथ अपेक्षित संबंध (1- कमजोर सहसंबंध; 2- मध्यम सहसंबंध; 3- मजबूत सहसंबंध) | | | | |
|---|---|---|---|---|---|
| | CO-1 | CO-2 | CO-3 | CO-4 | CO-5 |
| U7-O2 | | | | | 3 |
| U7-O3 | | | | | 3 |
| U7-O4 | | | | | 3 |

## 7.1 प्रस्तावना

कार्बनिक रसायन विज्ञान को पहली बार आधुनिक विज्ञान की एक शाखा के रूप में 1800 के दशक की शुरुआत में जॉन जैकब बर्जेलियस द्वारा परिभाषित किया गया था। उन्होंने रासायनिक यौगिकों को दो मुख्य समूहों में वर्गीकृत किया: कार्बनिक यदि वे जीवित या एक बार जीवित पदार्थ में उत्पन्न होते हैं और अकार्बनिक यदि वे 'खनिज' या निर्जीव पदार्थ से आते हैं। आइए नीचे दी गई तालिका में दर्शाए गए ऐतिहासिक समयरेखा के माध्यम से और जानें-

| अवधि | वैज्ञानिक | योगदान |
|---|---|---|
| 1856 | विलियम हेनरी पर्किन | कुनैन को संश्लेषित करने का प्रयास कर रहे थे, और डाई संश्लेषण में एक सफल कैरियर था। |
| 1862 | एमिल एर्लेनमेयर | दो कार्बन के बीच डबल और ट्रिपल बॉन्ड की संभावना का सुझाव देने वाले पहले व्यक्ति थे। |
| 1865 | अगस्त केकुले | बांड के लिए लाइनों का उपयोग करके कार्बनिक यौगिकों की संरचना तैयार करने वाला पहला - बेंजीन की संरचना। |
| 1870 | व्लादिमीर वी. मार्कोनिकोव | मार्कोनिकोव के नियम H-X में एल्केन के योग के बारे में कहा गया |
| 1877 | चार्ल्स फ्रीडेल, जेम्स क्राफ्ट्स | फ्रीडेल- क्राफ्ट्स अभिक्रिया जिसमें ऐरोमैटिक रिंगों की ऐल्किलीकरण और ऐसिलेशन अभिक्रियाएँ शामिल हैं। |
| 1895 | पॉल वाल्डेन | स्टीरियोकेमिस्ट्री की वाल्डेन प्रतिलोमन अवधारणा। |
| 1900 | एफ. ए. विक्टर ग्रिग्नार्ड | यह खोज कि मैग्नीशियम ऑर्गनोहैलाइड्स के साथ अभिक्रिया करके ग्रिग्नार्ड अभिकर्मक बनाता है। |
| 1931 | एरिच हकल | हकल का नियम जो बताता है कि सुगंधितता के लिए $4n + 2$ $\pi$ इलेक्ट्रॉनों के साथ एक तलीय वलय। |
| 1954 | व्लादिमीर प्रीलॉग | स्टीरियोइसोमेरिज्म के संबंध में जैविक संरचना के प्रति अभिक्रियाशीलता। |
| 1991 | सुमियो इजिमा | कार्बन नैनोट्यूब को संश्लेषित किया |
| 2004 | आंद्रे गीम | नोवोसेलोव ग्राफीन और इसके दो आयामी गुण। |

अभिक्रियाओं के तरीके इसके तंत्र के अनुसार भिन्न होते हैं। इसे कई किस्मों में विभाजित किया जा सकता है जैसे - प्रतिस्थापन, योगात्मक, विलोपन, ऑक्सीकरण, अपचयन, पुनर्व्यवस्था आदि। आइए एक-एक करके सीखें।

## 7.2 प्रतिस्थापन अभिक्रियाए

**प्रतिस्थापन अभिक्रिया:** प्रतिस्थापन अभिक्रियाए वे अभिक्रिया होती है जिसमें एक परमाणु, आयन या अणु के समूह को दूसरे परमाणु, आयन या समूह द्वारा प्रतिस्थापित किया जाता है।

उदाहरण - $CH_3Cl$ एक हाइड्रॉक्सी आयन ($OH^-$) के साथ अभिक्रिया करके $CH_3OH$ और क्लोरीन का उत्पादन करेगा।

$$CH_3\mathbf{Cl} + OH^- \longrightarrow CH_3\mathbf{OH} + Cl^-$$

### 7.2.1 प्रतिस्थापन अभिक्रिया के घटक

एक इलेक्ट्रॉन-समृद्ध प्रजाति एक इलेक्ट्रॉन- कमी प्रजातियों को इलेक्ट्रॉनों की एक जोड़ी दान करती है और एक नया उत्पाद और एक नया आधार बनाती है। इसलिए, एक प्रतिस्थापन अभिक्रिया में चार घटक होते हैं।

**न्यूक्लियोफाइल:** इलेक्ट्रॉन-समृद्ध प्रजातियां कार्बन को इलेक्ट्रॉनों की एक जोड़ी दान करती हैं।

उदा. . $Cl^-$, $Br^-$, $I^-$, $OH^-$, $RO^-$, $CN^-$, $H_2O$, और $NH_3$।

**इलेक्ट्रोफाइल:** इलेक्ट्रॉन की कमी वाली प्रजातियां इलेक्ट्रॉनों की एक जोड़ी को स्वीकार करती हैं।

उदा. $H_3O^+$, $NO_2^+$ और $SO_3$।

**उत्पादन:** वह प्रजाति जो प्रतिस्थापन अभिक्रिया से बनती है

**समूह छोड़ना:** वह समूह जो यौगिक छोड़ता है

### 7.2.2 प्रतिस्थापन अभिक्रिया के प्रकार

प्रतिस्थापन अभिक्रिया को आगे तीन प्रकारों में वर्गीकृत किया गया है-

(i) **मुक्त मूलक प्रतिस्थापन अभिक्रिया:** मुक्त मूलक प्रतिस्थापन तब होता है, जब किसी अणु में परमाणु या परमाणुओं के समूह को मुक्त मूलक द्वारा प्रतिस्थापित किया जाता है। मुक्त कणों के उदाहरण $^{\cdot}Br$, $^{\cdot}Cl$, $^{\cdot}I$ और $^{\cdot}OH$ हैं।

(ii) **इलेक्ट्रोफिलिक प्रतिस्थापन अभिक्रिया:** जब प्रतिस्थापन इलेक्ट्रोफाइल होता है, और यौगिक के साथ बंधन के लिए एक इलेक्ट्रॉन जोड़ी स्वीकार करता है, तो इसे इलेक्ट्रोफिलिक प्रतिस्थापन कहा जाता है।

इलेक्ट्रोफिलिक प्रतिस्थापन दो प्रकार का होता है

(a) इलेक्ट्रोफिलिक ऐलिफैटिक प्रतिस्थापन

(b) इलेक्ट्रोफिलिक ऐरोमैटिक प्रतिस्थापन।

(iii) **न्यूक्लियोफिलिक प्रतिस्थापन अभिक्रिया:** जब न्यूक्लियोफाइल यौगिक के रूपांतरण के साथ बंधन के लिए एक इलेक्ट्रॉन जोड़ी प्रदान करता है, तो इसे न्यूक्लियोफिलिक प्रतिस्थापन कहा जाता है।

वे SN द्वारा दर्शाए जाते हैं (S- प्रतिस्थापन के लिए होता है और N- न्यूक्लियोफिलिक के लिए होता है) और ऐलिफैटिक यौगिकों में अधिक सामान्य हैं। उदाहरण के लिए →

$$\mathbf{R{-}X + KOH \longrightarrow ROH + KX}$$

SN अभिक्रिया दो तंत्रों का पालन कर सकती है।

1. **एक आण्विक क्रियाविधि :** यह एक आण्विक क्रियाविधि द्वारा आगे बढ़ती है जिसे $S_N1$ द्वारा निरूपित किया जाता है।
2. **द्विआण्विक क्रियाविधि** : यह द्वि-आण्विक क्रियाविधि के माध्यम से आगे बढ़ती है जिसे $S_N2$ के रूप में दर्शाया जाता है।

**तालिका 7.1:** $S_N1$ और $S_N2$ अभिक्रियाओं के बीच अंतर

| क्रम | पैरामीटर | $S_N1$ | $S_N2$ |
|---|---|---|---|
| 1. | ऐल्किल हैलाइड संरचना | तृतीयक > द्वितीयक >>>> प्राथमिक > मिथाइल | मिथाइल > प्राथमिक > द्वितीयक >>>> तृतीयक |
| 2. | न्यूक्लियोफाइल | खराब न्यूक्लियोफाइल (अक्सर विलायक) | एक मजबूत न्यूक्लियोफाइल की उच्च सांद्रता |
| 3. | क्रियाविधि | 2- चरण | 1- चरण |
| 4. | रेट निर्धारण चरण | कार्बोकेटाय़न गठन | द्वि-आण्विक संक्रमण अवस्था |

| क्रम | पैरामीटर | $S_{N}1$ | $S_{N}2$ |
|---|---|---|---|
| 5. | रेट law | रेट = k[R-X] | रेट = k[R-X][Nu] |
| 6. | स्टीरियो-रसायन विज्ञान | मिश्रित विन्यास | विन्यास का व्युत्क्रम |
| 7. | सॉल्वेंट | पोलर प्रोटिक | पोलर एप्रोटिक |

$S_{N}2$ अभिक्रियाएं मजबूत न्यूक्लियोफाइल और सरल और कम अल्किल समूहों की उपस्थिति के पक्षधर हैं।इस प्रकार भारी समूहों की उपस्थिति $S_{N}2$ अभिक्रिया में बाधा डालती है और $S_{N}1$ अभिक्रिया को सुविधाजनक बनाती है।

2° ऐल्किल हैलाइडों का जल-अपघटन $S_{N}1$ और $S_{N}2$ तंत्र में से किसी एक द्वारा हो सकता है।

### 7.2.3 मूलक प्रतिस्थापन अभिक्रिया के अनुप्रयोग

- हलोजन अभिक्रिया
- कैनिज़ारो अभिक्रिया
- हुन्सडीकर अभिक्रिया
- एल्डोल संघनन
- वोहल-ज़ीग्लर अभिक्रिया

## 7.3 योगात्मक अभिक्रिया

वह अभिक्रिया जिसमें दो या दो से अधिक अणु मिलकर एक बड़े अणु का निर्माण करते हैं।

योगात्मक अभिक्रिया असंतृप्त हाइड्रोकार्बन द्वारा दिखाई जाती है जिसमें डबल या ट्रिपल बॉन्ड होते हैं।

**कार्बन युक्त अणु** - कार्बोनिल (C=O) समूह, या इमाइन (C≡N) समूह जैसे विषम दोहरे बंधन, जोड़ से गुजर सकते हैं,

उदाहरण:

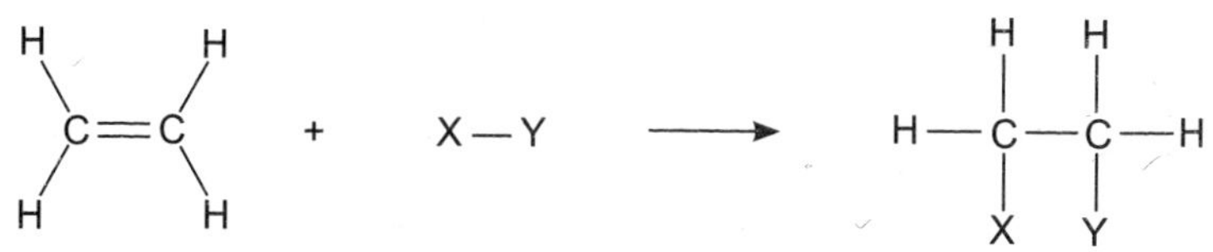

*चित्र 7.1: ऐल्कीनों की योग अभिक्रिया*

### 7.3.1 इलेक्ट्रोफिलिक योगात्मक अभिक्रिया

π बंध एल्कीन और एल्काइन में C-C σ बांड के ऊपर और नीचे स्थानीयकृत होता है। इलेक्ट्रॉन नाभिक से काफी दूर होते हैं और इसलिए शिथिल रूप से बंधे होते हैं। इलेक्ट्रोफिलिक योग के दौरान, पाई इलेक्ट्रॉन सबसे स्थिर कार्बन पर एक कार्बोकेटायन (केवल 3 बांड और एक सकारात्मक चार्ज वाला कार्बन परमाणु) बनाते हुए एक इलेक्ट्रोफाइल पर हमला करते हैं। इसके बाद, न्यूक्लियोफाइल उत्पाद बनाने के लिए कार्बोकेटायन पर हमला करता है।

उदाहरण - ऐल्कीनों और ऐल्कीनेस में HX का योग

ऐल्कीनों और ऐल्काइनों के वैद्युतकणसंचलन योगों के उदाहरण हैं:

- **हाइड्रोहैलोजेनेशन रिएक्शन**: निम्नलिखित HX का योग (- मार्कोनिकॉफ नियम) है

$$CH_3-CH=CH_2+HX \longrightarrow CH_3\text{-}CHX\text{-}CH_3$$

- **जलयोजन अभिक्रियाएँ:** अम्ल उत्प्रेरित जल में $H_2O$ मिलाता है।

$$CH_3-CH=CH_2+H_2O \xrightarrow{H^+} CH_3\text{-}CH(OH)\text{-}CH_3$$

- **हलोजन योगात्मक अभिक्रियाएं:** $X_2$

$$CH_3 - CH = CH_2 + X_2 \longrightarrow CH_3 - CHX{-}CH_2X$$

### 7.3.2 न्यूक्लियोफिलिक योगात्मक अभिक्रिया

एक अतिरिक्त अभिक्रिया जहां एक इलेक्ट्रोफिलिक डबल या ट्रिपल बॉन्ड वाला रासायनिक यौगिक न्यूक्लियोफाइल के साथ अभिक्रिया करता है और डबल या ट्रिपल बॉन्ड टूट जाता है। यह एल्डिहाइड और कीटोन्स में आम है।

उदाहरण - कार्बोनिल समूहों में योग

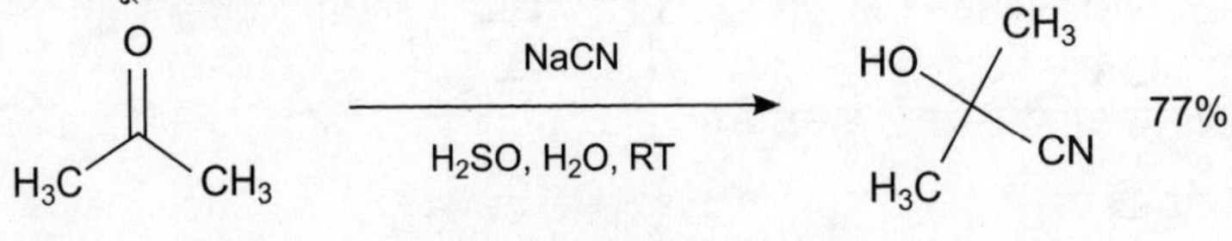


*चित्र 7.2: कार्बोनिल समूहों का योग*

न्यूक्लियोफिलिक योगात्मक अभिक्रियाओं के अन्य उदाहरण:

- एल्डिहाइड और कीटोन में अल्कोहल मिलाने से हेमीएसेटल और एसिटल बनते हैं।
- एल्डिहाइड और कीटोन के अपचयन के दौरान हाइड्राइड का योग क्रमशः $1^0$ और $2^0$ एल्कोहल बनाता है।

### 7.3.3 मुक्त- मूलक योगात्मक अभिक्रिया

यह कार्बनिक रसायन विज्ञान में एक अतिरिक्त अभिक्रिया है जिसमें मुक्त कण शामिल हैं। योग एक मूलक और एक गैर- मूलक, या दो मूलको के बीच हो सकता है।

अभिक्रिया के तीन बुनियादी चरण होते हैं

- **चरण I**- एक मुक्त- मूलक द्वारा श्रृंखला प्रारम्भ : एक मूलक अग्रदूत से एक मुक्त- मूलक बनाया जाता है।
- **चरण II**- श्रृंखला प्रसार: एक मूलक एक नई मूलक प्रजाति का उत्पादन करने के लिए एक गैर-मूलक के साथ अभिक्रिया करता है
- **चरण III**- श्रृंखला समाप्ति: एक गैर- मूलक प्रजाति बनाने के लिए, दो मूलक एक दूसरे के साथ अभिक्रिया करते हैं

  उदाहरण-

  कार्बनिक पेरोक्साइड की उपस्थिति में एक एल्केन के लिए HBr की एंटी-मार्कोवनिकोव अभिक्रिया। यह अभिक्रिया HBr और कार्बनिक पेरोक्साइड के संयोजन से उत्पन्न ब्रोमीन मुक्त कण के हमले के माध्यम से आगे बढ़ती है।

$$CH_3 - CH = CH_2 + HBr \xrightarrow{\text{Peroxide}} CH_3{-}CH_2{-}CH_2Br$$

Organic Chemistry-I

## 7.4 विलोपन अभिक्रिया

विलोपन / एलिमिनेशन रिएक्शन में किसी पदार्थ के एक ही या आसन्न परमाणुओं से दो परमाणु या परमाणुओं के समूह का नुकसान होता है जिससे एक से अधिक बंध बनते हैं।

यह योगात्मक अभिक्रिया के लगभग विपरीत है। समूह उत्पाद के विलोपन के बाद एक असंतृप्त संबंध बनाते हैं।

$$RCH_2CH_2X \longrightarrow RCH{=}CH_2 + HX$$

### 7.4.1 विलोपन अभिक्रिया तंत्र के प्रकार

अभिक्रिया दो तंत्रों का अनुसरण करती है, ये E1 और E2 प्रकार हैं।

**E1 प्रकार** - यह दो-चरणीय निष्कासन तंत्र प्रक्रिया है, जिसे यूनिमॉलेक्यूलर उन्मूलन अभिक्रिया के रूप में भी जाना जाता है। एक मध्यवर्ती का गठन।

उदाहरण - $(CH_3)_2-CHOH \xrightarrow{\text{Acid Catalysed}} CH_3-CH=CH_2 + H_2O$

**E2 प्रकार** - यह एक कदम हटाने की तंत्र प्रक्रिया है, जिसे द्वि-आण्विक उन्मूलन अभिक्रिया के रूप में भी जाना जाता है।

उदाहरण - $CH_3-CH_2-Br \xrightarrow{\text{Base}} CH_2=CH_2 + HBr$

**तालिका 7.2:** E1 और E2 अभिक्रियाओं के बीच अंतर

| क्रमांक | गुण | E1 अभिक्रिया | E2 अभिक्रिया |
|---|---|---|---|
| 1 | सब्सट्रेट | सब्सट्रेट में द्वितीयक और तृतीयक सब्सट्रेट | सब्सट्रेट में प्राथमिक सब्सट्रेट |
| 2 | अभिक्रिया दर | यूनिमॉलेक्यूलर, क्योंकि यह केवल सब्सट्रेट की सान्द्रता पर निर्भर करता है | द्वि-आण्विक क्योंकि यह सब्सट्रेट और बेस दोनों की सान्द्रता पर निर्भर करता है\ |
| 3 | बड़ा अवरोध | कार्बोकेशन का बनना 30 > 20 >> 10 | कोई नहीं |
| 4 | मजबूत क्षार की आवश्यकता | मजबूत क्षार की आवश्यकता नहीं है | मजबूत क्षार की आवश्यकता है |

## 7.5 ऑक्सीकरण और अपचयन अभिक्रियाएँ

आप पहले से ही जानते हैं कि जब कोई यौगिक या तत्व ऑक्सीकृत होता है तो वह इलेक्ट्रॉनों को खो देता है, और जब इसे अपचयत किया जाता है तो यह इलेक्ट्रॉनों को प्राप्त करता है। लेकिन, यहां हम कार्बनिक यौगिकों के ऑक्सीकरण और अपचयन के बारे में बात कर रहे हैं। हम मुख्य रूप से कार्बन-हाइड्रोजन बॉन्ड की संख्या की तुलना में यौगिक में कार्बन-हेटेरोएटम बॉन्ड की संख्या से चिंतित हैं।

कार्बनिक रसायन विज्ञान में हेटेरोएटम आमतौर पर ऑक्सीजन, नाइट्रोजन, सल्फर या हलोजन को संदर्भित करता है।

### 7.5.1 ऑक्सीकरण

एक कार्बनिक यौगिक के ऑक्सीकरण से कार्बन-हेटेरोएटम बांडों की संख्या में वृद्धि होती है, और/या कार्बन-हाइड्रोजन बांडों की संख्या में कमी आती है।

बस हम कह सकते हैं डिहाइड्रोजनीकरण = ऑक्सीकरण

उदाहरण - अल्कोहल का कीटोन या एल्डिहाइड में ऑक्सीकरण

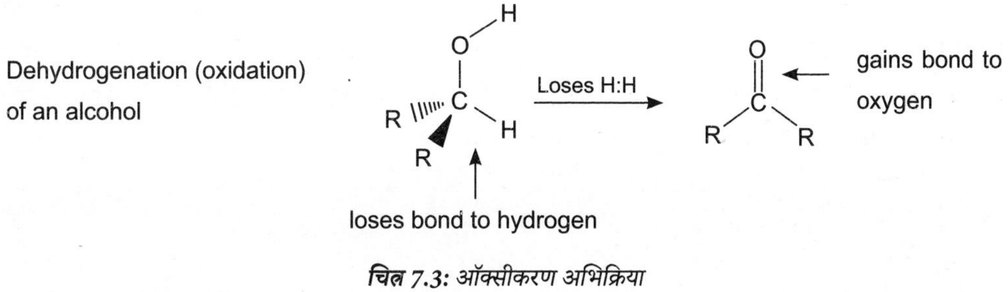


*चित्र 7.3: ऑक्सीकरण अभिक्रिया*

## 7.5.2 व्याख्या

कार्बन की तुलना में ऑक्सीजन अधिक विद्युत ऋणात्मक होती है, इसलिए जब कार्बन परमाणु किसी विषम परमाणु से आबंध प्राप्त करता है, तो वह इलेक्ट्रॉन घनत्व खो देता है और इस प्रकार ऑक्सीकृत हो जाता है।

इस प्रकार एक कार्बन परमाणु हाइड्रोजन के साथ एक बंध खो देता है, और एक हेटेरोएटम (या किसी अन्य कार्बन परमाणु) के लिए एक बंधन प्राप्त करता है, इसे एक ऑक्सीडेटिव प्रक्रिया माना जाता है क्योंकि हाइड्रोजन, सभी तत्वों में, सबसे कम विद्युतीय है। इस प्रकार, डिहाइड्रोजनीकरण की प्रक्रिया में कार्बन परमाणु इलेक्ट्रॉन घनत्व के समग्र नुकसान से गुजरता है - और इलेक्ट्रॉनों का नुकसान ऑक्सीकरण होता है।

## 7.5.3 अपचयन

किसी कार्बनिक यौगिक के घटने से कार्बन-हेटेरोएटम बंधों की संख्या में कमी आती है, और/या कार्बन-हाइड्रोजन बंधों की संख्या में वृद्धि होती है।

हाइड्रोजनीकरण = अपचयन

उदाहरण -

- एल्कीन का एल्केन में हाइड्रोजनीकरण
- कीटोन का अल्कोहल में हाइड्रोजनीकरण

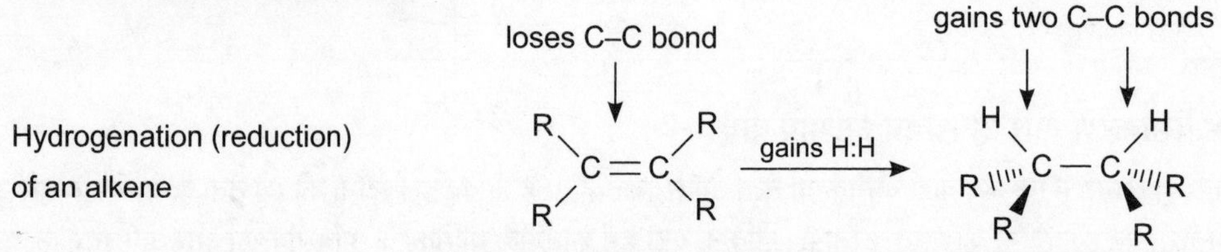


*चित्र 7.4: अपचयन अभिक्रिया*

## 7.5.4 स्पष्टीकरण

हाइड्रोजनीकरण के परिणामस्वरूप कार्बन परमाणु (परमाणुओं) पर उच्च इलेक्ट्रॉन घनत्व होता है, और इस प्रकार हम प्रक्रिया को कार्बनिक अणु की कमी में से एक मानते हैं। हाइड्रोजन कार्बन की तुलना में कम विद्युतीय है, इसलिए जब कार्बन हाइड्रोजन के साथ एक बंधन प्राप्त करता है, तो यह इलेक्ट्रॉन घनत्व प्राप्त कर रहा है, और इस प्रकार अपचयन हो रहा है।

ध्यान दें, कि न तो हाइड्रोजनीकरण और न ही डिहाइड्रोजनीकरण में ऑक्सीजन परमाणु का लाभ या हानि शामिल है।

## 7.5.5 सामान्य ऑक्सीकरण और अपचयन अभिक्रियाएं

### A. ऑक्सीकरण अभिक्रियाएं

प्राथमिक ऐल्कोहॉल को कोलिन अभिकर्मक जैसे हल्के ऑक्सीकारकों का उपयोग करके ऐल्डिहाइड में और अम्लीकृत डाइक्रोमेट या क्षारीय $KMnO_4$ का उपयोग करके कार्बोक्सिलिक अम्ल में ऑक्सीकृत किया जा सकता है।

$$\underset{\text{(प्राथमिक अल्कोहल)}}{R\text{–}CH_2\text{–}OH} \xrightarrow{\text{Collin's Reagent}} \underset{\text{(एल्डिहाइड)}}{R\text{–}CHO}$$

$$\underset{\text{(प्राथमिक अल्कोहल)}}{R\text{–}CH_2\text{–}OH} \xrightarrow{\text{Acidified Dichromate OR alk. } KMnO_4} \underset{\text{(कार्बोक्जिलिक एसिड)}}{R\text{–}COOH}$$

द्वितीयक ऐल्कोहॉल को अम्लीकृत डाइक्रोमेट या क्षारीय $KMnO_4$ का उपयोग करके कीटोन में ऑक्सीकृत किया जा सकता है -

$$\underset{\text{(द्वितीयक अल्कोहल)}}{R\text{–}CH(OH)\text{–}R'} \xrightarrow{\text{Acidified Dichromate OR alk. } KMnO_4} \underset{\text{(कीटोन)}}{R\text{–}CO\text{–}R'}$$

## B अपचयन अभिक्रियाएं

जब ऐल्डिहाइड और कीटोन्स को धातु उत्प्रेरक जैसे Ni/Pd/Pt की उपस्थिति में आणविक हाइड्रोजन से उपचारित किया जाता है, तो वे क्रमशः प्राथमिक और द्वितीयक अल्कोहल को जन्म देते हैं।

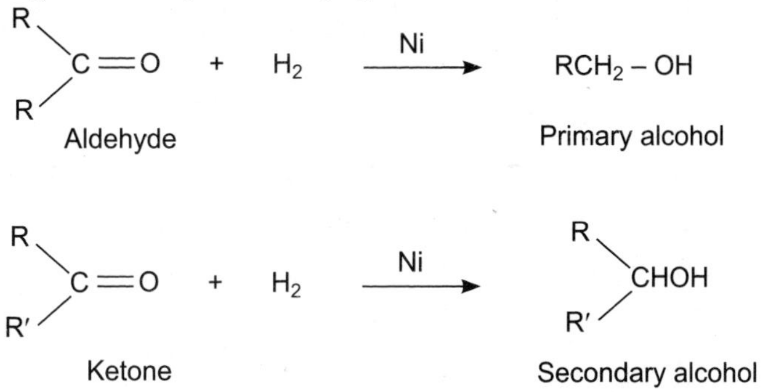


*चित्र 7.5 : ऐल्डिहाइड तथा कीटोन में अपचयन अभिक्रियाएँ*

**वीडियो संसाधन**

Organo-metallic Chemistry

Reactions

## 7.6 चक्रण और वलय का खुलना

हमने देखा है कि कार्बनिक अभिक्रियाएँ या तो विलायक की ध्रुवता में परिवर्तन या रेडिकल्स की उपस्थिति से आगे बढ़ती हैं, लेकिन अभिक्रियाओं का एक छोटा समूह है, जो इनसे प्रभावित नहीं होता है। वे आम तौर पर गर्मी या प्रकाश से प्रभावित होते हैं। इन अभिक्रियाओं को इलेक्ट्रो-चक्रीय अभिक्रिया के रूप में जाना जाता है, जहां एकल या अधिक अणुओं में रिंग का खुलना और बंद होना हो सकता है।

### 7.6.1 चक्रीयकरण अभिक्रिया

वलय बंद होने या चक्रीयकरण अभिक्रिया के दौरान आबंध बनने के बाद, ये अभिक्रियाएं मुख्य रूप से एक चरण की प्रक्रिया में बांड तोड़ने और एक साथ आगे बढ़ने में शामिल इलेक्ट्रॉनिक पुनर्व्यवस्था से संबंधित हैं।

संक्रमण अवस्था चक्रीय है और अभिक्रिया में उच्च स्तर की स्टीरियो चयनात्मकता होती है।

### 7.6.2 चक्रण / साइक्लोएडिशन अभिक्रिया के प्रकार

**साइक्लोएडिशन अभिक्रिया:** वह अभिक्रिया जिसमें दो असंतृप्त अणु मिलकर चक्रीय यौगिक बनाते हैं, जिसमें इलेक्ट्रॉनों का उपयोग नए बांड बनाने के लिए किया जाता है, साइक्लोएडिशन रिएक्शन के रूप में जाना जाता है।

दो घटकों में इलेक्ट्रॉनों की संख्या के आधार पर साइक्लोएडिशन अभिक्रिया फिर से दो प्रकार की हो सकती है। यह दो प्रकार का होता है-

1. (2+2) साइक्लोएडिशन
2. (4+2) साइक्लोएडिशन

1. **(2+2) साइक्लोएडिशन:** जब दोनों अभिकारकों में प्रत्येक में $2\pi$ इलेक्ट्रॉन होते हैं।

उदाहरण-एथिलीन से साइक्लोब्यूटेन का बनना

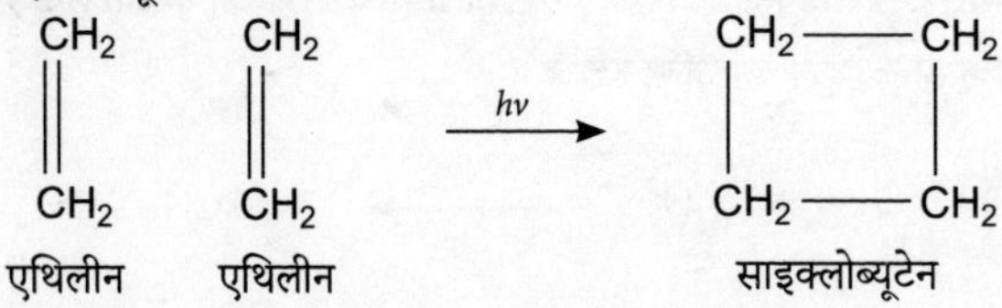


2. **(4+2) साइक्लोएडिशन:** जब एक अभिकारक में $4\pi$ इलेक्ट्रॉन होते हैं और दूसरे अभिकारक में $2\pi$ इलेक्ट्रॉन होते हैं। डायल्स एल्डर अभिक्रिया इस प्रकार की एक सामान्य रूप से ज्ञात अभिक्रिया है।

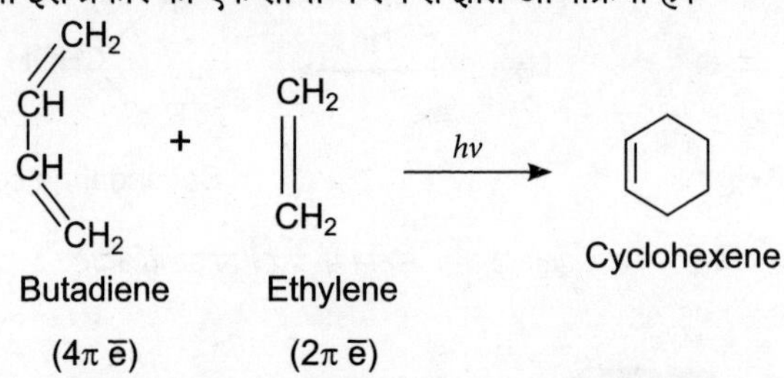


*चित्र 7.6 : डायल्स एल्डर अभिक्रिया*

### 7.6.3 वलय का खुलना / रिंग ओपनिंग अभिक्रिया

एक इलेक्ट्रोसाइक्लिक रिंग-ओपनिंग रिएक्शन एक ऐसी अभिक्रिया है जिसमें एक चक्रीय रिएक्टेंट के बॉन्ड को संयुग्मित उत्पाद बनाने के लिए एक और बॉन्ड के साथ बनाया जाता है।

उदाहरण - साइक्लोब्यूटीन को गर्म करने पर 1-3 ब्यूटाडीन का बनना

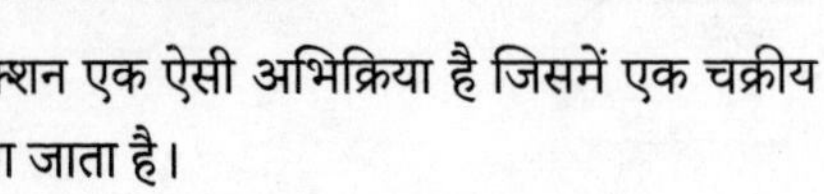


*चित्र 7.7 : वलय खोलने की अभिक्रिया*

## 7.7 सामान्य रूप से प्रयुक्त दवा अणुओं का संश्लेषण

दवा के अणुओं का संश्लेषण कार्बनिक रसायन विज्ञान और दवा रसायन विज्ञान का एक प्रतिच्छेदन अनुशासन है। अधिक विस्तार से हम कह सकते हैं कि यह सिंथेटिक कार्बनिक रसायन विज्ञान, और फार्माकोलॉजी और विभिन्न अन्य जैविक विशिष्टताओं का अध्ययन है। यह दवा अणु के डिजाइन और रासायनिक संश्लेषण से जुड़ा था।

आइए उनमें से कुछ पर संक्षेप में चर्चा करें-

### 7.7.1 एस्पिरिन

एसिटिक एनहाइड्राइड के साथ एसिटिलीकरण के माध्यम से, सैलिसिलिक एसिड से रासायनिक संश्लेषण द्वारा एस्पिरिन तैयार किया जाता है।

**आवश्यक रसायन** - सैलिसिलिक एसिड + एसिटिक एनहाइड्राइड + सल्फ्यूरिक एसिड।

**विधि** - 2.0 ग्राम सैलिसिलिक एसिड को 125 ml एर्लेनमेयर फ्लास्क में रखें। 5 ml एसिटिक एनहाइड्राइड मिलाएं, इसके बाद 5 बूंद सांद्र। $H_2SO_4$ (ड्रॉपर का उपयोग करें, $H_2SO_4$ अत्यधिक संक्षारक है) और सैलिसिलिक एसिड बनने तक फ्लास्क को धीरे - धीरे से घुमाएं। अभिक्रिया पूरी होने के बाद इसे शुद्धिकरण के लिए पुनः क्रिस्टलीकृत करें।

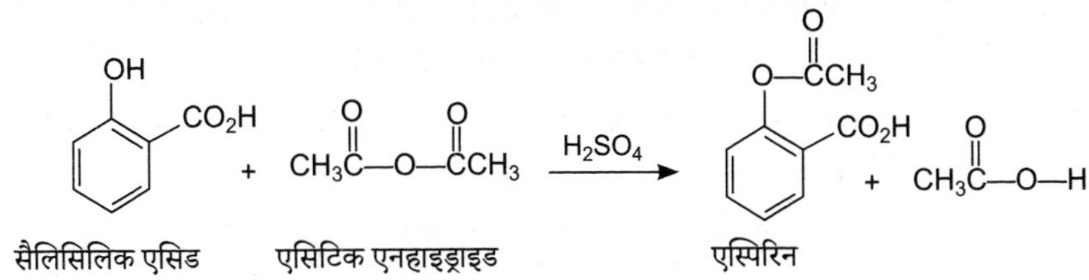


*चित्र 7.8 : एस्पिरिन का संश्लेषण*

### गुण

- एस्पिरिन का आणविक भार 180.16 g $mol^{-1}$ है।
- एस्पिरिन एक मौखिक गैर-स्टेरायडल सूजनरोधी दवा है।
- यह पेट और छोटी आंत से तेजी से अवशोषित होता है।
- एस्पिरिन एनाल्जेसिक, बुखार कम करने, और सूजनरोधी होता है।
- यह थ्रोम्बोसाइट्स के एकत्रीकरण को भी कम करता है।

### 7.7.2 पैरासिटामोल

पेरासिटामोल 4-एमिनोफेनॉल को एसिटिक एनहाइड्राइड के साथ अभिक्रिया करके बनाया जाता है।

**आवश्यक रसायन** - 4-एमिनोफेनोल + एसिटिक एनहाइड्राइड + सल्फ्यूरिक एसिड।

**विधि** - 6 ग्राम 4-एमिनोफेनॉल और 6.5 ml एसिटिक एनहाइड्राइड लें और इसमें 3-4 बूंद सल्फ्यूरिक एसिड मिलाएं। सूखे और साफ 100 ml फ्लास्क में अच्छी तरह मिलाएं। पानी के स्नान पर अभिक्रिया मिश्रण को लगभग 20-25 मिनट के लिए 600 डिग्री सेल्सियस के तापमान पर गर्म करें। अभिक्रिया पूरी होने के बाद बर्फ के ठंडे पानी में डालें। फिर पेरासिटामोल को अलग और शुद्ध किया जाता है।

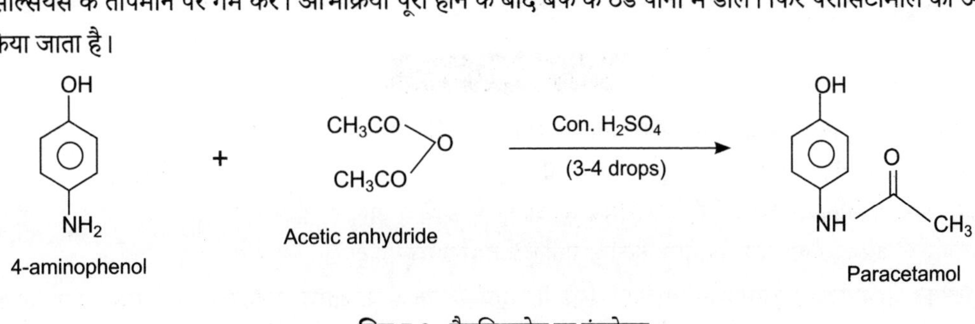


*चित्र 7.9 : पैरासिटामोल का संश्लेषण*

**गुण**

- सामान्य सूत्र $C_8H_9NO_2$ है।
- पैरासिटामोल अणु का मोलर द्रव्यमान 151.165 g $mol^{-1}$ है।
- पेरासिटामोल में एनाल्जेसिक और एंटीपीयरेटिक गुण होते हैं।
- पेरासिटामोल की दवा बुखार और हल्के से मध्यम दर्द का इलाज करती है।

### 7.7.3 इबुप्रोफेन

इबुब्रोफेन को फ्रीडेल-क्राफ्ट्स एसाइलेशन, कार्बोनिल रिडक्शन, क्लोराइड प्रतिस्थापन और ग्रिग्नार्ड अभिक्रिया के माध्यम से प्रारंभिक सामग्री आइसोब्यूटिलबेंजीन और एसिटिक एनहाइड्राइड से संश्लेषित किया जाता है।

**आवश्यक रसायन** - आइसोब्यूटिलबेन्जीन + एसिटिक एनहाइड्राइड + हाइड्रोआयोडिक एसिड + फास्फोरस

**विधि**- इसे 3 चरणों में तैयार किया जाता है-

(i) एसिटाइल क्लोराइड द्वारा आइसोब्यूटिलबेनज़ोल का एसाइलेशन आइसो-ब्यूटाइलबेन्ज़ोफेनोन देता है।

(ii) आइसो-ब्यूटाइल बेंजोफेनोन की सोडियम साइनाइड के साथ अभिक्रिया करके ऑक्सीनाइट्राइल बनाया जाता है।

(iii) फॉस्फोरस की उपस्थिति में हाइड्रोआयोडिक एसिड के साथ ऑक्सिनिट्राइल की अभिक्रिया पर इबुप्रोफेन देने के लिए, जो बाद में निर्जलीकरण, अपचयन और हाइड्रोलिसिस के चरणों से गुजरता है

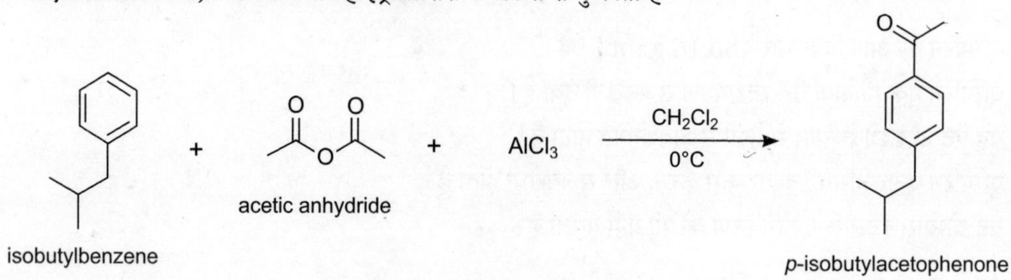


*चित्र 7.10: इबुप्रोफेन का संश्लेषण*

**गुण**

- इबुप्रोफेन का आणविक भार 206.28 ग्राम $mol^{-1}$ है।
- यह शरीर में दर्द और सूजन पैदा करने वाले हार्मोन को कम करके काम करता है।
- सिरदर्द, दांत दर्द, मासिक धर्म में ऐंठन के कारण दर्द, बुखार कम करने और मामूली चोटों के दर्द से राहत के लिए प्रभावी।

## सारांश

- **प्रतिस्थापन अभिक्रिया:** प्रतिस्थापन अभिक्रिया वे अभिक्रिया होती है जिसमें एक परमाणु, आयन या अणु के समूह को दूसरे परमाणु, आयन या समूह द्वारा प्रतिस्थापित किया जाता है।
- **योगात्मक अभिक्रिया:** वह अभिक्रिया जिसमें दो या दो से अधिक अणु मिलकर एक बड़ा अणु बनाते हैं। योगात्मक अभिक्रिया असंतृप्त हाइड्रोकार्बन द्वारा दिखाई जाती है जिसमें डबल या ट्रिपल बॉन्ड होते हैं।
- **विलोपन अभिक्रिया:** एलिमिनेशन रिएक्शन में किसी पदार्थ के एक ही या आसन्न परमाणुओं से दो परमाणु या परमाणुओं के समूह का नुकसान होता है जिससे एक से अधिक बंधन बनते हैं।

- **ऑक्सीकरण:** अपचयन अभिक्रिया - कार्बन-हाइड्रोजन बांड की संख्या की तुलना में यौगिक में कार्बन-हेटरोएटम बांड की संख्या से संबंधित अभिक्रिया।
- **चक्रीकरण अभिक्रिया:** रिंग क्लोजिंग या साइक्लाइजेशन रिएक्शन के दौरान बॉन्ड बनने के बाद।
- **रिंग ओपनिंग रिएक्शन:** एक इलेक्ट्रोसाइक्लिक रिंग-ओपनिंग रिएक्शन एक ऐसी अभिक्रिया है जिसमें एक चक्रीय रिएक्टेंट के बॉन्ड को संयुग्मित उत्पाद बनाने के लिए एक और बॉन्ड के साथ बनाया जाता है।
- आमतौर पर इस्तेमाल किए जाने वाले ड्रग अणुओं का संश्लेषण - एस्पिरिन, पैरासिटामोल और इबुप्रोफेन।

## अभ्यास

### विषयात्मक प्रश्न

1. यदि एक परमाणु या समूह को अन्य परमाणुओं या समूह द्वारा प्रतिस्थापित किया जा रहा है तो यह किस प्रकार की अभिक्रिया होगी? इसका विवरण उपयुक्त उदाहरण सहित लिखिए।
2. न्यूक्लियोफाइल और इलेक्ट्रोफाइल को परिभाषित करें। रासायनिक अभिक्रियाओं में इसकी क्या भूमिका है?
3. प्रतिस्थापन अभिक्रिया की पहचान कोई कैसे कर सकता है? इसकी विशेषताओं, प्रकारों और उदाहरणों को विस्तार से लिखिए।
4. निम्नलिखित के बीच अंतर करें
   - $S_N1$ और $S_N2$ अभिक्रिया
   - $E_1$ और $E_2$ अभिक्रिया
   - योगात्मक और विलोपन अभिक्रिया
5. ऑक्सीकरण और अपचयन को परिभाषित कीजिए । कार्बनिक अभिक्रियाओं में ऑक्सीकरण तथा अपचयन अभिक्रियाओं को परिभाषित कीजिए। यह रेडॉक्स की सामान्य प्रतिक्रिया से कैसे भिन्न है। उपयुक्त उदाहरण देकर इस कथन की पुष्टि कीजिए।
6. पैरासिटामोल के संश्लेषण के लिए रासायनिक अभिक्रिया सहित इसके औषधीय गुण लिखिए।
7. निम्न पर संक्षिप्त नोट्स लिखें
   - चक्रण प्रतिक्रिया
   - एस्पिरिन
   - इबोब्रुफ़ान

### वस्तुनिष्ठ प्रश्न

1. निम्नलिखित में से कौन न्यूक्लियोफाइल के रूप में प्रतिक्रिया नहीं कर सकता है?

   (a) $CH_3NH_2$ (b) $(CH_3)_2NH$

   (c) $(CH_3)_3N$ (d) $(CH_3)_4N^+$ [उत्तर (d)]

   **प्रतिक्रिया:** न्यूक्लियोफाइल नकारात्मक चार्ज या तटस्थ समूह हैं

2. निम्नलिखित में से कौन सी प्रतिक्रिया एक उन्मूलन प्रतिक्रिया है?

   (a) $(CH_3)_3CCl \longrightarrow (CH_3)_2C{=}CH_2 + HCl$

   (b) $CH_3\overset{O}{\overset{\|}{C}}OH + NH_3 \longrightarrow CH_3\overset{O}{\overset{\|}{C}}O^- + NH_4^+$

(c) $CH_3\text{–}CH_2\text{–}CH_2\text{–}OH \xrightarrow{\text{Mild Acid/Base}} CH_3\text{–}CH_2\text{–}COH$

(d) $CH_3\overset{O}{\overset{||}{C}}OH + NH_3OH \longrightarrow CH_3\overset{O}{\overset{||}{C}}OCH_3 + H_2O$ [उत्तर (a)]

**प्रतिक्रिया:** असंतृप्त केंद्र का निर्माण उन्मूलन प्रतिक्रिया की प्रमुख विशेषता है।

3. बेंजीन का नाइट्रेशन एक उदाहरण है -
   (a) प्रतिस्थापन अभिक्रिया (c) विलोपन अभिक्रिया
   (b) योगात्मक अभिक्रिया (d) चक्रण अभिक्रिया [उत्तर (a)]

**प्रतिक्रिया:** H को $-NO_2^+$ आयन द्वारा प्रतिस्थापित किया जा रहा है।

4. क्लोरीन मुक्त मूलक का उदाहरण है -
   (a) $Cl_2$ (b) $\dot{}Cl$
   (c) $Cl^-$ d) Cl [उत्तर (b)]

**प्रतिक्रिया :** शेष अणु, आयन या तत्व हैं।

5. **R—X + KOH ⟶ ROH + KX** एक है
   (a) प्रतिस्थापन अभिक्रिया (b) योगात्मक अभिक्रिया
   (c) विलोपन अभिक्रिया (d) चक्रण अभिक्रिया [उत्तर ( a)]

**प्रतिक्रिया :** $X^-$ को $OH^-$ से बदल दिया गया है

6. ऑक्सीकरण-अपचयन अभिक्रियाएँ ज्ञात कीजिए-
   (a) एल्कोहल से कीटोन या एल्डिहाइड
   (b) एंटी-मार्कोवनिकोव प्रतिक्रिया
   (c) क्षार ने एल्काइल क्लोराइड से एचसीएल को उत्प्रेरित किया
   (d) एसिटलाइज़ेशन में एक एसिटल के लिए शराब [उत्तर (a)]

**प्रतिक्रिया :** शेष विलोपन और योग अभिक्रियाओं के उदाहरण हैं

7. एस्पिरिन के लिए आवश्यक कच्चा माल -
   (a) 4-एमिनोफेनॉल + एसिटिक एनहाइड्राइड + सल्फ्यूरिक एसिड
   (b) सैलिसिलिक एसिड + एसिटिक एनहाइड्राइड + सल्फ्यूरिक एसिड
   (c) isobutylbenzene + एसिटिक एनहाइड्राइड + हाइड्रोआयोडिक एसिड
   (d) 4-एमिनोफेनॉल + एसिटिक एसिड + हाइड्रोक्लोरिक एसिड [उत्तर (b)]

**प्रतिक्रिया:** उत्प्रेरक सल्फ्यूरिक एसिड की उपस्थिति में एस्पिरिन को सैलिसिलिक एसिड और एसिटिक एनहाइड्राइड के साथ संश्लेषित किया जाता है।

## प्रायोगिक कार्य

### प्रयोग - 1

(अनुलग्नक - 4 में दिए गए टेम्पलेट के अनुसार छात्र प्रयोग कोरिकॉर्ड करें)

**उद्देश्य:** एस्पिरिन दवा का संश्लेषण

**आवश्यकता:**

- रसायन: सैलिसिलिक एसिड, एसिटिकएन हाइड्राइड, फॉस्फोरिक एसिड
- उपकरण: बुचनरकीप, बीकर, फ्लास्क, वाटरबाथ ।

**सिद्धांत:** एसिटिक एनहाइड्राइड के साथ एसिटिली करण के माध्यम से, सैलिसिलिक एसिड से रासायनिक संश्लेषण द्वारा एस्पिरिन तैयार किया जाता है।

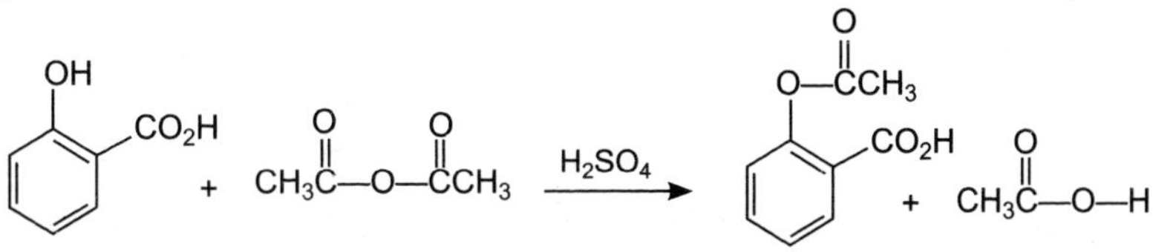


**प्रयोगात्मक प्रक्रिया:**

1. 3.0 ग्राम सैलिसिलि कएसिड तोलें और इसे 250 mLएर्लेन मेयर फ्लास्क में रखें। फ्लास्क में एसिटिक एनहाइड्राइड डालें।
2. फ्लास्क में सावधानी से 85% फॉस्फोरिक एसिड, एक उत्प्रेरक की 5 से 10 बूंदें डालें और सभी चीजों को अच्छी तरह मिलाने के लिए घुमाएँ। मिश्रण को लगभग 10 मिनट तक गर्म करें। और 70-80°C तक गर्म करें।
3. इसके बाद 20 mL आसुत जल डालें और वाटर बाथ में ठंडा करें। उत्पाद को छानकर सुखालें।
4. ठोस एस्पिरिन को बुचनर फ़नल और एस्पिरेटर का उपयोग करके पहले से तौलने वाले फिल्टर पेपर के एक टुकड़े के माध्यम से फ़िल्टर करें। क्रिस्टल को 2-3 mL ठंडे पानी से धोलें। तरल ज्यादातर पानी है और सिंक के नीचे धोया जा सकता है। 15 मिनट के लिए ठोस और फिल्टर पेपर के माध्यम से हवा खींचने दें। अपनी नोटबुक में फिल्टर पेपर का वजन अवश्य दर्ज करें।

**सावधानी:**

- एसिटिक एनहाइड्राइड को अपनी त्वचा के संपर्क में न आने दें और वाष्प को अपनी आंखों में न जाने दें।
- इसे हुड में करना सुनिश्चित करें और अपने चश्मे पहनें।

**परिणाम:** कच्ची उपज, उपस्थिति – दवा की विशेषताएं।

**चर्चा:** सिद्धांत और वास्तविक जीवन औद्योगिक अनुप्रयोगों के साथ सहसंबंध करते हुए प्रयोग, अवलोकनऔर परिणाम पर चर्चा की जानी चाहिए।

अधिक प्रयोगों के लिए कोड का उपयोग किया जा सकता है:

https://www.youtube.com/watch?v=qAwoRmaMZ0o&t=3s

https://www.youtube.com/watch?v=NQpTQFGKRN8

https://www.youtube.com/watch?v=f_AvqnMTJjg
https://www.youtube.com/watch?v=JIV4ZX1Uh_4
https://www.youtube.com/watch?v=NQpTQFGKRN8

## केस स्टडी -

- कोरोना महामारी पर केस स्टडी कीजिए ।
- दवा का जीवन चक्र
- नैतिक जागरूकता
- दवा की प्रासंगिकता
- समाप्ति तिथियों के बाद दवाओं का उपयोग
- ऊंचे दाम पर दवा की बिक्री

## रोचक तथ्य

- पहली सिंथेटिक दवा, क्लोरल हाइड्रेट, 1869 में खोजी गई थी और इसे शामक-कृत्रिम निद्रावस्था के रूप में पेश किया गया था; यह आज भी कुछ देशों में उपलब्ध है।
- बीसवीं शताब्दी में पॉलिमर और एंजाइम की वैज्ञानिक समझ, जिसके कारण पेट्रोलियम को विवादास्पद और महत्वपूर्ण समझ मिली, जीवन का एक जैविक उपोत्पाद था।
- चाहे परफ्यूम की खुशबू फूल से आए या लैब से, जिन अणुओं को हम सूंघ सकते हैं और उनका आनंद ले सकते हैं, वे ऑर्गेनिक केमिस्ट्री के उदाहरण हैं।
- सौंदर्य प्रसाधन उद्योग कार्बनिक रसायन विज्ञान का एक आकर्षक क्षेत्र है। रसायनज्ञ चयापचय और पर्यावरणीय कारकों के जवाब में त्वचा में परिवर्तन की जांच करते हैं, त्वचा की समस्याओं को दूर करने और सुंदरता बढ़ाने के लिए उत्पाद तैयार करते हैं, और विश्लेषण करते हैं कि सौंदर्य प्रसाधन त्वचा और अन्य उत्पादों के साथ कैसे संपर्क करते हैं।

## अध्यन हेतु सुझाव

**पुस्तकें**

- Organic Chemistry by A. Bahl and B.S. Bahl, S Chand & Company Publications ISBN No. 9789352-531967.
- Organic Chemistry, Reaction and Reagents by O. P. Agrawal GOEL Publishing house ISBN No. 10-818283483X.
- Organic Chemistry 7th Edition by R.T. Morrison and R. N. Boyd, Pearson Prentice Hall Publications ISBN 978-81317-04813

**ई संसाधन**

- https://www.jiit.ac.in/sites/default/files/VIRTUAL%20LAB%20MANUAL_18Feb.pdf
- https://www.che.iitb.ac.in/research-area/drug-delivery

## अधिक जानिए

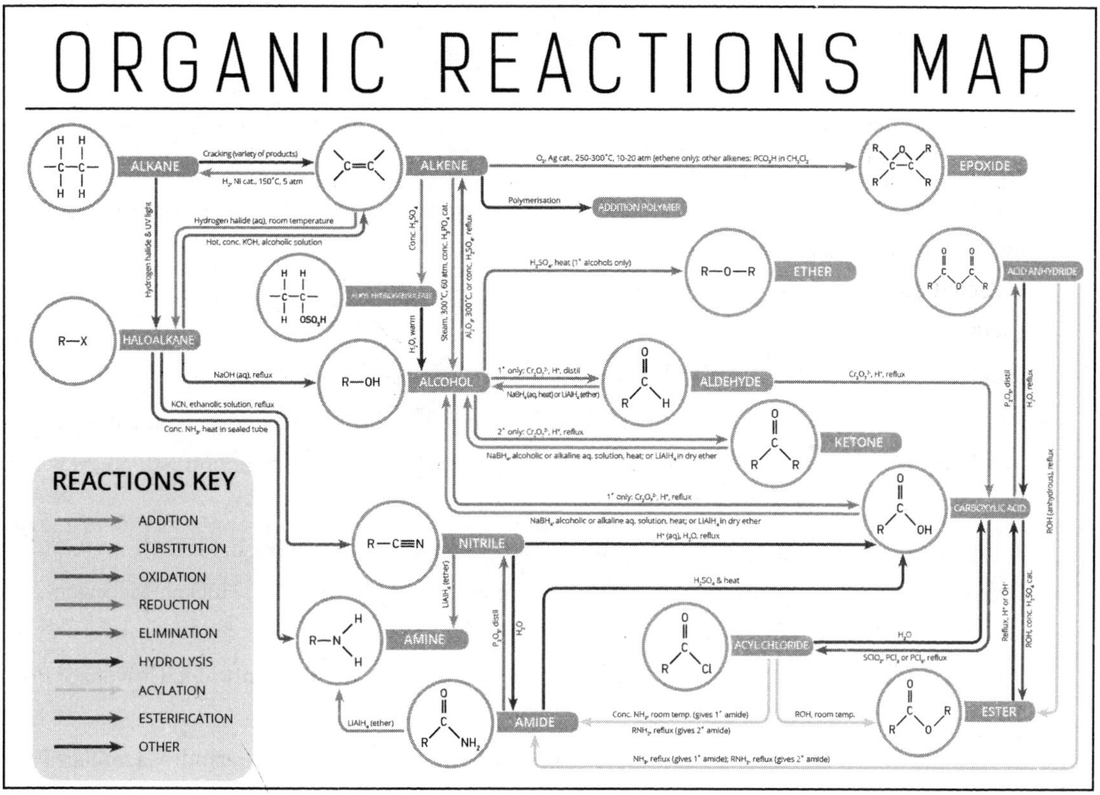
ORGANIC REACTIONS MAP
ALKANE
ALKENE
EPOXIDE
ADDITION POLYMER
ETHER
ACID ANHYDRIDE
HALOALKANE
ALCOHOL
ALDEHYDE
KETONE
CARBOXYLIC ACID
NITRILE
AMINE
ACYL CHLORIDE
AMIDE
ESTER
Cracking (variety of products)
H₂, Ni cat., 150°C, 5 atm
Polymerisation
Hydrogen halide (aq), room temperature
Hot, conc. KOH, alcoholic solution
Hydrogen halide & UV light
NaOH (aq), reflux
KCN, ethanolic solution, reflux
Conc. NH₃, heat in sealed tube
H₂O & heat
Conc. NH₃, room temp. (gives 1° amide)
RNH₂, reflux (gives 2° amide)
ROH, room temp.
NH₃, reflux (gives 1° amide); RNH₂, reflux (gives 2° amide)
LiAlH₄ (ether)
H⁺ (aq), H₂O, reflux
REACTIONS KEY
ADDITION
SUBSTITUTION
OXIDATION
REDUCTION
ELIMINATION
HYDROLYSIS
ACYLATION
ESTERIFICATION
OTHER

# अनुलग्नक 1

## संदर्भित

1. Petrucci, Harwood, Herring, and Madura. General Chemistry: Principles and Modern Applications. 9th ed. Upper Saddle River, New Jersey: Pearson Education, 2007.
2. Unified Chemistry by Dr. M.M.N Tandon. D.S. Rathore, S.C. Agrawal and G.C. Saxena, published by Shivlal & Co. Indore.
3. Selected Topics in Inorganic Chemsirty by Malik, Tuli, Madan published by S. Chand Co.,New Delhi.
4. Physical Chemistry, Peter Atkins Oxford University Press.
5. Fundamentals of Molecular Spectroscopy. C. N. Banwell., Mcgraw-Hill book Company, London.
6. Vollhardt, Peter, and Neil E. Schore. Organic Chemistry: Structure and Function. 5th ed. NewYork: W. H. Freeman & Company, 2007.
7. Advanced Physical Chemistry by V.K. Gupta and R.G. Sharma K. Nath & Co. Meerut.
8. Berson, Jerome. Chemical Creativity: Ideas from the Work of Woodward, Hückel, Meerwein, and Others. New York: Wiley-VCH, 1999.
9. Badger, G.M. Aromatic Character and Aromaticity. London, England: Cambridge University Press, 1969.
10. Lewis, David and David Peters. Facts and Theories of Aromaticity. London, England: Macmillan Press, 1975.
11. Organic Chemistry Reaction and Reagents by O.P. Agrawal, Goel Publishing House.
12. hyperphysics.phy-astr.gsu.edu/hbase/Solids/band.html
13. https://chem.libretexts.org
14. https://onlinecourses.nptel.ac.in
15. http://infofavour.blogspot.com/2016/10/valence-bond-vb-theory-and-its.html
16. https://en.wikibooks.org/wiki/Introduction_to_Inorganic_Chemistry/Coordination_Chemistry
17. https://courses.lumenlearning.com/boundless-chemistry/chapter/coordination-compounds/
18. http://electron6.phys.utk.edu/phys250/modules/module%203/hydrogen_atom.htm
19. http://www.umich.edu/~chem461/QMChap7.pdf
20. http://eguruchela.com/chemistry/learning/Introduction_of_Molecular_orbital.php
    https://www.allaboutcircuits.com/textbook/semiconductors/chpt-2/band-theory-of-solids/
21. https://www.sanfoundry.com/organic-chemistry-questions-answers-hybrid-orbitals/
    https://www.varsitytutors.com/mcat_physical-help/oxidation-number

22. https://ncert.nic.in/textbook.php
23. https://vlab.amrita.edu/index.php?sub=2&brch=193&sim=610&cnt=1
24. https://www.chem.tamu.edu/
25. http://www.questionpapers.net.in/chemistry
26. https://www.learninsta.com/
27. https://www.quiz4engineers.online/2020/06/Molecular-Orbital-Theory.html

# अनुलग्नक -2

## CO और PO अटैनमेंट तालिका

पाठ्यक्रम पूर्ण होने के उपरान्त कोर्स आउटकम्स (COs) को प्रोग्राम आउटकम्स (POs) के साथ मैप (परस्पर संबंध) किया जा सकता है तथा अन्तर का विश्लेषण करने के लिए POs प्राप्ति हेतु सहसंबंध स्थापित किया जा सकता है। POs प्राप्ति में अन्तर के उचित विश्लेषण पश्चात प्राप्त कमियों को दूर करने के लिए उचित उपाय भी कि ये जा सकते है।

### CO और PO अटैनमेंट तालिका

| कोर्स आउटकम्स (COs) | प्रोग्राम आउटकम्स (POs) के साथ अपेक्षित संबंध (1- कमजोर सहसंबंध; 2- मध्यम सहसंबंध; 3- मजबूत सहसंबंध) | | | | | | | | | | | |
|---|---|---|---|---|---|---|---|---|---|---|---|---|
| | PO-1 | PO-2 | PO-3 | PO-4 | PO-5 | PO-6 | PO-7 | PO-8 | PO-9 | PO-10 | PO-11 | PO-12 |
| CO-1 | | | | | | | | | | | | |
| CO-2 | | | | | | | | | | | | |
| CO-3 | | | | | | | | | | | | |
| CO-4 | | | | | | | | | | | | |
| CO-5 | | | | | | | | | | | | |
| CO-6 | | | | | | | | | | | | |

उपरोक्त तालिका में उल्लेखित किये गए आंकड़ों का उपयोग TEQIP-III अन्तर के विश्लेषण करने में किया जा सकता है ।

# अनुलग्नक -3

## एआईसीटीई मॉडल पाठ्यक्रम के अनुसार प्रयोग

एआईसीटीई मॉडल पाठ्यक्रम द्वारा निर्धारित कुछ प्रयोगों को विभिन्न इकाइयों में शामिल किया गया है। जिन प्रयोगों को इकाइयों के बीच शामिल नहीं किया जा सका, वे नीचे दिए गए हैं:

**सामान्य निर्देश**

- विद्यार्थी अनुलग्नक-4 में दिए गए टेम्पलेट के अनुसार प्रयोग को रिकॉर्ड करें।
- प्रयोग के दौरान उपयोग किए जा रहे, प्रत्येक रसायन के लिए सुरक्षा और पर्यावरण के अनुकूल दृष्टिकोण के लिए एमएसडीएस डेटा का संदर्भ लें।
- परिचर्चा - सैद्धांतिक और वास्तविक जीवन / औद्योगिक अनुप्रयोगों के साथ सहसंबद्ध करते हुए प्रयोग, अवलोकन और परिणाम पर चर्चा की जानी चाहिए।

## प्रयोग -1

**उद्देश्य:** तेल के साबुनीकरण मूल्य का निर्धारण ।

**आवश्यकताएं:**

- **रसायन:** मानक हाइड्रोक्लोरिक एसिड (N/2), क्षार विलयन, फेनोल्फथेलिन
- **कांच के बने उपकरण:** वाटर बाथ, जल संघनित्र, शंक्वाकार फ्लास्क या गोल तल फ्लास्क, ब्यूरेट

**सिद्धांत:** तेल का साबुनीकरण मान मानक NaOH/KOH क्षार विलयन की ज्ञात सांद्रता के नमूने की एक ज्ञात मात्रा को रिफ्लक्स करके और अभिक्रिया के दौरान अन उपयोगित क्षार का अनुमापन खपत क्षार का निर्धारण करके निर्धारित किया जाता है।

$$\begin{array}{l} CH_2OCOR^1 \\ | \\ CHOCOR^2 \\ | \\ CH_2OCOR^3 \end{array} + 3NaOH \longrightarrow \begin{array}{l} CH_2OH \\ | \\ CHOH \\ | \\ CH_2OH \end{array} + \left[ \begin{array}{l} R^1COO^-Na^+ \\ R^2COO^-Na^+ \\ R^3COO^-Na^+ \end{array} \right.$$

A triglyceride + sodium hydroxide → glycerol + sodium carboxylates

जहाँ $R^1$, $R^2$ और $R^3$ लंबी श्रृंखला वाले एल्काइल समूह हैं। अभिक्रिया के दौरान अन उपयोगित NaOH को फिनोलफथेलिन संसूचक का उपयोग करके मानक एसिड के साथ वापस अनुमापन किया जाता है।

$$OH^- + H^+ \longrightarrow H_2O$$

$$\textbf{साबुनीकरण मूल्य} = \frac{\text{N/2 NaOH की खपतमात्रा mL में}}{\text{ग्राम में लिया गया तेल का भार}} \times 100$$

**प्रयोगात्मक प्रक्रिया**

1. तेल के नमूने के लगभग 5 ग्राम को सही-सही तौलें और इसे 250 या 500 mL फ्लास्क में स्थानांतरित करें।
2. फ्लास्क में विलायक के रूप में क्षार विलयन और ऐल्कोहॉल या एथिल मिथाइल कीटोन मिलाएँ।

3. संदर्भ निर्धारण के लिए एक अन्य फ्लास्क में विलायक और ऐल्कोहॉलिक क्षार की समान मात्रा डालें।
4. पानी के कंडेनसर के साथ दो फ्लास्क फिट करें और कम से कम 1 घंटे की अवधि के लिए वाटर बाथ पर सामग्री को रिफ्लक्स करें।
5. सामग्री को थोड़ा ठंडा करें, कंडेनसर को डिस्कनेक्ट करें और फ्लास्क में आसुत जल की थोड़ी मात्रा के साथ खंगाल ले ।
6. फिनोलफथेलिन संकेतक की 10-12 बूंदें डालें और फ्लास्क की सामग्री को HCl (N/2) के मानक घोल से तब तक टाइट्रेट करें जब तक कि गुलाबी रंग गायब न हो जाए।

**सावधानी**

1. प्रयोग के लिए आवश्यक कांच के उपकरण को प्रयोग शुरू होने से पहले ठीक से साफ कर लेना चाहिए।
2. बेस का एल्कोहलिक घोल ताजा तैयार करना चाहिए।
3. सटीक परिणाम प्राप्त करने के लिए संदर्भ निर्धारण और तेल के नमूने के साथ परीक्षण समान परिस्थितियों में किया जाना चाहिए।

**अवलोकन और गणना**

लिए गए नमूने का भार = X g

दोनों फ्लास्कों में मिलाए गए ऐल्कोहॉलिक NaOH का आयतन = 50 mL

नमूना निर्धारण में प्रयुक्त N/2 HCl का आयतन = $V_1$ mL

संदर्भ निर्धारण में प्रयुक्त N/2 HCl का आयतन = $V_2$ mL

**परिणाम:** साबुनीकरण मूल्य और तेल की संरचना के साथ संबंध......

## प्रयोग - 2

**उद्देश्य:** एक बहुलक का संश्लेषण - एक उदाहरण बैकेलाइट के रूप में

**आवश्यकताएं: रसायन:** ग्लेशियल एसिटिक एसिड, 40% फॉर्मलाडेहाइड घोल, फिनोल, सांद्र HCl

**कांच के बने उपकरण:** कांच की छड़, बीकर, शंक्वाकार फ्लास्क, कांच की कीप, फिल्टर पेपर।

**सिद्धांत :** बैकेलाइट थर्मोसेटिंग पॉलीमर फिनोल $C_6H_5OH$ और फॉर्मलाडिहाइड $CH_2O$ पर अभिक्रिया करके प्राप्त किया जाता है। फॉर्मलडिहाइड दो फिनोल अणुओं के बीच $-CH_2-$ सेतु बनाता है, जिससे श्रृंखलाएं बनती हैं। अभिक्रिया अनुपात 1:1 होने पर रैखिक श्रृंखलाएँ प्राप्त होती हैं।

पहला कदम, कम आणविक भार की तैयारी है। आमतौर पर रैखिक पूर्व-बहुलक अधिक फॉर्मलाडेहाइड जोड़कर, बहुलक क्रॉस-लिंक और कठोर हो जाता है, एक कठोर, गैर-विकृत द्रव्यमान बन जाता है।

**प्रयोगात्मक प्रक्रिया :** 500 mL के बीकर में 5 mL ग्लेशियल एसिटिक एसिड और 2.5 mL 40% फॉर्मलाडिहाइड घोल रखें और 2 ग्राम फिनोल मिलाएं।

1. बीकर के चारों ओर एक कपड़ा या तौलिये को ढीले ढंग से लपेटें।
2. मिश्रण में सूखा HCl (या कुछ mL सांद्र HCl) पास करें।
3. 5 मिनट के भीतर, गुलाबी प्लास्टिक का बड़ा द्रव्यमान बनता है। (यदि सांद्र HCl का उपयोग किया जाता है तो मामूली हीटिंग की आवश्यकता होती है)।
4. प्राप्त अवशेषों को आसुत जल से कई बार धोया जाता है, और फ़िल्टर किए गए उत्पाद को सुखाया जाता है और उपज की

गणना की जाती है।

**सावधानी :**

1. अभिक्रिया कभी-कभी जोरदार होती है, और HCl जोड़ते समय और अभिक्रिया पूरी होने तक बीकर से कुछ फीट दूर रहना बेहतर होता है।
2. प्रयोग को धूआं अलमारी में अधिमानतः किया जाना चाहिए।

**परिणाम**: क्रूड उपज, उपस्थिति- पॉलिमर की विशेषताएं

## प्रयोग - 3

**उद्देश्य**: दो अमिश्रणीय तरल पदार्थ के बीच किसी पदार्थ के विभाजन गुणांक का निर्धारण

**आवश्यकताएं**:

**रसायन**: हाइपो सॉल्यूशंस (N/10 और N/100), $CCl_4$ में आयोडीन का संतृप्त घोल, स्टार्च संसूचक

**उपकरण**: शेकर मशीन, लगभग 250 mL क्षमता की चार ग्लास-स्टॉपर अभिकर्मक बोतलें, अलग करने वाली कीप।

**सिद्धांत**:

आयोडीन खुद को दो अमिश्रणीय विलायकों, पानी और कार्बन टेट्रा क्लोराइड में समान आणविक अवस्था $I_2$ के रूप में वितरित करता है।

यदि $C_1$ और $C_2$ पानी और कार्बन टेट्रा क्लोराइड परतों में आयोडीन की सांद्रता हैं, जो एक दूसरे के संपर्क में पानी और कार्बन टेट्रा क्लोराइड परतों में आयोडीन की सांद्रता का विषम संतुलन बनाते हैं, तो इन सांद्रता का अनुपात; यानी = $C_1/C_2$ निश्चित तापमान पर स्थिर रहेगा।

$$K = \text{वितरण या विभाजन गुणांक} = \frac{C_1}{C_2} = \frac{\text{पानी की परत में } I_2 \text{ की सांद्रता}}{C\,Cl_4 \text{ परत में } I_2 \text{ की सांद्रता}}$$

**प्रक्रिया**:

1. साफ और सूखी डाट वाली अभिकर्मक बोतलें लें और उन्हें 1, 2, 3 और 4 के रूप में लेबल करें। विभिन्न कांच की बोतलों में 10, 20, 30 और 40 mL घोल भरें।
2. प्रत्येक बोतल में क्रमशः 40, 30, 20 और 10 mL $CCl_4$ मिलाएं। फिर प्रत्येक बोतल में 50 mL आसुत जल डालें।
3. इन बोतलों को बंद कर दें और प्रत्येक बोतल को लगभग 20 मिनट तक जोर- जोर से हिलाएं।
4. दो अलग-अलग परतों के स्पष्ट रूप से बनने तक स्थिर रहने दें।
5. प्रत्येक बोतल की सामग्री को अलग से अलग करने वाले कीप में डालें और कार्बन टेट्रा क्लोराइड और प्रत्येक बोतल की पानी की परत को अलग-अलग बीकर में इकट्ठा करें।
6. अलग परतों से $CCl_4$ परत को पिपेट करें। लगभग 1 ग्राम KI, 5 बूंदें स्टार्च के घोल में मिलाएं और N/10 हाइपो घोल के साथ अनुमापन करें।
7. नीले रंग का गायब होना अंतिम बिंदु को चिह्नित करता है। दो समवर्ती रीडिंग प्राप्त करने के लिए दोहराएं। इस प्रक्रिया को दूसरे की $CCl_4$ परत के साथ दोहराएं
8. जलीय परत को अनुमापन फ्लास्क में पिपेट करें और चरण 7 में दिए गए अनुसार N/100 हाइपो विलयन के विरुद्ध

अनुमापन करें।

9. अन्य बोतलों में क्रमशः ऊपरी और निचली परतों के लिए समान अनुमापन करें।

**सावधानी:**

1. रबर स्टॉपर का उपयोग न करें क्योंकि $CCl_4$ में आयोडीन का घोल इसके साथ अभिक्रिया कर सकता है।
2. अभिकर्मक बोतलों को अच्छी तरह से साफ और सुखाया जाना चाहिए।
3. बोतलों को हिलाने के दौरान स्टॉपर को ठीक से दबाया जाता है
4. बोतलों में सामग्री को हिलाने की प्रक्रिया के दौरान यदि कोई दबाव विकसित होता है, तो उसे मुक्त करने के लिए डाट को हिलाने के बाद ढीला करें।
5. हाइपो विलयनों में संकेतक के रूप में केवल ताजा स्टार्च विलयन का ही प्रयोग करें।

**अवलोकन और गणना:**

कमरे का तापमान = $^0C$

प्रत्येक अनुमापन में प्रयुक्त जल परत का आयतन = mL

प्रत्येक अनुमापन में प्रयुक्त $CCl_4$ परत का आयतन = mL

| क्रमांक | आयोडीन का प्रतिशत (V/V) | अनुमापन जल के परत के साथ | | | | अनुमापन $CCl_4$ के परत के साथ | | | |
|---|---|---|---|---|---|---|---|---|---|
| | | प्रारंभिक पठन | अंतिम पठन | इस्तेमाल किया गया हाइपो सॉल्यूशन का आयतन $V_1$ mL | हाइपो सॉल्यूशन की नॉर्मलिटी | इनिशियल रीडिंग | फाइनल रीडिंग | इस्तेमाल किया गया हाइपो सॉल्यूशन का आयतन $V_1$ mL | हाइपो सॉल्यूशन की नॉर्मलिटी |
| 1. | 10% | | | | N/100 | | | | N/10 |
| 2. | 20% | | | | N/100 | | | | N/10 |
| 3. | 30% | | | | N/100 | | | | N/10 |
| 4. | 40% | | | | N/100 | | | | N/10 |

$$\text{जल परत की सांद्रता} = \frac{\text{पानी की परत के साथ प्रयुक्त हाइपो की सांद्रता} \times V_1}{\text{उपयोग की गई पानी की परत की मात्रा}} \text{ g eq। } L^{-1}$$

$$CCl_4 \text{ परत की सांद्रता} = \frac{CCl_4 \text{ की परत के साथ प्रयुक्त हाइपो की सांद्रता} \times V_2}{\text{उपयोग की गई } CCl_4 \text{ की परत की मात्रा}} \text{ g eq। } L^{-1}$$

**परिणाम:** पानी और कार्बन टेट्रा क्लोराइड के बीच आयोडीन का विभाजन गुणांक ............ °C है।

# प्रयोग - 4

**उद्देश्य:** हाइड्रोक्लोरिक एसिड द्वारा उत्प्रेरित एथिल एसीटेट के हाइड्रोलिसिस के लिए दर-स्थिर (K) का मान निर्धारित करना।

**आवश्यकताएं:**

- **रसायन:** NaOH (N/10), HCl, एथिल एसीटेट।
- **उपकरण:** शंक्वाकार फ्लास्क - 50 मिलीलीटर के छह और 250 मिलीलीटर के एक, कॉर्क, स्टॉप वॉच, वाटर बाथ ।

**सिद्धांत:** तनु HCl द्वारा उत्प्रेरित एथिल एसीटेट का हाइड्रोलिसिस पहले क्रम की अभिक्रिया है क्योंकि पानी की सांद्रता बड़ी मात्ना में होती है और अभिक्रिया की प्रगति के दौरान महत्वपूर्ण रूप से नहीं बदलती है। इस प्रकार यह छद्म एकआण्विक अभिक्रिया है।

$$CH_3COOC_2H_5 + H_2O \longrightarrow CH_3COOH + C_2H_5OH$$

**उपयोगित फॉर्मूला:**

$$K = \frac{2.303}{t} \log_{10} \frac{V_\infty - V_0}{V_\infty - V_t}$$

K का मान समय के विभिन्न अंतरालों के अनुरूप मूल्यों के विभिन्न सेटों के लिए निर्धारित किया जाता है।

**प्रक्रिया:**

1. HCl को एक साफ सूखे 250 mL शंक्वाकार कॉर्क लगे फ्लास्क में लें । तापमान बनाए रखने के लिए इसे पानी के वाटर बाथ में सेट करें और शंक्वाकार फ्लास्क में एथिल एसीटेट की हाफ-टेस्ट-ट्यूब डालें।
2. इस बीच, ब्यूरेट को ठीक से फिट करें और इसे 0.1 N NaOH के घोल से भरें। इसके अलावा छह 50 मिलीलीटर शंक्वाकार फ्लास्क में से प्रत्येक में लगभग 15 ग्राम बर्फ डालें।
3. शंक्वाकार फ्लास्क से एस्टर के 5 mL पिपेट करें और इसे 0.5 N HCl के 100 mL वाले फ्लास्क में डालें।
4. सामग्री को हिलाएं, अभिक्रिया मिश्रण के 10 mL पिपेट करें और इसे एक बार में बर्फ या ठंडे पानी वाले पहले शंक्वाकार फ्लास्क में स्थानांतरित करें। इसे ब्यूरेट में लिए गए 0.1 N NaOH के विलयन के विरुद्ध अनुमापन करें और अनुमापन फ्लास्क में संकेतक के रूप में फिनोलफथेलिन की एक बूंद डालें। हल्के गुलाबी रंग का दिखना, अंतिम बिंदु को दर्शाता है।
5. उपरोक्त मामले में मिश्रण के घोल के 10 mL को टाइट्रेशन फ्लास्क में निकालने का समय भी नोट करें और यदि यह 10 सेकंड है, तो बाद के अनुमानों में, मिश्रण के घोल को ठंडे पानी या बर्फ में मिलाया जाना चाहिए। 10 मिनट के समय अंतराल से 5 सेकंड पहले।
6. मिश्रण के 10 mL घोल को पिपेट करें और ऊपर बताए अनुसार 1० मिनट के बाद बर्फ/ठंडा पानी वाले शंक्वाकार फ्लास्क में डालें। 0.1 N NaOH के विरुद्ध अनुमापन करें। यह 10 मिनट के बाद $V_t$ देता है।
7. उपरोक्त प्रक्रिया को हर 10 मिनट के बाद दोहराएं ताकि छह रीडिंग प्राप्त हो सकें। अभिक्रिया मिश्रण के 10 mL को पिपेट करें और 0.1 एन NaOH के खिलाफ अनुमापन करें।

**सावधानी:**

1. एस्टर के हाइड्रोलिसिस की प्रगति के दौरान, अभिक्रिया मिश्रण के घोल को बाहर निकालने के बाद शंक्वाकार फ्लास्क को रोककर रखा जाना चाहिए।
2. कुप्पी में पिसी हुई बर्फ या ठंडा पानी पर्याप्त मात्ना में लेना चाहिए

**अवलोकन और गणना:**

$$K = \frac{2.303}{t} \log_{10} \frac{V_\infty - V_0}{V_\infty - V_t} \text{ min}^{-1}$$

जब समय = 10 min -1

$V_0$, $V_t$, और $V_\infty$ क्रमशः 0, t और समय के बाद अभिक्रिया मिश्रण की समान मात्रा के अनुमापन के लिए उपयोग किए जाने वाले NaOH समाधान के आयतन हैं।

इसी तरह, समय के अन्य अंतराल पर दर स्थिरांक K के मान की गणना करें। रीडिंग के विभिन्न सेटों से प्राप्त K का माध्य मान दर स्थिरांक, K का मान देता है।

**परिणाम** : चूँकि K के मान ......... हैं, अम्ल द्वारा उत्प्रेरित एथिल एसीटेट का जल-अपघटन एक छद्म प्रथम कोटि की अभिक्रिया है।

## प्रयोग - 5

**उद्देश्य:** आयोडीन घड़ी की अभिक्रिया के रूप में हाइड्रोजन पेरोक्साइड द्वारा आयोडाइड आयनों के ऑक्सीकरण का अध्ययन।

**आवश्यकताएं:**

- **रसायन:** 0.1M $H_2O_2$, 1.0M KI, 2M $H_2SO_4$, 0.025 M हाइपो घोल, स्टार्च घोल।
- **उपकरण:** ब्यूरेट, 5 mL पिपेट, 250 mL मापने वाला जार, 500 mL शंक्वाकार फ्लास्क, स्टॉप वॉच, वाटर बाथ ।

**सिद्धांत:** अभिक्रिया के रूप में प्रतिनिधित्व किया जा सकता है

$$H_2O_2 + 2H^+ + 2I^- \longrightarrow I_2 + 2H_2O \quad \text{(मुख्य अभिक्रिया)}$$

$$I_2 + 2S_2O_3^- \longrightarrow 2I^- + S_4O_6 \quad \text{(अभिक्रिया की निगरानी)}$$

$$I_2 + \text{स्टार्च} \longrightarrow \text{नीला रंग}$$

**प्रक्रिया:**

1. एक 500mL शंक्वाकार फ्लास्क में लगभग 150mL आसुत जल रखें, और इसमें लगभग 20mL 1M KI, 10mL 2M $H_2SO_4$ और 1mL स्टार्च घोल डालें।
2. ब्यूरेट से ठीक 5mL 0.025M हाइपो घोल डालें। कमरे का तापमान प्राप्त करने के लिए इसे वाटर बाथ में रखें। दूसरे वाटर बाथ में 0.1M $H_2O_2$ रखें।
3. एक पिपेट के साथ 0.1M $H_2O_2$ घोल का 5mL ले और स्टॉप वॉच को जोड़ के आधे रास्ते से शुरू करें। घोल को हिलाएं और वाटर बाथ में रख दें। नीले रंग के दिखने का समय नोट कर लें।
4. हाइपो सॉल्यूशन के 5 या 6 अतिरिक्त के लिए इस प्रक्रिया को दोहराएं। मापा समय अंतराल पर सांद्रता हाइड्रोजन पेरोक्साइड (a-x) के मूल्यों की गणना करें, समाधान की मात्रा में वृद्धि को ध्यान में रखते हुए हाइपो समाधान के अतिरिक्त होने के कारण होता है।
5. $H^+$ आयनों और आयोडाइड आयनों की सांद्रता भी बदल जाती है लेकिन उनका प्रारंभिक मान अधिक होने के कारण आनुपातिक परिवर्तन छोटा हो सकता है और इसे उपेक्षित किया जा सकता है।
6. हाइड्रोजन परॉक्साइड की प्रारंभिक सांद्रता हाइपो विलयन के समतुल्य आयतन के रूप में निकाली जा सकती है। इस उद्देश्य के लिए, हाइड्रोजन पेरोक्साइड घोल के 10 mL को मापें, ध्यान से 10 mL केंद्रित सल्फ्यूरिक एसिड और 8 ग्राम KI को पानी की न्यूनतम मात्रा में घोलें। $I_2$ मुक्त को 0.025 M हाइपो सॉल्यूशन के खिलाफ अनुमापन करें और परिणामों को सारणीबद्ध करें।

**अवलोकन और गणना:**

हाइपो का आयतन समय t . के अनुरूप जोड़ा गया

$$[H_2O_2]_0 \propto V^\infty [V_t = 0]$$

$$[H_2O_2]_t \propto V^\infty - V_t$$

**ग्राफ:** $V_t$ बनाम समय लेकर एक परवलयिक वक्र प्राप्त होता है और विभिन्न समयों पर इस वक्र के स्पर्शरेखा के ढलान इन क्षणों पर अभिक्रिया की दर का प्रतिनिधित्व करते हैं, एक और ग्राफ लॉग $(V^\infty - V_t)$ बनाम समय प्लॉट करते हैं। एक सीधी रेखा प्राप्त होती है और इसका ढलान अभिक्रिया के क्रम के बराबर होगा।

**परिणाम:** रंग का परिवर्तन ........, जिस दर पर अभिक्रियाएँ होती हैं... ..

## प्रयोग - 6

**उद्देश्य:** मोलल हिमांक बिंदु अवसाद स्थिरांक का निर्धारण, $K_f$

**आवश्यकता:** गैर-आयनीकरण योग्य तरल, उदा. एसीटोन, बेंजीन या साइक्लोहेक्सेन।

**सिद्धांत:** विलयन के कई महत्वपूर्ण गुण विलयन में विलेय कणों की संख्या पर निर्भर करते हैं, न कि विलेय कणों की प्रकृति पर। इन गुणों को Colligative Properties कहा जाता है। हिमांक बिंदु अवसाद इसका एक उदाहरण है। विलायक में विलेय मिलाने से विलायक का हिमांक (तापमान) कम हो जाएगा।

हिमांक में कमी, $T_f$, जब एक गैर-वाष्पशील, गैर-आयनीकरण विलेय एक विलायक में घुल जाता है, तो समाधान में मौजूद विलेय की मोलल सांद्रता, m के समानुपाती होता है।

$$\Delta T_f \propto m$$

$$\Delta T_f = K_f m$$

**प्रक्रिया:**

1. द्रव्यमान माप और विलेय के मोलर द्रव्यमान का उपयोग करके दिए गए समाधानों की वास्तविक मोललिटी की गणना करें।
2. एक ग्राफ -$\Delta T_f$ molality के विरुद्ध ($-\Delta T_f$ एक सकारात्मक मात्रा है, क्योंकि $T_f$ नकारात्मक है) चार डेटा बिंदुओं (0, ~ 0.5, ~ 0.10, और ~ 0.15 mol $kg^{-1}$ की सांद्रता) के लिए प्लॉट करें।
3. सबसे अच्छी सीधी रेखा को चार बिंदुओं पर फ़िट करें और उचित इकाइयों के साथ रेखा के लिए समीकरण निर्धारित करें।
4. इसकी तुलना समीकरण से करें और तरल के लिए प्रयोगात्मक रूप से निर्धारित $K_f$ की रिपोर्ट करें।
5. रिपोर्ट किए गए साहित्य मूल्यों के साथ मूल्य की तुलना करें।

अवलोकन और गणना:

ध्यान दें कि किसी पदार्थ या मिश्रण का हिमांक वह तापमान होता है जिस पर ठोस और तरल चरण एक दबाव के दबाव में संतुलन में होते हैं।

$K_f$ किसी दिए गए विलायक के लिए एक स्थिरांक है। $K_f$ को मोलल हिमांक अवसाद स्थिरांक कहा जाता है और यह दर्शाता है कि विलायक का हिमांक कितने डिग्री बदल जाएगा, जब एक गैर-वाष्पशील गैर-आयनीकरण विलेय का 1.00 मोल एक किलोग्राम विलायक में घुल जाता है।

**परिणाम :** मोलल हिमांक अवनमन स्थिरांक है .....

# अनुलग्नक -4

## प्रयोगों की रिपोर्ट करने के लिए सुझावात्मक रूपरेखा

| क्रमांक | प्रक्रिया | अवलोकन | निष्कर्ष |
|---|---|---|---|
| 1. | | | |
| 2. | | | |
| 3. | | | |

- वीडियो/एनीमेशन
- अवलोकन और गणना
- निष्कर्ष
- थ्योरी के साथ प्रयोग में विषयों की मान्यता
- परिणाम और चर्चा
- आईसीटी का उपयोग (ग्राफ प्लॉटिंग के लिए एक्सेल, इंटरनेट के माध्यम से साहित्य सर्वेक्षण, आदि)
- मौखिक प्रश्न (चर्चा के लिए)
- पर्यावरण के अनुकूल दृष्टिकोण: 3 R's -
  - आप किस चीज का पुन: उपयोग कर सकते हैं?
  - आप कचरे को कैसे कम कर सकते हैं?
  - आप कचरे का पुनर्चक्रण कैसे कर सकते हैं?
  - अन्य कोई

**प्रयोगशाला सुरक्षा:** उपयोग किए जा रहे रसायनों के सुरक्षा प्रतीक, दुर्घटनाओं के मामले में प्राथमिक उपचार के उपाय।

## प्रयोगशाला सुरक्षा के लिए ई-संसाधन:

https://myeclass.academy/course/view.php?id=2536
https://www.youtube.com/watch?v=gi3DeFY0cfw
https://ehs.ucsc.edu/programs/research-safety/safe-lab-practices.html
https://www.youtube.com/watch?v=8queMM7VVfw

# आकलन के लिए रूब्रिक्स

**A: सिद्धांत के आधार पर आकलन के मूल्यांकन के लिए सांकेतिक दिशानिर्देश:**

छात्रों को अलग-अलग मूल्यांकन दिया जा सकता है जिसमें प्रत्येक प्रश्न को विभिन्न स्तरों की कठिनाइयों और संशोधित ब्लूम की वर्गीकरण के लिए टैग किया गया है।

**संशोधित ब्लूम की वर्गीकरण –**

| श्रेणी I प्रश्न | श्रेणी II प्रश्न<br>हायर ऑर्डर थिंकिंग स्किल्स |
|---|---|
| ब्लूम का स्तर 1: याद रखें<br>ब्लूम का स्तर 2: समझें<br>ब्लूम का स्तर 3: लागू करें | ब्लूम का स्तर 4: विश्लेषण करें<br>ब्लूम का स्तर 5: मूल्यांकन करें<br>ब्लूम का स्तर 6: सर्जन करें |

**कठिनाई स्तर:** LOD1: आसान, LOD2: मध्यम, LOD3: मुश्किल

विभिन्न प्रकार के वस्तुनिष्ठ और व्यक्तिपरक प्रश्नों की सहायता से निरंतर मूल्यांकन के लिए LMS या अन्य ICT आधारित मूल्यांकन उपकरणों के उपयोग को प्रोत्साहित किया जाता है।

**B: प्रैक्टिकल के मूल्यांकन के लिए सांकेतिक दिशानिर्देश** (AICTE) पाठ्यक्रम के अनुसार), विभिन्न व्यावहारिक के लिए लागू होने पर संशोधित किया जा सकता है।

| मानदंड और स्तर | विकसित होना | सक्षम होना | कुशल होना |
|---|---|---|---|
| सक्षम प्रवीणता का विकास | | | |
| टिप्पणियों की रिकॉर्डिंग में सच्चाई | | | |
| उत्सुक पर्यवेक्षक | | | |
| जिज्ञासा | | | |
| मौखिक परीक्षा | | | |
| लैब सुरक्षा और अनुशासन | | | |
| ICT का उपयोग | | | |
| प्रैक्टिकल की रिपोर्टिंग / लेखन | | | |
| परिणाम की शुद्धता | | | |
| व्याख्या और विश्लेषण | | | |
| पर्यावरण के अनुकूल व्यवहार | | | |
| अन्य कोई | | | |

**C: नए व्यावहारिक/परियोजनाओं/गतिविधियों के लिए समूह प्रस्तुति के मूल्यांकन के लिए सांकेतिक दिशानिर्देश:**

| मानदंड और स्तर | विकसित होना | सक्षम होना | कुशल होना |
|---|---|---|---|
| सक्षम प्रवीणता का विकास | | | |
| विषय | | | |
| अनुसंधान/सर्वेक्षण | | | |
| नवीनतम तकनीक का उपयोग | | | |
| विषय पर रहता है | | | |
| तत्परता | | | |
| प्रस्तुति का विश्वास | | | |
| PPT बनाने के कौशल सहित ICT का उपयोग | | | |
| समय प्रबंधन | | | |
| समूह प्रयास | | | |
| व्यक्तिगत प्रयास | | | |
| टिप्पणियों की रिकॉर्डिंग में सच्चाई | | | |
| जिज्ञासा | | | |
| अन्य कोई | | | |

## शब्दकोश (Glossary)

| | |
|---|---|
| योगात्मक | Addition |
| रुद्धोष्म प्रसार | Adiabatic expansion |
| अभिकारक | Agents |
| प्रति-आबंधन | Anti bonding |
| सुगंधितता | Aromaticity |
| क्षार | Base |
| बंध | Bond |
| आबंधन | Bonding |
| बॉर्न ओपेनहाइमर सन्निकटन | Born Oppenheimer Approximation |
| कार्बोकेटाय़न | Carbocation |
| धनायन | Cation |
| आवेश | Charge |
| रसायन | Chemical |
| सिस | CIS |
| संकुल | Complex |
| सान्द्रता | Concentration |
| विन्यास | Configuration |
| संरूपिय समावयवी | Conformational Isomers |
| समन्वय | Coordination |
| समानता | Correspondence |
| ग्रसित | Eclipsed |
| वैद्युत रासायनिक | Electrochemical |
| इलेक्ट्रॉन बंधुता | Electron Affinity |
| विद्युत ऋणात्मकता | Electronegativity |
| विलोपन | Elimination |
| उत्सर्जन | Emission |
| ऊष्माशोषी | Endothermic |
| एनैन्टीओमर्स | Enentiomers |
| उदा. | Ex. |
| उदहारण | Example |
| ऊष्माक्षेपी | Exothermic |
| उत्पन्न | Generation |
| सामान्य अवस्था | Ground state |
| निर्माण की ऊर्जा | Heat of formation |
| अक्रिय | Inert |
| अवरक्त | Infra Red |
| अर्न्तक्रिया | Interaction |
| प्रतिलोमन | Inversion |
| व्युत्क्रम तापमान | Inversion temperature |
| अनुत्क्रमणीय अभिक्रिया | Irreversible reaction |
| रेखाएं | Line |
| यांत्रिकी | Mechanics |
| मध्यावयवता | Metamerism |
| आघूर्ण | Moment |
| उदासीन | Neutral |
| असम्पीडित | Non compressible |
| अष्टभुजाकार | Octahedral |
| प्रकाशीय | Optical |
| आंशिक अवकल समीकरण | Partial differential equation |
| विशेष | Peculiar |
| आवर्ती | Periodic |
| तल | Plane |
| तलो | Planes |
| ग्राफ | Plots |
| ध्रुवणीयता | Polarizability |
| प्राथमिकता क्रम | Priority order |
| विकिरण | Radiation |
| अभिक्रिया | Reaction |

| | |
|---|---|
| अपचयन | Reduction |
| प्रतिकर्षण | Repulsion |
| उत्क्रमणीय अभिक्रिया | Reversible reaction |
| घूर्णी संक्रमण | Rotational transition |
| परिरक्षण प्रभाव | Screening Effect |
| कोश | Shell |
| विलयन | Solution |
| वर्ग समतलीय | Square plannar |
| अंतरित | Staggered |
| अवस्था | State |
| अवस्थाओं | States |
| त्रिविम रसायन | Stereochemistry |
| अध्यारोपित | Super imposibility |
| चलावयवता | Tautomerism |
| संक्रमण | Transition |
| त्रिकोण तलीय | Trigonal planner |
| त्रिकोणीय पिरामिड | Trigonal pyramidal |
| तरंगदैर्घ | Wavelength |